国家电网有限公司
输变电工程机械化施工技术
架空线路工程分册

国家电网有限公司基建部　组编

中国电力出版社
CHINA ELECTRIC POWER PRESS

内 容 提 要

为落实国家电网有限公司"六精四化"三年行动计划要求，推进机械化施工技术应用，提升输变电工程高质量建设能力，国家电网有限公司基建部组织编写了《国家电网有限公司输变电工程机械化施工技术》丛书，包含《架空线路工程分册》《变电工程分册》《电缆工程分册》三个分册。

本分册为《架空线路工程分册》，包括概述、工程勘测与设计、基础及接地机械化施工、组塔机械化施工、架线机械化施工、物料运输机械化施工、全过程机械化施工应用共 7 章，阐述了便于机械化施工的设计技术、资源配置方案、专用型施工装备、工程案例等内容。

本套丛书可供从事输变电工程建设的设计、施工、监理专业的工程技术人员和管理人员学习使用，也可供相关院校师生学习参考。

图书在版编目（CIP）数据

国家电网有限公司输变电工程机械化施工技术. 架空线路工程分册 / 国家电网有限公司基建部组编. —北京：中国电力出版社，2023.3（2023.8 重印）

ISBN 978-7-5198-7640-1

Ⅰ. ①国… Ⅱ. ①国… Ⅲ. ①架空线路–电力工程–机械化施工–中国 Ⅳ. ①TM7

中国国家版本馆 CIP 数据核字（2023）第 041070 号

出版发行：中国电力出版社
地　　址：北京市东城区北京站西街 19 号（邮政编码 100005）
网　　址：http://www.cepp.sgcc.com.cn
责任编辑：翟巧珍　王　南（010-63412876）
责任校对：黄　蓓　郝军燕　李　楠
装帧设计：赵丽媛
责任印制：石　雷

印　　刷：北京九天鸿程印刷有限责任公司
版　　次：2023 年 3 月第一版
印　　次：2023 年 8 月北京第三次印刷
开　　本：710 毫米×1000 毫米　16 开本
印　　张：34
字　　数：590 千字
定　　价：238.00 元

《国家电网有限公司输变电工程机械化施工技术架空线路工程分册》

编 委 会

武韩青	马守锋	张四江	鄂天龙	冯杨州
黄　昊	陈　焰	邓小勇	崔明杰	武　坤
梁会永	王兴谦	薛　峰	吴子阳	单　强
赵　勇	靳义奎	曹宇清	任秀生	闫　杰
廉洪波	粟　罡	潘连武	刘　辉	吴兴林
张东琦	聂冶豹	刘　晨	彭　飞	马　勇
李　欣	左　韬	左　焦	黄　锐	包玉南
陈良芳	陈历祥	孙启刚	杨力武	吴林平
曹建华	张文涛	刘云飞	常盛楠	马　驰
王承一	卢自强	张立明	苗　田	龙海波
彭　昆	张小龙	刘许凡	张　楷	史民康
韩学文	高晓莉	方　伟	方　晴	王方敏

前　言

近年来，国家电网有限公司在输变电工程建设中全面推行机械化施工模式，加紧构建机械化施工技术体系，通过设计施工技术研发、施工新机械研制、成熟装备性能改进提升等创新工作，面临"卡脖子"难题的山地、海底等特殊环境机械化施工应用取得了突破性进展，输变电工程施工机械化率稳步提高，同时在建设效率、绿色环保等方面取得了明显成效。2022 年，国家电网有限公司在工程建设上实施以"标准化为基础、机械化为方式、绿色化为方向、智能化为内涵"的"四化"建设，在机械化施工方面取得了丰硕的管理和应用实践成果，提升了输变电工程建设能力水平。

国家电网有限公司通过大量的技术与管理创新及应用实践，培养了大批的机械化施工专家型人才和专业团队，也积累了丰富的管理经验和典型技术案例。为了更好地总结和交流，持续加强人员专业能力，固化实践成果，促进共建共享，提升输变电工程高质量建设能力，国家电网有限公司基建部组织编写了《国家电网有限公司输变电工程机械化施工技术》丛书，包含《架空线路工程分册》《变电工程分册》《电缆工程分册》三个分册。

本套丛书以输变电工程机械化施工技术为主线，主要面向工程建设的设计、施工、管理等专业人员，围绕机械化施工设计技术、施工装备、施工技术、工程实践等方面，系统介绍了机械化施工技术研究、工程应用实践取得的系列成果与典型经验。本分册为《架空线路工程分册》，包括概述、工程勘测与设计、基础及接地机械化施工、组塔机械化施工、架线机械化施工、物料运输机械化施工、全过程机械化施工应用共 7 章，阐述了便于机械化施工的设计技术、资源配置方案、专用型施工装备、工程案例等内容。

在本套丛书的编写过程中，相关省级公司、科研单位、设计单位和施工单位给予了大力支持与协助，在此对各单位及相关专家表示衷心的感谢。

由于编写时间仓促，书中难免存有不妥之处，恳请批评指正。

编写组

2023 年 2 月

目　录

概　　述

1.1　架空线路工程机械化施工背景及意义

在工业化、经济社会高速发展的今天，随着人民生活水平的不断提高，工程建设中人力短缺、人工成本不断攀升等问题愈发凸显，同时我国坚持"以人民为中心"的发展思想，这些都要求工程建设不断降低人力投入、人工劳动强度，提升职业健康保护、安全质量水平，因此全过程机械化施工成为工程建设模式发展的必然趋势。

架空输电线路工程与其他行业工程建设相比，建设环境更加恶劣、环保要求更加严格，往往很难具备"通路、通水、通电，场地平整"的施工基本条件，同时经济社会快速发展带来了新的社会环境，造成工程施工存在以下特点及问题：

（1）机械化水平相对较低。输电线路受路径制约，大多处于山区，环境复杂，机械化施工作业困难。随着人工成本持续攀升，劳动力缺乏问题日益突出，传统的劳动密集为主的施工方式越来越不适应经济社会发展趋势。

（2）安全风险管控难度大。传统施工作业不仅强度大、效率低，而且安全事故多发，尤其是在深基础掏挖和铁塔组立方面，安全风险很难防控。

（3）全过程机械化施工技术体系不够完善。尽管我国在提高线路机械化施工方面做了很多有益探索、创新，研发了一些专用设备、工艺等，如落地抱杆、直升机放线、履带运输车等，但是主要针对某一特定施工环节，未形成机械化施工理念、技术体系等。

（4）建设各阶段各专业协同不足。在架空输电线路工程施工现场不具备"通路、场平"条件时，设计方案往往难以为施工机械进场作业提供便利条件，建设管理模式、政策等对机械化施工的引导与支撑不足，造成工程施工机械化程度较低的现状。

（5）施工模式转变速度跟不上需要。在电网持续大规模建设的背景下，架空输电线路工程施工现场作业急需由传统的"劳动密集型"向"装备密集型""技术密集型"的机械化施工模式转变，实现机械代替人工。

近些年，为了适应建设环境变化的需要，进一步提升智能电网工程建设能力，国家电网有限公司基建部（简称国网基建部）着眼建设全过程机械化施工，加强线路设计、装备、施工创新，加紧推进输电线路全过程机械化施工研究应用。自2016年开始，为进一步提升输变电工程建设安全质量及效益效率，国网基建部实施全面推进架空输电线路工程机械化施工工作，包括深化配套技术，攻坚山地等复杂条件机械化施工难题，创新应用小微型环保基础，持续研制新型专用装备等，取得了良好的效果。据统计，近几年，110kV及以上线路基础工程中环保型基础平均应用率已超过开挖回填类基础，在部分山区工程挖孔类基础（以挖孔桩、掏挖基础为主）应用率更是超过90%；替代基坑人工掏挖的施工机械整机质量持续降低，由社会化市场租赁机械质量一般不低于60t（钻孔扭矩不低于180kN·m），输电线路专业型钻机已实现整机质量低于20t，而且机械性能也在稳步提升，进一步契合线路工程施工条件。通过这些技术与管理创新以及全面推进工作，架空输电线路施工机械化率稳步提高，很好地满足了国家电网有限公司（简称国家电网公司）持续大规模建设需要。

2022年以来，为落实能源转型发展、新型电力系统建设、绿色建造、智能建造等新要求，贯彻国家电网公司战略及"一体四翼"发展布局，结合电网建设实际，完善基建专业管理体系，深化工程标准化建设，提升专业管理水平和整体建设能力，国家电网公司制订了基建"六精四化"三年行动计划，抓住基建工作核心要素，牢固树立"六精管理"理念，推进工程安全精益求精、质量精雕细刻、进度精准管控、技术精耕细作、造价精打细算、队伍精心培育，在工程建设上创新推进以"标准化、绿色化、机械化、智能化"为基本特征的高质量建设，并明确到2024年机械化施工率达到80%，从而助力新型电力系统建设及双碳行动实施。为此，国家电网公司基建专业积极开展技术创新，推动施工装备标准化、系列化、智能化，全过程覆盖、全地形适应、全天候可用的机械化施工技术，提升电网施工装备水平；针对难点、重点环境，持续推进关键技术研发，重点突破复杂地形条件下物料运输、基础施工、交叉跨越等方面的机械化施工技术；完善机械化施工设计指导手册、配套体系，形成可复制可推广的经验和做法，实现工程建设各环节的有效衔接，全面提升机械化施工水平，提升建设质量效率和本质安全水平。

1.2　架空线路工程机械化施工技术现状及发展

以实现机械化施工为目的的理论与方法，可以统称为机械化施工技术。机械化施工相关技术的发展就是从工程设计、装备制造、施工工艺等专业领域，围绕如何提升施工机械化程度来展开。国家电网公司一直按照确保先进性，坚持专业化、标准化、系列化的总体技术思路，持续开展机械化施工关键技术与装备研发、标准化建设等创新工作，形成全过程、系列化成果，推动机械化施工技术的发展。

1.2.1　机械化发展历史

机械化是指主要或完全依靠手工或动物工作到使用手工工具或动力设备工作的转变发展。机械化有着悠久的历史，最早可以追溯到罗马时期，当时最具代表性的机械化设备是水轮，一种以流动或落水为动力的装置；18世纪初随着工业化革命，蒸汽机的使用越来越多机械化才得到了显著的发展，不同行业的工厂需要大量的金属零件，这随后机床、自动式机床的发明，取代了手工的灵巧性；20世纪中后期，液压和气动设备（例如打桩机和蒸汽锤）被开发出来，并被用于推动各种机械，由于可以在短时间内处理大量的工作，可以显著提高生产活动的效率和生产力。机械化广泛应用于农业、制造业、矿业、建筑业等。

"机械化施工"是指在施工过程中应用机械化设备。第二次世界大战后，为了满足更短的时间和复杂的设计，机械化施工代替了传统手工方法，并随着发动机和传动系统的创新，各种机械设备的承载力也得到不断提高。传统的混凝土配料和搅拌设备由人工改为液压伺服控制系统；随着建筑机械设备的渐进发展，如今建筑项目高度机械化，且机械化覆盖率逐渐增大，也提高了承包商的生产力、工作标准和效率，而且施工现场的生产设备正在被土方、运输、物料搬运等设备取代。世界各地的建筑师和土木工程师设计、建造了大量的现代建筑，现代文明取得如此巨大的成就离不开机械化的建设实践。

为了实现建设世界一流电网的战略目标，国家电网公司提出需要在输变电工程建设中将重点放置在全过程机械化施工上，将传统的施工模式进行合理有效的改善，落实输电线路全过程机械化施工，可极大限度满足输电线路施工机械化率提升需要，并在降低施工成本的基础上还能落实对安全风险的有效控制。在设备应用方面，广大建设者研究了输电线路中采用集中搅拌混凝土的经济性及必要性，研制了输电铁塔掏挖基础机械成孔的旋挖钻机专用设备，并进行了现场基础真型试验和工程应用，铁塔组立中使用了动臂抱杆组塔手段，采用了遥控氢气飞艇施放放线引绳技术。在施工方面，提出了架空输电线路工程施工机械化率的评价方法，对山区机械化施工方案进行了研究，探索了河网地区不同工序机械化施工的新模式。

在工程施工项目中采用机械化具有显而易见的好处，可大大缩短施工周期，有利于降低工程成本，可提高工程质量，可优化社会资源并节约社会劳动，并可使工程设计空间更为拓展，可以建造同时满足施工技术和美化景观方面的要求。

1.2.2　工程设计技术发展

工程设计是人们运用科技知识和方法，有目标地创造工程产品构思和计划的过程，是建设项目生命期中的重要环节，科学技术转化为生产力的纽带，处理技术与经济关系、与绿色低碳关系的关键性环节。工程设计是否科学合理，对工程机械化施工具有关键性影响，代表了机械化施工技术发展水平及方向。随着施工装备质量、功率等指标的减小，施工能力会有一定程度的下降，例如市场上主要满足交通、建筑等各行业建设工程桩基础施工的旋挖钻机整机质量都是超过 60t，而面向输电线路工程所研制的专用型轮胎式旋挖钻机整机质量 30t，KR50 型电建钻机整机质量 12t，其在土层钻孔最大直径较市场通用型缩小了 50%左右；铁塔组立若采用 80t 汽车吊，处于 20m 工作幅度、35m 吊高安装位置时其最大吊重约 10t，而采用 25t 汽车吊在相同安装位置时最大吊重不足 2t。虽然为了减轻机械重量、提升机动性，牺牲了其作业极限能力，但是这也表明在架空输电线路工程建设中实施机械化施工，需要设计方案匹配装备能力，为机械作业创造前置条件。

杆塔、导线与金具等机械化施工设计技术相对成熟，形成了适应"机械化施工，流水式作业"的系列化技术措施。由于架空输电线路施工难以具备"通路、场地平整"等条件，同时受地下环境不确定性高等影响，面向机械化施工的架空输电线路工程设计技术发展重点和难点在于基础。基础设计时需要充分考虑工程沿线地形和地质条件等各种因素的影响，既要满足承受输电线路结构荷载的要求，又要促进轻便型、模块化施工装备进场与作业。近些年为便于机械化施工应用实施，输电线路基础设计朝小型化、预制化装配式方向发展，例如国家电网公司大力推广应用岩石锚杆基础、螺旋锚基础、微型桩基础等，相对开挖回填类基础，充分利用原状岩土地基固有性能，具有承载力高、变形小的力学特点；相对挖孔桩等大截面原状基础，不仅节省材料、减少开挖量，而且保持较高的承载性能，为轻便型机械设备施工创造技术条件。其中通过大量的试验测试数据积累，岩石锚杆基础设计方法持续改进完善，承载力计算参数取值更系统更科学，并在传统的岩石锚杆基础型式之上，开发了岩石锚杆复合基础等新型式；微型桩主要用在地基托换、支护结构、水池抗浮、建筑加固等工程中，也开始在输电线路杆塔基础工程中研究和设计应用；螺旋锚基础主要适用于土质地基，近五年通过专项研究，其适用范围已有早期应用的软弱土质延伸至较坚硬的黏土、密实的碎石土等地基，且承载力计算方法持续完善，具备全面推广的技术条件。这些设计方面的技术创新为机械化施工拓展了应用场景，从而更加便于实施。

1.2.3　工程施工技术发展

架空输电线路施工技术主要按照工程建设方案，满足安全质量要求，围绕装备建立施工工艺方法。施工工艺方法及质量控制措施与机械、施工对象密切相关，常用施工工艺如图 1.2-1 所示。目前铁塔组立包括抱杆、移动式起重机等配套施工工艺；架线主要采用无人机展放引绳、张力放线技术；基础种类多样，施工工艺繁多。其中输电线路现浇开挖基础一般采用挖掘机进行基坑作业；预制桩往往采用激振法、锤击压法进行植桩和沉桩；桩基成孔包括螺旋钻孔、冲击钻孔、回转钻孔、旋挖钻孔、机械洛阳铲等施工工艺方法，同时为确保坑壁稳定与清除渣土，往往配合正循环和反循环两种方式的泥浆护壁施工；岩石地基桩基往往采用气动潜孔锤、回旋钻进等成孔方式，锚杆锚孔多采用气动潜孔锤成孔工艺。

（a）落地抱杆组塔

（b）轮胎式起重机组塔

图 1.2-1　常用施工工艺（一）

（c）无人机展放导引绳　　　　　　　（d）旋挖成孔

图 1.2－1　常用施工工艺（二）

1.2.4　施工装备技术发展

1. 工程施工装备发展趋势

近些年工程施工装备发展趋势具有以下特点：

（1）向大型平台化和微小型化两级发展，产品系列进一步完善。以挖掘机为例，目前的单斗挖掘机斗容量已经从常用的 $0.4m^3$ 发展到 $30m^3$；相反，小型挖掘机的斗容量仅为 $0.01m^3$。

（2）满足多样化作业环境及一机多用型式，提高产品的经济性。目前世界各国不少中小型挖掘机、装载机、叉车，除完成其主要的挖掘，装卸功能外，还可同时进行起重、抓料、压实、钻孔、破碎、犁地、扫雪、推土、修边坡，以及夹木、叉装等多种作业。

（3）广泛应用机电液一体化技术，全面提高产品的性能。施工机械良好的控制性能和信息处理能力，主要基于机械和液压两个方面性能的提高，以及主机具有良好的电子技术，传感器技术和电液传感技术，机电液一体化技术的应用大大提高了施工机械可靠性、实用性，特别是液压传动使施工机械得到极大的增力比值，自动调节操作轻便，易于实现大幅度无级高速。

（4）实现机械运行状态监控和自动报警、机械故障的自动诊断，提高安全性，防止事故发生，并向机器人功能方向发展。

（5）提高作业质量和精度，如高速公路施工中使用的平地机与摊铺机等平整机械，作业精度要求限制在几毫米的偏差范围内，人工操作已无法满足这样的要求；必须采用自动调平控制装置。

（6）提升施工机械的机动性能，降低燃油消耗量，进行节能控制，充分利用发动机功率，提高作业效率以及设备的利用率和生产率。

（7）普遍重视施工机械的舒适性，改善接卸操纵性能，减轻操作人员劳动强度，实现产品的人性化。

（8）提高产品环保性，研制环保型产品，更加重视提高制造水平和新材料的应用，进一步提高产品的寿命和可靠性，同时进一步提高零部件标准化与通用化的程度，最大限度地简化维修。

2. 架空输电线路工程施工主要装备

架空输电线路工程施工主要装备包括临时道路修建、运输、基础成孔、混凝土、组塔、架线、接地 7 个工序近百种装备，近些年装备技术发展的体现如下：

（1）架空输电线路施工装备体系更完善，涵盖作业流程更加广泛，既包含完全替代人工的施工机械，又有替代人力从而降低劳动强度的工器具。

（2）各工序施工新装备不断涌现，新功能性能持续改进，智能化水平不断提升。既有架空输电线路工程专业特点大功率专用型旋挖钻机、电建钻机、轮胎式专用旋挖钻机、机械洛阳铲、分体式岩石锚杆钻机，以及落地抱杆、履带式运输车等，专业化新装备如图 1.2－2 所示；又伴随信息化技术快速发展，施工机械智能化提升明显，如新一代智能化落地抱杆、智能化牵引机（张力机）等。

其中，落地抱杆从塔式起重机技术发展而来，形成了单动臂、平臂、摇臂等抱杆型式，同时伴随起吊与控制系统的智能化水平提升，如组装特高压螺山大跨越铁塔（全高 371m，塔重 4400t）的 T2T800 型超大型双平臂落地抱杆，可以满足 40m 吊装范围内两侧同时起吊 20t 塔材，并将不平衡力矩系数提高到 40%，在对侧不设置配重的情况下可以实现单侧吊装 8t。为适应复杂条件组塔、低电压等级杆塔组立等要求，下一代组塔抱杆技术将围绕轻型化、平台化、智能化等方向发展。

（a）大功率专用型旋挖钻机　　　　　　（b）轻便型电建（旋挖）钻机

图 1.2－2　专业化新装备（一）

（c）轮胎式专用旋挖钻机 （d）机械洛阳铲

（e）落地双平臂抱杆 （f）履带式运输车

图 1.2 - 2 专业化新装备（二）

　　用牵引机、张力机进行张力放线，彻底改变了人拉肩扛或地面拖曳展放导线的历史，20 世纪 90 年代初，国内第 1 套 75kN 牵引机及 2×30kN 张力机的成功研制，标志着我国牵张设备逐步与世界先进国家接轨。近些年来工程建设对牵张设备的性能提出了更高的要求，牵张设备标准化、系列化、电气化、智能化水平提升明显。其中智能张力放线系统引入自组网络加高清摄像设备实现实时监控，实现了人机分离的远程集中控制；智能化牵张设备实现多机集中控制，可自动识别和匹配不同设备。机械设备的智能化替代是大势所趋，随着"三电"（电池、电机、电控）、5G 技术的集成应用，氢能动力机械也为装备动力替代提供了新途径，牵张机新能源动力及 5G 技术下的远程控制装备将成为下一代牵张机产品的技术方向。

旋挖钻机在基础工程建设中应用广泛，然而市场化传统的旋挖钻机质量大（60t 以上）、轨距宽（4m 以上）、爬坡性能差，在架空输电线路乃至电网工程建设中应用场景有限。在此技术基础上，针对输电杆塔基础成孔，成功研制了大、中型电建钻机，性能持续改进，适用性更高，主要旋挖钻机性能的变化与提升见表 1.2－1。相比于传统旋挖机械，电建钻机具有质量轻、爬坡能力强、重心低、稳定性高、履带可伸缩、可辅助吊装、成孔效率高等优点，适用于黏性土、粉土、砂土、碎石土、软岩及风化岩层等地质，以及平地与丘陵全地形、部分山地条件下挖孔、掏挖、灌注桩等基础成孔施工，已在国内多条输电线路成功应用。

表 1.2－1 旋挖钻机性能的变化与提升

序号	型号	整机质量（t）及运输外形宽×高（mm×mm）	作业环境要求及能力限值				
			整机最大爬坡度（°）	适用岩层强度（MPa）	最大钻孔直径（mm）/深度（m）	最大扩径率（土层）	钻进速率（土层）（m/h）
1	市场通用型（以徐工 XR360 型为例）	92 3500×3810	20	80～100	2500/92	2.0	≤12
2	专用—综合型	47 2600×3500	30	50～60	2000/30	2.0	≤20
3	专用—中型	38 2600×3435	20	25～30	1500/25	1.5	≤10
4	专用—轮胎式	27 2500×3656	15	<30	1400/25	1.0	≤5
5	电建钻机—KR150 型	38 2600×3835	25	50～60	2600/30	1.8	≤10
6	电建钻机—KR110 型	32t 2600×3500	25	40～50	2600/20	1.8	≤8
7	电建钻机—KR100 型	28 2600×3040	25	30～40	2600/20	1.6	≤6
8	电建钻机—KR50 型	12 2200×2625	25	<30	1600/10	1.2	≤2

岩石锚杆钻机是一种主要应用于山地线路岩体开孔的专用施工装备，主流钻机按动力主要分为气动、液压、电动等形式，锚杆钻机性能的变化见表 1.2－2。面向架空输电线路岩石锚杆钻孔施工且适应山地的小型模块化锚杆钻机，各功能单元采用模块化、可拼装（组装）结构设计，每个模块或可拆

解单体质量不超过 200kg，方便搬运和拼装操作；采用柴油机驱动的动力模块数量，可根据施工条件组合，使设备输出动力满足各种不同地质条件下的施工需要；采用独立的粉尘回收、清渣的除尘模块和遥控操作系统，实现现场少尘化作业，提升了人员的劳动安全防护水平。基础成孔对线路工程全过程机械化施工制约比较明显，因此基础施工的装备体系最为复杂多样，除了新装备外，还有较为成熟的施工机械包括锚杆钻机、潜孔锤钻机，以及冲孔钻机、回旋钻机、螺旋钻机、微型桩潜孔锤钻机等，但是通过持续研发，架空输电线路工程施工装备体系不断补充完善，支撑机械化施工水平与能力的持续提升。

表 1.2－2　　　　　　　　　　　　　锚杆钻机性能的变化

序号	锚杆钻机型号	整机/模块质量（kg）及外形宽/高（m）	作业环境要求及能力限值			
			适用最高岩石强度（MPa）	一般孔径（mm）	孔深（m）	典型条件钻孔效率（m/min）
1	小型模块化 JY－MD－150/20－A	1200～2200（整机）/185（最大模块）1.3（宽）/1.65（高）	约 120	90～150	<20	0.3～1.0
2	支架式 MYT－125/380	450（整机）/285（最大模块）0.7（宽）×1.5（高）	约 40	28～100	<10	0.03～0.1
3	一体式 TAR12A	14500（整机）8.8（宽）×3.0（高）	约 120	60～220	<30	0.3～1.2

1.3　架空线路工程机械化施工技术体系

机械化施工技术按工程建设专业领域可细分为设计、装备、工艺、管理等技术，按工程工序构成为分基础成孔、混凝土浇筑、组塔、架线、接地极施工以及临时道路修筑、运输等技术。近些年为深化线路工程"标准化设计、机械化施工、流水式作业"建设模式，国网基建部从技术标准、工程设计、工程管理、施工装备、量化评价五个角度深化推进机械化施工，在管理与技术方面形成标准化、专业化、系列化成果，并形成建设全过程应用要求，进一步提升电网建设安全质量、效率效益。

1. 技术标准

机械化施工技术标准是工程设计、施工以及装备运行维护等过程中一种共同遵守的技术要求。近几年围绕机械化施工、绿色低碳、新型电力系统建设等目标，进一步完善并建立了设计类（含勘测）、施工类（含装备、验收）的工程建设阶段标准体系框架。

制订《架空输电线路机械化施工技术导则》，强化顶层设计与策划，在设计选型条件、方案比选原则等方面明确了统一、通用的技术要求，在勘测设计、施工工艺与装备配置等方面全面贯彻机械化施工理念，并融合设计、施工及验收、装备等标准，规范设计思路、装备性能与指标要求，配套安全、质量稳定的施工工艺，技术导则将发挥技术导向与支撑作用，指导机械化施工全面应用实施。

设计技术方面，已基本形成覆盖完善的技术标准，包括螺旋锚、岩石锚杆基础等，微型桩、装配式基础标准将于 2023 年完成发布工作；装备方面，目前国内输变电工程施工机具类型多样、型号繁多、生产厂家众多，不同厂家、不同施工单位的产品在性能、结构、尺寸等主要参数方面存在较大差异，给使用、管理、维护保养、采购、标准化配置等方面带来较大困难，但对于组塔用抱杆、张力机等输变电工程专用施工装备已形成对应技术标准，基础专用施工装备标准需要随应用成熟再进行补充和完善。有关施工工艺的标准化技术主要体现在标准工艺、工法等成果，已建立相应体系及标准化机制，同时需要随装备等持续改进优化。

在标准化体系建设方面，研究形成了适用于机械化施工的三类杆塔、基础、金具等通用设计成果，充实基建标准化体系，其中通用设计成果严格执行相关规程规范，将施工装备能力与性能纳入基础设计考虑的边界条件，有利于工程实施。

2. 工程设计

编制了《线路机械化施工设计手册及典型工程案例》，加快工程设计、施工等人员掌握机械化施工理念，强化设计管理，统一工程设计思路，形成适宜施工装备与工艺、典型成效等，实现专项设计方案、专项施工方案、施工装备间的有效匹配，为工程设计提供准确参考。编制发布了《落地抱杆、小型轮式旋挖钻机等专用施工装备标准化应用手册》，从应用角度，主要面向设计、建设管理、施工、监理等人员，梳理明确落地抱杆等施工装备的作业能力、运输及道路要求、作业效率、匹配工艺等，方便设计、施工等人员快速了解、掌握新型专用施工装备。编制形成了机械化施工专项设计大纲，强化专业协同，明确专项设计思路，规范设计内容，全面贯彻机械化施工理念开展工程专项设计，进一步提高机械化施工应用工程设计深度。

另外，工程设计多种方案经济性分析比较的基本方法主要有单指标比较和多指标综合比较两种。基础设计方案比选技术已由单一材料量发展到基于定额标准与工程量计价方式的造价指标比选方法，随着架空输电线路工程机械化施工、高质量建设、绿色低碳发展等要求的提出，工程设计方案的比较也需要进一步完善多指标评价比选方法，建立综合考虑经济性、施工便捷性、低碳性等多指标的综合评价标准。在实际设计比选过程中，往往通过方案的预选确定一些其他方面的指标符合基本要求的方案，再根据一个重要的指标来确定优劣。围绕机械化施工目标的架空输电线路工程设计方案比选适合以技术适用性、机械化施工的可行性与便捷性、青赔量等作为预选标准，再以造价、碳排放量作为方案优选的指标。其中，机械化施工的可行性与便捷性按施工装备目录体系、各机械装备标准化应用手册等要求，可按照机械化率量化评价指标来衡量，并考虑当前装备技术水平、青赔等因素来综合评估及方案预先选择；经济性依据工程量及定额标准等计价依据进行量化计算；碳排放量以架空输电线路基础全寿命周期各阶段各环节排放因子统计值及《建筑碳排放计算标准》（GB/T 51366—2019）等技术标准进行计算。

3. 工程管理

平原、丘陵地形线路工程全面实施机械化施工模式，对重点工程开展专项设计方案、专项施工方案的评审，发挥示范效应。各省公司全面应用机械化施工建设模式，强化机械化施工理念、技术、管理等培训与宣贯，开展全面推进工作策划。工程设计阶段，将机械化施工设计、施工要求分别纳入工程设计、施工招标文件；结合工程实际开展专项设计，形成专项设计方案；初步设计评审时对专项方案进行专题评审，评审意见中专题论述；施工图设计阶段随着工程勘测、调研收资的深入，进一步优化专项设计方案，为后续施工提供更加便利的条件。工程施工阶段，全面推进采取整体策划、专项方案等工程管理手段，采取民事协调、青苗赔偿等配套工程管理措施。科学组织施工，发挥人、机、物的有效匹配。施工准备阶段全面调研，落实专项设计要求，开展施工专项方案的编制，做好施工交底，与设计方案有效衔接。施工过程中加强同一塔位不同工序间，同一工序不同塔位间，两级流水式作业，加强装备应用，实现施工作业由机械替代人工。

4. 机械装备

定期梳理发布了《机械化施工标准化装备目录》，装备体系不断充实。最新版体系包含 87 种装备，764 个主要型号。各省公司在国家电网公司装备体系的基础上，结合区域实际，梳理形成省公司标准化装备实施体系目录，指导工程实施。持续创新研发专业化施工机具，进一步提升了电网工程施工装备水平。定期研发需求，研制并形成系列成果。

5. 量化评价

建立了线路工程施工机械化程度的量化评价方法，形成线路施工机械化程度的评价技术，利用机械化率等可量化的评价指标，对 11 个施工子工序适用的主要装备，按机械化水平，完成定量分级，从而引导技术与管理水平的提升。

机械化施工是一项系统工程，需要将勘测设计、施工、装备、管理等专业，以及基础成孔、组塔、架线等工序紧密地结合在一起，从而安全优质高效完成电网建设任务。设计要从施工装备方面综合考虑确定相应的设计原则，所选用的设计方案不仅要考虑各种功能要求、环境条件与作用，还要结合现场的交通条件、植被、民事赔偿、设备性能及地形等因素，最大限度地发挥机械设备的优势，体系化协同助推机械化施工技术应用；施工技术与装备要匹配且围绕设计，合理选择施工方案，满足设计要求；为提升效益效率，各工序也需要统筹，实现高质量建设。

工程勘测与设计

　　勘测是架空输电线路工程优质安全高效建设的基础性工作，对机械化施工的科学有序实施至关重要。设计是源头，是落实绿色发展、机械化施工等要求的前提，架空输电线路工程设计需要遵循的原则包括：贯彻绿色、低碳、环保理念，优先采用原状土（岩）基础、绿色杆塔等工程技术；综合考虑地形地质、环境与施工条件，优先采用便于机械化施工并易于贯彻施工安全、可靠、高效要求的设计方案。

　　本章在机械化施工的背景下，主要阐明架空输电线路勘测及路径塔位优化原则和重点关注问题，阐述勘察测绘的主要手段和方法，并从便于机械化施工的角度，介绍了基础、杆塔本体设计，以及在设计阶段所开展的路径选择、架线、施工道路规划的技术要求与设计方法、重点内容等，并以工程实例介绍了设计典型经验和做法，以便读者理解并掌握如何抓住设计源头，助推工程全过程机械化施工模式的实施。

2.1　架空线路工程勘测

2.1.1　机械化施工勘测要求

1. 勘测主要原则

输电线路全过程机械化
施工全场景展示示意图

　　输电线路工程勘测文件是输电线路工程设计的必要技术文件，是工程机械化施工的必备前置工作。与常规输电线路工程勘测相比较，应用机械化施工技术的工程勘测要求比较高，控制要求更加严格。勘测的侧重点因工程特点和地形地质条件不同而存在差异，但一般来说，输电线路机械化工程勘测除了常规要求及内容外，勘测重点内容及原则如下。

（1）查明塔位周边道路交通条件，是否具备机械化施工设备进场条件及新修的施工便道长度。

（2）查明沿线的地形地貌条件，塔位岩土层的类型及埋藏深度等，确定适宜的基础型式及相应机械化施工方式。

（3）查明塔位周边地形特点，提出机械化施工开展前的基面处理方案建议。

（4）查明影响施工设备进场、作业安全的其他地形地质问题。

（5）评价基础施工可能性，论证施工条件及其对环境的影响。

另外，输电线路机械化施工工程勘测需要关注机械化施工的可行性、作业风险等问题，具体包括进行施工装备、工艺适用性评价，提出基础类型、持力层、设计深度等建议；是否具备施工装备进场的道路、地形地质，以及安全作业的地形地貌条件，是否存在影响装备作业的不确定因素。

2. 各阶段的勘测深度要求

线路工程应做到全线逐基勘测，对于 500kV 及以上重点工程原则上应"逐腿勘测"，特殊地质条件地段宜"一塔一策"（逐塔编制勘测方案），全面满足机械化施工要求，并紧密结合设计进程分阶段进行。

（1）可行性研究阶段。通过对现有资料的搜集分析和现场调查勘测，从岩土工程技术条件论证拟选路径方案的可行性与合理性，侧重调查沿线地形地貌、地层岩性、地质灾害、压覆矿产以及地质构造等情况，为编制可行性研究报告提供岩土工程技术依据。同时，交通状况良好、地形坡度合理是开展机械化施工的一大前提，因此本阶段选线时宜新增对地形坡度的调查，推荐利于开展全过程机械化施工模式的线路路径方案，为后期塔基机械化施工创造条件。

（2）初步设计阶段。本阶段勘测在可行性研究的基础上，按拟选的线路路径方案做好初步的岩土工程勘测工作，为选定线路路径和编制初步设计文件提供岩土工程技术依据。一般分段查明线路地形地貌、地震动参数、地质构造、地层岩性、地下水等情况；重点查明对确定线路路径起控制作用的不良地质作用、特殊性岩土、特殊地质条件的类别、范围、性质，评价其对工程的危害程度，提出避绕或处理建议；提出机械化施工塔位基础类型的建议。

（3）施工图设计阶段。

1）岩土专业。施工图设计阶段岩土工程勘察，需详细查明塔基及周围的岩土性能特征和相关参数指标，正确评价施工、运行中可能出现的岩土工程问题，为塔基设计和环境整治提供岩土技术资料。以山区线路为例，本阶段勘察一般以逐基查明塔位稳定性和地基条件为重点，定位时需要避开一些不良地质体，主要查清第四系覆盖层厚度及岩石风化特征、坚硬程度、构造特征、岩体完整程度、地下水环境等。

为适应塔基机械化施工，在满足塔位场地稳定适宜的前提下，推荐靠近公路、地形比较平缓和开阔的位置立塔，其次配合设计逐基落实机械化施工的可行性。地质条件差异不大或同类型条件时，连续或成片式建议设计同一种基础类型，便于实施连续性作业方案，优化进度，节约工程造价；终勘时，针对可能采取的塔基类型和机械化施工可能性，有重点地查明岩体的坚硬程度和埋深、砂土密实度、基岩裂隙水等影响机械化施工设备选择和工法选择的地质条件。

2）测量专业。除按规程要求的测量工作外，为适应机械化施工的要求，还需配合设计，对可能的施工设备进场道路、道路沿线植被及周边建（构）筑物等进行测量，提供道路的高差、坡度等相关信息，便于设计专业分析评价道路修建的可行性，规划初步的方案。

3. 勘察关注的重点问题

不同地形地貌和地质条件下勘察所关注的重点问题不同，具体见表 2.1－1。

表 2.1－1　　　　　　不同地形地貌和地质条件下勘察关注问题

序号	地形地貌	普遍地质条件	勘察重点关注的问题
1	山地、丘陵	地下水埋藏较深、岩石埋藏浅	重点查明塔基及临时道路地形地貌、地层岩性，查明岩石的坚硬程度、岩体的完整程度和基本质量等级。 重点关注岩石的可挖性，提供各类岩石饱和单轴抗压强度推荐值；当有采用岩石锚杆基础的条件时，应重点关注岩体的完整性、坚硬程度
2	平原、丘岗	地下水埋藏较浅、存在砂土、软土等	重在查清地层分布情况及性质、持力层埋深、地下水位埋深及变化幅度等。 （1）重点关注地下水的类型及分布、砂土与碎石土密实程度、软土的特性，分析及论证其对成桩的影响及可行性。 （2）重点关注岩土层及地下水对基坑开挖的影响，是否有流砂、突涌的可能性、是否会造成基坑坍塌及需要采用支护措施
3	河网、泥沼、沿海滩涂等	地下水埋藏很浅、砂土、软土普遍分布	重点查明塔基范围地基岩土层类别及分布特征、土层颗粒级配、黏性土状态、砂土的密实状态、地下水等。 重点关注的问题与平原、丘岗区比较类似，如地下水、砂土、碎石土对于机械成孔的影响，对基坑开挖的影响；除此之外还需要重点关注地下水对建筑材料、钢结构的腐蚀性

序号	地形地貌	普遍地质条件	勘察重点关注的问题
4	戈壁、沙漠	地下水埋藏较深、存在砂石土、碎石土、盐渍土	重点查明地基土的类别包括颗粒级配、颗粒形状、密实度、易溶盐类型与含量。 重点关注地基土中的密实度，对于机械成孔的影响，地基土中漂石大小、含量，对机械钻进的影响。还需特别关注地基土的腐蚀性

4. 特殊地质条件下的勘察重点和措施建议

（1）软土。重点查明地基土成因类型、分布规律及下伏硬土层的埋深与起伏，分析评价软土对基坑开挖、支护的影响，地基产生失稳和不均匀变形的可能性；软土地区基础型式尽量采用灌注桩基础、螺旋锚基础等，不宜采用开挖回填基础。如确需采用大开挖基础，应对基坑稳定性作出详细的评价，并采取合理的支护及降排水等措施。

（2）流砂。重点查明砂土层的成因、分布规律，查明地下水的类型，尤其是承压水的分布，分析评价产生流砂、管涌、突涌的可能性，提出相应的措施建议；对于可能存在的流砂、管涌的区域，尽可能采用灌注桩基础。对于需要采用大开挖基础的开挖前采取合理的降水措施，可靠的支护措施，防止发生流砂导致基坑坍塌。

（3）岩溶。重点调查塔基周围岩溶发育情况，采取钻探与物探相结合的手段查明塔基下基岩顶面的埋深、岩体的完整性、溶洞与土洞的发育情况，根据岩溶的发育情况、溶洞与土洞的大小、埋深、充填、水文地质条件等分析评价，推荐可采用的基础型式建议，对于岩溶发育复杂地段宜进行施工勘察。

2.1.2　主要勘察技术

针对机械化施工条件下的主要岩土工程问题，根据具体地层条件勘测工作可采用工程地质调查与测绘、钻探、原位测试、室内试验和工程物探等综合勘测方法。主要勘测方法及目的见表2.1－2。

表 2.1 – 2　　　　　　　　　主要勘测方法及目的

勘测方法	目的
工程地质调查 与测绘	了解地形地貌、附近建筑经验、场地内管线埋设情况等。收资内容一般应包括水文地质 与工程地质普查报告，地质灾害普查或评估报告，矿产分布与开采资料，当地特殊岩土与 特殊工程地质条件方面的资料
钻探	了解地层结构、岩性及其分布规律，查明地下水位埋深情况，采取土、水试样和进行标 准贯入试验、动力触探试验等原位测试
原位测试	评价地基土工程特性，对比划分地层。评价饱和砂土、粉土的地震液化；预估沉桩可能 性和单桩承载力等
室内试验	测定岩土的各种物理性质及工程特性指标，供统计、分析与评价使用
工程物探	探查地下隐伏岩溶、矿坑空洞、基岩面、风化带、断裂破碎带、滑动面及地层结构等地 质界面，测定土壤电阻率等

1. 工程地质调查与测绘

在可行性研究阶段和初步设计阶段，岩土人员对沿线地形地貌、不良地质作用的发育状况及其危害进行查明，对沿线重要塔位的地质条件进行概述，按地质地貌单元分区段对各路径方案做出岩土工程评价和汇总评价。对确定线路路径方案起控制作用的不良地质作用、特殊性岩土、特殊地质条件，描述其类别、范围、性质并评价其对工程的危害程度，提出避让或治理措施的建议。

施工图设计阶段，地质调查采取现场踏勘与工程测绘相结合的方式，对塔位周边的自然地质断面、不良地质作用等进行详细的调查，工作范围以塔位为中心不小于 50m × 50m，排除可能影响塔位安全的各种不良地质作用，并在现场配合设计人员对部分塔位进行调整。

2. 钻探

根据现场地形条件及交通条件采用 XY – 100 型钻机、XY – 20 型轻便钻机、SL – 20 型背包钻机（如图 2.1 – 1 所示）、人工洛阳铲、钎探等方式。钻孔主要分为两类：一类是采用各类型钻机进行钻探的控制性勘探点，逐基布置 1～4 个勘探点，山地段钻孔一般深度 8～15m，平原段钻孔一般深度 15～30m，钻探深度应满足基础设计对勘测深度的要求，在钻进过程中，进行取样，开展标贯、动探等原位测试，对地层进行现场编录、分层；另一类是为配合地质调查而进行的简易钻探，采用洛阳铲、钎探进行勘探，目的是确定塔基范围内的地层情况、地下水埋深条件。

图 2.1-1 SL-20 型背包钻机

3. 原位测试

原位测试手段包括标准贯入试验、动力触探、静力触探等。

（1）标准贯入试验采用导向杆变径脱钩式自动落锤装置，配合钻机进行测试，测试间距为 1.0～2.0m，标准贯入试验锤击数 N，可对砂土、粉土、黏性土的物理状态，土的强度、变形参数、地基承载力、单桩承载力，砂土和粉土的液化，成桩的可能性等作出评价。

（2）动力触探重型动力触探或超重型动力试验，用于评定碎石土、杂填土、软岩等的均匀性和物理性质。

（3）静力触探适用于软土、一般黏性土、粉土、砂土等，可根据需要选择单桥探头或双桥探头，可进行力学分层，估算土的塑性状态或密实度、强度、压缩性、地基承载力，进行液化判别等。

4. 室内试验

室内试验项目和试验方法应根据基础设计要求和岩土性质确定。室内土工试验方法应符合《土工试验方法标准》（GB/T 50123—2019）的规定。

（1）土层应测定下列土的分类指标和物理性质指标如下：

1）砂土：颗粒级配、相对密度、天然含水量、天然密度、最大和最小密度（如无法取得Ⅰ级、Ⅱ级、Ⅲ级土试样时，可只进行颗粒级配试验）。

2）粉土：颗粒级配、液限、塑限、相对密度、天然含水量、天然密度和有机质含量（目测鉴定不含有机质时，可不进行有机质含量试验）。

3）黏性土：液限、塑限、相对密度、天然含水量、天然密度和有机质含量。

4）对于湿陷性黄土、盐渍土、膨胀土等特殊性土，应按照相应规范进行相关试验。

（2）岩石的成分和物理性质试验可根据工程需要选定下列试验：

1）单轴抗压强度试验，应分别测定干燥和饱和状态下的强度，并提供极限抗压强度和软化系数。

2）点荷载试验，当岩芯较破碎，无法满足单轴抗压强度试验时，可进行点荷载试验。

3）块体密度试验。

4）吸水率和饱和吸水率试验。

5）耐崩解性试验。

6）膨胀试验。

7）冻融试验。

5. 工程物探

（1）土壤电阻率测量。土壤电阻率测量采用多功能直流电法仪系统及接地电阻测量仪，逐基测量，测量电极距一般为2、3、5m。目的是测量全线各塔基段土壤电阻率、辅助判定土壤的腐蚀性。

（2）高密度电法测量。对于岩溶发育区，可采用高密度电法的物探方式查明基岩埋深及岩溶分布。高密度电法是电阻率法的一种，其原理与电阻率法基本一致，即通过电极向地下供电，在地下建立稳定的电流场，利用岩石、土体、空腔填充物等地质体的导电性（以电阻率表征）的差异，进而分析不同地质体在地下的分布规律。通过对实测的视电阻率剖面进行计算、处理、分析，便可分析识别地层情况、矿藏贮存状况以及异常体分布等地质条件。

（3）地质雷达。地质雷达实物如图 2.1－2 所示，是一种基于高频电磁波技术来探测地下地质体的物探设备，其特点主要是利用高频电磁波的入射信号与反射信号的时间差来计算被测物体的距离。电磁波的反射特征主要是由地层中的不同物质的电性（以介电常数表征）差异导致，可用于基岩深度确定、潜水面、溶洞、地下管缆探测、地层分层等。

图 2.1－2 地质雷达实物图

2.1.3 数字化测绘技术

早期输电线路设计人员主要利用纸质、矢量地形图开展选线工作，如今已逐步转变成利用卫星、航空、无人机等获得的各类遥感影像进行室内选线工作。无论采用哪种方式，设计人员选线的依据都是从数字化测绘数据中获得的工程相关地理信息，而遥感影像获得的工程地理信息相较传统地形图具有时效性强、要素丰富、表达直观等特点。以下主要介绍两种利用遥感影像的数字化选线技术。

1. 卫星地图应用技术

卫星测绘是利用人造卫星获得遥感影像、地理信息等数据的测绘技术。在工程可行性研究、初步设计阶段，为了满足设计人员选线的需求，可借助谷歌地图、天地图等软件快速便利地获取平面精度 2～5m 的卫星地图影像。对时效性及精度要求较高时，可利用商业原始卫星影像生成的精度优于 1m 的数字正射影像和数字高程模型，以满足交通困难的高山、大岭等地区施工图阶段选线需求。利用卫星地图选线界面如图 2.1－3 所示。

图 2.1 - 3 利用卫星地图选线界面

2. 无人机航测影像应用技术

航测是利用各类航空器获得遥感影像、地理信息等数据的测绘技术。相较于采用大型飞机进行航测，无人机航测具有对作业场地要求限制低、飞行受环境条件影响小、获得影像数据精度高的特点。采用无人机低空摄影系统可以获取高分辨率航拍照片，生成精度优于 0.1m 的数字正射影像和数字高程模型，极大提升设计人员选线的效率与路径方案的合理性，可满足施工图阶段选线要求。固定翼、旋翼无人机如图 2.1-4 所示。

(a) 固定翼无人机   (b) 旋翼无人机

图 2.1 - 4 固定翼、旋翼无人机

采用卫星地图方式成本较低，无须存储处理大量的影像数据，但数据信息精度较低，能满足工程前期选线需求；采用航测尤其是无人机航测的方式，成本较高，且往往需要存储、处理海量的影像数据，对软硬件的要求较高，但获得的空间数据精度较高，基本满足施工图阶段的设计要求。上述两种遥感影像技术各有特点，均在工程中广泛采用。

2.2 机械化施工基础设计

基础是架空输电线路工程全过程机械化施工应用实施的重点和难点，设计能否为后续施工提供便利条件也是机械化施工落地的关键。基础型式受到各种不同的地形、地貌、地质条件的制约，在当前技术水平下，为更好地适应机械化施工、绿色建造等要求，架空输电线路基础整体呈现向小型化、预制式等技术方向发展，本节主要针对岩石锚杆、螺旋锚、微型桩等新型机械化程度高、满足环保及低碳要求的基础型式，兼顾其他原状土（岩）基础，结合近年来的基础设计创新成果，总结相关机械化施工技术。

2.2.1 机械化施工基础选型

1. 平地地形

（1）土质地基且无地下水时，优先采用螺旋锚、掏挖、挖孔桩、预制微型桩基础型式，其中螺旋锚基础一般要求地基土体最大粒径不超过 50mm。

（2）有地下水时，优先采用螺旋锚、灌注桩基础型式，可选用预制微型桩、钢筋混凝土板柱基础型式。

2. 丘陵、山地地形

（1）无地下水时，覆盖层较薄（不大于 2.5m）且下卧岩体基本质量等级Ⅰ级至Ⅳ级的地基条件优先采用岩石锚杆、微型桩、嵌岩挖孔桩基础型式；岩体基本质量等级Ⅴ级或全风化地基条件应优先采用微型桩、岩石嵌固、挖孔桩基础型式；覆盖层较厚（大于 2.5m）且下卧岩体基本质量等级Ⅰ～Ⅳ级的地基条件时优先采用微型桩、挖孔桩和掏挖基础基础型式。

（2）有地下水时，优先采用微型桩、灌注桩基础型式。

（3）大坡度地形（大于 30°），优先微型桩、挖孔桩基础、岩石嵌固基础型式。

3. 河网泥沼地形地貌

优先采用螺旋锚、微型预制管桩、灌注桩基础型式，可选用钢筋混凝土板柱基础型式。

4. 其他特殊要求工程

（1）工期要求紧、需冬季低温施工的架空输电线路工程，优先采用螺旋锚、装配式基础型式。

（2）存在较高的崩塌、滚石风险塔位，优先采用微型桩、挖孔桩基础，且宜采用基础立柱高露头设计方案。

具体基础设计需结合机械化施工理念，所选用的基础型式不仅要考虑地质条件和基础自身受力要求，还要结合现场的交通条件、植被、民事赔偿、设备性能及地形等因素，最大限度地发挥机械化施工的优势。针对机械化施工的特点，可参照基础选型表 2.2－1，初步确定不同基础型式适用性。基础选型方案最终根据实际情况，由机械化施工便捷性、技术经济性等因素综合比较确定。

表 2.2－1 基 础 选 型 表

基础型式	软质岩		硬质岩		一般土层		软弱土层
	覆盖层薄	覆盖层厚	覆盖层薄	覆盖层厚	无水	有水	有水
掏挖基础	＋	＋＋	＋	＋＋	＋＋	－	－
挖孔桩	＋＋	＋＋	＋	＋＋	＋＋	－	－
岩石嵌固基础	＋＋	＋	＋	＋	－	－	－
岩石锚杆基础	＋＋	－	＋＋	－	－	－	－
山地微型桩基础	＋	－	＋	＋＋	＋＋	－	－
预制微型桩基础	＋	－	－	－	－	＋＋	＋＋
板柱基础	－	－	－	－	＋	＋	＋
灌注桩	－	－	－	－	＋＋	＋＋	＋＋
螺旋锚基础	－	－	－	－	＋＋	＋＋	＋

注 1. 其中"＋＋"表示普遍适用，"＋"表示部分适用，"－"表示不适用。

2. 覆盖层薄一般理解为不超过 2.5m，反之则为覆盖层厚。

3. 软质岩以岩石饱和单轴抗压强度 $f \leqslant 30MPa$ 为主，如粉砂岩等；硬质岩以岩石饱和单轴抗压强度 $f > 30MPa$ 岩石为主，如凝灰岩、花岗岩等。

2.2.2 岩石锚杆基础

1. 工程特点及适用范围

随着输电线路工程快速建设，因线路走廊紧张，途经高山或丘陵地区线路段占比逐渐增加，机械化程度高的岩石锚杆基础应用需求日益迫切。岩石锚杆是一种通过水泥砂浆或细石混凝土在岩孔内的胶结，使锚筋与岩体结成整体的新型环保型输电线路基础，具有混凝土、模板、钢筋用量少，且现场施工量小等优点，有着显著的经济效益。

（1）锚杆基础的主要特点如下。

1）锚杆基础能够充分发挥岩土的承载能力，具有较好的抗拔性能，承受相同荷载时的地基变形比其他类型基础小。

2）锚杆基础主要采用机械钻孔，施工弃渣、基面开方量少，可避免人凿和爆破作业对基础周围基面及植被的损害，具有较高的施工安全保障及环保效益。

3）锚杆基础的基材耗用量低，在山地及丘陵地区相对于其他基础形式具有明显的经济效益。

4）锚杆成孔适用机械多样，施工机械化程度高，钻进速度快、效率高，具有明显的工期效益优势。

（2）岩石锚杆基础适用范围。岩石锚杆基础适宜的山地地形、地质情况较为特殊，设计需针对不同的基础适用范围、常用的锚杆基础型式及近年新技术发展方向开展锚杆基础设计应用。

目前主要适用于岩体基本质量等级为Ⅰ～Ⅳ级的岩石地基且无地下水的地质条件，在其他质量等级的岩石地基中使用时需要有充分的试验依据。一般来说在坚硬岩、较坚硬岩、较软岩、软岩，以及未风化、微风化、中等风化、强风化岩中适用性好，极软岩适用性一般，全风化岩应慎用；在完整、较完整、较破碎、破碎岩中可用，极破碎岩不采用。其中岩体基本质量等级划分详见表2.2－2。

表 2.2－2   岩体基本质量等级划分

坚硬程度	完整程度				
	完整	较完整	较破碎	破碎	极破碎
坚硬岩	Ⅰ	Ⅱ	Ⅲ	Ⅳ	Ⅴ
较硬岩	Ⅱ	Ⅲ	Ⅳ	Ⅳ	Ⅴ

续表

坚硬程度	完整程度				
	完整	较完整	较破碎	破碎	极破碎
较软岩	Ⅲ	Ⅳ	Ⅳ	Ⅴ	Ⅴ
软岩	Ⅳ	Ⅳ	Ⅴ	Ⅴ	Ⅴ
极软岩	Ⅴ	Ⅴ	Ⅴ	Ⅴ	Ⅴ

另外，岩石锚杆基础应用一般还需要考虑地形坡度、覆盖层厚度因素。其中适用场地的坡度要求不超过 30°；对地形较缓（坡度≤25°）、地表覆盖层（含全风化层）厚度较薄（厚度≤2.5m）的丘陵、山地塔位，适合采用岩石锚杆基础；当坡度≤20°、厚度≤2.0m 时，积极优先采用岩石锚杆基础；当坡度>30°或厚度>3.0m 时，根据塔位具体情况分析采用岩石锚杆基础。岩石锚杆基础的承台也适用嵌入落于Ⅰ～Ⅳ级的岩体中。

（3）岩石锚杆基础常规类型。架空输电杆塔中常用岩石锚杆基础型式主要有直锚式、承台式、复合式等，其中承台式、复合式锚杆基础的应用较多。

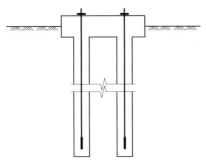

1）直锚式是将铁塔地脚螺栓作为锚筋直接锚入基岩中作为锚杆使用，主要适用于覆盖土层薄，基础作用力较小的塔位。直锚式岩石锚杆基础结构如图 2.2－1 所示。

2）承台式是由上部结构和下部锚杆组成，上部结构由立柱和承台组成。地脚螺栓锚入立柱承台中，通过承台将荷载传递到锚杆。适应范围比较广。锚杆的有效锚固长度在岩石中可达到 3～8m，锚杆数

图 2.2－1 直锚式岩石锚杆基础结构

量可以根据实际上拔荷载合理设计。承台式岩石锚杆基础结构如图 2.2－2 所示。

3）复合锚杆基础是锚杆和其他类型基础相结合而成的基础型式，可充分发挥地基条件的天然承载能力。主要包括以下几种。

a. 掏挖与锚杆复合基础。掏挖基础和岩石锚杆结合的复合式基础，通过掏挖基础将下压荷载传递至岩基，水平传递至周围土体，上拔荷载由掏挖基础和下部锚杆共同承担。主要适用于上部覆盖层较厚（3～5m），上部土层为无地下水的坚硬、硬塑、可塑的黏性土，下部为岩石质量等级Ⅳ级及以上的基岩地质条件。掏挖与锚杆复合基础结构如图 2.2－3 所示。

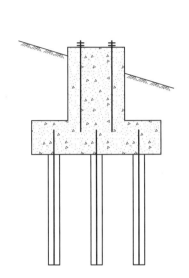

图 2.2－2　承台式岩石锚杆基础结构

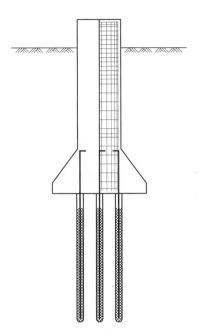

图 2.2－3　掏挖与锚杆复合基础结构

b. 短桩与锚杆复合基础。短桩基础和岩石锚杆结合的复合式基础，桩基础承担下压荷载和水平荷载，上拔荷载由桩基础和下部锚杆共同承担。主要适用于上部覆盖层较厚（3～5m），上部土层为无地下水的碎石土或全风化岩土，下部为岩石质量等级Ⅳ级及以上的基岩地质条件。短桩与锚杆复合基础结构如图 2.2－4 所示。

4）其他新型锚杆基础。随着近年来输电线路基础技术的发展，线路锚杆基础涌现出一批新型锚杆基础，主要包括压力型锚索承台基础、岩石扩底锚杆基础、装配式承台锚杆基础。

a. 压力型锚索承台基础。基

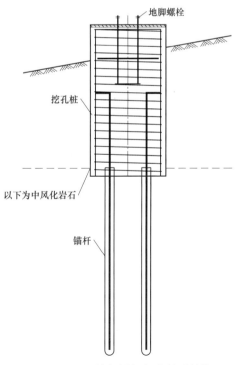

图 2.2－4　短桩与锚杆复合基础结构

础下部采用中间杆体为高强度钢绞线、端部带锚固板的压力型长锚索，锚索穿过覆盖层并且底部锚入基岩，抗拔性能好，更能适应土层厚的岩石地质条件。同时，锚索可倾斜方式对称布置，有效提高侧向稳定性。基础上部承台仅需满足下压稳定要求，可有效地缩小承台的尺寸和埋深，减少基础的开挖。主要适用于上部的覆盖层较厚（大于 5m）、下伏基岩工程性状较好的复合地层。压力型锚索承台基础结构如图 2.2－5 所示。

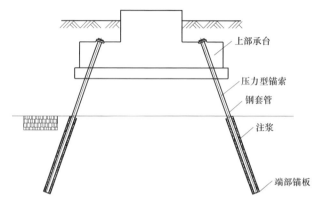

图 2.2－5　压力型锚索承台基础结构

b. 装配式承台锚杆基础。上部承台采用装配式，下部锚杆锚入基岩。其中上部采用预制混凝承台和锥形钢结构支架螺栓连接形成一个组合式承台。通过结构稳定的桁架替代原承台，既分解了内力，又避免锚杆间距要求与承台方量过大的矛盾，节约材料量，满足工程建设的环境保护要求，实现了锚杆的装配化、工厂化、标准化、机械化施工。主要适用于覆盖层土小于 3.0m，岩石质量等级Ⅳ级及以上的硬岩地质条件。

对于覆盖层薄（0.5m 左右），或裸露硬质岩石，针对荷载条件较大的可采用直锚式装配式承台锚杆基础，直锚式装配式承台锚杆基础如图 2.2－6 所示。

对于覆盖层较厚（0.5～3m）的塔位，可采用装配式承台埋入式基础。装配式承台部分（或全部）埋设地面以下，可采用混凝土构件或金属构件作组合式支架，预制承台采用混凝土条形枕木式。连接节点采用螺栓式连接（需防腐），使用装配式锚杆基础适用性更广。装配式承台埋入式基础结构如图 2.2－7 所示，金属装配式承台锚杆基础如图 2.2－8 所示。

2. 设计方法与参数取值

（1）设计原则。目前，输电线路中的岩石锚杆成孔已实现机械施工，现行锚杆基础设计符合机械化施工理念。锚杆基础的设计应遵循以下原则。

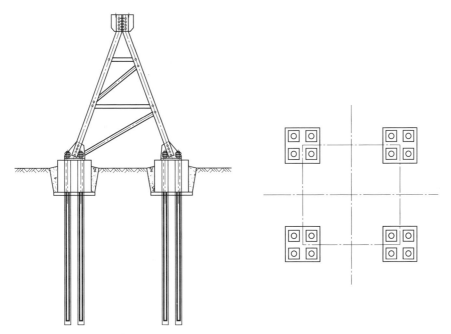

图 2.2－6　直锚式装配式承台锚杆基础

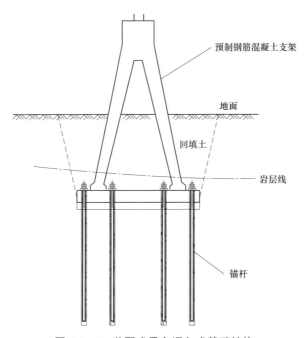

图 2.2－7　装配式承台埋入式基础结构

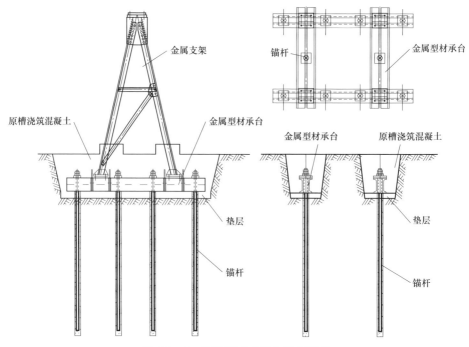

图 2.2−8　金属装配式承台锚杆基础

1）地质报告应提供详细的地质参数以满足岩石锚杆基础的设计要求。这些地址参数如岩石类别、性质、风化程度、覆盖层厚度、岩石等代极限剪切强度、岩石单轴饱和抗压强度等。

2）考虑到塔基稳定性及施工平台，塔位应尽量选择坡度较缓的位置（不宜超过 30°），且周围无悬崖、陡坎等。

（2）锚杆材料选择。锚杆材料和部件的质量及验收标准，均应符合现行标准的有关规定。锚杆材料和部件均应提供质量证明材料，必要时还应进行试验验证。

1）锚杆胶结材料可采用细石混凝土、砂浆或成品灌浆料。采用细石混凝土，强度等级不低于 C30。其中水泥适宜采用普通硅酸盐水泥，强度等级不低于 42.5；细石粒径宜为 5~8mm，砂子采用中砂，含泥量≤3%；水灰比宜为 0.38~0.5，拌合水采用《混凝土用水》（JGJ 63—2019）要求的饮用水，不应使用污水和海水。根据需要掺入水泥用量 3%~5% 的膨胀剂或防水剂。

采用成品灌浆料，灌浆料选用参考《水泥基灌浆材料应用技术规范》（GB/T 50448—2015）。

2）锚筋材料宜采用表面有肋的螺纹钢筋或地脚螺栓；当采用光圆钢筋或钢管时，末端宜采用可靠的锚固措施，如采用涨壳锚杆装置；锚筋直径不应小于 16mm，不宜大于 40mm，结合通用设计成果，规格推荐采用 25、28、32、36、40mm。必要时可考虑采取并筋方式。

锚筋可采用 HRB500、HRB400 级热轧带肋钢筋，规格参照《钢筋混凝土用钢 第 2 部分：热轧带肋钢筋》（GB/T 1499.2—2018）要求，采用钢管时应满足《结构用无缝钢管》（GB/T 8162—2018）要求。

FRP 筋是由多股连续纤维（如玻璃纤维，碳纤维等）通过基地材料（如聚酰胺树脂，聚乙烯树脂，环氧树脂等）进行胶合后，经特质的模具挤压并拉拔成型的。FRP 筋比普通钢筋的抗拉强度增加 1.8～3.9 倍。其具有高压电抗器拉强度、良好的耐腐蚀性能，可作为锚杆基础锚筋材料，试点应用于沿海等易腐蚀地质条件。FRP 筋性能、加工和试验满足《纤维增强复合材料工程应用技术标准》（GB 50608—2020）要求。

（3）计算方法。岩石锚杆基础设计应进行承载能力和稳定性验算，主要包括锚杆基础的地基承载力计算、锚杆杆体强度和承台结构承载力计算等，具体要求如下：

1）计算锚杆基础地基承载力时，作用效应应按照正常使用极限状态下作用的标准组合；相应的抗力应采用地基承载力特征值或单锚杆抗拔承载力特征值。

2）确定基础承台厚度、基础内力、锚筋规格和验算材料强度时，作用效应应按承载力极限状态下作用的基本组合，采用相应的分项系数。

3）锚杆基础的结构重要性系数，应按照现行行业标准和企业标准规定采用，除临时性建筑外，重要性系数 γ_0 不应小于 1.0。

4）锚杆基础的上拔承载力应按照《架空输电线路锚杆基础设计规程》（DL/T 5544—2018）岩石锚杆基础四种破坏模式对应的抗拔承载力分别计算。

5）锚杆基础的下压承载力应按照《架空输电线路基础设计技术规程》（DL/T 5219—2014）计算，可不计入锚杆承载能力。

6）承台的受弯、受剪、冲切承载力应按照 DL/T 5219—2014 及《岩石锚杆基础设计规范》（Q/GDW 11333—2021）计算。

7）钢筋混凝土主柱的承载力应按照 DL/T 5219—2014 计算。

8）复合锚杆基础计算上部结构承受水平力和下压力，上拔承载力由上部结构和锚杆共同承台，其计算参照 DL/T 5544—2018 和 Q/GDW 11333—2021，分配系数无试验资料时候 k_1 可取 0.8～0.9，k_2 可取 0.9～1.0。中国电力科学研究院在黑龙江、辽宁、江西和安徽等 8 个试验场地进行了复合式掏挖锚杆基础试验，试验得到的复合型锚杆基础试验中分配系数详见表 2.2－3。

表 2.2－3 复合型锚杆基础试验中分配系数

序号	现场试验值（kN）			极限强度发挥度取值	
	上部结构	锚杆	复合基础	k_1	k_2
1	1200	1400	2250	0.7	1.0
2	1000	1200	1800	0.8	0.8
3	2700	1000	3000	0.8	0.9
4	3000	1100	3900	0.9	1.0
5	4500	1200	5100	0.8	1.0
6	2400	850	3000	0.8	1.0
7	2100	800	2700	0.9	1.0
8	1500	900	2100	0.8	1.0
9	1300	1050	2100	0.8	1.0
10	1250	1750	2700	0.8	0.95
11	780	3200	3950	0.95	1.0
12	1550	3200	4700	0.95	1.0

（4）参数取值。锚杆的上拔承载力与锚筋及锚固剂间粘结强度设计值 τ_a，锚杆与岩层间的极限粘结强度标准值 τ_b 和岩体等代极限剪切强度标准值 τ_s 等设计参数取值密切相关，相应设计参数建议取值如下。

1）锚筋与锚固剂间粘结强度设计值 τ_a，可按表 2.2－4 取值。

表 2.2－4 锚筋与锚固剂间的粘结强度设计值 τ_a

锚固剂抗压强度（MPa）	25	30	35	40
黏结强度设计值 τ_a（kPa）	2700	3000	3300	3600

2）细石混凝土和岩石间的粘结强度标准值 τ_b，宜根据试验确定，当无试验资料时可参照表 2.2－5 取值。

表 2.2-5　　　　　　　输电线路岩石锚杆基础细石混凝土和

岩石地基间粘结强度标准值

坚硬程度	未风化或微风化	中等风化	强风化	参考岩石种类
坚硬岩	1100～1500	800～1100	700～900	花岗岩、闪长岩、辉绿岩、玄武岩、安山岩、片麻岩、石英岩、石英砂岩、硅质砾岩、硅质石灰岩等
较硬岩	900～1300	600～900	400～600	大理岩、板岩、石灰岩、白云岩、钙质砂岩等
较软岩	700～900	500～700	300～500	凝灰岩、千枚岩、泥灰岩、砂质泥岩等
软岩	500～700	400～600	200～400	页岩、泥岩、泥质砂岩等

3）输电线路岩石等代极限剪切强度标准值 τ_g，当无试验资料时可按表 2.2-6 取值。

表 2.2-6　　　　　　　输电线路岩石等代极限剪切强度标准值 τ_g

坚硬程度	未风化或微风化	中等风化	强风化	参考岩石种类
坚硬岩	200～300	100～200	50～100	包括花岗岩、闪长岩、辉绿岩、玄武岩、安山岩、片麻岩、石英岩、石英砂岩、硅质砾岩、硅质石灰岩等
较硬岩	150～250	80～150	40～80	大理岩、板岩、石灰岩、白云岩、钙质砂岩等
较软岩	100～200	60～120	30～60	凝灰岩、千枚岩、泥灰岩、砂质泥岩等
软岩	100～150	40～100	20～40	页岩、泥岩、泥质砂岩等

（5）锚杆基础构造要求。针对锚杆基础的锚杆结构构造可以参照按以下原则进行设计。

1）锚筋直径 d 不应小于 16mm，根部应有可靠的锚固措施。

2）锚筋在锚固体中的锚固长度不应小于构造长度，构造长度宜取 $25d$（未风化—微风化岩石）、$35d$（中风化岩石）、$45d$（强风化岩石）。根据中国电力科学研究院等单位开展的力学试验结果统计，锚筋在锚固剂内的最大传力范围为

$$l'_a = \alpha d f_y / f_t \qquad (2.2-1)$$

式中　　l'_a——锚筋在锚固剂内的最大传力范围；

　　　　α——与锚筋形状等有关的调整系数，光面和带肋筋材分别取 0.21 和 0.18；

　　　　d——锚筋直径；

　　f_y 和 f_t——锚筋、混凝土抗拉强度设计值。

3）岩石锚杆的锚固长度宜取 3～6m，岩石破碎，风化程度高时取大值。

4）结合工程杆塔基础作用力特点和以往工程应用经验，并满足机械化施工标准化要求，建议锚孔尺寸为 90、100、110、130、150mm。

5）直锚式锚杆基础的锚孔间距不应小于 2.5 倍锚孔直径，承台式锚杆基础的锚孔间距不应小于 4.0 倍锚孔直径，且锚孔间距不应小于 160mm。

6）锚杆保护层厚度不应小于 25mm，锚筋上应设置对中支架。基础承台嵌入基岩的深度不宜小于 0.5m。

3. 应用建议

岩石锚杆基础应用过程中，通过经验总结提出以下设计优化建议如下。

（1）大荷载条件下采用岩石锚杆，应优化锚杆布置方式，可采用外围布置方式，外围布置方式如图 2.2－9 所示。

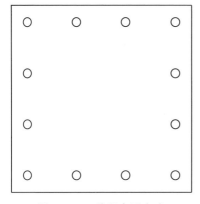

图 2.2－9　外围布置方式

（2）当基础作用力较大且地形条件允许时，宜采用承台旋转 45°方式布置，以改善基础受力。

（3）为减少水平荷载对基础产生的基底弯矩，采用立柱偏心，使下压或上拔力产生的弯矩抵消一部分水平力产生的弯矩，改善立柱及基底受力，降低基础混凝土量和钢筋量。

（4）地脚螺栓锚固长度控制承台及立柱总高度时，可采用地脚螺栓直接锚入岩层或立柱倒置等措施，地脚螺栓优化布置如图 2.2－10 所示，对于优化的立柱及承台尺寸，在工程应用时需进行试验验证，明确符合经济性的最佳尺寸。

（5）承台开挖优化措施，基础承台分区域采取不同施工方法，岩石锚杆基础承台开挖优化如图 2.2－11 所示，对于锚杆范围内的承台，由于锚杆施工要求开挖成形；对承台边缘位置，采用人工掏挖方式施工，避免对地基岩层造成过多的破坏，充分利用地基岩层承载特性，优化基础尺寸。

采用此种施工工艺后，由于承台边缘与基岩嵌固的有利影响，减小承台底部的弯矩，改善底部锚杆受力的不均匀性，降低材料耗量。此类基础已在部分大跨越线路工程中成功应用。

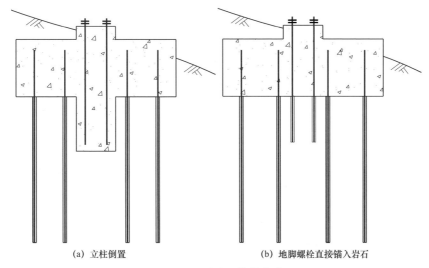

(a) 立柱倒置　　　　　　　　　　(b) 地脚螺栓直接锚入岩石

图 2.2－10　地脚螺栓优化布置

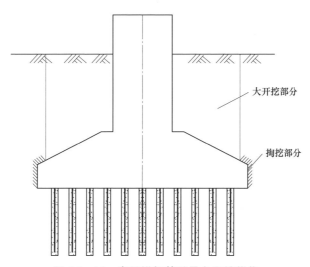

大开挖部分

掏挖部分

图 2.2－11　岩石锚杆基础承台开挖优化

（6）通过采用涨壳头来加强基础与锚杆之间的摩擦力，实现杆塔基础的稳定性。涨壳头型式如图 2.2－12 所示。

实际施工过程中，通过在岩孔内注入浆料，使涨壳锚固头和岩体嵌固成一个整体，形成岩石涨壳头锚杆基础。通过试验验证，采用涨壳装置后，在中风化岩层的岩石锚杆的抗拔承载力可提高 60% 以上，光圆钢筋、螺纹钢筋和涨壳式锚杆的抗拔曲线图如图 2.2－13 所示。从现场试验证明，涨壳锚杆装置可随着荷载增大，位移增大使得涨壳头与岩石之间嵌固作用得到有效发挥，轴力分布比较均匀，从而提高承载力。

（a）实体图　　　　　　　　（b）示意图

图 2.2−12　涨壳头型式

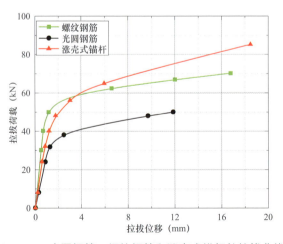

图 2.2−13　光圆钢筋、螺纹钢筋和涨壳式锚杆的抗拔曲线图

（7）覆盖层厚度小于 1m 时基础承台嵌入基岩的深度宜不小于 0.5m，超过 2m 时可不嵌入基岩。

（8）锚筋强度优化，锚杆基础试验中常出现锚筋拉断的破坏模式源于锚筋强度低于岩石强度，故而锚筋自身的抗拔承载力成为锚杆基础设计中的主要控制值，不利于充分发挥岩层的抗拔性能。建议工程设计及试验研究中采用高强材料作为岩石锚杆基础的锚筋；为提高锚杆施工质量的可靠性，锚固材料可采用免振捣混凝土。

2.2.3 螺旋锚基础

1. 工程特点及适用范围

螺旋锚基础是近年来新发展的一种基础型式，基础类似一个放大的螺钉，通过施加扭矩旋入土中，进而获得充足的抗拔和抗压能力，是由锚杆、锚板、上部平台等组成，利用深层土体抗力的锚固结构体。施工时不必开挖基坑，通过螺旋杆施加扭矩，将螺旋锚盘旋拧至较深土体中，对土体的扰动小，能充分发挥原状土体固有强度，极限承载能力相对较高。螺旋锚具有加工简单、安装和施工方便、钻进速度快且发挥承载能力快，能大幅度缩短工期、降低工程造价，具有对环境影响轻、承载力高等优点。

（1）螺旋锚基础适用范围。螺旋锚基础主要适用于黏性土、粉土、砂土以及粒径 5cm 以内的碎石土地质条件，对于地下水及土壤存在中等及以下腐蚀的地区、机械化装备进场交通条件好的场地较为适宜，因基础施工机械化程度高，无须深挖基坑，施工速度快，可实现无基础混凝土施工，因此在我国北方冬季施工有一定的优势。

（2）螺旋锚基础常规类型。按基锚（基础中单个螺旋锚）数量可分为单锚型螺旋锚基础和群锚型螺旋锚基础，按承台材料可分为钢筋混凝土承台式和钢结构承台式螺旋锚基础；按承载力计算是否考虑上部承台或装置的承载能力可分为复合型基础和普通型基础；按基锚布置方向可分为竖直和斜向两种方式，常见的螺旋锚基础形式图如图 2.2-14 所示。图 2.2-14（a）中钢制承台单锚型螺旋锚基础中的基锚可采用斜向或竖向布置，同时在基锚上部可设置功能性承台（钢制或现浇钢筋混凝土或预制钢筋混凝土构件）以增加水平承载力面积，提高横向承载能力。图 2.2-14（b）、图 2.2-14（c）、图 2.2-14（d）中高桩承台群锚型螺旋锚基础可不考虑承台的承载能力，可采取与上部结构连接的螺孔偏位、基锚差异化斜向布置等措施，以减少基锚横向作用力，提高基础抗水平承载能力。图 2.2-14（e）和图 2.2-14（f）中螺旋锚复合基础承载力计算需考虑承台承载能力的发挥，同时可采取与上部结构连接的地脚螺栓偏位、基锚差异化斜向布置等措施，以优化基础承载性能。锚盘主要外形可分为圆形、螺旋渐进形、方形，锚头主要型式可分为斜坡状、十字锥形状、圆锥状等。

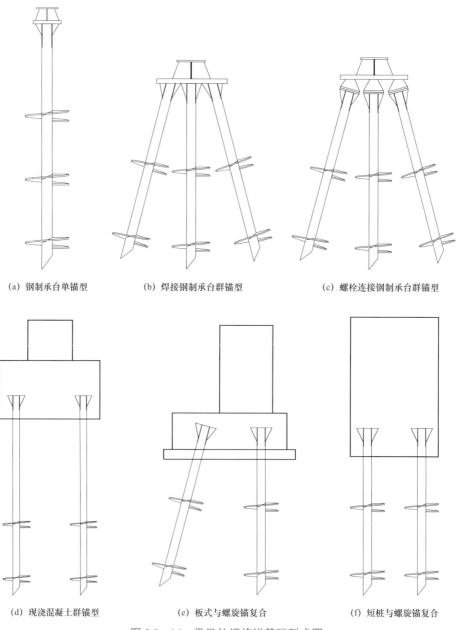

(a) 钢制承台单锚型　　　　　(b) 焊接钢制承台群锚型　　　　(c) 螺栓连接钢制承台群锚型

(d) 现浇混凝土群锚型　　　　(e) 板式与螺旋锚复合　　　　(f) 短桩与螺旋锚复合

图 2.2－14　常见的螺旋锚基础型式图

2. 设计方法与参数取值

（1）由于螺旋锚基础施工机械化程度高，设计选用时已符合便于机械化施工的要求，设计还需综合考虑基础作用力、地质条件、施工设备最大输出扭矩、经济性等因素，确定基础结构型式及布置方式，其他螺旋锚基础结构设计的主要原则包括：

1）单锚型螺旋锚基础可采用与塔腿主材相同倾角的斜向布置方式，群锚型螺旋锚基础可采用合理的基锚斜向布置以及各基锚差异化倾斜角布置方式，以达到尽可能减少基锚横向力作用。

2）基锚与竖直向的角度不大于 25°；当基锚采用斜向布置时，基础中各锚杆的轴线延长线可相交于上部杆塔主材重心轴线附近。

3）基础承台可采取立柱偏心或地脚螺栓偏心等结构措施，承台可根据基锚数量、排布方式等因素确定外形，钢制承台可采用塔脚板式、靴板式、法兰式等结构型式。

4）基锚竖向布置时，锚杆中心距不宜小于 2 倍的最大锚盘直径；斜向布置时，相邻基锚的底盘中心距不宜小于 3 倍的最大锚盘直径，其他同深度锚盘的中心距不宜小于 2 倍相应位置锚盘直径。

5）基锚最大埋深不宜大于 30 倍最大锚盘直径；首盘的埋置深度不宜小于 5 倍的首盘直径。

（2）基锚的构造需要符合以下要求：

1）锚盘直径可取锚杆外径的 2～5 倍，且不小于 200mm、不大于 1200mm，且地基土侧压影响系数越大，锚盘直径与锚杆外径之比宜越小；锚盘厚度不宜小于 5mm，同时考虑腐蚀影响，应合理预留腐蚀裕度；单个基锚锚盘数量不大于 5 片，直径的变化不宜超过 3 种；锚盘螺距宜取锚盘直径的 1/6～1/3，同一基锚各锚盘螺距应相同；底盘宜安装在与锚杆底端部竖直净距为 2～4 倍锚杆外径的位置；锚盘间距宜取锚盘螺距整数倍。

2）锚杆外径不小于 60mm，壁厚不小于 5mm；锚杆的分节长度可根据施工条件确定，并尽量减少接头数量，接头段强度不应低于锚杆强度。

3）基锚分段接续除满足连接承载力要求外，还需要尽可能少分段，分段长度与旋拧工艺及设备相适应，并综合考虑原材料规格、制作条件、运输和装卸能力，分段长度不超过 6.5m；套接式连接螺栓数量不少于 2 个，螺栓孔径宜比螺栓直径大 1.5mm，套接处接续钢管与锚杆的内外径差不大于 4mm；法兰式接头连接螺栓宜采用双螺母或其他防松措施。

（3）当工程应用经验较少时，需要开展螺旋锚基础试桩，通过静载试验进行设计参数优化取值，螺旋锚设计计算依据《架空输电线路螺旋锚基础设计规范》（Q/GDW 10584—2022）等相关技术标准，并重点注意以下要求：

1）基锚竖向承载力安全系数按表2.2-7取值，其中设计时要注意，单锚型螺旋锚基础抗拔承载力计算的安全系数取2.5。根据中国电力科学研究院所开展的大量螺旋锚基础静载试验数据的统计分析，单锚型螺旋锚基础抗拔承载力计算的安全系数取 2.5 与群锚型安全系数取 2.0 时基础的可靠度水平相当；同时在国外相关规范及工程手册建议安全系数一般取2.0，特殊情况取3.0。

表 2.2-7 基锚竖向承载力安全系数取值表

杆塔类别	安全系数		
	抗拔承载力（K_t）		抗压承载力（K_c）
	单锚型	群锚型	
悬垂型杆塔	2.0	1.6	2.0
耐张直线（0°转角）及悬垂转角杆塔	2.5	2.0	
耐张转角、终端、大跨越塔	3.0	2.5	

2）基锚横向承载力采用技术比较成熟的 m 法计算，一方面螺旋锚基础按较小横向位移状态进行设计选型，另一方面通过水平载荷试验结果统计，与基本组合效应下作用力相当的基锚承载状态时位移均值约 22mm，与标准组合下作用力相当时位移均值约 16mm，且这两种状态的标准差相当，同时由于螺旋锚旋拧时因施工精度影响，基锚与地基土存在缝隙，该缝隙一般处于10～20mm，这也是两种状态标准差相当的主要原因，另外扣除该缝隙对水平位移的影响，m 法计算状态下地基与基锚间相互作用所导致的位移约 10mm，与有关规范中桩基水平承载力计算条件相符，因此基锚横向承载力采用 m 法是合理的，锚杆顶部允许横向位移建议取 15mm。

基锚横向承载力特征值也可按 $p-y$ 曲线法进行计算，但是由于 $p-y$ 曲线法计算较复杂，且我国相关计算参数的实践积累较少，当利用试验结果分析得到桩侧土抗力与桩身挠度关系时计算水平承载力较准确，因此相关 $p-y$ 曲线参数应该根据载荷试验结果分析确定。

3）螺旋锚基础钢构件需要进行防腐蚀设计，并采取合理的防腐蚀措施，包括涂覆防腐蚀涂层（含热镀锌、涂刷防锈漆等）、预留腐蚀裕量、阴极保护等，锚杆、锚盘均需要采取预留腐蚀厚度的设计措施，锚杆内壁与外界环境密闭隔绝时，不考虑内壁腐蚀。其中腐蚀速度可以通过线路沿线既有地下钢结构设施的腐蚀调查分析确定。

4）锚杆壁厚和锚盘厚度需要按运行工况和施工工况分别设计计算，需注意施工工况进行螺旋锚强度校核时计算壁厚含腐蚀裕量。

3. 应用建议

螺旋锚基础应用过程中，通过经验总结提出以下设计优化建议如下。

（1）基锚与竖直向的角度一般不大于 20°，基锚上部可增设抵抗水平荷载作用的构件，其埋置深度可取 1～2 倍的横截面直径或边长，该构件与地基及基锚间的缝隙最好注浆处理。

（2）为提高螺旋锚基础的设计可靠度，应提高螺旋锚基础勘探要求。对拟采用螺旋锚基础的塔位，适用逐基钻探；当土质条件复杂或缺少资料时，还应该采用钻探与坑探、地质调查等手段相结合的方式探明碎石土层碎石粒径分布情况，采用静力触探法提出黏性土、粉土层桩侧摩阻力、不排水剪切强度等取值建议，采用标准贯入或动力触探法提出砂土、碎石土层密实度以及相关参数取值建议。

（3）更加广泛地开展线路沿线既有地下钢结构设施的腐蚀调研，科学确定腐蚀速度，加强对螺旋锚基础耐久性的研究。

（4）细化经济对比分析。对工程中应用螺旋锚基础，考虑机械调度等固定费用，确定具有经济效益的最低应用数量，当不满足最低应用数量时建议工程不应用；对于地质条件合适可以大量应用螺旋锚的单项工程，建议大面积应用，以实现螺旋锚基础的规模效益。

（5）对于拟定的螺旋锚基础设计方案，设计应该估算提出工程基锚旋拧扭矩限值（含上、下限值）要求，经验欠缺时最好选取典型场地经试验确定扭矩限值。

（6）加强对螺旋锚基础智能化施工装备的研究和使用，同时为监测螺旋锚的钻进情况，确保高质量施工。

（7）根据所采用的螺旋锚基础型式及地质条件的不同，建议加强技术积累及施工辅助工艺研究，提升普适性。

2.2.4 微型桩基础

1. 工程特点和适用范围

（1）输电线路工程基础地质环境复杂多样，传统的掏挖及挖孔桩基础的开挖孔径大、基坑深、机械化程度低等特点，在工程建设过程中存在土方处置的环水保问题、深基坑的重大作业风险问题及施工作业效率低问题等情况，随着基础施工机械化装备不断创新，机械化程度高的微型桩钻机的研发为微型桩基础创造了条件。微型桩基础是一种成孔直径小，采用现场成孔浇筑或成孔后采用预制微型管桩、钢管桩的新型环保型输电线路基础，具有现场开挖土方量少、混凝土用量少，且现场全机械化施工量等优点，有着显著的经济效益。

微型桩基础按桩体是否工厂化预制分为现浇微型桩和预制微型桩，其中预制微型桩沉桩可采用振动式、静压式和预钻孔施工方式，按桩体材料可分为预应力混凝土微型管桩和钢制微型管桩（又称钢管微型桩），目前有一定应用规模的微型桩包括山地现浇微型桩、预制混凝土微型管桩、钢管微型桩。

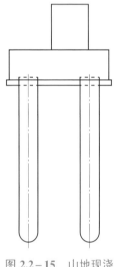

图 2.2－15　山地现浇微型桩示意图

1）山地现浇微型桩。基础采用机械化钻机成孔，然后安放钢筋笼、灌注混凝土或投石注浆方式，对山区覆盖土层较厚（超过 2.5m）或岩石基本质量等级较差、岩石锚杆基础不适用或经济性差的塔位可推荐使用。山地现浇微型桩示意图如图 2.2－15 所示。

2）预制混凝土微型管桩。目前输电线路工程所采用的该型式基础采用机械化开挖方式成孔，然后安预制混凝土管桩，对丘陵 220kV 及以下电压等级线路，且覆盖土层较厚（超过 3.0m）、岩石锚杆基础不适用或经济性差的塔位可推荐使用。微型桩推荐采用等直径、直桩型式，长径比 L/D（L 为桩长，D 为直径）一般宜小于 50。预制混凝土微型管桩基础示意如图 2.2－16 所示。

3）钢管微型桩。此类基础是一种有别于上述混凝土浇筑的微桩基础的新型微桩基础，基础是采用预制钢筋混凝土承台与微型钢管桩连接的一种装配式基础，根据地质情况，可采取后注浆与非注浆两种方式。管桩采用振动锤或静压设备沉桩，注浆采用高压注浆施工技术，利用浆液透过预留的注浆孔在桩周形成一定范围的"水泥土"，改善桩周土的力学性能，提高桩基承载能力。钢管微型桩基础示意图如图 2.2－17 所示。

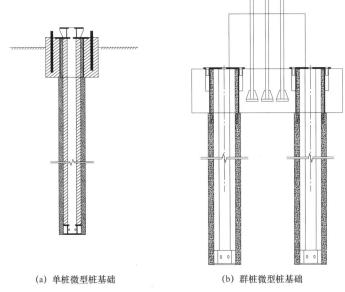

(a) 单桩微型桩基础　　　(b) 群桩微型桩基础

图 2.2-16　预制混凝土微型管桩基础示意图

（2）微型桩基础适用范围。微型桩基础机械化
施工需考虑线路沿线的道路交通、施工平台大小、
地质水文等条件。

1）交通地形条件。微型桩的施工机械主要采用
专用微桩钻机，机械设备能够到达塔位是机械化施
工的前提条件。根据钻机外形尺寸、爬坡等性能，
一般距离现有道路较近、设备进场赔偿少、民事协
调难度小的塔位可优先考虑；山地交通不便地区可
采用可拆分式旋挖钻机或履带式旋挖钻机利用索道
或轨道运输车辆进行设备运输。

2）地形坡度适应范围。建议选择坡度在 30°以
下的塔位设计微型桩基础，在设计中应控制基础边
坡距离满足要求；根据钻机在操作过程中所需操作
平台面积、平台处平整度要求和倾斜度等要求，机
械化施工塔位要充分考虑基面的开方，选取的塔位
基面尽量平整。

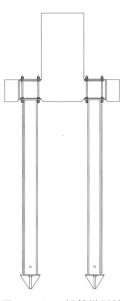

图 2.2-17　钢管微型桩
基础示意图

3）地质水文地质条件。山地现浇微型桩基础适用于黏性土、粉土、碎石
土以及全风化或强风化岩层，结合钻机性能可扩大到当岩石单轴饱和抗压强

度小于 64MPa 的中风化岩层等地质条件；钢管微型桩基础适用于基岩埋藏深、软弱土层及风化残积土层厚的地质条件、适用于非抗震设计及抗震设防烈度为 6、7 度的地区。地下水对微型桩成孔影响较大，针对无地下水的山地推荐选用成孔浇筑的山地现浇微型桩或预制混凝土微型管桩；有地下水的平地及河网地形可选用微型钢管桩及装配式承台基础，但地下水对钢管的腐蚀情况需综合考虑。

2. 设计方法与参数取值

（1）微型桩设计可依据的技术标准主要如下。

1）对于非嵌岩山地微型桩，各项承载力计算按《架空输电线路基础设计技术规程》（DL/T 5219—2014）、《建筑桩基技术规范》（JGJ 94—2008）的相关规定进行。对山地嵌岩微型桩，建议按 DL/T 5219—2014 的相关条文计算、并综合参考《输电线路岩石地基挖孔基础工程技术规范》（DL/T 5845—2021）对嵌岩挖孔桩计算的相关规定。

2）预制微型桩厚度及配筋计算依据《预应力混凝土管桩技术标准》（JGJ/T 406—2017）、《架空输电线路混凝土预制管桩基础技术规定》（Q/GDW 11729—2017），承台厚度及计算依据 JGJ 94—2008。

3）微型钢管桩基础依据 JGJ 94—2008、DL/T 5219—2014 进行设计，根据《钢结构设计标准》（GB 50017—2017）中相关要求进行钢管强度验算。

（2）微型桩设计按以下计算原则执行。

1）基础应进行竖向下压承载力、竖向上拔承载力、水平承载力、桩身及承台结构承载力的计算；必要时进行基础抗裂及裂缝宽度验算。

2）基础设计时，所采用的作用效应组合和相应抗力如下：

a. 确定桩数和布桩时，作用效应采用传至承台底面的正常使用极限状态下作用的标准组合，相应抗力采用基桩承载力特征值。

b. 计算桩基沉降和水平位移时，采用正常使用极限状态下作用的准永久组合，相应的限值为地基变形和基础位移允许值。

c. 计算基础结构承载力、确定尺寸和配筋时，采用承载力极限状态下作用的基本组合。

d. 进行承台和桩身裂缝控制验算时，分别采用正常使用极限状态下作用的标准组合、准永久组合。

3）对山地嵌岩微型桩，建议按 DL/T 5845—2021 的相关条文计算。

4）打入式后注浆微型钢管桩承载力计算。

a. 对于微型钢管桩基础，基桩下压极限承载力可估算为

$$Q_{uk} = \delta U \sum q_{sik} l_i \qquad （2.2-2）$$

式中　δ——下压工况注浆工艺承载力调整系数，宜取 1.05～1.15，长径比小的取小值，桩径比大的取大值；

　　　U——扩径后的桩身周长。

b. 对于微型钢管桩基础，基桩的上拔极限承载力可估算为

$$T_{uk} = \delta U \sum \lambda_i q_{sik} l_i \qquad （2.2-3）$$

式中　δ——下压工况注浆工艺承载力调整系数，宜取 1.05～1.15，长径比小的取小值，桩径比大的取大值；

　　　U——扩径后的桩身周长。

5）预制微型桩基础应满足各工况强度、刚度要求及运行工况的耐久性要求。设计中应综合考虑预制微型桩基础埋深、桩身直径、数量和间距等因素。混凝土承台可采用现浇或预制结构型式，推荐选用预制结构型式，同时旋转承台布置以提高刚度预制混凝土承台应预留微型预制管桩孔洞；现浇钢筋混凝土承台有保证管桩与承台可靠连接的措施。

（3）微型桩基础材料按以下规定执行。

1）预制混凝土微型管桩混凝土强度等级不应低于C60，材料性能满足《混凝土结构设计规范》（GB 50010—2010）的有关规定。预应力钢筋应采用预应力混凝土钢棒，其质量应符合《预应力混凝土用钢棒》（GB/T 5223.3—2017）中低松弛螺旋槽钢棒的规定。预制微型管桩参数见表 2.2-8。

表 2.2-8　　　　　　　　预 制 微 型 管 桩 参 数

外径 D（mm）	壁厚 t（mm）	单节桩长（m）	型号	主筋数量与直径（mm）	螺旋筋直径（mm）	混凝土有效预压力（MPa）	理论重（kg/m）
200	50	5～10	A	$5\phi7.1$	4	4	61
			AB	$5\phi10.7$		6	
300	70	7～11	A	$6\phi7.1$	4	4	132
			AB	$6\phi9.0$		6	
			B	$8\phi9.0$		8	
			C	$8\phi10.7$		10	

2）微型桩桩身的混凝土强度等级不低于C25，承台及立柱的混凝土强度

等级不低于 C25。

3）现浇混凝土承台的混凝土强度等级不宜低于 C25，预制混凝土承台混凝土强度等级不宜低于 C40。钢筋宜采用 HRB400、HPB300。材料性能满足 GB 50010—2010 的有关规定。

4）基础用钢件宜采用 Q235B 及以上强度等级结构钢，材质应符合《碳素结构钢》（GB/T 700—2006）、《低合金高强度结构钢》（GB/T 1591—2018）的有关规定。

5）注浆材料宜采用水泥浆液，相关要求应符合《水泥基灌浆材料应用技术规范》（GB/T 50448—2015）的规定，当采用其他注浆材质时应进行现场试验验证。

（4）微型桩构造按以下规定执行。

1）微型桩基础采用群桩结构，综合成桩工艺和施工设备等因素，基桩暂推荐采用等直径、直桩型式。

2）综合考虑经济性、施工等因素，山地现浇微型桩直径推荐采用 200～400mm。

3）微型桩的中心间距不宜小于 3d（d 为桩径）。

4）无地下水且无微腐蚀环境条件下，桩身主筋的混凝土保护层厚度不小于 35mm；有地下水时，主筋的混凝土保护层厚度不小于 50mm；腐蚀环境等级在弱腐蚀及以上时，桩身混凝土强度及主筋混凝土保护层厚度应符合《工业建筑防腐蚀设计标准》（GB/T 50046—2018）、《混凝土结构耐久性设计标准》（GB/T 50476—2019）的相关规定。

5）基桩的竖向主筋应通长配置、配筋量由计算确定，最小配筋率不小于 0.65%。

6）基桩的箍筋应采用螺旋式，直径不小于 6mm，间距宜 100～300mm；桩顶以下 5 倍桩径及液化土层范围内的箍筋应加密，间距不大于 100mm。

7）桩端全断面进入持力层的深度，应符合 JGJ 94—2008 对各类土的相关规定；按嵌岩桩模式设计桩基时，桩端应嵌入中等风化—未风化新鲜基岩，嵌岩深度应满足后文嵌岩桩竖向抗拔、抗水平承载力计算时的最小嵌岩深度要求，且桩端以下 3d 及 5m 范围内无溶洞、土洞等不良地质作用发育；对遇水软化岩层或岩石饱和单轴抗压强度 f_{rk} 小于 10MPa 的岩层，单桩的承载力宜按普通灌注桩模式计算。

8）基础承台应满足抗冲切、抗剪切、抗弯承载力以及与上部杆塔连接的要求，承台厚度建议不小于 2d 且满足桩竖向主筋的锚固要求；桩顶嵌入承台底部的厚度暂建议不小于 50mm。

9）承台钢筋的混凝土保护层厚度不小于 50mm，下平面钢筋的混凝土保护层厚度尚不小于桩头嵌入承台内的长度。

10）预制微型桩基础与塔腿的连接：推荐采用地脚螺栓连接，地脚螺栓锚入承台内的长度需满足规范要求，当锚固长度不足时采取加强锚固的措施。

11）预制微型管桩与承台的连接：与预制混凝土承台宜采用注浆嵌套，并配合机械栓接方式连接，力求简洁、可靠；与现浇钢筋混凝土承台按 JGJ/T 406—2017、Q/GDW 11729—2017 的相关规定执行。

12）微型钢管桩基础一般为群桩，选用时应根据杆塔设计荷载和地质、水文情况以及施工设备等条件确定基桩根数及承台尺寸。

13）微型钢管桩桩基布置可采用对称或其他排列形式，应使其受水平力和力矩较大方向有较大的抗弯截面模量。

14）微型钢管桩的中心间距一般不小于其设计直径的 3.5 倍，但对排数不少于 3 排且桩数不少于 9 根的摩擦型桩，中心间距不小于其设计直径的 4 倍；在布桩时应充分考虑与预制承台连接的便利性。

15）微型钢管桩承台厚度不应低于桩径，并根据与钢管桩的连接型式进行承载力计算。

16）微型钢管桩强度等级不应低于 Q235B，承台的混凝土强度等级应符合结构混凝土耐久性要求和抗渗要求，且宜高于 C40。

17）桩与承台的连接构造可采用注浆料连接、螺栓机械连接等型式，在使用前应进行相应计算保证节点连接满足工程要求。

（5）试验。

1）当工程应用经验较少时，应开展微型桩基础的静载试验及桩身质量检测进行设计验证。

2）预制微型桩基础静载试验参考 DL/T 5219—2014、《电力工程基桩检测技术规程》（DL/T 5493—2014）中的输电线路基础静载试验要点中规定的方法执行。

2.2.5　其他环保型基础

1. 灌注桩基础

（1）工程特点及适用范围。

1）基础特点。灌注桩基础适用于地下水位高的黏性土和砂土地基等，也广泛用于河网泥沼及跨河塔位，按结构布置形式可分为单桩和群桩，按埋置方式可分为低桩和高桩基础，因此可供设计选择的型式较多，可以应用于各种电压等级的线路。

2）适用范围。灌注桩基础成孔机械主要有潜水钻机、旋挖钻机、冲击钻机。潜水钻机成孔灌注桩宜用于地下水位以下的黏性土、粉土、砂土、填土、碎石土及风化岩层，根据钻进方式不同可分为正循环和反循环，一般采用泥浆护壁；旋挖成孔灌注桩宜用于黏性土、粉土、砂土、填土、碎石土及风化岩层，或用于无法排放泥浆、环保要求较高的区域；冲孔灌注桩除宜用于上述地质情况外，还能穿透旧基础、建筑垃圾填土或大孤石等障碍物，但在岩溶发育的地区应慎重使用。

（2）设计方法与设计要点。国内现行的有关灌注桩基础设计的规范和标准较多，但对钻孔灌注桩单桩承载力的设计计算均可采取以下的统一形式表达

$$[P] = P_{ps}/\gamma_{ps} + P_{pb}/\gamma_{pb} \qquad (2.2-4)$$

式中　$[P]$——桩的容许承载力或设计值；

P_{ps} 和 P_{pb}——桩侧极限承载力（标准值或设计值）、桩端极限承载力（标准值或设计值）；

γ_{ps} 和 γ_{pb}——桩侧极限承载力的安全系数或分项系数、桩端极限承载力的安全系数或分项系数。

1）下压极限承载力验算。单桩竖向承载力特征值 R_a 为

$$R_a = \frac{1}{K} Q_{uk} \qquad (2.2-5)$$

式中　Q_{uk}——单桩竖向极限承载力标准值；

　　　K——安全系数，取 $K=2$。

根据土的物理指标与承载力参数之间的经验关系，确定单桩极限承载力标准值时，可计算为

$$Q_{uk} = Q_{sk} + Q_{pk} = u\sum \psi_{si} q_{sik} l_i + \psi_p q_{pk} A_p \qquad (2.2-6)$$

式中　q_{sik}——桩侧第 i 层土极限侧阻力标准值；

　　　q_{pk}——桩径为 800mm 的极限端阻力标准值；

ψ_{si} 和 ψ_p——大直径桩侧阻、端阻尺寸效应系数，按表 2.2-9 取值；

　　　u——桩身周长。

表 2.2 – 9 大直径灌注桩侧阻尺寸效应系数 ψ_{si}、端阻尺寸效应系数 ψ_p

土类型	黏性土、粉土	砂土、碎石类土
ψ_{si}	$(0.8/d)^{1/5}$	$(0.8/d)^{1/3}$
ψ_p	$(0.8/D)^{1/4}$	$(0.8/D)^{1/3}$

2）上拔极限承载力验算。基桩的抗拔极限承载力标准值可计算为

$$T_{uk} = \sum \lambda_i q_{sik} u_i l \tag{2.2-7}$$

式中 T_{uk}——基桩抗拔极限承载力标准值；

u_i——桩身周长，对于等直径桩取 $u = \pi d$；

q_{sik}——桩侧表面第 i 层土的抗压极限侧阻力标准值；

λ_i——抗拔系数，可按表 2.2 – 10 取值。

表 2.2 – 10   抗 拔 系 数 λ

土类	λ 值
砂土	0.50～0.70
黏性土、粉土	0.70～0.80

注 桩长 l 与桩径 d 之比小于 20 时，λ 取小值。

3）水平承载力位移计算。受水平力作用的桩基，应按 DL/T 5219—2014 附录"水平荷载作用下桩的内力、位移计算"中的方法计算单桩或基桩的内力和变位。

桩的水平变形系数 $\alpha (1/m)$ 为

$$\alpha = \sqrt[5]{\frac{mb_0}{EI}} \tag{2.2-8}$$

其中 钢筋混凝土桩 $EI = 0.85 E_c I_0$

圆形截面 $I_0 = \pi d^2 [d^2 + 2(\alpha_E - 1)\rho_g d_0^2]/64$

式中 m——桩土水平波电抗器力系数的比例系数；

EI——桩身抗弯刚度；

E_c——混凝土弹性模量；

I_0——桩身换算截面惯性矩；

α_E——钢筋弹性模量与混凝土弹性模量的比值；

ρ_g——桩身配筋率；

d_0——纵向钢筋圆环的直径；

b_0——桩身的计算宽度，m；圆形桩：当直径 $d \leqslant 1m$ 时，$b_0 = 0.9$（$1.5d + 0.5$）；当直径 $d > 1m$ 时，$b_0 = 0.9$（$d + 1$）。

（3）基于机械化施工的灌注桩设计要点。

1）在机械化施工要求下，灌注桩基础设计应紧密结合施工。设计应根据现场地形地质、地下水条件、设备能力、进场道路、施工作业面、设备转场等因素综合确定相应的设计原则，所选用的灌注桩基础型式不仅应考虑地质条件和基础自身受力要求，还应结合现场的交通条件、植被、民事赔偿、设备性能及地形等因素，最大限度地发挥机械设备的综合能力。在经技术经济比选后，因地制宜地选择单桩或群桩基础。

2）灌注桩设计时应重视其塔位地基情况，如成孔范围内土层主要为承载能力较好的黏性土，可采用较大直径或较长桩长、较大长径比的灌注桩方案；反之则应充分考虑孔壁不稳定对于成桩质量的影响。

3）在施工和运行过程中，如塔位附近可能存在大面积堆载或频繁的重型车辆荷载，应充分考虑其对基础稳定性的影响，基础设计时注重提高压电抗器侧刚度，采用加大桩径、增设连梁等措施，并应在交底纪要中明确提醒施工、运行单位应在塔基一定范围内采取必要的管制措施。

4）灌注桩桩径一般不宜大于 2.4m；如灌注桩成孔范围内有较厚的黏聚力较低的粉土、粉砂或土质松软的淤泥质土，桩径应进一步降低。

5）优选桩基方案时尽量使桩端处于承载力较好的持力层，考虑到塔腿范围内的地层变化情况以及地质专业可能未能逐基钻探，如桩端位于两层端阻力相差较大的土的交界面，计算时应取 $\pm$（$2 \sim 3$）m 以内最弱土层的端阻力。

6）桩基布置可采用对称或其他排列形式，应使其受水平力和力矩较大方向有较大的抗弯截面模量。承台群桩基础的主柱应予以偏心，偏心距离根据每种塔型的水平力和上拔/下压力的比例关系，以 50mm 为模数进行试算，优选使群桩受力最均匀的偏心值。

（4）应用建议。

1）在桩基成孔机械选择时，应兼顾环保、施工进度、场地条件等要求，制定合理可行的施工方案。在施工进度和环保要求较高的情况下优先选用旋挖钻机进行灌注桩成孔施工。

2）桩基础成孔需对桩位偏差、桩孔垂直度、孔底沉渣厚度等进行质量控制。

3）对不同成孔工艺下的桩基承载力进行比较分析，提出适用于不同施工工法的桩基承载力计算参数。

2. 掏挖基础

（1）工程特点及适用范围。掏挖基础是指先将钢筋骨架放置于掏挖成的土胎内后灌注混凝土而形成的基础。掏挖基础机械化成孔工艺，是指利用专用设备旋挖钻机，首先对掏挖基础进行直孔开挖，然后更换扩底钻头，对直孔底部进行扩径开挖，最终形成符合掏挖基础图纸要求的基坑。掏挖基础的主要适用范围如下：

1）地质条件。机械化施工掏挖基础适用于无地下水的坚硬、硬塑、可塑黏性土，密实且稍湿的砂土，岩石单轴饱和抗压强度小于 10MPa 的极软岩及软质岩石。

2）道路交通。旋挖钻机最大可爬 30° 的坡，工作状态时履带宽度为 3.8m，转场时履带宽度调整为 2.6m。考虑到机械设备的转场时，需修筑施工便道，对修筑道路较短，修路引起植被破坏及民事协调难度较小的塔位，宜采用机械化施工掏挖基础。

3）施工平台。设备在运作过程中需要大约 7.7m×4.0m 面积的操作平台，该平台倾斜度不得大于 5%。故在选取机械化施工塔位时候要充分考虑基面的开方，选取的塔位基面尽量平整，避免土方的大量开挖造成水土流失。

（2）设计方法与参数取值。掏挖基础设计内容包括上拔稳定性、下压稳定性、倾覆稳定性和基础本体强度设计。

1）上拔稳定计算。掏挖基础上拔稳定计算是采用基于极限状态分析原理的原状土基础抗拔"剪切法"。"剪切法"计算示意图如图 2.2–18 所示。

基础极限抗拔承载力由基础混凝土自重 G_f、抗拔土体圆弧滑动面内抗拔土体质量 G_s 以及滑动面上剪切阻力的垂直分量 3 部分组成。

2）下压稳定及抗倾覆计算。荷载作用下，基底平均压力 P 及基底边缘处最大压力 P_{max} 应符合下列要求

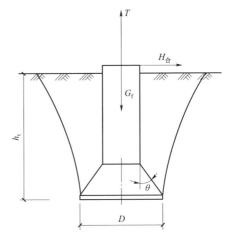

图 2.2–18 "剪切法"计算示意图

$$\begin{cases} P \leqslant f_a / \gamma_{rf} \\ P_{max} \leqslant 1.2 f_a / \gamma_{rf} \end{cases} \qquad (2.2-9)$$

式中 γ_{rf} ——地基承载力调整系数；

f_a ——地基承载力的取值；

P ——基底平均压力；

P_{max} ——基底边缘处最大压力。

3）基础本体强度设计。掏挖基础的基础本体强度设计主要包括扩底混凝土抗剪计算、立柱正截面承载力计算、立柱斜截面承载力计算。

4）基于机械化施工的掏挖基础参数取值。

a. 主柱直径：基础的立柱截面尺寸依据旋挖钻机的钻头规格确定，孔径序列为 0.6～2m，以 200mm 为级差。

b. 基础扩底：机械旋挖时，岩石地基的扩底直径与岩石强度相关。按照现阶段旋挖钻机施工能力，扩底直径最大为 2.0 倍的主柱直径且不大于 4m，其中岩石饱和单轴抗压强度大于 10MPa 时不能采用扩底。

c. 基础超挖：基础施工时旋挖钻孔应超钻 300mm 左右，然后清理钻渣，基础外形如图 2.2－19（c）所示。由于施工工艺的不同造成的超挖，建议基础设计采用图 2.2－19（a）所示外形。

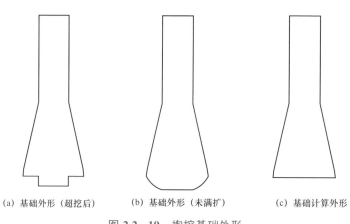

（a）基础外形（超挖后）   （b）基础外形（未满扩）   （c）基础计算外形

图 2.2－19 掏挖基础外形

d. 基础的孔壁稳定：掏挖基础因开挖形成圆拱效应，即土体成拱作用大大增加自身稳定性，其作用机理较为复杂，为了简化分析可按经典土力学滑动理论，取楔形土体进行分析，最危险的破裂滑动面其倾角为 $45° + \phi/2$，满足孔壁自立稳定的最大孔深可按照 $H_{max} = 4c\tan(45° + \phi/2)/\gamma$ 计算取值。机械化施工时基础孔壁的稳定性不仅考虑塔位处的黏聚力 c、内摩擦角 ϕ 和上覆土体相对密度 γ，还应考虑设备的自重对孔壁稳定的破坏性作用，尤其是机械化施工时，基础孔深的增大也进一步造成孔壁的不稳定性，在无可靠经验

数据时，建议机械化施工条件下基础最大孔深 H_{max} 估算为

$$H_{max} = 4f_s c \tan\left(45° + \frac{\varphi}{2}\right)/\gamma \qquad (2.2-10)$$

式中　　f_s——机械化施工条件下的孔壁稳定系数，具体数值可通过试验确定，
　　　　　　目前可取 0.95。

同时建议机械化施工时采取适当的防护措施，尽量减少已开挖孔壁的暴露时间，及时浇筑以保证必要的施工安全和成孔质量。

e. 基础扩底端的自立性分析：有关掏挖基础扩底土体的稳定可以划属为土层中地下洞室的稳定问题，可利用平衡拱计算分析扩底设计是否合理，能满足输电线路机械化施工掏挖基础场地适用性判断和应用设计的需要。若土层黏聚力足够大，能抵抗坑壁土重引起的剪切力，即能保证在已知尺寸下基础坑的自立。

f. 基础的构造要求严格按照相关规程规范的要求执行。

（3）应用建议。

1）机械化施工掏挖基础适用于无地下水的硬塑、可塑黏性土、极软岩及软质岩石。

2）基础的立柱截面尺寸依据输电线路施工专用旋挖钻机的钻头规格确定，孔径序列为 0.6～2m，以 200mm 为级差。

3）采用机械化施工时建议对基础成孔自立稳定性进行计算分析，以保证施工安全和成孔质量。

3. 挖孔桩基础

（1）工程特点及适用范围。挖孔桩基础是地层开挖成孔，然后安放钢筋笼、灌注混凝土而成的一种桩基础。在专用施工设备旋挖成孔条件下具有无须泥浆护壁、成孔迅速的优点，相对人工开挖方式孔径可减小至 0.6m，埋深可达 25m。

挖孔桩基础的主要适用范围如下：

1）交通地形条件：挖孔桩的施工机械主要采用专用旋挖钻机，机械设备能够到达塔位是机械化施工的前提条件。根据专用旋挖钻机外形尺寸、爬坡等性能，一般坡度在 30°以下的地形、距离现有道路较近、设备进场赔偿少、民事协调难度小的塔位可优先考虑采用机械化施工。

2）施工操作平台。根据旋挖钻机在操作过程中所需操作平台面积、平台处平整度要求和倾斜度等要求，机械化施工塔位要充分考虑基面的开方，选取的塔位基面尽量平整。施工平台的设置宜考虑设备作业面和基础根开，基础根开较

小时整个塔基可设置一个施工平台，基础根开较大时可逐腿设置施工平台。

3）地质水文条件。机械施工挖孔桩适用于地下水位以上黏性土、粉土、碎石土以及全风化或强风化岩层。采用扩底形式时，扩底端部宜设置于具有良好自立稳定性的土层中或单轴饱和抗压强度小于 10MPa 的岩层，当岩石单轴饱和抗压强度不小于 10MPa 时不扩底。

（2）设计方法与参数取值。挖孔桩基础设计内容包括下压承载力、上拔承载力、水平承载力、桩身强度等设计计算。计算理论和计算方法与灌注桩基础基本相同。

1）基础构造要求。

a. 桩、承台及连梁的混凝土强度等级不应低于 C25。

b. 桩与承台的连接构造应满足：桩嵌入承台内的长度不宜小于 100mm；混凝土桩的桩顶纵向主筋应锚入承台内，其锚入长度不宜小于 35 倍纵向主筋直径；对于受拔桩基应满足受拉钢筋锚固长度的要求并不应小于 40 倍主筋直径；桩顶主筋宜外倾成喇叭形（大约与竖直线夹角为 15°），并应设置箍筋或螺旋筋，其直径与桩身箍筋直径相同，间距为 100～200mm。

c. 桩身主筋应经计算确定。最小配筋率不宜小于 0.2%～0.65%（小桩径取高值，大桩径取低值）；桩身主筋应通长配置，且不宜小于 $8\phi10$，应沿桩周均匀布置，其净距不应小于 60mm。应尽量减少主筋接头，主筋混凝土保护层厚度不应小于 50mm。

d. 箍筋采用 $\phi6～8$ 间距 200～300mm，螺旋式箍筋；受水平荷载较大的基桩和抗震基桩，桩顶 (3～5) d 范围内的箍筋应适当加密；当钢筋笼长度超过 4m 时，应每隔 2.0m 左右设置一道 $\phi12～18$ 焊接加劲箍筋。

e. 挖孔桩其他构造要求均严格按照《建筑桩基技术规范》（JGJ 94—2008）的要求执行。

2）机械化施工设计参数取值。根据旋挖钻机机械性能、技术参数，挖孔桩的埋深、直径、扩底端尺寸等设计参数可按下列规定取值。

a. 桩身直径：桩身直径由专用旋挖钻机设备的钻头规格确定，桩身直径为 0.6～2m，以 200mm 为级差。

b. 扩底端尺寸：扩底与否应根据钻机扩底能力及土体自立条件确定，一般情况下土质地基可扩底，扩底倍率（D/d）不宜大于 2，且扩底直径不大于 4m；岩石类地基，当岩石饱和单轴抗压强度大于 10MPa 时不宜扩底。

c. 承台群桩间距：承台群桩要求基桩中心间距不小于 1.5D（当 D 不大于

2.0m 时，D 为扩大端设计直径）或 $D+1$（当 $D>2.0m$）。

（3）应用建议。

1）挖孔桩基础是输电线路中常用的基础形式，多用于地下水位以上黏性土层、粉土层、碎石土、全风化或强风化结构较完整的岩层。

2）挖孔桩基础考虑机械化施工后，设计人员应充分考虑因设备进场引起的道路修筑、青苗赔偿、施工操作面增加等费用的计列。

3）不同直径、埋深条件下挖孔桩基础破坏模式不同，扩底端部尺寸对单桩上拔承载力也有一定的影响，在不同的土质下应用时可对挖孔桩基础进行一定的试验和理论分析，为主要旋挖钻机机械施工的应用奠定理论基础。

4）机械挖孔桩的成桩质量检测主要包括成孔、扩底端尺寸、清孔等，扩底挖孔桩施工中应重点检测扩底端尺寸的质量。

5）在坚硬土、戈壁碎石土、全风化与强风化岩石等坚硬地层挖孔桩设计，优先采用增加深度方式，尽量避免扩底。

2.3　机械化施工杆塔设计

2.3.1　基本要求

杆塔设计与机械化施工密切相关，应结合施工方法、施工荷载、运输条件等情况深入地开展相关设计工作，满足以下要求：

（1）注重全寿命周期内的功能匹配。

（2）保证杆塔的强度、刚度和稳定。

（3）结构形式简洁，受力路线清晰，降低钢耗，使杆塔造价经济合理。

（4）优化构造设计，减少材料品种和构件规格，降低制造、安装和运行维护的工作量。

（5）保证待装吊段结构稳定性。

（6）进行大型复杂结构施工成形过程强度及稳定性计算。

2.3.2　杆塔设计

根据组塔方式与运输条件的不同，对杆塔结构设计进行优化。结合采用的组装设备，依据选定的设备参数及吊装能力、施工机具、吊装实施技术方案等，细化杆塔结构的设计分段、控制单个构件质量、设置辅助施工孔。

（1）杆塔机械化施工方案组合。机械化组塔施工优化设计方案见表 2.3 − 1。

表 2.3－1　　　　　　　　　　机械化组塔施工优化设计方案

条件组合		构造优化设计措施
组塔方式	运输条件	
抱杆分片组立	修建设备入场道路	细化杆塔结构的设计分段、控制单个构件质量、设置辅助施工
	采用索道运输	
轮式起重机分片组立	修建设备入场道路	
直升机吊装	无特殊要求	

（2）构件要求。

1）杆塔单个构件长度一般不超过 12m；索道运输单个构件长度一般不超过 9m。

2）角钢肢宽为 100mm 及以下的构件长度一般不超过 9m。

3）山地和丘陵地区杆塔单个构件质量一般控制在 3t 以内。

4）平地杆塔单个构件质量一般控制在 5t 以内。

5）山地和丘陵地区杆塔中的构件选型采用方便运输的角钢构件。

（3）施工孔的设置。

1）悬垂塔"V"串正上方的杆塔横担前后侧预留施工孔。

2）悬垂塔中横担与上曲臂连接板前后侧设置施工孔。

3）悬垂塔边横担端部前后侧分别设置施工孔。

4）酒杯塔和猫头塔左右 K 节点各设置施工孔用于左右节点对拉。

5）导线横担上平面及地线支架接头处设置辅助抱杆支撑用孔。

6）单回路耐张塔中相导线增加临时挂架，前后侧设置施工孔。

7）耐张塔挂点附近设置施工孔。

8）塔身主材内侧设置辅助抱杆支撑用孔。

9）瓶口变坡处塔身正面节点板外侧设置施工孔。

10）塔脚板、靴板设置施工孔。

2.4　牵张放线施工设计

2.4.1　基本要求

设计阶段应结合机械化架线施工的特点，依据导线型式（单、双分裂），牵引场、张力场大小，结合道路运输条件，考虑合适的牵张场布置，为架线机械化施工提供便利。

2.4.2　牵张场位置选择

在选线及定位阶段需要合理选择转角点位置和耐张段长度，尽量减少"三跨"等重要交叉跨越数量，适当缩短重要跨越所在放线区段长度。设计阶段还应该结合机械化架线施工的特点，综合考虑沿线地形、交叉跨越、交通运输、牵张场大小、导线型式等因素，选择合适的牵张场位置，为架线机械化施工提供便利。典型牵张场布置见表 2.4-1。

表 2.4-1　　　　　　　　典型牵张场布置

导线型式	牵引场尺寸（m）	张力场尺寸（m）	道路通行条件	备注
单导线	25×20	35×20	利用已有道路	重要跨越段尽可能考虑牵张场设置
			修建临时道路	
双分裂	30×20	40×20	利用已有道路	
			修建临时道路	
四分裂、六分裂	45×40	55×45	利用已有道路	重要跨越段尽可能考虑牵张场设置
			修建临时道路	

牵张场地应选择在地势平坦的区域，且应满足牵引机、张力机等主要架线施工机能能直接运达到位的要求。最大程度利用现有道路进行运输，尽量减少占用耕地，减少破坏植被，减少水土流失。如交通条件不便利，应贯彻国家法律法规、规程规范、地方政策对环水保的相关要求，因地制宜综合比选后选择临时道路修筑方案。

2.5　路径选择与施工道路规划

全过程机械化施工的一个显著特点就是施工机械到塔位的过程中，统筹规划路径、塔位、物料运输，针对性做好相应的设计优化，可有效减少人工投入，发挥机械化优势，提高施工效率、经济效益和环境效益。

2.5.1　路径选择

1. 技术原则

为提高施工效率、节约施工成本，路径选择和优化应结合机械化施工特点，遵循以下技术原则：

（1）路径选择应综合考虑地形地貌、地质、交通及地方规划等因素，结合工程道路运输规划，使物料运输要尽量简单、便利，降低机械化运输成本，提高施工效率，缩短施工周期。

（2）路径选择宜靠近国道、省道、县道及乡镇公路，充分利用现有交通条件，便于物料运输和施工设备进场。

（3）路径选择应考虑线路对地磁电台站、电台、机场、电信线路、油气管线等邻近设施的相互影响。

（4）路径选择应综合考虑施工过程中张力场布置、放线等因素，以便于开展全过程机械化施工。

（5）河网泥沼地区线路，宜避免大范围在湖中、塘中走线，水中立塔宜避让虾塘、鱼塘等经济养殖水域。

（6）山区路径宜避开坡度大、连续上下山、林木茂密等不易运输地带。

（7）路径宜避开大片林区、自然保护区、风景名胜区、水源保护区、森林（湿地）公园等环境敏感区以及生态红线区域。

（8）路径选择应避开不良地质带和采动影响区，宜避开重冰区、易舞动区及影响安全运行的其他地区。

（9）路径选择宜沿已有电力线路或基础设施平行走线，避免分割地块。

（10）合理规划路径、档距、可利用道路及临时道路，并考虑运输的合理性和经济性。

2. 设计要求

（1）可行性研究阶段。做深做优路径方案。充分收集沿线各类规划、正射影像数据、数字高程数据、基础矢量数据等工程基础数据和电网专题数据资料，结合中高分辨率卫星影像或航空影像等资料，考虑施工便利性，开展路径选择及优化。线路宜避让高海拔地区，充分利用已有道路，选择地势平坦地区走线，宜采用局部路径调整和基础型式优化等技术手段综合选取最优路径。重视勘察工作，对线路沿线微地形、微地貌进行调查论证，确保地基承载力满足立塔和设备进场要求，重要交叉跨越和地形起伏较大区域宜实地测量，合理选择塔位、塔型和基础型式，提高机械化施工效率。路径选择尽量避开周边建（构）筑物，合理规划该段档距。应充分考虑影响路径成立及后续机械化施工的各单位协议取得情况，做好综合经济技术比较。

（2）初步设计阶段。积极应用航空摄影测量技术和北斗导航技术，结合本阶段现场调查和沿线交通、地形、地貌、地物等情况，对多路径方案进行比选，并进行经济指标优选，进一步优化线路路径。利用可获取的最高分辨率 DOM 及 DEM 数据，开展三维数字化设计及地物标绘，结合二、三维联动手段开展杆塔预排位，注意对变电站进出线部分及其他通道拥挤地段进行优化设计。综合考虑水文条件、地质条件合理选择"三跨"及线路交叉跨越塔位。做细每基塔位的通道清理方案，并如实计列工程量，并留有适当裕度。

初步设计阶段编制独立的机械化施工专题报告，内容包含：路径方案比选及优化、临时道路方案、导地线运输及架设、杆塔选型及接地优化、基础形式选择及优化、整体材料运输方案、环水保原则及措施等。在初步设计中明确响应环评、水保批复报告中的要求并列足相关费用。

（3）施工图设计阶段。结合线路终勘定位，逐基核实基础、杆塔施工条件、塔位坡度、物料运输和施工设备进场条件并开展牵张场设计，确保方案可行、合理、施工便利。平地区段宜保证塔位靠近已有道路，提高施工效率；河网区段宜避免水中立塔，保证基础和临时道路地基承载力；丘陵、山地避免在陡坡、密林处立塔，降低施工难度。山区线路应结合地形高差起伏和交通条件，优化塔位和档距，便于索道运输。

当线路地质、地形条件复杂，对工程设计方案、造价、施工装备的选用影响较大时，应逐基进一步开展地质勘探，辅助塔位优化。全面做好"设计与施工""设计与装备""设计与技术经济"三协同，实现设计更优、工程装备选择更优，工程量计列及造价更实。

2.5.2　施工道路规划

1. 技术原则

施工道路规划需要统筹考虑路径方案、塔位布置、物料运输及施工设备进场，满足环水保要求，针对性做好设计优化，减少人工投入，发挥机械化优势。施工道路规划遵循以下技术原则：

（1）结合线路路径，充分收集沿线道路和地方规划资料，施工道路规划应充分利用现有及规划道路，减少临时道路修建长度，确保经济、合理。

（2）施工道路规划应结合塔位逐基制定临时道路修建方案，满足物料运输、设备进场及转场要求。

（3）根据地质、地貌条件，结合平地、河网、泥沼、丘陵、山地等地形，因地制宜，制订安全可行、绿色环保的施工道路规划方案。

（4）综合考虑物料运输及施工装备的型号、质量、尺寸，临时道路应满足装备通行宽度及承载力要求。

（5）施工道路规划应结合张力放线方案和牵张场布置等因素，便于架线机械化施工。

（6）做细地质勘察工作，充分论证施工道路沿线地质情况，确保满足临时道路修建要求。

（7）施工道路规划需考虑后期运维的便利，宜尽量选用原有的小道运输方案，沿路植被尽可能移植，以便施工结束后恢复，减少对自然植被的破坏。

2. 道路规划技术要求

（1）可行性研究阶段。结合地方规划、高分辨率卫星影像或航空影像等资料，梳理线路沿线道路通行条件，开展路网布置图前期规划。施工道路应综合考虑线路路径、地形、地貌和沿线敏感点情况，充分利用已有道路，进一步优化施工道路路网，确保方案可行、合理。临时道路宜选择在地势平坦地区修建，减小修建难度，便利物料运输和施工设备进场。施工道路规划应提前考虑青苗赔偿情况和民事协调难度，保证临时道路修建和物料运输的合理性和经济性。

（2）初步设计阶段。应用航空摄影测量技术和北斗导航技术，获取高分辨率的 DOM 及 DEM 数据，结合本阶段现场调查和沿线交通，地形、地貌、地物情况，开展三维数字化施工道路规划设计。充分考虑设备进场和材料运输及机械进场装备，标绘路网运输规划图，制定物料运输路线，明确材料站、项目部位置。综合考虑水文条件、地质条件，做细每基塔位的临时道路方案，合理计列临时道路修建工程量。

初步设计阶段编制独立的机械化施工专题报告，应包含临时道路修建方案，统筹规划施工临时道路，制定杆塔道路修建明细，明确临时道路修建标准、修建长度、修建装备等信息。

（3）施工图设计阶段。结合现场终勘定位情况，逐基核实物料运输和施工设备进场条件，确保临时道路修建方案经济、环保。平地区段充分利用已有道路，降低对耕地的占用；河网区段，结合水中立塔位置，推荐采用水上栈桥道路修建方式，减少对水域的破坏；丘陵、山地避免在陡坡、密林处修建道路，山区线路应结合地形高差起伏和交通条件，条件允许时优先采用索道运输。

结合初步设计阶段三维设计成果，进一步深化三维设计，详细标绘地物及道路，准确表达地物与线路路径的相互关系，例如某 330kV 架空线路工程同步形成路网一览图（如图 2.5-1 所示）、工程概况一览表（见表 2.5-1）及施工装备一览表（见表 2.5-2）等道路修建统计信息，逐步实现临时道路自动推荐选择，地物清晰一览，装备智能推荐，逐基详细策划，辅助业主及施工单位提升机械化施工效率。

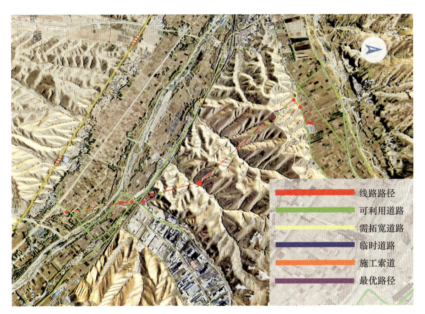

图 2.5-1　路网一览图

表 2.5-1　　　　　　　　　　工 程 概 况 一 览 表

线路名称	某 330kV 线路
路径长度（km）	5.9
曲折系数	1.1
回路数	单回路
导线型号	JL3/G1A-300/40
杆塔数量	22

续表

地形地貌	丘陵：100.00%
主要气象条件	最高气温：40℃，基本风速：27m/s，覆冰厚度：10mm
可利用道路（km）	16.84km
需拓宽道路（km）	5.70km
临时道路（km）	2.55km
施工索道（km）	0.39km
丘陵地形（km）	5.86km

表 2.5－2　　　　　　　施 工 装 备 一 览 表

序号	应用工序	装备名称	装备参数	适用地形条件	适用通行条件
1	临时道路修建	轮式全回转液压挖机	额定输出功率 28kW，铲斗容积 1.2m³	平地、丘陵	道路宽度＞3.0m，路面坡度＜25°
2	物料工地运输	自卸吊	12t	平地、丘陵	道路宽度＞3.0m，路面坡度＜15°
3	基础开挖施工	轮胎式挖掘机	额定功率：118kW，整机工作质量：21.9t，最大挖掘深度 6.6m	平地	路面坡度＜90°
4	接地施工	链式开沟机	91～220kW	平地、丘陵、山地	道路宽度＞2.0m，路面坡度＜25°
5	混凝土施工	商混搅拌车	功率：206kW，质量：2.5t，高度：3.9m，长度：8.39m，行走宽度：2.5m	平地、丘陵、山地、高山、峻岭	道路宽度＞3.5m，路面坡度＜15°
6	组塔施工	起重机	12.62×2.5×3.35m	平地、丘陵、山地、高山、峻岭	道路宽度＞3.0m，路面坡度＜15°
7	架线施工	自行式牵引机	最大牵引力：300kN，持续牵引力 250kN，最大牵引速度 5km/h	平地、丘陵	路面坡度＜90°
8		张力机	张力轮底径 1.2m，最大张力 30kN，最大线缆直径：32mm	平地、丘陵、山地	路面坡度＜90°

2.6　应 用 实 例

2.6.1　丘陵山地地形工程实例

1. 工程概况

（1）工程实例为福建省南部某 500kV 线路工程，路径总长度约 48.5km，曲折系数为 1.234，全线采用双回路同塔架设。线路沿线地形为丘陵 30%、山间盆地 4%、山地 66%，沿线海拔为 50～1000m。

（2）线路途经地貌以低山、丘陵为主，局部夹山间盆地侵蚀堆积地貌。沿线地形起伏变化较大，海拔 50～1000m。地形坡度较大，一般 20°～30°，局部山势较陡，可达 35°～40°，植被生长旺盛，主要以桉树、杂树、杂草为主。沿线交通条件一般。

该区第四系覆盖层为坡残积黏性土，呈硬塑状，物理力学性质较好，承载力特征值一般大于 150kPa，具中等压缩性，可以满足天然地基持力层要求。下伏强～中风化岩石，岩性主要为凝灰岩、花岗岩、粉砂岩等，呈风化或中等风化状，地基承载力较高，低压缩性，为良好的天然地基持力层或桩端持力层。沿线塔位大多可选择在山顶、山坡立塔，山顶、山坡处的地表径流条件较好。沿线地下水埋藏较深，一般埋深大于 15m，地下水对基础的影响较小，可不考虑地下水对设计和施工的影响。

（3）机械化施工塔位概况。对全线塔位进行筛选，推荐该工程的 31 基塔位进行机械化施工，见表 2.6-1。

表 2.6-1　　福建省南部某 500kV 线路工程推荐的机械化施工塔位

桩号	地形	推荐基础型式	地质情况	拓宽路长度（m）	新修路长度（m）	推荐施工机械
J1	缓坡	挖孔桩（机械）	14m 见中风化	0	64	电建旋挖钻机
Z1	缓坡	挖孔桩（机械）	13m 见中风化	0	100	电建旋挖钻机
J2	缓坡	挖孔桩（机械）	17m 见中风化	386	257	电建旋挖钻机
Z5	缓坡	挖孔桩（机械）	16m 见中风化	257	88	电建旋挖钻机
Z6	缓坡	挖孔桩（机械）	15m 见中风化	290	263	电建旋挖钻机
J3	缓坡	挖孔桩（机械）	14m 见中风化	50	80	电建旋挖钻机
Z7	缓坡	挖孔桩（机械）	12m 见中风化	198	96	电建旋挖钻机
Z8	缓坡	挖孔桩（机械）	17m 见中风化	500	263	电建旋挖钻机
Z9	缓坡	挖孔桩（机械）	14m 见中风化	50	177	电建旋挖钻机
J5	缓坡	挖孔桩（机械）	12m 见中风化	70	238	电建旋挖钻机
J18	缓坡	挖孔桩（机械）	11m 见中风化	100	343	电建旋挖钻机
Z27	缓坡	岩石锚杆	2.5m 见中风化	/	/	岩石钻孔机械
Z28	缓坡	岩石锚杆	1.5m 见中风化	/	/	岩石钻孔机械
J25	缓坡	挖孔桩（机械）	10m 见中风化	240	280	电建旋挖钻机

桩号	地形	推荐基础型式	地质情况	拓宽路长度（m）	新修路长度（m）	推荐施工机械
Z49	缓坡	挖孔桩（机械）	12m 见中风化	160	260	电建旋挖钻机
Z50	缓坡	挖孔桩（机械）	12m 见中风化	140	310	电建旋挖钻机
Z51	缓坡	挖孔桩（机械）	9m 见中风化	300	453	电建旋挖钻机
Z52	缓坡	挖孔桩（机械）	10m 见中风化	309	258	电建旋挖钻机
Z53	缓坡	挖孔桩（机械）	11m 见中风化	212	350	电建旋挖钻机
J26	缓坡	挖孔桩（机械）	12m 见中风化	202	187	电建旋挖钻机
Z56	缓坡	挖孔桩（机械）	13m 见中风化	147	230	电建旋挖钻机
Z57	缓坡	挖孔桩（机械）	13m 见中风化	230	196	电建旋挖钻机
Z58	缓坡	挖孔桩（机械）	14m 见中风化	189	146	电建旋挖钻机
Z59	缓坡	挖孔桩（机械）	13m 见中风化	132	198	电建旋挖钻机
Z61	缓坡	挖孔桩（机械）	12m 见中风化	150	329	电建旋挖钻机
Z62	缓坡	挖孔桩（机械）	10m 见中风化	350	359	电建旋挖钻机
J30	缓坡	微型桩	5.3m 见中风化	426	376	山地潜孔钻机
J31	缓坡	微型桩	6m 见中风化	370	181	山地潜孔钻机
J32	缓坡	挖孔桩（机械）	13m 见中风化	70	160	电建旋挖钻机
J34	缓坡	挖孔桩（机械）	13m 见中风化	147	123	电建旋挖钻机
J35	缓坡	挖孔桩（机械）	14m 见中风化	0	134	电建旋挖钻机

2. 路径选择与道路规划

（1）路径选择。根据电力系统规划要求，在路径选择上远近结合，综合考虑两端站址相对位置和进出线走廊规划情况、线路长度、地形地貌、地质、水文气象、冰区、交通、林木、矿产、障碍设施、交叉跨越、施工、运行及地方政府意见等因素，进行两个方案比选，使推荐路径安全可靠，经济合理。

工程路径选择结合两端站址间航空线沿线敏感点分布情况，避开军事设施、城镇规划、村镇集中区、大型工矿企业、旅游风景区、易燃易爆仓库及重要通信设施，减少线路工程建设对地方经济发展的影响。塔位设置尽可能靠近现有国道、省道、县道及乡村公路，改善交通条件，方便施工和运维。线路局部路径与规划区相对位置示意图如图 2.6－1 所示。

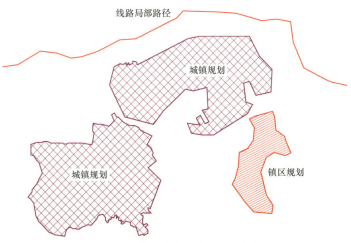

图 2.6－1　线路局部路径与规划区相对位置示意图

（2）道路规划。现场定位时设计人员逐基对塔位是否适合修筑临时道路进行判定，逐基核实塔位附近已有道路情况，统计需要进行临时道路扩宽、加固及新建临时道路长度，进行单基机械化策划。部分塔位现有道路情况如图 2.6－2 所示。对于新修临时道路，采用挖掘机进行临时道路修筑，一般采取挖填结合的方式进行路面平整，余土尽量就地利用。坡度相对较陡区段，为满足车辆上坡要求，新修道路按 S 型考虑。路基一般要求边填筑边夯实，夯实应采用压路机或重型机械，保证回填压实。结合工程实际道路情况，临时道路修筑宽度按 3.0～3.5m 考虑，部分扩宽段拓宽 1.0～1.5m。部分塔位新

图 2.6－2　部分塔位现有道路情况

修进场道路示意图如图 2.6－3 所示。施工进场道路规划避免进入线路临近的保护小区及森林公园，在提高工程机械化率同时，保护周边环境。

图 2.6－3　J35 塔位新修进场道路示意图

3. 工程勘测

（1）工程地质调查与测绘。在现场调查过程中，岩土人员对沿线地形地貌、不良地质作用的发育状况及其危害进行查明，对沿线重要塔位的地质条件进行概述，按地质地貌单元分区段对各路径方案做出岩土工程评价和汇总评价。对确定线路路径方案起控制作用的不良地质作用、特殊性岩土、特殊地质条件，描述其类别、范围、性质并评价其对工程的危害程度，提出避让或治理措施的建议，还调查了附近地区的建筑经验、矿产分布、塔位附近场地管线埋设情况等。

（2）钻探。钻探采用 XY－200 型钻机、XY－20 型轻便钻机、人工洛阳铲、钎探等钻探方式，钻孔主要分为以下两类。

1）一类是采用 XY－200 型钻机、XY－20 型轻便钻机等设备勘测的控制性勘探点，根据要求布置 1～4 个勘探点，山地段钻孔一般深度 16～22m，山间盆地段钻孔一般深度 22.5～25.0m。为满足全线机械化施工塔位要求，全线选取了满足机械化施工的塔位共计 25 基，进行了 XY－200 型钻机、XY－20 型轻便钻机钻探。XY－200 型岩芯钻机、XY－20 型轻便钻机，钻进方法采用套管跟进或泥浆护壁，回旋钻进全孔取芯的施工工艺。土层及强风化岩采用合金钻头，中风化岩采用金刚石钻头。钻探操作、回次进尺和岩土编录工作均符合《建筑工程地质勘探与取样技术规程》（JGJ T87—2012）的要求。钻探观测和测试工作完成后，勘探孔采用黏土分层回填击实进行封孔处理。在钻进过程中，采取原状土样、扰动样进行室内试验，开展标贯、动探等原位测试，对地层进行现场编录、分层。Z28－A、Z52－A 工程地质钻孔柱状图如图 2.6－4 和图 2.6－5 所示。

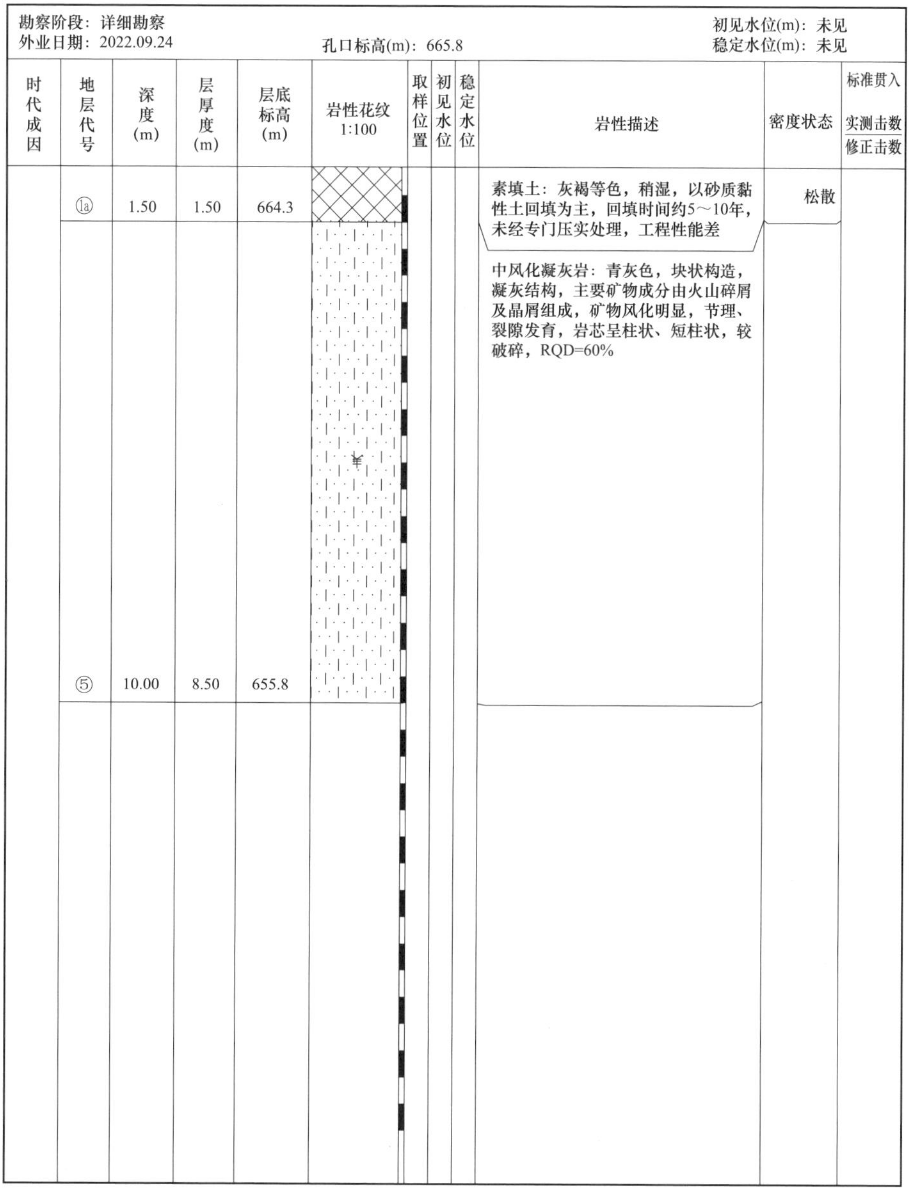

时代成因	地层代号	深度(m)	层厚度(m)	层底标高(m)	岩性花纹 1:100	取样位置	初见水位	稳定水位	岩性描述	密度状态	标准贯入 实测击数 修正击数
	①a	1.50	1.50	664.3					素填土：灰褐等色，稍湿，以砂质黏性土回填为主，回填时间约5～10年，未经专门压实处理，工程性能差	松散	
	⑤	10.00	8.50	655.8					中风化凝灰岩：青灰色，块状构造，凝灰结构，主要矿物成分由火山碎屑及晶屑组成，矿物风化明显，节理、裂隙发育，岩芯呈柱状、短柱状，较破碎，RQD=60%		

勘察阶段：详细勘察
外业日期：2022.09.24
孔口标高(m)：665.8
初见水位(m)：未见
稳定水位(m)：未见

图 2.6－4　Z28－A 工程地质钻孔柱状图

| 勘察阶段：详细勘察 | | | | | | | | 初见水位(m)：未见 | | |
| 外业日期：2022.09.20 | | | | 孔口标高(m)：104.6 | | | | 稳定水位(m)：未见 | | |
时代成因	地层代号	深度(m)	层厚度(m)	层底标高(m)	岩性花纹 1:100	取样位置	初见水位	稳定水位	岩性描述	密度状态	标准贯入 实测击数 修正击数
	①	3.30	3.30	101.3					粉质黏土：褐红等色，坡积成因，成分主要由黏粉粒及砂砾组成，含砂砾约25%，切面稍光滑，无摇震反应，干强度及韧性中等	可塑~硬塑	
	③	6.10	2.80	98.5					砂砾状强风化花岗岩：肉红、灰黄、灰白等色，主要由强烈风化的长石、石英、云母及暗色矿物等组成，岩芯呈砂砾状，手捏即散，结构基本破坏		
	④	10.00	3.90	94.6					碎块状强风化花岗岩：灰黄、灰白、褐黄等色，主要由强烈风化的长石、石英、云母及暗色矿物等组成，岩芯呈碎块状，手折可断，敲击声哑，结构大部分破坏		
	⑤	12.50	2.50	92.1					中风化花岗岩：灰白、浅黄，中粗粒花岗结构，块状构造，主要岩石矿物成份为长石、石英、云母等，岩芯呈柱状、短柱状，局部呈块状，岩质新鲜，坚硬，锤击声清脆，RQD=70%		

图 2.6-5　Z52-A 工程地质钻孔柱状图

2）另一类是为配合地质调查而进行的简易钻探，采用洛阳铲、钎探进行勘探，目的是确定塔基范围内的地层情况、地下水埋深条件。钻探分层精度及记录编录等符合有关规程规定。钻探严格按照《电力工程钻探技术规程》（DL/T 5096—2008）执行，采用的试验方法和取值标准严格按《土工试验方法标准》（GB/T 50123—2019）要求进行。

（3）原位测试。该工程原位测试设备、试验方法满足规范要求，操作正确，取得的实测值准确可靠。标准贯入试验（SPT）采用导向杆变径脱钩式自动落锤装置（锤重 63.5kg，落距 76cm），配合钻机进行测试，SPT 主要在粉质黏土、粉土层中进行，测试间距为 1～2m。

（4）工程物探。土壤电阻率测量采用 FR3010E 型接地电阻测量仪及 ZC-8 型接地电阻测量仪，进行逐基测量，测量电极距分别为 2、3、5m。测量全线各塔基段土壤电阻率，辅助判定土壤的腐蚀性。

（5）完成的工作量。勘测过程完成的工作量综合统计后，机械化施工塔位勘测工作量统计表见表 2.6-2。

表 2.6-2　　　　　　　　机械化施工塔位勘测工作量统计表

项目		单位	数量
地质调查及简易测绘		塔基段	31
机械钻/履带钻		m/孔	206/5
山地轻便钻		m/孔	969.6/31
标准贯入试验（SPT）		次	62
简易钻孔		m/孔	1242.6/198
土壤电阻率		塔基位	31
取样	土样（原状）	件	23
	土样（扰动）	件	3
	水样	件	6
	岩样（碎块状）	件	12
	岩样（中风化）	件	13
室内土工试验	常规土工试验	组	23
	颗粒分析试验	组	17
	土质易溶盐分析	组	3
	水质分析	组	6
	岩石点荷载试验	组	12
	岩芯抗压试验	组	13

4. 基础设计

（1）岩石锚杆基础设计。对适用岩石锚杆基础塔位进行筛选，例如 Z27 和 Z28 塔位整体坡度约 10°～15°，覆盖层厚度分别为 2.5m 和 1.5m，岩体基本质量等级为Ⅱ～Ⅲ级中风化凝灰岩，适用于承台式岩石锚杆基础，根据外部荷载，设计采用 16 根锚杆，工程施工采用小型模块化锚杆钻机及锚杆基础典型施工工法进行机械化施工。

（2）山地微型桩基础设计。微型桩基础弥补了岩石锚杆基础的适用范围空白，例如 J30 和 J31 塔位整体坡度约 18°，覆盖层大于 5m，岩体基本质量等级为Ⅲ级中风化凝灰岩，适用于山地微型桩基础，微型桩桩径按 400mm 设计，机械设备可选用山地潜孔钻机或履带式自行走钻机，施工效率高，可缩短基础施工时长。

（3）机械挖孔基础。除了选用岩石锚杆基础、山地微型桩基础，其他可施工机械进场的塔位则设计采用机械挖孔基础，采用机械化施工代替人工开挖，降低安全风险，提高施工质量，提升施工效率。

5. 杆塔设计

（1）通用模块。根据《国家电网有限公司 35～750kV 输变电工程通用设计、通用设备应用目录（2022 年版）》的分类，直线塔采用 500—ME21S 模块，耐张塔采用 500—MF21S 模块。施工图阶段严格执行《架空输电线路杆塔结构设计技术规程》（DL/T 5486—2020）、《架空输电线路荷载规范》（DL/T 5551—2018）、《架空输电线路电气设计规程》（DL/T 5582—2020）等最新规程规范进行校核验算。

（2）构件要求。积极应用高强钢和大规格角钢，充分发挥材料强度以减少杆塔质量，利于节能减排；为便于大规格角钢在山区中的运输和安装，原则上要求单根角钢构件质量控制在 1.5t 以内，且长度不超过 12m。

（3）施工孔设置。在铁塔横担端部前后侧分别设置施工孔；导线横担上平面及地线支架接头处设置辅助抱杆支撑用孔；塔身主材内侧设置辅助抱杆支撑用孔；瓶口变坡处塔身正面节点板外侧设置施工孔。塔脚板、靴板设置施工孔。

（4）组塔方式。交通便利塔位建议可采用履带式或者轮胎式起重机组塔，采用数控扭矩扳手进行螺栓紧固。

6. 牵张放线设计

（1）实施条件。导线采用 4×JL3/G1A-630/45 型钢芯高导电率铝绞线，地线采用两根 72 芯 OPGW-17-150-5 复合光缆。地貌单元主要为山地丘陵地貌，线路全线海拔为 50～1000m，途经区大多数地段植被发育，主要为桉树林、果园、杂树等，交通条件一般。

（2）牵张场布置方案。工程地处山地丘陵地貌段，地势开阔，综合考虑放线效率及导线损伤等各种因素，结合现场地形条件、交通条件及林木分布情况等选择牵引场地，全线预计共设置 10 个牵张场，见表 2.6-3。

工程架线全面应用智能化、自动控制架线方式，采用遥控八旋翼飞行器进行多段展放初级导引绳，降低机械化施工安全动态风险值。

表 2.6-3 工程牵张场塔位设置

序号	展放区段起止塔位		展放长度（km）	牵引场尺寸（m）	张力场尺寸（m）	备注
1	J1（张力场）	J6（牵引场）	6.552	45×35	50×45	跨越 10kV 电力线
2	J6（牵引场）	J11（张力场）	7.310	45×40	50×45	/
3	J11（张力场）	J17（牵引场）	7.059	45×40	50×40	跨越 35kV、10kV 电力线乡道
4	J17（牵引场）	Z37（张力场）	6.099	40×40	50×45	跨越 35kV、10kV 电力线省道
5	Z37（张力场）	Z49（牵引场）	6.952	45×45	50×40	跨越 35kV、10kV 电力线省道
6	Z49（牵引场）	J29（张力场）	7.000	45×40	45×45	/
7	J29（张力场）	J31（牵引场）	3.041	45×40	50×40	跨越高速、省道
8	J31（牵引场）	JZ65（张力场）	2.380	45×40	50×45	跨越 220kV 电力线
9	JZ65（张力场）	J35（牵引场）	1.749	45×40	50×40	跨越 220kV 电力线

（3）机械化施工装备及人员配置。工程架线机械化施工装备及人员配置

见表 2.6－4。

表 2.6－4　　　　　　　工程架线机械化施工装备及人员配置表

施工过程	跨越架线情况	主要施工机械			配置数量	设备配置方式	人员配置
		设备名称	型号	主要技术参数			
架线施工	一般跨越架线施工	牵引机	SA－QY－150	最大牵引力 150（kN）、牵引轮槽底直径 700（mm）	1	自有	1 人/台
		张力机	SA－ZY－40	最大张力 40（kN）、张力轮槽底直径 1200（mm）	1	自有	1 人/台
		张力机	SA－ZY－2×50	最大张力 2×50（kN）、张力轮槽底直径 1500（mm）	2	自有	1 人/台
		牵引机	SA－QY－50	最大牵引力 50（kN）、牵引轮槽底直径 426（mm）	1	自有	1 人/台
	"三跨"架线施工	智能牵引机	SA－QY－150（集控）	最大牵引力 150（kN）、牵引轮槽底直径 700（mm）	1	自有	1 人/套（牵引场）
		智能张力机	SA－ZY－40（集控）	最大张力 40（kN）、张力轮槽底直径 1200（mm）	1	自有	
		智能张力机	SA－ZY－2×50（集控）	最大张力 2×50（kN）、张力轮槽底直径 1500（mm）	2	自有	1 人/套（张力场）
		智能牵引机	SA－QY－50（集控）	最大牵引力 50（kN）、牵引轮槽底直径 426（mm）	1	自有	
		其他架线施工装备	—	集控室、自组网络、对讲机等配套设备集控室、自组网络、对讲机、八旋翼无人机等配套设备	—	自有	

（4）架线机械化施工组织措施。架线全面应用智能化、自动控制架线方式。采用遥控八旋翼飞行器进行多段展放初级导引绳，实现牵张设备数字化，牵张设备信息可采集可发送。

7. 成效分析

（1）基于工程特点，合理应用不同勘测手段与勘测设备，有效提升地质勘察精度，为各种环保型基础设计应用提供依据。

（2）应用环保型基础：岩石锚杆基础和微型桩基础，有利于减少混凝土方量及土方开挖，降低安全风险，提高施工质量，提升施工效率，缩短工日。

（3）采用起重机组立铁塔，确保了塔材安装质量，保证整体施工质量可控，提高吊装效率，保障施工安全。

（4）全线采用遥控八旋翼飞行器进行多段展放初级导引绳，跨越架线应用智能化、实现牵张设备数字化，有效保证架线作业现场施工安全，降低工程机械化施工安全动态风险值。

2.6.2　平地地形工程实例

1. 工程概况

（1）该工程实例为安徽西北部某 220kV 线路工程，该工程路径全长 5.979km，全线采用单、双、四回路混合架设，其中单回路 0.182km，双回路 5.204km，混压四回路 0.593km。涉及单回旧线路拆除 0.074km（单回路角钢塔 1 基），单回旧线路恢复架线 0.664km。

线路沿线地形：平地约 80%、河网约 20%，沿线海拔为 30～35m。

（2）线路沿途所经区域地貌单元为淮北冲积平原，类型单一，微地貌主要为平地及河滩，交通条件良好。线路沿线总体地形平坦，地势开阔，植被主要为农田，以小麦、玉米、大豆等农作物为主。

该区第四系覆盖层为粉质黏土、粉土及粉细砂，其中下部黏性土呈可塑～硬塑状、粉土呈中密状、粉细砂呈中密～密实状，物理力学性质较好，承载力特征值一般大于 150kPa，可以满足天然地基持力层要求。沿线塔位需避开水塘、水沟，其余地段立塔条件良好。沿线地下水主要为潜水，埋藏较浅且丰水季节水量较大，一般埋深 1.5～2.5m，设计时需考虑地下水对基础和施工的影响。

（3）机械化施工塔位概况。对全线塔位进行了初步筛选，该工程所有塔位均可进行机械化施工。该工程推荐机械化施工塔位见表 2.6-5。

表 2.6-5　　　　　　　　　　该工程推荐的机械化施工塔位

塔号	地形	推荐基础型式	地质情况
B1～B3	平地	桩基础（机械）	7～8m 到桩基持力层
B3～B5	河滩	桩基础（机械）	8～10m 到桩基持力层
B6～B8	平地	板式基础（机械）	1～2m 到桩基持力层
B9～B13	平地	螺旋锚基础（机械）	7～8m 到桩基持力层
B14～B19	平地	桩基础（机械）	8～9m 到桩基持力层
B20～B21	平地	板式基础（机械）	1～2m 到桩基持力层
B22	平地	桩基础（机械）	7～9m 到桩基持力层

2. 路径选择与道路规划

（1）路径选择。该工程地处淮北平原，沿线地形地貌主要为平地，线路主要位于农田、经济林中，根据线路起始点空间位置以及现场工程建设条件，该工程路径选择主要考虑以下因素。

1）乡镇规划要求。经与县级规划和途径镇政府沟通，该工程起始点靠近规划新城区，即变电站出线段需要沿规划道路的绿化走线，并且需要综合考虑现状道路；皖北村庄多以集中聚居分布，为了减少民事纠纷，路径选择需避让村庄民宅，避免拆迁；该工程新线路需要与已建一条110kV线路同廊架设。

2）敏感点避让以及重要交叉跨越要求。该工程敏感点较少，主要涉及一条规划国道和一处110kV线路的跨越，另外需要对集中经济林按高跨设计，塔位选择避开农田中的坎包。

3）机械化交通运输条件。随着经济社会发展，农村地区交通投资的持续投入，农村交通条件已大为改善，因此从工程建设的机械化实施角度对路径优化选择尤为重要。该工程沿线主要可利用的建成道路包括乡道、村村通道路、农田机耕路，在满足规划要求的基础上，路径的走向尽可能靠近以上建成道路，充分利用公共交通网络，方便物料运输以及各工序施工设备进场。该工程线路路径方案示意图如图2.6-6所示。

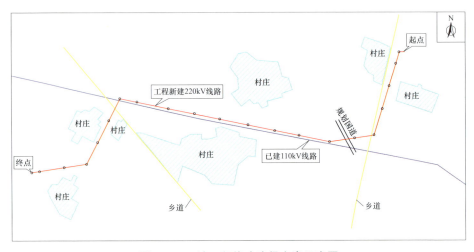

图2.6-6 该工程线路路径方案示意图

（2）道路规划。道路规划与塔位布置息息相关，两者相互影响，工程实际中需要根据杆塔使用条件和现场公共路网体系综合考虑。通过使用高清航片和实地现场踏勘，该工程沿线主要有两条乡道以及多条村村通道路可以利用，乡道、村村通均为水泥道路，且承载力大，另外农田中有机耕路，宽度一般为 1.5～2.0m，路基承载力低。考虑到后续物料运输以及施工设备进场，道路整体宽度以及承载力要求视每基杆塔而定。结合该工程实际，道路宽度要求一般为 2.5～3.0m、最小转弯半径 15～25m、路基承载力不小于 80kPa。对于道路规划，首要是充分利用已建的乡道、村村通等道路，其次是机耕路，需要拓宽、加固后使用，最后是位于农田中的塔位，考虑采用铺设钢板直达塔位的方式。图 2.6－7 为该工程部分塔位道路规划方案图，其中黄色为已建成的公共交通道路，直接使用，青色则是对宽度不足的已建道路进行加固拓宽后使用，洋红色则是位于农田中，需要新建道路（铺设钢板），另外底图部分则是通过无人机航拍采集的高清影像，高清影像结合现场实勘达到机械化施工精细化设计要求。

图 2.6－7　该工程部分塔位道路规划方案图

通过逐塔规划设计，该工程最终形成图 2.6－8 所示的全线道路规划方案图。

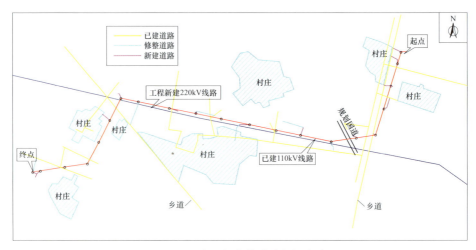

图 2.6 - 8　该工程全线道路规划方案图

3. 工程勘测

（1）工程地质调查与测绘。在现场调查过程中，岩土人员对沿线地形地貌、不良地质作用的发育状况及其危害进行查明，对沿线重要塔位的地质条件进行概述，按地质地貌单元分区段对各路径方案做出岩土工程评价和汇总评价。对确定线路路径方案起控制作用的不良地质作用、特殊性岩土、特殊地质条件，描述其类别、范围、性质并评价其对工程的危害程度，提出避让或治理措施的建议，还调查了附近地区的建筑经验、矿产分布、塔位附近场地管线埋设情况等。

（2）钻探。钻探采用 DPP - 100（50）型钻机钻探方式。根据拟采用的基础形式，螺旋锚基础塔位钻孔一般深度 15～18m，桩基础塔位钻孔（静力触探无法满足勘测深度时）一般深度 20.0～25.0m。为满足勘察要求，全线选取了 6 基塔位进行了钻探。DPP - 100（50）型钻进方法采用套管跟进或泥浆护壁，回旋钻进全孔取芯的施工工艺。该工程采用合金钻头。钻探操作、回次进尺和岩土编录工作均符合《建筑工程地质勘探与取样技术规程》（JGJ/T 87—2012）的要求。钻探观测和测试工作完成后，勘探孔采用黏土分层回填击实进行封孔处理。在钻进过程中，采取原状土样、扰动样、水试样进行室内试验，开展标贯、动探等原位测试，对地层进行现场编录、分层。典型平地地区钻孔柱状如图 2.6 - 9、图 2.6 - 10 所示。

工程名称				安徽阜阳某220kV线路工程				
工程编号	342-S****S			钻孔编号		B10		
孔口高程(m)	32.70	坐标(m)	/	开工日期	2022.05.30	稳定水位深度(m)		1.50
孔口直径(mm)	127.00		/	竣工日期	2022.05.31	测量水位日期		2022.06.01

地层编号	时代成因	层底高程(m)	层底深度(m)	分层厚度(m)	柱状图 1:150	岩土名称及其特征	稳定水位(m)和水位日期
①		30.500	2.20	2.20		粉质黏土：黄褐色、灰黄色，稍湿，可塑~可塑偏硬状态，含铁锰氧化物及钙质结核，混大量粉土，含植物根茎，表层0.5m为耕土	▽(1)31.200
②		28.700	4.00	1.80		粉质黏土：黄褐色、灰黄色，稍湿~湿，可塑偏软~可塑状态，含铁锰氧化物及钙质结核，夹薄层粉细砂	
③		26.700	6.00	2.00		粉质黏土：黄褐色、灰黄色，稍湿，硬塑状态，含铁锰氧化物及钙质结核，钙质结核局部富集呈层状，夹薄层粉细砂	
④		26.100	6.60	0.60		粉质黏土：黄褐色、灰黄色，稍湿~湿，可塑状态，含铁锰氧化物及钙质结核，夹薄层粉细砂	
⑤		23.000	9.70	3.10		粉质黏土：黄褐色、灰黄色，稍湿，硬塑状态，含铁锰氧化物及钙质结核，夹薄层粉细砂	
⑥	Q_4^{al+pl}	7.700	25.00	15.30	fx	粉细砂与粉质黏土互层：灰黄色，很湿~饱和，粉质黏土呈可塑~可塑偏硬状态，含铁锰氧化物及钙质结核，钙质结核局部富集呈层状；粉细砂呈中密~密实状态，局部含粉土	

图 2.6－9　B10 塔位钻孔柱状图

工程名称				安徽阜阳某220kV线路工程				
工程编号		342-S****S			钻孔编号		B19	
孔口高程(m)	34.60	坐标	/	开工日期	2022.06.10		稳定水位深度(m)	2.40
孔口直径(mm)	127.00	(m)	/	竣工日期	2022.06.10		测量水位日期	2022.06.11

地层编号	时代成因	层底高程(m)	层底深度(m)	分层厚度(m)	柱状图 1:150	岩土名称及其特征	稳定水位(m)和水位日期
①		32.300	2.30	2.30	▽	粉土：黄褐色、灰黄色，稍湿，中密状态，含铁锰氧化物，含植物根茎，表层0.5m为耕土	▽(1)32.200
②		29.700	4.90	2.60		粉质黏土：黄褐色、灰黄色，稍湿~湿，可塑偏软~可塑状态，含铁锰氧化物及钙质结核，夹薄层粉细砂	
③		27.300	7.30	2.40		粉质黏土：黄褐色、灰黄色，稍湿~湿，可塑状态，局部可塑偏软，含铁锰氧化物及钙质结核，夹薄层粉细砂	
④		26.100	8.50	1.20		粉质黏土：黄褐色、灰黄色，稍湿，硬塑状态，含铁锰氧化物及钙质结核，夹薄层粉细砂	
⑤	Q_4^{al+pl}	9.600	25.00	16.50	fx	粉细砂与粉质黏土互层：灰黄色，很湿~饱和，粉质黏土呈可塑~可塑偏硬状态，含铁锰氧化物及钙质结核，钙质结核局部富集呈层状；粉细砂呈中密~密实状态，局部含粉土	

图 2.6－10 B19塔位钻孔柱状图

该工程配合地质调查而进行的简易钻探，采用电动小麻花钻进行勘探，目的是确定塔基范围内的地层情况、地下水埋深条件、有无暗沟暗塘分布。钻探分层精度及记录编录等符合有关规程规定。钻探严格按照《电力工程钻探技术规程》（DL/T 5096—2008）执行，采用的试验方法和取值标准严格按《土工试验方法标准》（GB/T 50123—2019）要求进行。

（3）原位测试。该工程原位测试设备、试验方法满足规范要求，操作正确，取得的实测值准确可靠。采用静力触探及标准贯入试验两种原位测试手段。

1）静力触探试验是用静力匀速将标准规格的探头压入土中，量测其贯入阻力（包括锥头阻力和侧壁摩阻力或摩阻比），并按其所受阻力的大小划分土层，确定土的工程性质，具有勘探和测试双重功能。

2）以质量为 63.5kg 的穿心锤沿钻杆自由下落 76cm，将标准规格的贯入器自钻孔底高程预先击入 15cm，再连续击入 30cm，分别记录每击入 10cm 的锤击数，并记下总锤击数（标准贯入击数），据此确定地基土层的承载力。配合钻机进行测试，主要在粉质黏土、粉土及粉细砂层中进行，测试间距为 1～3m。

（4）工程物探。采用土壤电阻率测量 WDDS－1 数字电阻率仪进行逐基测量。土壤电阻率测试采用常规对称四极电测深法，结合具体地层条件，测量供电极距为 1、3、6、9、12、15m 时的视电阻率值，可绘制每个测点的视电阻率值与供电极距的关系曲线（即电测深原始曲线）。目的是测量全线各塔基段土壤电阻率、辅助判定土壤的腐蚀性。

（5）完成的工作量。勘测过程完成的工作量综合统计后，机械化施工塔位勘测工作量统计表见表 2.6－6。

表 2.6－6　　　　　　　机械化施工塔位勘测工作量统计表

项目	单位	数量
地质调查及简易测绘	塔基段	22
机械钻/履带钻	m/孔	97/6
标准贯入试验	次	40
静力触探试验孔	m/孔	225/10
电动小麻花钻	m/孔	25/5
土壤电阻率	塔基位	22

续表

	项目	单位	数量
取样	土样（原状）	件	24
	土样（扰动）	件	12
	水样	件	2
室内土工试验	常规土工试验	组	22
	颗粒分析试验	组	12
	土质易溶盐分析	组	2
	水质分析	组	2

4. 基础设计

（1）基础选型。参照基础选型表 2.2－1，初步确定不同基础型式适用性。

钢筋混凝土板式基础主柱为直柱，基础与铁塔之间采用地脚螺栓连接。主要特点是适用的地质范围较广，混凝土的用量较小，耗钢量较大，综合造价较低，是目前线路中常见的基础型式。对于具备一定承载力的软塑及淤泥质黏性土、地下水位较高的砂类土地区，可采取基础浅埋方式来降低基坑施工开挖难度，作为本线路的主要基础型式，主要应用于地质较好的直线塔和耐张塔塔位。

螺旋锚基础是由钢筋混凝土承台或钢结构连接装置与螺旋锚组成的输电线路杆塔的基础，螺旋锚包括锚杆、锚盘。螺旋锚施工时不必大范围开挖基坑，通过锚杆施加扭矩，将螺旋状锚板旋拧至较深土体中。对土体的扰动小，能充分发挥原状土体固有强度，提高承载能力。

钻孔灌注桩基础用于工程地质较差或基础作用力较大的铁塔，该基础可以保证工程质量及进度，钻孔灌注桩基础的施工工艺及检验技术已经十分成熟，在许多工程中应用效果良好。桩基础浇注完成并养护一段时间后，应采用声波透射法对桩基进行桩身完整性检测。

根据该工程的地形分布、地质情况，适用的基础型式为大开挖基础、螺旋锚基础、灌注桩基础。平地段双回路直线角钢塔，由于其基础作用较小，地下水较浅，采用钢筋混凝土板式基础比较经济。大部分双回路耐张角钢塔和混压四回路角钢塔由于基础作用力较大，采用大开挖类基础时一方面基础混凝土方量较大，另一方面承载力难以满足，且开挖带来的环境和水土影响更大，经综合对比分析，采用灌注桩基础时混凝土方量更少，综合造价更低，同时施工效率更高，机械化程度更高。

（2）基础优化。从安全可靠、经济合理的角度出发，一方面应努力优化基础设计，降低基础的各项耗材指标和施工难度，降低工程造价，另一方面，对基础进行针对性保护措施，提高杆塔基础的使用寿命，努力做到节约资源，环境友好。

该工程从以下方面对基础进行优化：

1）根据不同的地质情况，合理配置基础型式，优化基础尺寸。

2）该工程在进行基础设计时，露高应根据塔基征地范围内余土堆放高度以及具体地形条件确定。

3）土质较软弱且地下水位较浅，基础施工时可能引起基坑坍塌，设计相应的降水和支护等技术措施。

4）铁塔基础顶面采用预偏，减少铁塔的挠度。

5）对可能出现的积水面的塔位，考虑排水设计。

（3）基础机械化施工。"机械化施工"理念将设计和施工紧密地结合在一起，设计要从施工设备方面综合考虑确定相应的基础设计原则，不能脱离现有设备的施工能力进行基础型式的设计。所采用的基础设计不仅要考虑地质条件和基础自身受力要求，还要结合现场的交通条件、植被、青赔、设备性能及塔基地形等因素，最大限度地减少不利于机械化施工的外在因素。

该工程依据地形地质情况，紧密结合《国网基建部关于发布依托工程设计新技术推广应用实施目录》（2017年版），积极试点应用国网机械化新技术、新材料和新设备，即通过将各种基础设计与施工紧密地结合，从施工设备方面综合考虑确定构造尺寸、设计参数、验收标准等，合理统一基础尺寸，以实现机械设备的流水作业，最终通过提高施工效率来达到降低工程总造价的效果。

该工程中大部分位于农田中，可利用已有机耕道路或对现有田埂进行拓宽，实现运输机械、开挖机械及商品混凝土罐车的进场，实现基础的机械化施工。该工程基础机械化施工设备见表2.6－7。

表 2.6－7　　　　　　　　该工程基础机械化施工设备

地形	地质条件	地下水（m）	基础型式	机械设备
平地	可塑粉质黏土	1.0～3.0	板式基础承台	挖掘机
			螺旋锚基础	专用螺旋锚植锚机
			灌注桩基础	旋挖钻机

5. 杆塔设计

（1）模块选择。本项目杆塔使用条件与《国网基建部关于发布输变电工程通用设计通用设备应用目录（2022 年版）的通知》（基建技术〔2022〕3 号）220—GB21D（原 2B2）、220—GB21S（原 2E2）和 220—GC21Q（原 2/1I1）模块系列条件类似，故采用 220—GB21D、220—GB21S 和 220—GC21Q 模块作为该工程的选用塔型，并在施工图阶段将按照《110kV～750kV 架空输电线路设计规范》（GB 50545—2010）和《架空输电线路杆塔结构设计技术规程》（DL/T 5486—2020）等规范和《国网基建部关于发布线路杆塔通用设计优化技术导则及模块序列清单的通知》（基建技术〔2020〕54 号）等文件要求对杆塔进行校验后使用。

（2）塔腿型式选择。塔腿型式选择原则：一般在平地段的塔位，地形起伏不大，铁塔主要按平腿设计；在岗地段及有高差的高低田塔位处，配合高低立柱基础，力求做到基础施工零开方；在丘陵山区段的塔位，按照塔基地形情况采用长短腿铁塔并辅以高低立柱基础满足地形要求。

该工程所经地段地貌单元主要为平地和河网，地形较为平坦，全部采用平腿设计。

（3）组塔设计优化。

1）输电线路工程运输中碰到的主要问题是铁塔构件的超长、超重现象，因此在铁塔设计时控制构件尺寸和质量以满足机械运输的要求。一般单个构件长度不宜超过 9m，质量不宜超过 2t。

2）为满足施工安全需要，应根据铁塔型式在合理位置开断，开断点须保证已组装部分为稳定结构。

3）当施工单位明确采用塔机组塔时，应对铁塔结构、吊点局部进行验算补强，并在铁塔相应位置设置连接装置。

4）为方便组塔施工，设计时根据需要在每个主材分段的顶部处设置施工用承托板，预留 2～3 个抱杆承托绳挂孔。

5）为便于吊装，在塔头横担处应设置抱杆承托点。

6）在塔脚板靴板内、外侧方向各设置 1 个施工孔，用于施工拉线导向滑轮等临时固定用。

7）在塔腿底板的横、顺线路及 45 度方向应设置施工转向滑车挂孔。

8）预留的施工孔应标明其用途，并在总图中注明各施工孔的荷载限制。

9）为方便施工人员组塔安装，提高施工效率，保证铁塔螺栓的扭矩值，推荐采用电动扭矩扳手。设计时合理布置螺栓，确定螺栓的扭矩值，保证螺栓的安全和紧固。

6. 牵张放线设计

（1）实施条件。该工程导线采用 2×JL3/G1A－400/35 钢芯高导电率铝绞线，地线采用两根 OPGW－120 复合光缆。线路主要途经平地，局部有河沟、灌溉渠，总体地势平坦，海拔 30～35m，几乎无起伏。沿线主要植被为杨树、杂树和成片经济林，主要跨越 1 处已建 110kV 电力线，另外跨越 1 处白杨沟，河面宽度约 70m，不通航。工程沿线主要分布两条乡道和若干村村通道路，交通条件一般。

（2）牵张场布置方案。工程地势平坦，沿线主要为农田，综合考虑杆塔位置、交通条件以及场地布置方式等因素，优先选择能充分利用已建交通网络、场地平整的塔位附近作为牵张场。根据工程条件、道路规划、材料堆放、重要交叉跨越等因素，该工程划分为 3 个放线区段，该工程放线区段划分见表 2.6－8。

表 2.6－8　　　　　　　　　　该工程放线区段划分

序号	展放区段	展放长度（km）	牵引场尺寸（m）	张力场尺寸（m）	备注
第一区段	B1（张力场）～B7 号（牵引场）	1.703	25×15	35×18	跨越白杨沟
第二区段	B7（张力场）～B15 号（牵引场）	2.601	25×15	35×20	
第三区段	B15（张力场）～B22 号（牵引场）	1.675	25×15	35×18	跨越 110kV 电力线

（3）机械化施工装备及人员配置。该工程架线机械化施工装备及人员配置见表 2.6－9 和表 2.6－10。

表 2.6－9　　　　　　　区段一、二的机械化施工装备和人员配置

施工过程	主要施工机械					人员配置
	设备名称	型号	主要技术参数	配置数量	设备配置方式	
架线施工	牵引机	SA－QY－80	最大牵引力 80（kN）、牵引轮槽底直径 540（mm）	1	自有	1 人/台

续表

施工过程	主要施工机械					人员配置
	设备名称	型号	主要技术参数	配置数量	设备配置方式	
架线施工	张力机	SA-ZY-40	最大张力 40（kN）、张力轮槽底直径1200（mm）	1	自有	1人/台
	张力机	SA-ZY-2×50	最大张力 2×50（kN）、张力轮槽底直径 1500（mm）	1	自有	1人/台
	牵引机	SA-QY-50	最大牵引力 50（kN）、牵引轮槽底直径 426(mm)	1	自有	1人/台
	其他设备	/	八旋翼无人机、对讲机、路由器等	/	自有	/

表 2.6－10　　　　　　　　区段三的机械化施工装备和人员配置

施工过程	主要施工机械					人员配置
	设备名称	型号	主要技术参数	配置数量	设备配置方式	
架线施工	智能牵引机	SA-QY-80（集控）	最大牵引力 80（kN）、牵引轮槽底直径 540(mm)	1	自有	1人/台
	智能张力机	SA-ZY-40（集控）	最大张力 40（kN）、张力轮槽底直径1200（mm）	1	自有	1人/台
	智能张力机	SA-ZY-2×50（集控）	最大张力 2×50（kN）、张力轮槽底直径 1500（mm）	1	自有	1人/台
	智能牵引机	SA-QY-50（集控）	最大牵引力 50（kN）、牵引轮槽底直径 426(mm)	1	自有	1人/台
	其他设备	/	八旋翼无人机、对讲机、路由器等	/	自有	/

（4）施工组织措施。该工程全线采用遥控八旋翼飞行器进行多段展放初级导引绳，重要跨越架线（跨 110kV 电力线）全面应用智能化、自动控制架线方式。

7. 成效分析

（1）安全成效分析。

1）通过集控可视化牵张放线系统，实现现场参数动态采集，避免驻守设备人员遭遇机械伤人以及恶劣环境带来的安全隐患，使得架线施工安全性本质提高。

2）通过合理使用基础型式，综合考虑现场道路、地质等条件，充分应用机械化手段进行施工，降低人工作业风险，使整个基础施工过程更加安全快速。通过组塔设计优化，结合施工需求，通过预留施工孔、合理设计杆件长度、设计抱杆承托点等措施，使组塔施工安全可靠。

（2）经济成效。

1）工程勘测方面，通过合理运用不同勘测手段与勘测设备，不仅降低工程勘测耗时，又提升了勘测精度，为各种基础型式的设计保驾护航。

2）基础设计方面，综合考虑基础作用力、地质条件、机械化施工等因素，合理运用了钢筋混凝土板式基础、螺旋锚基础、灌注桩基础三种基础型式，既保证了基础设计的经济性，又凸显机械化施工理念。

3）杆塔设计方面，通过模块选择、塔腿设计、组塔设计优化等，将机械化施工与设计紧密结合，保证杆塔设计的经济性与合理性。

4）采用智能牵张设备进行架线施工，放线段设备操作手可减少约50%，塔上护线监控人员可减少约70%，从而实现费用节约。

基础及接地机械化施工

本章以机械化基础与接地施工为主线，首先针对岩石锚杆、螺旋锚、微型桩以及灌注桩、挖孔桩、掏挖基础等，介绍了机械化施工方式下施工及其质量控制技术要求与措施，然后介绍了适用于环保型基础施工、山地小微型基础模块化钻孔、常规机械成孔技术的施工装备及其性能，最后以实际工程案例介绍了基础机械化施工的具体应用情况及成效。

3.1 技 术 要 点

依据设计方案，不同型式基础的机械化施工要求、资源配置、质量控制措施等存在差异。本节主要针对岩石锚杆、螺旋锚等环保型基础明确相关机械化施工技术要求与措施。

• 85 •

3.1.1 岩石锚杆基础

1. 施工要求

（1）施工前，核实设计图纸和地质勘探报告。

（2）锚杆基础施工应执行《输电线路岩石锚杆基础施工工艺导则》（Q/GDW 11331—2014）、《110kV～750kV 架空输电线路施工及验收规范》（GB 50233—2014）。

（3）根据设计要求、地基条件和环境条件，合理选择施工设备、器具和工艺方法，制定施工方案。

（4）施工机具适宜选择轻型、易拆卸组装、便于搬运的高效钻机，钻孔适宜采用干钻成孔。

（5）锚孔成型后应及时清孔，孔洞中的石粉、浮土及孔壁松散活石应清除干净。

（6）胶结材料浇筑前应进行二次清孔并对孔壁充分润湿，易风化的岩石应尽量缩短开孔与灌注之间的时间间隔。

（7）胶结材料灌注时应采用微型振动棒振捣密实，分层厚度应符合设备参数要求。

（8）施工过程中需采取措施，确保岩石完整性不受破坏。锚杆的埋入深度不应小于设计值，安装后应有临时保护和固定措施。

（9）施工中发现锚孔中有地下水或地层岩性、状态等与设计不符时，应立即停止施工并及时通知设计人员。

（10）锚孔钻进、清孔及胶结材料灌注等不宜在雨中进行。

（11）岩石锚杆基础混凝土或砂浆浇筑时需注意：

1）锚孔应处于干燥状态，不应有积水；

2）承台底板基坑混凝土宜满膛浇筑；

3）混凝土或砂浆浇筑均应振捣。

2. 质量控制要求

岩石锚杆基础的成孔及灌浆质量要求如下。

（1）按设计要求进行锚孔位置放样，做好标识，严格按标识钻进。

（2）锚孔钻进时，应保持钻机立轴的垂直度，确保成孔质量。

（3）锚孔钻进完成后，检查孔径、孔深、倾斜度满足设计要求并做好记录后，应及时封堵孔口，清理锚孔周围浮土。

（4）锚孔质量控制要求见表 3.1-1。

（5）锚杆基础质量检测应执行 DL/T 5544。

（6）为检验工程锚杆质量和性能是否符合锚杆设计要求，宜采用单锚抗拔验收试验。

（7）试验数量不少于锚杆总数的 5%，且每基塔应不少于 3 根；最大试验荷载取锚杆荷载取基本组合上拔力设计值的 75%，且不应大于锚筋屈服强度标准值的 0.9 倍。

表 3.1-1   锚 孔 质 量 控 制 要 求

序号	锚孔	
	检查项目	检验内容和合格标准
1	水平方向误差	小于孔间距 5%
2	直径允许偏差	0～20mm
3	倾斜度	小于锚杆长度 1%
4	钻孔深度	不应小于设计深度，也不宜大于设计深度的 1%

3.1.2　螺旋锚基础

1. 施工要求

（1）螺旋锚钻进一般采用依托挖掘机的动力头装置进行旋拧施工。

（2）螺旋锚基础基锚旋拧钻进点应定位放线，严格控制钻进方位角、水平位置等。

（3）施工过程螺旋锚杆钻机一般处于对角线外侧，避让中心桩，便于观测，竖直基锚时钻机宜处于对角线延长线上，群锚型斜锚旋拧时钻机宜处于锚杆倾角方向上。

（4）旋拧钻进过程中应按《架空输电线路螺旋锚基础设计规范》（Q/GDW 10584），进行扭矩值、方位角、旋拧速率等指标的实时监测，监测值应满足设计要求；若扭矩值骤变或钻进困难时，停机检查，待查明原因并处理后，方可钻进。

（5）螺旋锚基础因施工造成基础结构体与地基间存在缝隙时，适宜利用水泥砂浆填充缝隙。

（6）坚硬或密实土层可采用先引孔后旋拧的施工工艺。

（7）基锚旋拧施工遵循以下要求：

1）旋拧速度不宜大于 10r/min；

2）每转的平均螺旋锚下桩位移不宜小于螺距的 85%；

3）螺旋锚应单向拧进，避免反向旋拧；

4）旋拧钻进过程中应实时观察连接螺栓等状况。

2. 质量控制要求

（1）螺旋锚基础质量验收检查应在隐蔽前进行。

（2）旋拧钻进过程中要尽量避免对原状土造成扰动，尽量保证一次性旋拧到位，避免空转，尽量避免反转。

（3）锚杆旋拧完成后立即做好成品防护措施。

（4）现场焊接质量应满足设计及相关技术标准要求。

（5）施工完成后外露部分应及时进行防腐。

（6）铁塔组立、架线施工完成后，应分别进行基础沉降和位移观测。

（7）螺旋锚整基基础施工允许偏差应符合表 3.1－2 的要求。

（8）基锚旋拧施工要严格按以下要求进行质量控制：

1）旋拧施工时，基锚锚杆中心点的定位误差不大于 10mm，倾斜度偏差不大于 1°，方位角偏差不大于 2°；

2）施工旋拧每转的下桩位移不小于螺距的 85%；

3）钢筋混凝土现浇承台且基锚数大于 1 根时群锚中各基锚桩位水平偏差不宜大于 100mm；采用钢制承台或单锚型基础时，基锚桩位水平偏差不宜大于 50mm。

（9）基础的质量控制要求见表 3.1-2。

表 3.1-2　　　　　　　　　螺旋锚基础整基基础尺寸施工允许偏差

项目		单锚型基础		群锚型	
		直线	转角	直线	转角
整基基础中心与中心桩间的位移（mm）	横线路方向	30	30	30	30
	顺线路方向	—	30	—	30
基础根开及对角线尺寸（%）		±1		±2	
基础顶面间相对高差（mm）		5		5	
整基基础扭转（′）		10		10	

3.1.3　微型桩基础

1. 施工要求

（1）钻孔施工机械。微型桩孔径一般 200～400mm，成孔方式与机械包括气动潜孔锤钻机、螺旋钻机、回旋钻机、旋挖钻机等，具体施工机械根据微型桩尺寸以及地形地质、地下水、施工效率等选用，岩石地层一般优先选用气动潜孔锤成孔钻机，具有施工效率高、岩石强度影响小等优点，但也受岩体裂隙、地下水等因素制约。

（2）沉桩施工机械。预制钢筋混凝土或钢制管桩沉桩装备包括液压振动打桩机、静压桩机等，根据输电线路工程建设特点及该类型基础主要适用于较软弱土体，因此微型桩沉桩主要采用液压振动打桩机，该设备一般依托挖掘机配置。

（3）其他施工要求可依据《建筑桩基技术规范》（JGJ 94—2008）。

2. 质量控制要求

机械挖孔桩的成桩质量检测主要包括成孔、清孔、孔径检查等内容，主要质量控制要求见表 3.1-3。

表 3.1－3　　　　　　　　　　　质 量 控 制 要 求

序号	检查项目		允许偏差或允许值
1	整基基础中心与中心桩的位移	横线路方向	直线塔 30mm，耐张塔 30mm
2		顺线路方向	耐张塔 30mm
3	基桩桩位允许偏差		±100mm
4	基桩沉孔孔径		－20～0mm
5	直孔垂直度		1%
6	孔深度		大于设计埋深
7	灌注前沉渣厚度		≤50mm

3.1.4　其他环保型基础

1. 施工要求

（1）灌注桩。成孔施工机械可选旋挖钻机、长螺旋钻机以及潜水钻机、回转钻机、冲孔钻机等。其中旋挖钻机成孔速度快、泥皮及沉渣厚度小，有利于桩基承载力的发挥；潜水钻机、回转钻机、冲孔钻机等需要借助泥浆护壁与清孔。不同的施工方法会造成孔壁粗糙度、桩底沉渣厚度、泥皮厚度的不同，从而影响钻孔灌注桩竖向承载力。沉渣处理措施：处理灌注桩桩端沉渣比较常用的方法有高压旋喷法、压力注浆法和预加荷载法。

（2）掏挖基础和挖孔桩基础。成孔施工机械可选旋挖钻机、机械洛阳铲等。基础成孔专用旋挖钻机（或电建钻机）施工时先采用直孔钻头钻进，达到设计深度后超挖 300mm 左右，后换扩底钻头旋转成型。掏挖钻机成孔流程如图 3.1－1 所示。

1）直孔钻进：钻机就位找正后，开始钻孔施工，钻机应空载起转；在钻进过程中控制钻头旋转速度，开始钻进时速度应缓慢，注意保护坑口形状，减少坑口土层扰动，当钻进深度达到一个钻斗高度时，可以视土质情况加快旋挖速度；钻头钻进过程需专人监测其工作情况，发现异常地质情况、地下文物等，应立即停止作业，并采取相应的处理措施。

2）钻挖方法：钻头工作是通过钻杆、钻头及动力头的自重下压力，在旋转过程中将土挤入钻斗内的。在提升钻头过程中要控制提升速度，注意保护孔壁、孔口，并注意每次钻斗完全提升出坑口后方可转向卸土位置；提升钻头同时将动力头抬高，以使钻斗高度能够满足从蛙腿顶面转过。将钻杆转至倒土位置后，上提钻杆，利用动力头底部支架碰撞钻斗底盖开关，倒出渣土；卸完土后，操作钻杆下降，通过渣土阻力，使钻斗底盖复位；如此循环，直至将坑孔钻至设计深度。弃土位置一般选择在钻机的左侧操作人员视野可及的地方，并提前计算出弃土的方量及需要堆方弃土的范围；如果选择在钻机右侧，应有人配合指挥；弃土地点应保证距离坑口边沿 2m 以上，防止弃土压力造成孔壁坍塌。当钻到一定深度后若土的湿度较大，钻头侧面与孔壁接触趋于紧密，在提升钻头时，可能会造成孔底负压使钻头提升困难，这时可以将钻头反向缓慢旋转，慢慢提升，避免因提升过猛造成钻机整体倾斜。

3）扩底作业：当基坑开挖到设计孔深后，将挖孔钻头更换为扩底钻头，扩底钻头型式如图 3.1－2 所示；通过对动力杆加压，使扩底钻头在基底进行展开，钻头上的牙轮向两边展开的同时破碎基底周边的岩土进行扩底；钻进至设计孔深后，将钻斗留在原处机械旋转数圈，将孔底虚土尽量装入斗内，起钻后仍需对孔底虚土进行清理；成孔达到设计标高后，对孔深、孔径、孔壁垂直度、沉淀厚度等进行检查。检测数据应符合质量评定规程、验收规范及设计的要求。用检孔器检测孔径和孔的垂直度，检孔器对正后在孔内靠自重下沉，不借助其他外力顺利下至孔底，不停顿，证明钻孔符合规范及设计要求，如不能顺利下至孔底时，用钻机进行清孔处理。

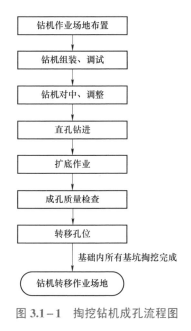

图 3.1－1　掏挖钻机成孔流程图

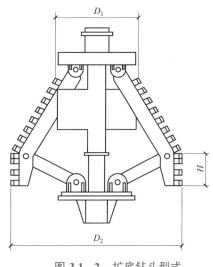

图 3.1－2　扩底钻头型式

2. 质量控制要求

（1）灌注桩。为控制灌注桩施工质量以满足设计要求，可采取以下技术措施：

1）泥浆护壁的要求及减小泥皮厚度的技术措施。泥浆制备应选用高塑性黏土或膨润土，泥浆应根据施工机械、工艺及穿越土层情况进行配合比设计；施工期间护筒内的泥浆面应高出地下水位 1.0～1.5m 以上；在清孔过程中，应不断置换泥浆直至浇注水下混凝土，泥浆的相对密度、含砂率和黏度应符合相关要求；在容易产生泥浆渗漏的土层中应采取维持孔壁稳定的措施。减小泥皮厚度提高桩侧摩阻力以满足设计要求，具体可采取以下措施：尽量缩短成孔时间；清孔完毕后，尽快完成混凝土的灌注；在钻头上安装特制钢丝网；桩侧或桩端后注浆。

2）沉渣缺陷预防及处理措施。沉渣预防措施：选择合适的钻孔机具、转速和钻压进行钻进施工；选择合适的泥浆相对密度；合理确定清孔持续时间；浇灌混凝土前需再次测量沉渣厚度，如超标应进行二次清底。成孔达到设计深度，灌注混凝土之前，对于孔底沉渣厚度应满足以下要求：端承型桩不应大于 50mm，摩擦型桩不应大于 100mm，抗拔、抗水平力桩不应大于 200mm。

3）水下混凝土灌注的施工要求。水下灌注混凝土应具备良好的和易性，配合比应通过试验确定；坍落度宜为 180～220mm；水泥用量不应少于 360kg/m³（当掺入粉煤灰时水泥用量可不受此限）；水下灌注混凝土的含砂率宜为 40%～50%，并宜选用中粗砂；粗骨料的最大粒径应小于 40mm；水下灌注混凝土宜掺外加剂；灌注水下混凝土必须连续施工。

（2）掏挖基础和挖孔桩基础。

1）掏挖基础机械成孔质量检查包括：成孔质量检查包括坑口处、变径处、坑底部的直径及孔深等；经常检查纠正钻机桅杆的水平和垂直度，保证钻孔的垂直度；并根据出土情况和钻杆进尺及时记录地质情况，保留典型地层的地质标本；成孔后应采取必要措施清除孔底残渣；清孔后，应检测孔深是否满足设计要求；成孔尺寸允许偏差或允许值见表 3.1-4，具体按照相关验收规范执行。

表 3.1-4　　　　　　　成孔尺寸允许偏差或允许值

序号	检查项目	允许偏差或允许值
1	基础孔径	0～20mm
2	孔斜率	不大于孔深的1%

续表

序号	检查项目	允许偏差或允许值	
3	孔深度	0～300mm	
4	基础根开	地脚螺栓式：±0.2%根开	插入角钢式：±0.1%根开

2）挖孔桩机械成孔质量检查主要包括成孔、扩底端部尺寸、清孔等，应重点检测挖孔桩扩底端部的质量，挖孔桩基础需检查项目及要求见表 3.1－5。

表 3.1－5　　　　　　　　挖孔桩基础需检查项目及要求

序号	检查项目		允许偏差或允许值
1	整基基础中心与中心桩的位移	横线路方向	直线塔 30mm，耐张塔 30mm
		顺线路方向	耐张塔 30mm
2	基桩孔径		−20～0mm
3	直孔垂直度		1%
4	孔深度		大于设计埋深
5	扩大头直径 D		−0.1d，且≤50mm
6	基坑中心根开		地脚螺栓式±0.2%根开，插入角钢式±0.1%根开
7	灌注前沉渣厚度		≤50mm

3.2　绿色环保基础施工技术

3.2.1　电建钻机成孔施工

1. 装备概述

电建钻机如图 3.2－1 所示，通过旋挖、破碎、冲击等方式实现多地形、复杂地质成孔，采用轻量化设计，具有

电建钻机及配套
工法视频

底盘伸缩、辅助起吊等功能，适用于输变电工程灌注桩、挖孔类、掏挖基础机械成孔施工，具有稳定性高、爬坡能力强等特点。

利用电建钻机实现输电线路基础开挖成孔，可以一次成孔或多次成孔。对于一次成孔，干作业时根据切削、刨松原理，采用动力头转动底门镶嵌斗齿的等孔径桶式钻斗，切削岩土，并将原状岩土收入钻斗内，然后再由钻机卷扬机和伸缩钻杆将钻斗提出孔外卸土，循环往复直至钻至设计深度；湿作

图 3.2-1　电建钻机

业时应用护筒护壁或泥浆护壁，辅助电建钻机旋挖成孔。对于多次成孔，采取不同规格的钻具、钻斗抽芯，应用分层环形旋进或梅花桩成孔方式进行钻进，最后采用等孔径钻头铣孔至设计深度。

2. 装备组成

电建钻机的上车由发动机、泵阀等动力部件、车架结构体、驾驶室等组成，是工作装置的承载主体并为机器提供动力源；下车由四轮履带、张紧装置和缓冲弹簧以及行走机构组成，支承电建钻机整机质量，并将履带驱动轮的旋转运动转变为钻机在地面上的行驶运动。

电建钻机（如 KR110D、KR150D、KR125ES）变幅机构为平行四边形型式的 H 型臂；电建钻机（如 KR50D 和 KR100D）大臂采用类似挖掘机的结构形式。

3. 装备型号

电建钻机参数见表 3.2-1。

表 3.2-1　　　　　　　　电 建 钻 机 参 数 表

项目 机型	钻孔直径 （mm）	最大钻孔 深度 （m）	钻孔 转速 （r/min）	整机重 （t）	最大行走 速度 （km/h）	运输最小 宽度 L （m）	运输高度/ 长度（m）	工作状态 最大高度 H（m）
KR50D	600～1600	10	7～30	12	4.2	2.2	2.625/8.93	7.43
KR100D	600～2600	20	7～30	28	3.2	2.6	3.04/12.5	10.585
KR110D	600～2600	20	6～26	32	3.2	2.6	3.5/10.508	13.415
KR150D	600～2600	30	7～30	38	2.6	2.6	3.835/12.628	13.46
KR125ES	600～1800	20	8～30	32	3.0	3.0	3.425/9.761	8.0

4. 施工要点

（1）装备准备。目前电建钻机已研发应用轻型（KR50D）、中型（KR100D、KR110D）、重型（KR150D）、超低净空（KR125ES）四个系列 5 种型号，根据输电线路特点分别可适用于以下地形地质条件：KR50D、KR100D、KR110D 适用于山地、田间的坚土、普通土、松砂石的基础施工；KR150D 适用于平坦地区的坚土、普通土、松砂石、中风化岩的基础施工；KR125ES 适用于坚土、普通土、松砂石、中风化岩石。当地层结构、地质情况不稳定，如淤泥、淤泥质土、砂土、碎石土、中间有硬夹层及地下水以下的土层等，四个系列 5 种型号可采取泥浆护壁、护筒护壁等方式实现湿作业成孔，其钻进成孔、提钻、卸土等操作原理与干成孔作业相同。电建钻机破碎性能见表 3.2－2。

表 3.2－2　　　　　　　　　　　电建钻机破碎性能表

地层岩性	岩块抗压强度（MPa）	推荐机型
坚土、普通土	<10	KR50D、KR100D、KR110D、KR150D、KR125ES
松砂石	10～30	KR100D、KR110D、KR150D、KR125ES
中风化岩石	30～60	KR150D、KR125ES

（2）道路准备。一般道路简单清表后可直接行走，宽度控制在 3m 以内，对于地基承载力无法满足电建钻机行走条件的，可铺设路基箱。

（3）场地准备。施工前对塔位进行线路复测分坑，设置围栏和施工标志牌，修通进场便道，电建钻机操作平台约 3.5m（长）×3.5m（宽）。施工场地承载力不足时，则考虑在地基表面铺设 20mm 厚的钢板或路基箱。

（4）钻机就位。

1）场地平整后，应尽量使两履带中间位置对准基础孔口中心点，保证钻进过程中将钻机重力均匀分散传于地面，以利于在施工中保护孔壁稳定。

2）钻机停位回转中心距孔位宜在 3～4m 之间，检查回转半径内是否有障碍物影响回转。

3）钻孔作业前应检查并确认履带的轨距伸至最大。应进行空载运转，检查行走、回转、起重等各机构的制动器、安全限位器、防护装置等，确认正常后方可作业。

4）安排指挥人员配合钻机安装相对应的钻头，指引钻机进入相对应的基坑位置，指挥人员协助钻机操作人员将钻头中心对准基坑中心桩，并通过锤球分别于线路横线路和顺线路方向进行校核对准。当钻头对准桩位中心十字线时，各项数据即可锁定，勿再作调整。钻机就位后钻头中心和桩中心应对正准确，误差控制在 20mm 内。

（5）干作业成孔。干作业成孔是指不受水影响条件下的作业，主要适用于硬塑、坚土、强风化岩、中风化岩等稳定性较好且地下水较少的地质进行成孔作业。

（6）湿作业成孔。湿作业成孔是指受水影响条件下的作业，主要适用于软塑、流砂、砾石等，在开挖过程中易发生坑壁坍塌，需采取护筒或泥浆等措施进行护壁的成孔作业。当地层稳定性差，采取泥浆护壁方式不能满足孔壁稳定性要求时，可采用全护筒或长护筒进行护壁施工，护筒安装可采用护筒驱动器或振动锤，基础浇制完成后再将护筒取出。钻孔及卸土分别如图 3.2－2和图 3.2－3 所示。

（7）分层环形旋进成孔工法。对于大直径基础成孔作业，电建钻机一次性成孔较为困难，作业时可先利用小直径钻头取芯，参照同心圆原理，再利用大直径钻头逐次分层旋进，最终实现大直径基础成孔作业。分层环形旋进成孔法示意图如图 3.2－4 所示。

图 3.2－2　钻孔　　　　　　　　　　　图 3.2－3　卸土

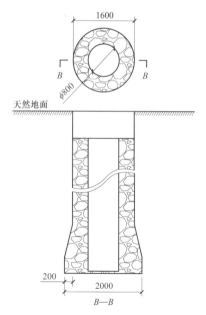

（a）分层环形旋进成孔法示意图　　　　　（b）分层环形旋进法实物图

图 3.2－4　分层环形旋进成孔法

（8）梅花桩成孔工法。对于大直径基础成孔作业，电建钻机一次性成孔较为困难，作业时可先利用小直径钻头多点钻进形成梅花孔，再利用大直径钻头清孔成型，最终实现大直径基础成孔作业。梅花桩成孔法如图 3.2－5所示。

图 3.2－5　梅花桩成孔法

（9）特殊地质条件成孔。

1）基坑底部砂土液化。干孔作业开挖过程中遇到流砂、流泥等不良地质导致基坑底部砂土液化垮塌严重时，采用低标号的混凝土灌满坑洞至垮塌部位上方 1m 位置进行护壁，在混凝土初凝后继续钻进同时观测坑壁情况。

2）基坑同时出现流砂及岩石。根据地勘报告，确定地质为流砂及岩石后的处理方式为：如底部是流砂，顶部是岩石，从基坑顶部采用干作业法开挖至流砂层或地下水地层后采用泥浆护壁或护筒护壁成孔；如顶部是流砂，底部是岩石，先下钢护筒，挖到岩石再泥浆护壁；对岩石层采用筒钻配合环形旋进成孔工法或梅花桩成孔工法进行钻进。

3）基坑地下水丰富的坑洞。湿作业法开挖时，遇易缩径地层时，应加大钻头的外切削出刃，在缩径部位采用上下反复跑空钻的方法进行扫孔，并适当增加护壁泥浆相对密度。当发现有局部塌方时，继续向孔内注入泥浆同时提出钻头，用挖掘机向孔内倾倒足量黏土，然后下放钻头反转压实黏土，边压边反转，待稳定后再钻进。

4）地下岩溶裂隙发育地质。在地下岩溶裂隙发育地质，可采用高压注浆。根据地勘报告，确定地下岩溶裂隙发育、流砂、流泥等地质的深度，旋转开挖至不良地质时，停止钻进，进行高压注浆。注浆初始压力为 0.4～0.6MPa，最终压力应控制在 4～5MPa，自下而上进行注浆，直至达到注浆终止条件后结束注浆，在混凝土初凝后继续钻进同时观测坑壁情况。注浆施工中一般采用纯水泥单液注浆，水灰比为 1:1；在水泥浆液外冒和钻孔有溶洞情况下注浆采用双液注浆，双液注浆施工时，水玻璃的掺入量通常为水泥浆的 1/10。在注浆量超过平均设计注浆量 30 倍（15L/孔）时采用间歇注浆或二次注浆。

注水管

图 3.2－6　注水

5）对于坚硬的风化岩，为降低旋转的钻筒截齿发热，采取往基坑里注水的方式解决，同时有利于旋转挖掘。注水如图 3.2－6 所示。

（10）操作要点。

1）作业前应检查钻机的液压系统、发动机系统有无漏油、漏水，结构部件、工作装置有无开裂，电气系统线路插头有无破损和松动，主副卷扬钢丝绳有无断丝、断股、扭曲。同时应检查钻杆销轴、钻头斗齿是否正常，弯曲变形或磨损严重则需更换。

2）钻机站位处应修筑平台，防止钻机钻孔过程中抖动造成移位。基坑开挖顺序一般应先从远离进场道路侧开始，后挖临近道路侧。

3）钻机就位后必须平正、稳固；钻机掘进时上车、下车应平行，即钻头位于两侧履带中间。禁止钻头在履带的侧面进行钻进。

4）钻机操作中应密切关注土质情况及钻杆工况，随时调整钻进方式，禁止盲目加压。如在成孔过程中发生斜孔、塌孔和护筒周围冒浆、失稳等现象时，应停止施工，待采取相应措施后再进行施工。

5）作业过程中任何故障灯、警示灯亮或指示灯不正常亮时均应停机检查，查明原因、排除故障。

6）钻杆与钻头连接销轴应采用专用开口销，防止钻孔过程中钻头脱落。成孔前和提钻倒土过程中应检查钻头与钻杆的连接销，发现连接销有裂纹或弯曲，应及时更换。

7）钻机因动力头加压或卷扬机提起钻斗而引起机身起翘时应立即停止操作，尽可能沿纵坡方向作业，避免沿横坡方向作业。

8）钻机平地转场，只允许钻杆携带直径 1m 以内的钻具在同一塔基内行走，超过 1m 直径或长距离运输应拆卸钻具单独转运；严禁钻杆携带钻具上下平板运输车。

9）泥浆护壁施工操作要点如下：

a. 护筒就位后，应在四周对称、均匀地回填黏土，并分层夯实，夯填时应防止护筒偏斜移位。

b. 应注意观察孔内护壁泥浆面情况，并随时向孔内补充护壁泥浆，严禁在施工过程中出现孔内护壁泥浆面过低的情况。

c. 钻机在地下水位以下中细砂层作业时，应降低钻进和升降速度，并及时注入护壁泥浆，保持护壁泥浆面高度。

d. 遇易缩径地层时，应加大钻头的外切削出刃，在缩径部位采用上下反复跑空钻的方法进行扫孔，并适当增加护壁泥浆相对密度。

11）钢筋笼安装作业前，先对场地进行规划，清除起吊过程附近的障碍物，保证吊装过程的施工安全。同时，吊装协助人员应将成品钢筋笼内夹杂的短钢筋头、遗留焊条等清理，避免钢筋笼在吊起后落下硬质物件伤人。

12）商品混凝土的运输能力应与现场浇筑能力相适应，在最短的时间内将商品混凝土从拌和站运至浇筑地点，以保证拌和物在浇筑时仍具有施工所需的和易性要求，并保持良好的工作连续性，实现流水化作业。

5. 应用效果分析

电建钻机较普通旋挖钻机的优点：采用挖掘机底盘，质量轻、重心低、爬坡能力强（最大爬坡 30°），轨距窄、可伸缩（2.2～3.6m），行走时左右倾角允许达到 8°～10°，山路通过性强。自带起吊功能，可以吊装钢筋笼，实现平原、丘陵、山地等不同地形，流沙、岩石等复杂地质条件的基础机械化成孔。

（1）社会效益。采用电建钻机实现机械开挖可有效降低基础施工安全风险，减少人工投入、提高施工效率，缩短施工周期，对推动输电线路基础机械化施工具有重要的现实意义。电建钻机成孔施工工法的研究与应用，对今后其他输电线路基础施工具有很好的借鉴价值。

（2）经济效益。利用电建钻机代替传统人工开挖方式不仅极大地降低了施工安全风险，而且也极大地提高了工效、缩短了工期，减少了人工投入。同一土质同一工作量情况下，电建钻机开挖与人工开挖的工效比较见表 3.2－3。

表 3.2－3　　　　　　　电建钻机开挖与人工开挖的工效比较

基础土质	基础直径（m）	基础深度（m）	开挖耗时（h）		消耗人工（个）		备注
			电建钻机	传统方式	电建钻机	传统方式	
黏土	1.8	12.8	3	104	0.375	26	
土夹石	1.8	12	5	160	0.625	40	
中风化岩石	2	10.2	8	216	1	54	人工开挖采取爆破辅助

3.2.2 山地微型桩潜孔钻机成孔施工

1. 装备概述

山地微型桩潜孔钻机如图 3.2-7 所示，综合对比了旋挖钻、螺旋钻、水磨钻、潜孔钻、液压凿岩钻等多种形式钻孔技术优缺点，取长补短，采用气液一体潜孔式钻机钻孔和排渣工艺：液压大扭矩回转和推进与冲击器的气动冲击、旋转、气压排渣和气吸二级除尘有机融合，实现环保高效钻进，能够在山地复杂条件下钻孔。

图 3.2-7 山地微型桩潜孔钻机

山地微型桩潜孔钻机特点如下。

（1）可在山地残积土、硬塑土、碎石、强风化岩等多种地质条件下工作。

（2）根据山地的路况行走困难、施工地基不平（斜坡）和有浮土层等不利条件，采用履带行走、整机平台旋转、折叠臂上安装液压快速连接器等设计，实现抓取挖斗、潜孔钻钻孔机构、旋挖钻钻孔机构等机具的快速切换，满足开路、平整施工场地和不同的钻孔需求。

（3）根据不同的施工区域（例如：山区、丘陵、平原等）的地理条件分为液压动力气动力分体结构和一体式结构两种模式。

（4）结合山地用专用货运索道承重不超过 2t 的条件，山地微型桩潜孔钻机设备采用模块化快速拼装设计。

（5）安全环保性能优异。山地微型桩潜孔钻机解决了传统开挖装备体积大、质量大的问题以及人工掏挖施工效率低、孔下作业安全风险大的问题，能够实现各电压等级线路工程机械化施工，提升工程本质安全，降低工程造价，同时具备除尘、集尘功能，减少水土流失，环保、高效，具有良好的经济效益和社会效益。

2. 装备组成

山地微型桩潜孔钻机主要部件包括履带底盘总成、钻臂总成、推进梁总成、回转头总成、换钎机构、集尘系统、动力站总成、驾驶室、液压系统、气路系统、电路系统、智能控制系统、操控系统（包含遥控系统）。

（1）钻机采用双速行走马达，快速行走速度可达 3～5km/h，爬坡慢速行走速度 1.5～2km/h，具有 25°的爬坡能力，如需爬 25°～35°的坡则需增加卷扬绞盘，但同时增加了车体质量。

（2）履带底盘可 360°回转，减少移机次数造成的时间浪费，实现快速定位钻孔。钻机履带底盘总成如图 3.2-8 所示。

（3）集尘系统：二级除尘设计积极响应环保号召，做到绿色无污染施工。

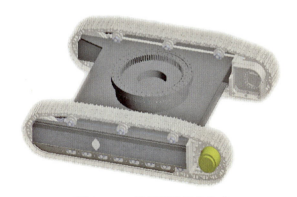

图 3.2-8 钻机履带底盘总成

（4）折叠臂上安装液压快速连接器，可以实现抓取挖斗、潜孔钻钻孔机构、旋挖钻钻孔机构等机具快速切换，可以满足开路、平整施工场地和不同的钻孔需求。

快速连接器如图 3.2-9 所示。

图 3.2－9　快速连接器

（5）钻孔能力：孔径覆盖范围$\phi120\sim\phi410$mm，根据不同孔径配相应的冲击器和钻头。

（6）操控系统（含遥控系统）：遥控器轻便，可随身携带，操纵方式与驾驶室操纵方式一致，方便操作人员快速上手。遥控器如图 3.2－10 所示。

图 3.2－10　遥控器

（7）发动机输出功率充足，可满足海拔 3000m 以下山地作业需要。

（8）模块化快速拼装设计。包括模块化分解、利用锥形孔进行定位快速安装以及使用气、油、电快接插接头。

3. 装备型号

装备型号及性能参数见表 3.2－4。

表 3.2－4　　　　　　　　　　装备型号及性能参数

序号	参数项目	参数计量单位	性能/参数值		
1	产品规格型号	/	WZFT300A	WZFT300B	MG150A
2	钻孔直径范围	mm	120～410	120～410	90～150
3	标配钻杆数量	根	6	6	5
4	钻孔深度	m	15～18	15～18	0～10
5	钻杆直径范围	mm	102～140	102～140	45～76
6	钻杆长度范围	mm	3000	3000	1000～1500
7	冲击器	英寸	8～10	8～10	3～5
8	钻头直径（标配）	mm	400	400	148
9	发动机废气排放国家标准	/	国四	国四	国四
10	发动机额定功率	kW	145～160	145～160	30
11	发动机转速	r/min	0～2400	0～2400	0～2500
12	回转头额定扭矩	N•m	≥19 000	≥19 000	≥4960
13	回转头转速	r/min	0～105	0～105	0～105
14	燃油箱容量	L	200	200	72
15	推进速度	m/min	0.2～0.8	0.2～0.8	0～0.9
16	推进方式	/	油缸＋钢丝绳	油缸＋钢丝绳	链轮
17	推进行程	m	3000～5000	3000～5000	1500
18	推进梁行进补偿	m	1～1.2	1～1.2	≤5.4
19	推进力	kN	130～140	130～140	≤10
20	拉拔力	kN	140～160	140～160	90/－10
21	推进梁俯仰角度	°	90/－10	90/－10	4.6/8.3
22	推进梁倾斜旋转度	°	±95	±95	170～300
23	行走速度（慢速/快速）	km/h	1.5/3	1.5/3	≤25
24	离地间隙	mm	380～450	380～450	≤25
25	爬坡角度	°	≤25	≤25	≤10
26	斜坡安全作业纵向斜坡角度	°	≤25	≤25	0
27	斜坡安全作业横向斜坡角度	°	≤10	≤10	≤2

续表

序号	参数项目	参数计量单位	性能/参数值		
28	车身旋转角度	°	360	360	≤200
29	整机运输尺寸（长×宽×高）	mm	9980×2000×3500	9980×2000×3500	2200×1500×2100
30	整机重量	t	≤17	≤17	≤15
31	除尘方式	/	干式负压二级集尘	干式负压二级集尘	干式负压二级集尘
32	空压机发动机排放标准	/	国四	国四	国四
33	空压机发动机额定功率	kW	200～225	200～225	200～225
34	空压机额定排气压力	bar	18～21	18～21	18～21
35	空压机排量	m³/min	20～24	20～24	20～24
36	燃油箱容量	L	200	200	200
37	空压机重量	t	≤2	≤2	≤2
38	可选择切换钻孔模式	种	3	3	/
39	单个模块最重不超过	t	/	≤2	/
40	整机拼装模块数量	个	/	≤15	/

4. 施工要点

山地微型桩潜孔钻孔机成孔施工包括施工准备、设备运输、拼装、定位、成孔、清孔、钻机撤（转）场等过程。

（1）施工准备。

1）人员准备。钻机操作者必须经过培训并取得相关资格证件后方可上岗。

2）施工机械与工器具准备。检查钻机液压油路和设备机械部分是否存在安全隐患，确保钻机钻进时液压系统良好，确保施工安全。

3）根据地勘报告，根据施工桩位的地质情况，合理选用不同的钻机钻头。施工场地应进行平整处理，保证潜孔钻机施工场地平整，避免在钻进过程中钻机产生沉陷。根据设计图纸要求的间距、排距及设计提供的标高进行测量放线。

4）根据设计的孔洞直径、间距、排距使用定位钉打入地下进行定位标记。

（2）设备运输。分体式山地微型桩钻机采用分体式模块化设计，一共分成十四大快速拼装模块，单个模块质量不超过 2t，可快速拆解，通过索道运输至工作地点，实现山地多元化作业。整机运输可以采用货运，使用允许载重量不小于 17t 的 10m 货车进行运输。

（3）拼装。各模块拆分输送到施工现场后，利用锥形孔进行定位快速安装，拼装顺序为底盘和履带总成模块、车体架总成模块、车身中段总成模块、集尘器总成模块、柴油箱和液压油箱总成模块、驾驶室总成模块、钻臂总成模块、中脱架总成模块、推进梁总成模块、换钎仓组件模块。拼装时需要两个工人和一台起重机辅助。通过测试，平均拼装时间只需 48.6h。

（4）定位。山地微型桩潜孔钻机有一个定位大臂，定位系统拥有四个自由度。打钻时，通过大臂调整推进梁位置，同时配合电比例多路阀，能够快速准确的定位到所需的位置。山地微型桩潜孔钻机借鉴挖掘机 360°旋转底盘结构，采用大扭矩液压旋转马达，配合比例阀控制，动作轻快柔顺，内部自带刹车盘使得钻臂能够迅速准确定位。为保证所打桩基的角度准确性，采用高精度倾角传感器，具有性能稳定，控制精度高，防尘、防水等级高（IP67），耐震等特点。能够使钻车实时显示当前钻臂及车身的角度，通过显示屏显示的数值，快速调整定位机构，从而实现快速定位的目标。

（5）成孔。根据设计要求选择不同尺寸的钻头进行微型桩钻孔工作。微型桩施工时应防止出现穿孔，可采用跳孔施工、间歇施工等措施来进行处理。微型桩潜孔钻机钻进成孔的操作顺序如下。

1）旋转：将右手柄向左推，旋转的速度与手柄移动的行程成比例变化。

2）开风：与旋转同步开始，点击开风按钮，钎头气孔开始吹风排渣。

3）推进：将右手柄前推，回转头的推进开始，推进速度与手柄行程成比例变化。当操作杆推到所需位置时，点击锁定按钮（点击后即可松开手柄），钻机将以当前速度自动开孔。

在钻进过程中若发现钻头滑动而偏离钻孔方向时，应立即提升回转头，重新开始钻孔动作直到可以保持要求的钻孔方向。在钻孔的过程中应随时注意观察洗孔排渣是否正常。钻机成孔作业如图 3.2-11 所示。

（6）清孔。清孔时，直接通过微型桩潜孔钻机本身进行清孔。利用钻头气压将钻渣吹出，再将钻头提升出孔口进行反复吹洗，从而完成清孔作业。清孔后成品如图 3.2-12 所示。

图 3.2－11　钻机成孔作业

图 3.2－12　清孔后成品

（7）钻机撤（转）场。钻机撤（转）场是否需拆卸，根据现场情况而定。由于微型桩潜孔钻机可自动行走，存在进场道路时，钻机不需拆卸，启动发动机之前，先确认挡位是否处于运行挡。将挡位设定至行走挡，并确认两个调平锁已经打开，将钻机钻臂置于行走位置，行走至下一个指定施工地点。

5. 应用效果分析

（1）保障施工安全。微型桩潜孔钻机解决了传统开挖装备体积大、质量大、人工掏挖施工效率低、孔下作业安全风险大等问题，实现线路工程机械化施工，提升了工程本质安全，避免了因劳动强度大和坑底有害气体造成的人员伤亡。

（2）使用范围广。可在山地残积土、硬塑土、碎石、强风化岩等多种地质条件下作业，同时满足开路、平整施工场地和不同的钻孔需求。

（3）经济效益好。采用微型桩潜孔钻机可缩减基础成孔施工时间，节省混凝土和钢材用量，降低费用，节约成本。因此具有显著的经济效益。

（4）环境影响小。施工过程中，泥浆排放少。不需大量开挖土石方，减少了水土流失，对原始植被、地形、地貌破坏小，建设造成的环境破坏可修复。同时钻机具备除尘、集尘功能，具有良好的生态效益。

3.2.3 螺旋锚旋拧钻进

1. 装备概述

螺旋锚钻机是一种用于输电线路螺旋锚基础的专用机械化施工装备，通过将螺旋锚杆直接旋入地下作为输电线路铁塔基础，适用于泥沼、流砂、砾石层等复杂地质条件下的施工。目前螺旋锚旋拧钻机的机械设备型式多样，按动力来源主要包括人力旋拧、电动式、燃油式、液压式驱动，燃油式有手扶下锚机，液压式有专用型旋拧机械、依托挖掘机等机械的动力头等。其中，手扶式下锚机简便、质量轻，但其钻孔深度有限制，钻孔直径也偏小，需要二人共同作业，费时费力，遇到较硬或密实的土层难以钻进，对螺旋锚的旋拧钻进的适用性较差。专用型旋拧机械指一种相对复杂的车载型螺旋锚安装设备，具有行走、旋拧，以及装载、吊装等功能，这类专用型机械类似于常用的工程钻机，将施工和运输结合起来，提高了施工设备的机动性，譬如履

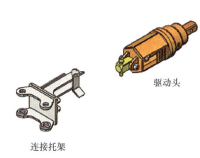

驱动头

连接托架

图 3.2－13　螺旋锚旋拧钻进装置

带式、车载式螺旋锚专用钻机；然而输电线路螺旋锚基础施工条件复杂，这类专用钻机应用场景有限。目前，国内外普遍采用的螺旋锚旋拧钻进装置（如图 3.2－13 所示）称为驱动头（又称动力头），一般与挖掘机组装成成套钻进安装设备，如图 3.2－14 所示，市场上比较多见的输电线路螺旋锚安装旋拧动力头设备是以挖掘机等具有液压系统的机械作为移动作业平台，通过配套液压动力装置来输出扭矩，实现螺旋锚的旋拧施工机械化，从实际应用看，依托挖掘机、装载机等工程机械的旋拧动力头设备在输电线路螺旋锚基础施工中的适用性比较好。

图 3.2－14　螺旋锚旋拧钻进安装设备

2. 装备组成

螺旋锚旋拧钻进安装设备以挖掘机等机械为作业平台，保持挖掘机的行走机构、上部转台不变，配套与之相适应的驱动头。往往拆除挖掘机铲斗，通过两个销轴换装驱动头，由挖掘机油路引出进、回两支油路至安装装置的液压控制阀块；采用电液控制的方法，通过电磁换向阀实现对液压系统的控制；回转马达通过正、反转可以拧紧与反旋螺旋锚。螺旋锚钻机装备组成如图 3.2－15 所示。

图 3.2-15 螺旋锚钻机装备组成图
1—动力头；2—连接托架；3—挖掘机平台系统

其中，核心设备为驱动头，主要由动力装置、传动装置、减速机、挠性轴、提引器、防护壳罩、输出轴七部分构成，其内部设计结构组成如图 3.2-16 所示。工作原理是利用液压主机驱动动力装置通过二级减速机，输出强劲扭力，带动螺旋锚杆做旋转式运动，削切土层钻进。利用液压驱动提供旋拧扭矩，实现螺旋锚的旋进，既可以旋拧螺旋锚，也可以驱动螺旋钻头实现钻孔施工。

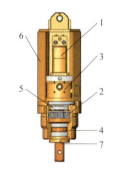

图 3.2-16 驱动头结构组成
1—动力装置；2—传动装置；3—减速机；
4—挠性轴；5—提引器；6—防护壳罩；
7—输出轴

3. 装备型号

螺旋锚旋拧钻机型号由驱动头决定，目前已形成系列不同输出扭矩的多种型号驱动头，系列驱动头见图 3.2-17。驱动头输出扭矩早已超过 100kN·m，可以根据需要定制。

（a）6kN・m　（b）8kN・m　（c）10kN・m　　（d）15kN・m　　　（e）25kN・m　　　　（f）70kN・m

图 3.2－17　不同输出扭矩的系列驱动头

螺旋锚旋拧钻机一般根据施工旋拧扭矩选定驱动头型号，再由驱动头参数确定适配挖掘机，按照经验两者适配参数对应情况如表 3.2－5 所示。

表 3.2－5　　　　　　　　　　驱动头与挖掘机适配参数对应情况

驱动头参数		适配挖掘机	
输出扭矩 （kN・m）	液压马达额定功率 （kW）	质量（t 位）	功率（kW）
10	42	6 至 9	50 至 60
25	87	20 至 25	105 至 115
50	185	30 至 40	200 至 240
80	280	45 至 50	250 至 300

4. 施工要点

以钢制承台示例螺旋锚钻机施工工序包括施工准备、分坑测量、钻机就位、螺旋锚钻进、钢承台定位、钢承台焊接及安装。

（1）施工准备。

1）场地平整：修筑进场道路，对施工场地进行平整，确保螺旋锚钻机进出场顺利，便于就位。

2）钻机检查：重点检查控制钻机旋进方向的油路是否与提供动力源的油路一致，操作手柄控制与进给方向是否一致，仪表是否显示正常。

3）材料检查：对照施工图纸领取螺旋锚、钢承台等施工材料，对螺旋锚的规格、数量及外观、锚管尺寸及锚盘螺距、间距等进行检查复核，检查有无变形、飞边和毛刺；检查塔脚角钢、焊条规格质量、防腐材料是否与设计图纸一致；检查动力头与装备匹配情况、扭矩检测设备是否正常；现场进行螺旋锚试组装。

4）原材料保护：原材料装卸及运输时，做好保护措施，重点避免螺旋锚挤压、碰损。

（2）分坑测量。根据施工图，使用经纬仪对螺旋锚钻进位置进行放线、定位。复核无误后，保护好现场桩位，主要操作如下：

1）以塔位中心桩为基准点，利用经纬仪测定塔腿中心点位置，通过测量根开、对角线校核塔腿中心点位置的准确性。

2）依据塔腿中心点位置设置塔腿、根开、对角等标记线。

3）根据施工图进行螺旋锚定位放样，确定各螺旋锚地面处旋拧点的位置和倾斜方向与水平面的方位角。

（3）钻机就位，如图 3.2－18 所示。

图 3.2－18　螺旋锚钻机就位

1）进场前，应保证场地下方无电缆、光缆、燃气管道、水管等设施。

2）钻机进入场地后，根据作业幅度、臂长高度、螺旋锚的长度、倾斜角，选定钻机站位。就位后，根据地面情况适当调整，以保证钻机工作过程中的稳定。

3）检查动力头倾斜度调整等操控的灵活性，正常无误后，将动力头放至地面，与螺旋锚连接牢靠。

4）动力头与螺旋锚连接完成后，立起螺旋锚，将锚头垂直放于地面螺旋锚旋拧标记点。

5）通过调整螺旋锚钻机，使螺旋锚与地面夹角满足设计要求。

6）再次复核塔腿位置、螺旋锚旋拧位置、螺旋锚倾斜方向及角度。

7）螺旋锚旋拧中心点定位偏差不大于±10mm。

（4）螺旋锚钻进。

1）螺旋锚旋拧时不允许反向旋转。

2）钻进施工中应严格控制螺旋锚倾角，钻进倾角偏差不大于 1°；螺旋锚轴线在水平面上的投影间夹角误差应控制在 2°以内。

3）同塔腿螺旋锚顶面相邻形心间距误差应控制在±20mm 以内。

4）当螺旋锚露出地面 210～260mm 时停止旋拧。

5）将螺旋锚从最终设计位置前 1.5m 拧至最终设计位置的过程中，施工扭矩不小于设计规定值，如不满足，及时联系设计人员，由设计人员提出处理意见。

6）螺旋锚的旋转扭矩达到设计最小扭矩后，继续旋拧。达到设计标高后，停止旋拧。

7）作业完毕后，拆开螺旋锚与动力头间连接，整理场地及相关机具，机械臂回落，装备熄火并停放在安全位置。

（5）钢承台定位。

1）在螺旋锚旋拧至设计深度后，安装钢管模型，锚杆和钢管模型之间使用销轴连接。

2）借助毫米方格纸（胶片）、钢管模型、连接板模型和测量仪器，现场绘制截断椭圆，确定延长杆与承台板的几何关系，工厂内截断和焊接，焊后镀锌，在成品上标记适用的塔号和塔腿。

（6）钢承台焊接及安装。

1）在厂内焊接短角钢、加筋板、承台板和延长杆。

2）工厂焊接焊缝的要求：短角钢与水平板的焊缝为二级焊缝，应 100%焊透，并进行超声波探伤，探伤长度取 100%焊缝长度。其他焊缝均应焊透，做外观检查，外观应达到二级。

3）现场只需进行螺旋锚与钢承台的销轴连接。

（7）注意事项。

1）根据施工图纸和分坑手册，采用经纬仪对螺旋锚钻进位置精准放线定位。

2）根据钻机参数、作业幅度、臂长高度和螺旋锚的长度，选定钻机站位。

3）钻机应进行试钻，制定有效防止土壤扰动的措施。

4）钻进过程中易出现倾角变化，测量人员应利用经纬仪配合钻机监控仪实时观测螺旋锚的倾角。

5. 应用效果分析

螺旋锚钻机施工效果如图 3.2－19 所示。

（1）原状土扰动小。螺旋锚上焊接有锚盘，锚管在旋拧入地下的过程中对原状土扰动小，能够充分发挥原状土的承载力。

（2）基础沉降量小。螺旋锚在原状土中以螺旋锚群和钢承台作为整体，共同抵抗上拔力、下压力和水平力。

（3）施工周期短。采用螺旋锚钻机进行机械化旋拧施工，完成一基基础施工仅需半天时间，且无养护周期，施工效率高。

（4）工厂预制标准化。螺旋锚和钢承台均为工厂化制作，原材料质量可靠。

图 3.2－19 螺旋锚钻机施工效果图

（5）环境影响小。螺旋锚基础没有基坑开挖和余土堆放，且没有混凝土浇筑环节，施工占地少。

3.2.4　螺旋钻机成孔施工

1. 装备概述

螺旋钻机采用螺旋钻具钻孔，通过钻杆中心管灌注混凝土，适用于输电线路铁塔小直径灌注桩基础施工。在旋挖成孔后压入超流态混凝土，形成素混凝土桩后插入钢筋笼形成钻孔灌注桩。由于施工时成孔和混凝土浇筑同时进

螺旋锚设计施工视频

行，且不使用泥浆护壁，减少了现场泥浆排放，具有高效成孔、环保无污染、地层适应性广等优点，在工程中使用较为广泛，特别是在工期紧张、场地狭小的情况下，具有较好的经济效益。螺旋钻机如图 3.2-20 所示。

(a) 短螺旋钻机

(b) 长螺旋钻机

图 3.2-20　螺旋钻机

2. 装备组成

螺旋钻机是一种螺旋叶片钻孔机，以长螺旋钻机为例，主要由顶部滑轮组、动力头、螺旋钻具、液压起落杆、操纵室、底盘、行走机构、回转机构、卷扬钢丝绳、桅杆立柱、起吊卷扬机、液压系统及电气系统组成。螺旋钻机组成示意图如图 3.2-21 所示。

图 3.2－21　螺旋钻机组成示意图

1—顶部滑轮组；2—动力头；3—螺旋钻具；4—液压起落杆；5—操纵室；6—底盘；

7—行走机构；8—回转机构；9—卷扬钢丝绳；10—桅杆立柱

（1）顶部滑轮组：提升动力头和钻杆钻具。

（2）动力头：采用三环减速机构，由两个风冷电动机、减速器、弯头、排气装置、提升架和滑块组成，用于对螺旋钻具施加钻压。工作时两个电动机通过联轴器带动减速器高速旋转，通过法兰带动螺旋钻具做旋转运动。

（3）螺旋钻具：钻机成孔装置，为螺旋状钻杆，钻杆中间为空腔，用于泵送混凝土。

（4）液压起落杆：起落桅杆的液压装置。

（5）操纵室：驾驶作业人员操控各类机构的驾驶室，位于钻机后部主卷扬机前方，三面开窗，可保证视野开阔。

（6）底盘：支承操纵室、行走机构和回转机构的装置。

（7）行走机构：采用液压步履式，前进时四个支腿液压缸支地撑起，下盘离地，通过液压系统驱动行走液压缸实现桩机履靴前行，然后收起支腿落下，通过液压缸收缩拉动底盘前行，如此反复实现桩机前行。

（8）回转机构：由中速液压马达通过减速器驱动，在四个支腿液压缸的配合下，可使桩机实现360°回转。

（9）卷扬钢丝绳：卷扬机起吊动力头、螺旋钻具时采用的钢丝绳。

（10）桅杆立柱：钢结构立柱，用于提升动力头、螺旋钻具和起吊灌注桩钢筋笼，中部连有液压起落杆。

（11）起吊卷扬机：起吊动力头、螺旋钻具的动力装置，包括电动机、卷扬装置。

（12）液压系统：钻机所有液压装置的总成，包括液压泵、液压管路等。

（13）电气系统：钻机动力头等的电气控制装置。

3. 装备型号

螺旋钻机一般钻孔直径为400mm，最大可达1500mm，最大钻孔深度有8、15m，直至30m。常用螺旋钻机的型号及技术参数见表3.2－6。

表3.2－6　　　　　　　　常用螺旋钻机的型号及技术参数

项目	LZ型长螺旋钻	KL600型螺旋钻机	BZ－1型短螺旋钻	ZKL400型（ZKL600）钻孔机	BQZ型步履式钻孔机	DZ型步履式钻孔机
钻孔直径（mm）	300、600	400、500	300～800	400（600）	400	1000～1500
钻孔最大深度（m）	15	15	11～8	12～16	8	30
钻头最大转速（r/min）	63～116	50	45	80	85	38.5
功率（kW）	40	50、55	40	30～55	22	22
外形尺寸（长×宽×高）（m）	—	—	—	—	8×4×12.5	9×4.1×15

4. 施工要点

（1）主要施工流程。螺旋钻机施工的主要流程有：测量放线及复核，桩机就位，下钻，提钻同时泵压混凝土，后置钢筋笼，成桩。

（2）主要施工方法。

1）施工前利用经纬仪和尺子根据桩位图放桩位，并做好标记。

2）钻机就位，保持平整、稳固，在机架或钻杆上设置标尺，以便控制和记录孔深。下放钻杆，使钻头对准桩位点，调整钻杆垂直度，然后启动钻机钻孔，达到设计深度后空转清土，在灌注前不得提钻。挖出的余土根据要求就地摊平或转运至指定地点。

3）成孔后，钻杆预提200mm左右，然后泵送灌注混凝土。混凝土粗骨料最大粒径不应大于20mm，混凝土拌和物扩展度应大于500mm，坍落度应控制在 160～220mm。边灌注边提钻杆，提升速度应与泵送速度相适应，确保中心管内有 0.1m³ 以上的混凝土，灌注时根据泵送量及时调整提速，直至成桩。

4）钢筋笼采用后置式安装，成桩后立即反插钢筋笼，钢筋笼顶部套上专用的振动器，调直钢筋笼，螺旋钻机拆除钻具，启动振动器，对准桩孔中心，逐步将钢筋笼压至设计标高位置。作业过程中应采取措施保证钢筋笼垂直度、保护层厚度、置入深度。

5）清理孔口，封护桩顶。按施工顺序放下一个桩位，移动桩机进行下一根桩的施工。

5. 应用效果分析

（1）提升施工效率。采用回旋钻机或旋挖钻机的泥浆护壁工法成孔施工，由于场地有限，交叉作业较多，需要较长作业时间。而采用螺旋钻机成桩，施工工序简单，速度快，桩身完整，施工质量易于保证。

（2）对于小直径混凝土灌注桩，在地层适合及桩长不超过 30m 的情况下可选择应用。采用螺旋钻机施工混凝土灌注桩，可省去桩身泥浆护壁，降低造价，缩短工期，技术经济性较好。

（3）长螺旋钻机钻孔深度一般不大于30m，钻孔直径 300～1500 mm，通过动力头带动螺旋钻具旋转进行钻削和排土，在黏土、黄土、粉土、砂土等软质层有很强的优势，在碎石土、软质岩石、风化岩石和湿坑有地下水施工时有一定的难度。

（4）采用螺旋钻机成桩只产生渣土，不产生泥浆，故渣土现场堆放即可，不需外运，节约了泥浆护壁成孔产生的泥浆外运费用，且不会对周边环境造成影响。

3.2.5　螺旋锚旋拧多参数监测系统

1. 装备概述

螺旋锚旋拧多参数监测系统（简称监测系统）如图 3.2－22 所示，主要用于螺旋锚旋拧过程中各种施工参数的集成监测。通过采集施工过程中的各项数据，将施工过程数字化、网络化，给现场提供可视化操作、精细化管理，并可依据内置算法和相关规范进行施工质量监控和报警。监测系统通过外挂采集仪和法兰连接，可适配各种型号的螺旋锚旋拧施工装备。施工结束后，可对数据进行存储、回放和分析，为施工过程质量管控和后期进一步科学研究提供数据支撑。

图 3.2－22　螺旋锚旋拧多参数监测系统

2. 装备组成

监测系统主要由数据采集器、扭矩传感器、监测平台和手持终端组成。监测系统组成如图 3.2－23 所示。

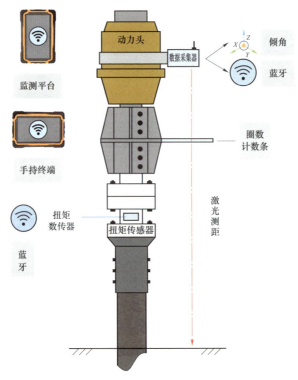

图 3.2－23　监测系统组成

（1）数据采集器通过抱箍安装固定在液压马达驱动头上，通过自身集成的倾角传感器、激光雷达测距模块和圈数计数模块实现对螺旋锚的倾斜角、旋拧深度和旋拧圈数进行测量。

（2）扭矩传感器通过法兰同轴安装在动力设备和螺旋锚之间，可以传递螺旋锚施工动力并实时测量扭矩值，监测数据由扭矩传感器通过蓝牙无线发送到数据采集器。

（3）监测平台对接收到的数据进行表格、曲线等可视化展示，提供声光预警，实时指导施工过程。

（4）手持终端通过共享的方式同步获取监测平台数据信息，并可按照监测人员要求进行显示。

3. 监测要点

监测系统可实时监测扭矩、倾角、圈数、进尺等参数信息，并可根据施工要求设置相应的指标限制，达到超限预警的目的，使用界面如图 3.2－24 所示。

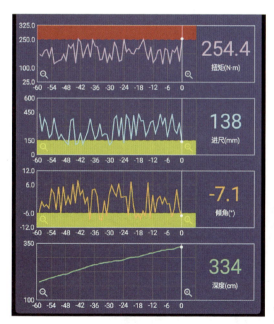
（a）超限预警

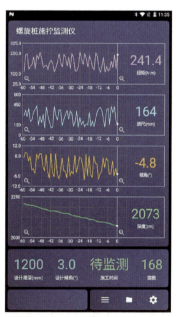
（b）关键参数曲线

图 3.2－24 可视化监测界面

4. 应用效果分析

（1）使用本监测系统可实现螺旋锚施工旋拧过程多参数实时监测与预警，帮助施工人员控制螺旋锚旋拧速度、进尺和扭矩值，提高施工效率，确保施工质量。

（2）监测系统所测参数可提供工程质量检测依据，包括基锚旋拧扭矩、锚杆旋入深度、倾斜角度等内容，可实现螺旋锚旋拧钻进质量的实时监测，并为承载性能等评价提供判定依据。

（3）监测系统有助于推广应用螺旋锚基础，提高杆塔基础施工机械化率。

3.3　山地模块化装备技术

3.3.1　分体式钻孔机

1. 装备概述

分体式钻孔机如图 3.3-1 所示，是一种用于输电线路工程挖孔桩基础开挖的机械化施工装备。分体式钻孔机在地面进给机构控制下利用护筒作为传力机构向下进给，以地面液压泵车驱动底部刀架及多个刀头分别作公转及自转运动完成开挖切削，切削渣土再由负压排渣装置辅助抽离孔底。装备采用单元组合式设计，各部分结构均可控制

分体式挖孔机
工法视频

在 2t 以内，满足山地丘陵专用货运索道运输要求，达到小型化、可拆卸和方便运输的目的。分体式钻孔机结构简单、运输方便、适用性强、工效高、安全性强，开挖基坑成型好，不易垮塌，能有效实现挖孔桩基础机械化施工和

图 3.3-1　分体式钻孔机

"人员不下坑"的作业目标。装备在山区可通过专用货运索道运输，作业占地面积小，摆放灵活，大大减少青赔、筑路费用，缩短工期，保护环境，是山区基坑开挖的有效装备。

2. 装备组成

分体式钻孔机由动力系统及作业系统 2 部分组成。动力系统由 1 台发电机、两台液压泵车组成。液压泵车是附加履带式行走装置的液压泵，为开挖机构提供动力；发电机是一台安装了行走轮的发电装置，为负压排渣装置提供动力。作业系统由开挖机构、负压排渣装置组成。开挖机构由液压泵车提供动力，驱动刀架及刀头旋转开挖，伸缩支柱控制刀架的进给；负压排渣装置负责抽料排渣。

分体式钻孔机装置组成图如图 3.3－2 所示。

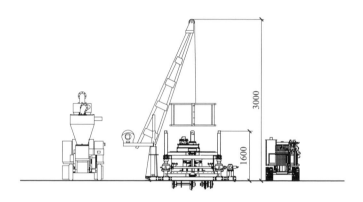

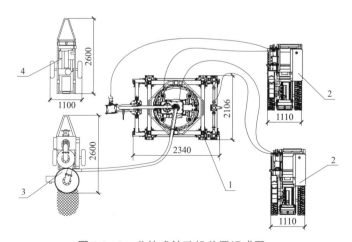

图 3.3－2　分体式钻孔机装置组成图

1—开挖机构；2—液压泵车；3—负压排渣装置；4—发电机

3. 装备型号

分体式钻孔机按开挖基础的孔径尺寸分为 1.0、1.2、1.4、1.6、1.8m，型号命名为：JY-FY-1000、1200、1400、1600、1800/40-B。

根据《输变电工程施工机具产品型号编制方法》（DL/T 318—2017）。

JY——类别代号：岩石钻孔机。

FY——特征代号：F——分体式，Y——液压。

1600/40——主参数：最大孔径 1600mm，最大土质强度 40MPa。

B——更新代号：第 2 代。

分体式钻孔机技术参数见表 3.3-1，应用参数见表 3.3-2。

表 3.3-1　　　　　　　　分体式钻孔机技术参数

设备名称：分体式钻孔机		
开挖桩径（m）		≤1.8
开挖桩深度（m）		≤15
开挖速度（m/h）	粉质黏土≤15MPa 地质	2
	强风化≤20MPa 地质	1.3
	中风化≤40MPa 地质	0.6
进给上拔力（kN）		400
液压工作压力（MPa）		16
风机工作压力（kPa）		-46.6
液压配置功率（kW）		76×2
发电机配置功率（kW）		50
桅杆吊额定吊重（kN）		20
拆分单件最大质量（t）		1.35
拆分单件最大尺寸（长×宽×高）（mm）		2700×1100×1750
设备整体质量（t）		10.416（含15m护筒）
液压系统工作温度（°）		≤90
操作方式		线控操作

表 3.3-2　　　　　　　　应 用 参 数

液压泵机	质量（kg）	1350
	尺寸（长×宽×高）（mm）	2700×1100×1750
	行走方式	履带式

续表

液压泵机	行走动力	液压驱动
	爬坡角度（°）	≤25
发电机组	质量（kg）	750
	尺寸（长×宽×高）(mm)	2600×1000×2000
	行走方式	轮式拖行或台式
排渣机构	排渣深度（m）	≤20
	排渣粒径（mm）	≤30
	排渣速度（m³/h）	2～4
	质量（kg）	1180
	尺寸（长×宽×高）(mm)	2000×800×2450
	行走方式	拖行
开挖机构	总质量（kg）	2764（不含护筒）
	最大单件质量（kg）	225
	最大尺寸（长×宽×高）(mm)	3200×2100×1650
噪声（dB）		≤105
适用条件		适用≤40MPa中、强风化地质、无地下水挖孔桩基础开挖

4. 施工要点

分体式钻孔机开挖基础施工包括施工准备、装备运输、安装就位、试运行、开挖成孔、验孔、清孔、移位等过程。

（1）施工准备。开挖施工前，组织施工人员对施工场地进行查勘，了解施工场地地形地貌情况，结合周边地质条件，做好地质判断、桩孔确定、摆放位置规划、装备各组成部分在工作场地内移动的行走规划及道路平整、排渣场地规划等工作，减少工作量，保证开挖过程中对环境的破坏程度，确保作业安全，提高作业效率。分体式钻孔机施工现场平面布置示意图如图3.3-3所示。

（2）装备运输。装备公路运输可以使用允许载重量不小于14t的9.6m货车。装备拆分后，采用2t级专用货运索道小运，上料、卸料采用3t电动葫芦（条件允许情况下使用8t轮式起重机）等辅助上料、卸料装置，装备由卸料点至施工点的短距离转移采用履带式液压泵车或桅杆吊，也可采用其他方式转移。分体式钻孔机的拆分运输建议见表 3.3 - 3。

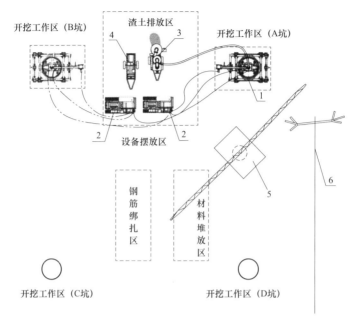

图 3.3 - 3　分体式钻孔机施工现场平面布置示意图

1—开挖机构；2—液压泵车；3—负压排渣装置；4—发电机；5—椀杆吊；6—索道

表 3.3 - 3　　　　　　　　　　分体式钻孔机的拆分运输建议

序号	名称	特点	总重（kg）	拆分运输建议
一、动力系统				
1	液压泵车	由两台构成的组合式动力，是履带式自行走设备	1350×2	结构复杂，不建议拆装，采取 2t 级专用货运索道进行运输至塔位下料点
2	发电机	有轮式底座的发电机组	730	结构复杂，不建议拆装，采取 2t 级专用货运索道进行运输至塔位下料点
二、作业系统				
1	开挖机构	由方管、传动轴承，刀架、随机吊等部件组成的装置	5143	可以进行拆分，拆分后作业部件最大单体质量 250kg，采用专用货运索道运至塔位，并采用椀杆吊转运到摆放位置
2	负压排渣装置	由风机传动小车、旋风筒和风管等组成的排料装置	1180	建议拆分为风机传动小车、旋风筒和风管等三部分。拆分后风机传动小车 850kg、旋风筒 152kg、风管 23kg。采用专用货运索道运至塔位

（3）安装就位。液压泵车、发电机及负压排渣装置在运至专用货运索道下料点后，可利用液压泵车履带式行走机构拖至摆放位置；没有修筑便道条

件的塔位可以利用桅杆吊将装备吊装到摆放位置，挖孔机场地搬运示意图如图 3.3－4 所示。

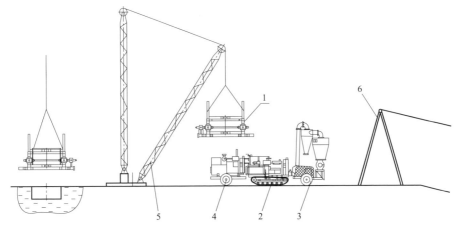

图 3.3－4　挖孔机场地搬运示意图

1—开挖机构；2—液压泵车；3—负压排渣装置；4—发电机；5—桅杆吊；6—专用货运索道

开挖机构经拆分通过专用货运索道运输到塔位后，在施工现场进行组装。首先在基孔四周连接方管拼接底架，在竖连接方管中心处安装水平尺，并在水平尺中心处悬吊垂球，调整底架位置及底架圆盘支腿的高度，监控底架中心与基础中心重合，并保证底架处于水平状态。安装连接方管示意图如图 3.3－5 所示。

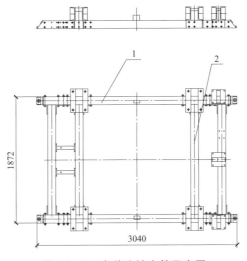

图 3.3－5　安装连接方管示意图

1—竖连接方管；2—横连接方管

利用 3t 手扳葫芦立起吊臂并连接在底架上，在底架的后架位置安装随机吊，组装吊臂，安装吊钩，调试吊臂升降。利用吊机吊臂，按照《分体式钻孔机使用说明书》要求依次安装升降机构、底节钢护筒、开挖刀具组件、下传动箱、主切削传动机构等开挖机构各部件，安装开挖机构部件示意图如图 3.3－6 所示。用 DN25－W.P25MPa 液压油管完成液压泵车与开挖机构之间的连接，用 16mm² 绝缘电线连接发电机和负压排渣装置，液压管应挖沟浅埋，电力线应穿管浅埋。

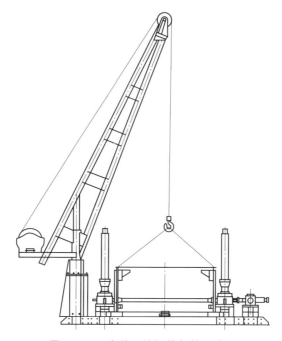

图 3.3－6　安装开挖机构部件示意图

（4）试运行。装备开机后应进行试运行，检查底架是否水平，护筒中心与基础中心是否重合。发现异常，应进行调整，并在底架周围培土压紧夯实，便于施工过程中观测。按照使用说明书检查装备的液压油、润滑油、冷却水是否正常，各机构是否存在异响。慢速启动进给装置，判断进给是否顺滑，油温是否正常。发现异常应及时处理后方可开始开挖作业。

（5）开挖成孔。操控升降马达动作，拉动四周升降机构丝杆同时下移。丝杆及上架的下移使护筒及下方的切削头进给。等刀头接近开挖面时，开启切削马达和回转马达，刀头高速旋转开挖。观察坑底渣土积余，开启风机，切削刀头向下旋转掘进，被切削渣土通过抽风口向外抽出渣土。当开挖深度达到已安装护筒长度时，停止开挖，接装护筒，完成后继续掘进开挖。重复以上步骤，直至基坑开挖完成。

（6）验孔。检查孔径、孔深是否符合设计要求。

（7）清孔。在达到设计桩深后，再继续向下开挖50mm，延长负压排渣装置的吸料时间5～10min，清理底部剩余渣土。当满足施工要求后，关停液压马达。

（8）移位。利用开挖升降机构，采用安装护筒的逆向程序逐节拆下钢护筒。钢护筒拔至底节钢护筒时，可使用桅杆吊依次吊移分体式挖孔机各部件至待开挖基孔点，装备移位图如图3.3-7所示。桅杆吊的拉线应固定牢靠，覆盖范围满足吊装移位要求。也可采用其他运输方式移动。

（9）注意事项。

1）液压泵车、发电机、负压排渣装置应选择安置在离专用货运索道下料点较近的位置。

2）专用货运索道架设时应考虑宽度1.1m，高度2.1m，质量1.4t货物的承载力和通过性，对索道路径中的障碍物应事先采取措施处理。专用货运索道运输长度大于2m的部件（如液压泵车）时应采用双小车运输，小车与被吊部件间的连接长度以100～200mm为宜。

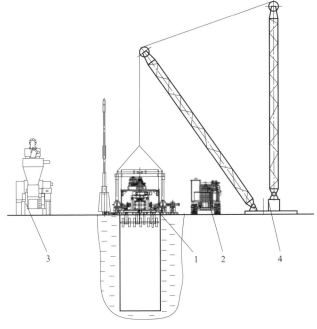

图3.3-7　装备移位图

1—开挖机构；2—液压泵机；3—负压排渣装置；4—桅杆吊

3）桅杆吊设置应考虑拉线的合理布置，避免作业时空间交叉，摆放位置应尽量考虑覆盖所有作业面。

4）安装底架时用水平仪测试水平（水平角度＜1°），并用垂球检测底架中心与基础中心重合。

5）观察开挖机构底架是否存在水平偏移，如果发生偏移或不水平，应及时培土衬垫处理。

6）安装升降机构时注意使两侧螺母相对连接法兰的对接缝距离相等。将换向传动装置连接联轴器、传动轴，固定于底架上，使联轴器和传动轴同心。

7）连接油管时应避免细沙、泥土等进入连接头，换接下的接头应及时使用防尘塞保护。

8）装备运行前应及时检查发电机、液压泵车的柴油、机油位、液压油液位，油位不足时应及时加注。如果在开挖过程中发现油位不足，应停止开挖，及时加注，避免零件磨损。

9）每完成一个基孔应及时检查空气滤清器，必要时清理空气滤清器滤芯。

10）每完成一个基孔应及时检查油管、电气线路有无异常磨损、老化、破裂等现象，如有应及时更换。

11）检查清理发动机周围和散热器上的杂物和尘土，检查发动机有无渗漏、连接螺栓有无松动丢失；检查进气管、排气管接口处密封状况，是否有泄漏。每天正式工作前装备应低速转数分钟（冬季稍长）。

12）每隔 2h 检查液压油的温度，如温度超过 90℃需要停机降温。

13）清理装备周围浮土，防止因浮土覆盖散热不理想导致丝杠、螺母发热。根据工作声音，辨别开挖的地质情况，控制刀架的给进速度。

14）安装护筒前，反向提升升降平台 50～80mm，减少底部渣土对开挖刀头的摩擦阻力，避免刀头再次开机因受力过大而损坏部件。

5. 应用效果分析

分体式钻孔机在白鹤滩—浙江±800kV 特高压直流工程等工程应用，具有良好的推广价值。

（1）安全性高。实现了山区杆塔基础"人不下坑"施工作业，压降杆塔基础施工的安全风险，降低一线施工人员在高原山区等自然环境恶劣地区施工的劳动强度。

（2）环境影响小。减少因修建施工临时道路而引起的树木砍伐及土地破坏，在保证电网建设的同时，最大限度地保护了当地的原始地貌和自然环境。

（3）施工效率高。传统人工开挖一般需要 32 个工日，而采用分体式钻孔机开挖仅需要 18 个工日，约为人工开挖的 1/2，同时极大节约了开挖施工成本。

3.3.2　小型模块化锚杆钻机

1. 装备概述

小型模块化锚杆钻机如图 3.3－8 所示，是一种用于输电线路工程岩石锚杆基础施工的专用钻孔施工装备，其各功能单元采用模块化、可拼装（组装）结构设计，每个模块可拆解，单体重不超过 200kg，方便搬运和拼装操作。动力模块拼装后，功率和功能满足各种不同地质条件下钻孔施工需要。小型模块化锚杆钻机运输方便、适用性广、

小型模块化锚杆钻机
基础施工工法视频

工效高，能有效解决山地运输问题，施工过程无粉尘污染，保护环境，安全风险低，人力投入少，整体施工效率高，是岩石锚杆基础施工的重要装备。

图 3.3－8　小型模块化锚杆钻机

2. 装备组成

小型模块化锚杆钻机可拆分为钻臂模块、动力模块、液压系统模块、空气压缩机模块、自行走履带底盘模块、除尘模块、注浆模块、控制台模块共 8 个模块，小型模块化锚杆钻机各模块组成如图 3.3－9 所示。多个空气压缩机模块输出的压缩空气通过多通连接器并联合流后，通过压缩空气管道输送至

钻机主机的气动潜孔锤实现钻孔功能，可根据地质情况组配 2～6 台动力模块空气压缩机；除尘模块包括集尘罩和除尘器，集尘罩设置在孔位的地面孔口处，集尘罩与除尘器之间通过风管连接，通过旋流式除尘实现钻孔施工现场粉尘和废渣清理，改善工作人员工作环境。钻机主机上配备动力模块和液压系统模块，驱动履带底盘行走，通过控制台模块控制钻机前进、后退、转弯等自行走功能，塔基范围内自行走完成钻孔施工，减少装备转场时间。底盘可以 180°调节，精准定位对孔，保证钻孔精度。

图 3.3－9　小型模块化锚杆钻机各模块组成

1—空气压缩机模块；2—动力模块；3—液压系统模块；4—履带底盘模块；

5—底盘支架；6—钻臂模块；7—除尘模块

钻机各功能模块可拆分组装，其中：动力模块可拆分为空气压缩机和发动机；钻臂模块可拆分为底盘、底盘支架、履带、发动机、液压系统、钻臂和钻头；除尘器可拆分成底座和上部主机。各组件间采用螺栓、销轴和管线连接，人力手动工具即可实现快速拆装，无须起重设备辅助。

3. 装备型号

小型模块化锚杆钻机型号为 JY－MD－150/20－A，各动力模块可根据施工需求组配，一般在软岩地质下选用 2～3 台动力模块，硬岩地质选用 3～4 台动力模块。小型模块化锚杆钻机主要技术参数见表 3.3－4。

表 3.3－4　　　　　　　小型模块化锚杆钻机主要技术参数

装备型号	JY－MD－150/20－A	备注
成果版本编码	SG21－ZJ	
钻机系统总功率（kW）	110～180	3～5 个动力模块，根据需要选配
原动机单机额定功率（kW）	36.8	小型高速柴油机

装备型号	JY－MD－150/20－A	备注
钻机操控方式	有线遥控	
适配冲击器	CIR90A、CIR110A	
钻杆长度（mm）	≤1500	
钻孔直径（mm）	90～150	采用 90A 冲击器最大孔径 120mm；采用 110A 冲击器最大孔径 150mm
压缩空气流量（m³/min）	8～12	
风压（bar）	4～12	
钻孔深度（m）	≤20	
钻孔速度（m/min）	0.1～0.8	与地质条件和系统动力配置有关
动力头扭矩（N·m）	1000	
液压系统最大压力（bar）	200	
液压系统最大流量（L/min）	70	
拆分最大单体搬运质量（kg）	190	
系统设备整备质量（t）	1.2～2.2	依模块数量而异
适用条件	适用山区岩锚基础锚杆孔钻凿	大型设备不便运抵的山区地形
搬运方式	人抬、小型索道、20°坡短距离自行走	

4. 施工要点

小型模块化锚杆钻机施工包括装备运输、现场布置、装备组装、系统检查、锚孔放样、钻机就位、钻孔施工、废渣处理与除尘等过程。

（1）装备运输。小型模块化钻机拆分后可采用以下方式运输：

1）采用 2t 载重的轻型卡车运输至施工塔位附近卸车点。

2）采用 1t 级专用货运索道将各模块运输至施工塔位附近，采用其他小型设备运输至施工塔位。

（2）现场布置。根据塔位地形情况，将动力模块和除尘模块放置在适宜的固定位置，利用风管和气管连接主机，钻机钻孔施工过程中动力模块和除尘模块无须搬运，利用自行走履带底盘模块在各塔腿间行走钻孔施工。装备平面布置图如图 3.3－10 所示。

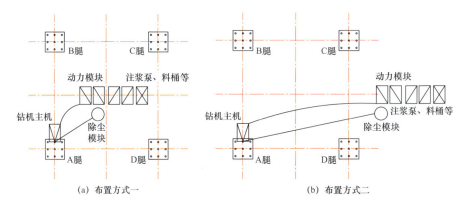

图 3.3－10 装备平面布置图

1）装备放置地面尽量垫平，避免装备运行振动导致移位或倾覆。

2）质量较大的动力模块和除尘模块就位位置尽量兼顾工地所有施工孔位，减少现场二次拆解搬运工作，必要时增加管线长度。

3）空气压缩机可集中摆放，相互间距 0.5m 左右，确保设备散热通风。

（3）装备组装。

1）按预先规划，确定各功能单元模块放置位置，确定管线连接铺设走向。

2）拼装空气压缩机组单元：空气压缩机模块和动力模块就位，按对应编号将空气压缩机模块与动力模块拼装紧固好；安装传动皮带，调整皮带张紧装置，张紧并锁定张紧机构。连接空气压缩机压缩空气输出管线，完成空气压缩机组单元拼装。

3）组装钻机底盘：左右履带根据桥架跨距摆放，安放底盘桥架并锁紧；安装固定钻机框架。

4）拼装液压系统单元：在钻机框架上固定就位液压系统模块和相应动力模块，连接液压管路。

5）拼装钻臂模块：将钻臂铰接安装在钻机框架上，人力竖起钻臂，安装钻臂撑杆，连接钻臂动力头驱动液压管路，蓄电池和燃油箱就位，连接燃油管路和电池线。

6）管线连接：连接压缩空气管路、除尘器液压驱动管路、排渣除尘管路、控制线缆；接装钻机控制台模块与各功能模块之间的控制线缆。

（4）系统检查。

1）钻机主机检查：检查钻机主机各单元油路、气路、管线连接是否正确、可靠；检查钻杆、钻头安装是否正确。

2）动力模块检查：检查动力模块发动机、传动皮带张紧装置是否可靠；

燃油箱油量是否充足，燃油箱是否变形；检查动力模块电瓶接线、急停按钮是否复位。

3）除尘模块检查：检查除尘模块管线连接是否正确。

4）确认无误后启动钻机进行空钻、冲击等动作，同时观察液压系统及空气压缩机指示压力，确保其工作正常。

（5）锚孔放样。根据设计图，用经纬仪确定基坑中心，再根据基坑中心位置放样确定各锚孔的中心位置并做出标识。

（6）钻机就位。

1）开启钻机主机，控制钻机前进、后退、转向等行走操作，根据钻孔点位做的标识，行走至锚孔放样点。

2）放下支腿，用垫块垫平，调节支腿，使钻机水平。

3）通过调节钻臂的拉杆螺栓使钻臂垂直。

（7）钻孔施工。

1）顺时针旋转"钥匙开关"到"开"挡，"预热"指示灯亮起。

2）待"预热"指示灯熄灭后，旋转"钥匙开关"至"启动"挡并保持，发动机启动。

3）发动机启动后处于低转速状态，运行正常后，搬动"油门手柄"提高发动机转速至 2500～3000r/min。

4）放置集尘罩，启动除尘，打开空气压缩机供气，推进钻头钻孔。

5）接杆。钻杆扳手卡钻杆扁方、操作反转拧松钻杆螺纹、配合反转和后退动力头与钻杆脱开并退至最顶端。钻杆螺纹涂防咬合剂，先连接与动力头端，再连接下方螺纹，撤出拆杆扳手。要求操作手与接杆辅助人员协调配合，避免危险操作。

6）清孔。钻孔至设计深度，关闭钻头推进，压缩空气吹气 3～5min 清孔。

7）拆杆。上下进退动力头，确认移动顺畅后关闭空气压缩机，将钻杆扳手卡钻杆扁方，操作反转拧松钻杆螺纹，插入拆杆工具，钻杆扳手卡住下一根钻杆，启动反转拧松，取下钻杆。期间注意上方拆杆扳手脱离、坠落、卡碰。要求操作手与接杆辅助人员协调配合，避免危险操作。

（8）废渣处理与除尘。钻机应用负压除尘技术，配置了除尘模块，钻孔过程形成的废渣碎石、灰尘均通过除尘模块收集。除尘功能示意图如图 3.3－11 所示。

1）将集尘罩设置在孔位的地面孔口处，集尘罩与除尘器之间通过风管连接，通过控制台控制除尘模块的开关，钻孔施工过程中粉尘和废渣快速清理，并同步实现锚孔的清孔工作。

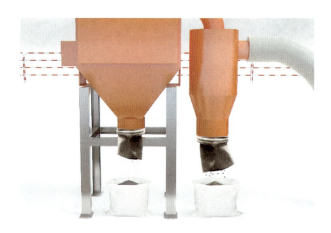

图 3.3 – 11　除尘功能示意图

2）采用编织袋集中收集除尘模块吸出的粉尘和废渣，避免风吹后二次污染。

（9）操作要点。

1）作业前应检查钻机的液压系统、空气动力系统有无漏油、漏水，结构部件、工作装置有无开裂，电气系统线路插头有无破损和松动。

2）钻机作业场地需事前清理平整。

3）钻机行走前需进行安全确认，管线是否存在牵绊、支脚是否收起。

4）钻孔前进速度不宜过快，以钻机底盘前部支脚不离地为原则。若岩石较硬，应考虑在钻机底盘前部适当增加配重。

5）作业过程中出现任何故障灯、警示灯亮或指示灯不正常亮等情况时，需停机检查，排除故障。

6）护孔气囊充气压力不得超过气囊最大充气压力。

7）承台基坑开挖时，注意保护封堵气囊不受破坏。

5. 应用效果分析

（1）解决了山区输电线路基础施工中大型装备难以到达塔位的问题，有效推进了岩石锚杆基础的山区应用，提高了山区输电线路机械化施工率。

（2）提高了施工过程的安全性，有效避免山区传统岩石基础开挖的深基坑作业安全风险。

（3）具有良好的环保效益。随着新型锚杆钻机的推广，山区锚杆基础应用范围将逐步扩大，减少了开挖量，最大限度地降低了施工对环境的破坏。钻机钻孔过程废渣及时清理，无粉尘污染。

（4）施工效率高，经济效益好。小型模块化锚杆钻机通过功能模块化扩展，具备自行走、钻孔、开挖、清孔、压力注浆等功能，适应山区基础多工序机械化施工，施工过程减少了人工干预，保障了施工质量，提高了施工效率。经测算可提高钻孔效率为5～8倍，提高承台开挖效率约25%，缩短基础施工周期约50%。

3.3.3 拆分式微型桩专用钻机

1. 装备概述

拆分式微型桩专用钻机是一种适用于输电线路工程山地微型桩基础成孔施工的专用钻孔施工装备，拆分式微型桩专用钻机如图3.3－12所示。拆分式微型桩专用钻机适用于大型设备不便运抵的山地、丘陵地区；钻机适用于无地下水、岩石单轴饱和强度≤40MPa的中、强风化地质条件的基础成孔施工。由于钻机采用模块化、可拼装（组装）结构设计，单个模块或拆解单体最大重不超过350kg，可有效解决山地设备运输困难，降低人员劳动强度、减少人员配置、提高施工效率，是微型桩基础成孔施工的主要装备。

图 3.3－12　拆分式微型桩专用钻机

2. 装备组成

拆分式微型桩专用钻机由动力模块、液压模块、成孔模块、固定模块、除尘模块五大模块组成，拆分式微型桩专用钻机平面布置如图3.3－13所示。装备由采用轻型V形双缸柴油发动机的动力模块为液压模块提供动力，通过液压模块控制动力头和加压装置的动作快慢及反向动作，由液压模块出力控制钻机核心部件成孔模块的螺旋钻杆实现微型桩的钻孔和清孔作业。

图 3.3-13 拆分式微型桩专用钻机平面布置

固定模块为钻机钻孔时的配重，以平衡钻机钻孔时加压油缸的反作用力，确保钻孔精度。除尘模块包括集尘罩和除尘器，集尘罩设置在孔位的地面孔口处，集尘罩与除尘器之间通过风管连接，通过旋流式除尘实现钻孔施工现场粉尘和废渣清理，改善工作人员工作环境。拆分式微型桩专用钻机结构如图 3.3-14 所示。

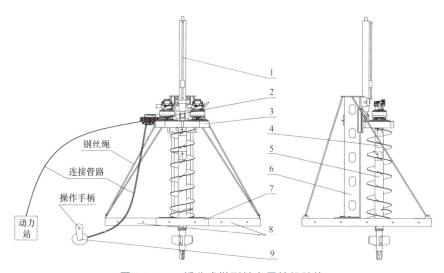

图 3.3-14 拆分式微型桩专用钻机结构

1—加压油缸；2—加压缸头及多路阀；3—动力头；4—短钻杆；5—钻杆；6—桅杆体；
7—固定头；8—辅助固定架；9—控制手柄

3. 装备型号

拆分式微型桩专用钻机可根据山区、丘陵地形地质情况和施工需求，选配动力模块，拆分式微型桩专用钻机主要技术参数见表 3.3－5。

表 3.3－5　　　　　　拆分式微型桩专用钻机主要技术参数

装备型号		JK－MD－400/15－A
成孔桩径（mm）		360/400
成孔桩深度（m）		≤15
成孔速度（m/h）	抗压强度≤10MPa 地质	4
	抗压强度 10～20MPa 地质	1.6
	抗压强度 20～40MPa 地质	1.2
钻机发动机配置功率（kW）		42
动力头最大转动扭矩（kN·m）		30
加压油缸最大起拔力（kN）		70
加压油缸最大加压力（kN）		60
液压系统最大流量（L/min）		120
液压系统最大压力（MPa）		30
拆分单件最大重（kg）		350
拆分单件最大尺寸（长×宽×高）(mm)		2520×409×400
钻杆最大倾斜角（°）		5
适用环境风速		5 级风以下（包括 5 级风）
适用环境温度（℃）		－20～40

为适应山区架空输电线路运输要求，拆分式微型桩专用钻机的各组件采用模块化设计，拆分式微型专用钻机模块主要应用参数见表 3.3－6。

表 3.3－6　　　　　　拆分式微型桩专用钻机模块主要应用参数

动力模块	质量（kg）	240
	尺寸（长×宽×高）(mm)	950×680×800
	发动机功率（kW）	42
液压模块	质量（kg）	230
	尺寸（长×宽×高）(mm)	950×680×800

续表

液压模块	液压系统最大流量（L/min）	120
	液压系统最大压力（MPa）	30
	液压先导控制方式	液压手柄/遥控器
成孔模块	总质量（kg）	1350（不含钻杆）
	单件最大质量（kg）	350
	最大单件尺寸（长×宽×高）(mm)	996×1090×4597
固定模块	单件最大质量（kg）	180
	连接方式	螺栓连接
	最大单件尺寸（长×宽×高）(mm)	2000×800×200
噪声（dB）		≤105
适用条件		适用≤40MPa 中、强风化地质孔桩基础开挖

4. 施工要点

拆分式微型桩专用钻机施工包括设备运输、开挖承台、钻机拼装、钻孔施工、拆除清场等过程。

（1）设备运输。拆分式微型桩专用钻机按模块化拆分后，可以采用以下两种方式运输：

1）采用 2t 载重的轻型卡车运输至施工塔位附近卸车点。

2）采用 1t 级专用货运索道将各模块运输至施工塔位附近，采用其他方式转运至施工塔位。

（2）开挖承台。按施工图开挖承台，开挖范围应满足钻机在承台上钻孔施工所需空间条件。根据现场施工条件可采用挖掘机或人工风镐开挖承台，按图纸要求标识钻孔位置。

（3）钻机拼装。钻机拼装分为两个阶段，分别为微型模块化锚杆钻机拼装和扩孔钻机拼装。

1）微型模块化锚杆钻机拼装，用于微型桩导向孔施工。

2）扩孔钻机拼装，用于微型桩主孔施工。

（4）钻孔施工。

1）导向孔施工。首先使用锚杆钻机或其他小型钻机进行 120mm 孔径的导向孔作业，采用空气压缩机带动潜孔锤方式钻孔，钻孔速度 4m/h。

2）导向孔清渣。将集尘罩设置在孔位的地面孔口处，集尘罩与除尘器之间通过风管连接，通过控制台控制除尘模块的开关，实现同步清孔工作。采用编织袋集中收集除尘模块吸出的粉末，避免风吹后二次污染。

3）扩孔施工。120mm 导向孔完成后，将钻机基座组装后移至导向孔并完成配重及上部装配，进行 400mm 微型桩基础的扩孔作业，作业方式为旋挖研磨式，作业速度 1.4m/h。

4）扩孔后清渣。钻机使用带螺旋叶片的钻杆进行钻进，通过螺旋叶片带出大部分切削下来的渣土。剩余部分渣土需将螺旋钻杆及钻头更换成光杆加清孔钻头进行孔底清渣。当清孔钻头正转时，将松软的渣土刮到钻头桶内，当钻头反转时，活动的刮土底板绕着钻头中心轴旋转并关闭刮土口，将渣土封闭在钻头内，从而完成清孔。

该工序反复循环至孔深合适为止，微型桩成孔及承台设置图如图 3.3－15 所示。

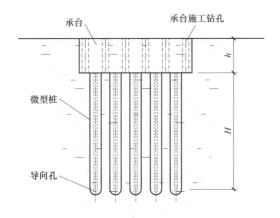

图 3.3－15 微型桩成孔及承台设置图

（5）拆除清场。全部结束后，将步骤反操作进行拆除工作。

5. 应用效果分析

（1）保障施工安全。避免了深基坑掏挖施工作业，减少了施工人员在有限空间作业，提高了施工安全性，避免了因劳动强度大和坑底有害气体释放造成的人员伤亡。

（2）经济效益好。使用成本少，可取代至少 3 名施工人员，大大降低劳务成本，减少修路、毁林占地成本。

（3）环境影响小。使用微型桩基础不需大量开挖土石方，对原始植被、地形、地貌破坏小，建设造成的环境破坏可修复，应用拆分式微型桩专用钻机进行山区杆塔桩基基础开挖具有良好的生态效益和社会效益。

3.4 常规机械成孔技术

3.4.1 回转钻机成孔

1. 装备概述

回转钻机是一种用于输电线路工程灌注桩成孔的施工装备，依靠动力装置带动钻机回转装置转动，进而带动有钻头的钻杆转动，由钻头切削土壤，钻进的同时利用泥浆护壁、排渣。回转钻机适用于黏土、粉土、砂土、淤泥质土、人工回填土等地质条件，其结构简单、输出扭矩大、操作简便、机动灵活、成本低、成孔质量好，能有效提高灌注桩施工质量。回转钻机如图3.4-1所示。

图 3.4-1 回转钻机

2. 装备组成

回转钻机主要由平面机架、皮带传输机、齿轮箱、卷扬机、回转钻盘、万向节传动轴、龙门架、天轮、钻杆和钻头组成。回转钻机结构组成如图3.4-2所示。

图 3.4-2 回转钻机结构组成

1—天轮；2—提升滑车组；3—龙门架；4—钻杆；5—平面机架；6—回转钻盘；
7—万向节传动轴；8—皮带传输机；9—齿轮箱；10—卷扬机

（1）平面机架：钻机的底盘，起稳定钻架和固定卷扬动力装置作用。

（2）皮带传输机：传动装置，通过皮带将动力从一个传动轮传导至另一个传动轮。

（3）齿轮箱：固定于平面机架上，承受传动机械的作用力，主要作用是将皮带传输机产生的动力进行转换并通过万向节传动轴传递给回转钻盘。

（4）卷扬机：起吊钻杆、钻头的动力装置，包括电动机、起吊钢丝绳。

（5）回转钻盘：固定在平面机架上，用于对钻头施加压力，改善钻杆受力工况。

（6）万向节传动轴：固定在平面机架上，将皮带传输机产生的动力传递给回转钻盘的传动装置。

（7）龙门架：钢结构立柱塔架，用以提升钻头、钻杆和起吊灌注桩钢筋笼。龙门架连有斜撑杆用于形成稳定结构，立柱之间的横梁上设有导向滑轮锚固支座。

（8）天轮：提升滑车组尾部钢丝绳的转向装置，用于提升主动钻杆。

（9）钻杆：连接钻头和钻铤的杆件，确保成孔的垂直度。

（10）钻头：连接钻杆的底部，切削孔底岩土进而成孔。

3. 装备型号

根据泥浆循环方式不同，分为正循环回转钻机和反循环回转钻机。

正循环回转钻机是以钻机回转装置带动钻具旋转切削岩土，同时利用泥浆泵向钻杆输送泥浆冲洗孔底，携带岩屑的冲洗液沿钻杆与孔壁之间的环状空间上升，从孔口流向沉淀池，净化后再供使用，反复运行，由此形成正循环排渣系统；随着钻渣的不断排出，钻孔不断地向下延伸，直至达到预定的孔深。

反循环回转钻机是由钻机回转装置带动钻杆和钻头回转切削破碎岩土，利用泵吸、气举、喷射等措施抽吸循环护壁泥浆，挟带钻渣从钻杆内腔吸出孔外的成孔方法。

正反循环钻机施工原理如图 3.4－3 所示。

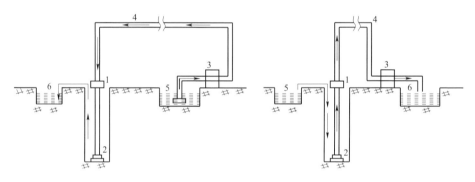

(a) 回转钻机正循环钻进原理　　　　　(b) 回转钻机反循环钻进原理

图 3.4－3　正反循环钻机施工原理图

1—钻机；2—钻头；3—泥浆泵；4—胶管；5—泥浆池；6—沉淀池

回转钻机根据行走方式不同还包括履带式回转钻机。

回转钻机的主要技术参数包括钻孔直径、深度、提升力、输出扭矩、总功率等，以下介绍正循环 GPS－18 型、反循环 ZFJ－2000 型、ZYT－210A 型履带式回转钻机主要技术参数。回转钻机型号及技术参数见表 3.4－1。

表 3.4－1　　　　　　　回转钻机型号及技术参数

名称	正循环 GPS－18 型	反循环 ZFJ－2000 型	ZYT－210A 型履带式
钻孔最大直径（m）	1.8	3	1.2
钻孔最大深度（m）	80	200	80

续表

名称	正循环 GPS－18 型	反循环 ZFJ－2000 型	ZYT－210A 型履带式
最大提升力（t）	12	30	6
最大输出扭矩（t·m）	4	12	1.5
总功率（kW）	37	157	35
整机尺寸（长×宽×高）（m）	5.0×2.5×8	9.0×2.3×8	4.7×2.2×8
单机（配重）质量（t）	10	20	5

4. 施工要点

回转钻机施工要点包括前期准备、装备进场、主要施工环节要点说明三个部分。

（1）前期准备。前期准备包括护筒埋设、泥浆制备。

1）护筒埋设。

a. 护筒埋设应准确、稳定，护筒中心与桩基中心的偏差不大于 50mm。

b. 护筒一般用 4～8mm 钢板制作，其直径应大于钻头直径 100mm，其上部设有 1～2 个溢浆孔。

c. 护筒埋设深度在黏土中不宜小于 1m，在砂土中不宜小于 1.5m。护筒与坑壁之间应用黏土分层夯实，确保护筒垂直、稳固，在钻进过程中不发生位移、漏浆、下沉。

2）泥浆制备。

a. 泥浆制备应选用高塑性黏土或膨润土。拌制泥浆应根据施工工艺及穿越土层进行配合比设计。

b. 泥浆循环系统：根据现场布置泥浆池及沉淀池。

c. 施工中应经常测定注入泥浆相对密度，并定期测定黏度、含砂率、胶体率。为防止坍孔，排出泥浆的相对密度控制在 1.2～1.4。

d. 多余的泥浆、残渣应按环境保护的有关规定处置，不得随意排放。泥浆池示意图如图 3.4－4 所示。

（2）装备进场。

1）钻机中心与桩基中心偏差不得大于 50mm，钻杆中心偏差应控制在 20mm 以内。

2）钻机底座下方用道木垫实，钻杆用扶正器固定，扶正器用地锚固定，确保钻机找正后不发生移动。

3）安装钻机时应将机台调平，回转钻盘中心应与龙门架上天轮在同一垂面内。

图 3.4-4 泥浆池示意图

4）为使钻进成孔正直，防止孔径扩大，应使钻头旋转平稳，力求钻杆垂直无偏钻进。

5）在松软土层中钻进，应根据泥浆补给情况控制钻进速度；在硬土层中的钻进速度以钻机不发生跳动为准。

6）当一节钻杆钻完后，应先停止回转钻盘转动，然后吊起钻头至孔底200～300mm，并继续使用反循环系统将孔底沉渣排净，再接钻杆继续钻进。钻杆连接应拧紧牢靠，防止螺栓、螺母、拧卸工具等掉入坑内。

7）钻进过程应及时校正钻机钻杆，确保不斜孔。泥浆的黏度应符合设计。钻孔内的水位必须高出地下水位 1.5m 以上。如发生斜孔、塌孔、护筒周围冒浆，应停钻并采取措施。

（3）主要施工环节要点说明。主要施工环节要点说明包括钻孔、检查及清孔、钢筋笼安装及混凝土浇筑等过程。

1）钻孔。

a. 钻机就位后，调整钻机平台的水平，保持"三点一线"。成孔钻进过程中，应不断向孔内注入优质泥浆，保证孔壁的稳定性。

b. 在钻进过程中为防止因地层软硬不均出现的孔斜事故，在配备足够钻头配重压力的同时，采用"减压钻进"以保证钻孔垂直度。

c. 在保证孔壁稳定的前提下，在易糊钻的地层，采取调整泥浆性能、钻进参数等措施。

d. 在易缩径的地层中钻进时，可适当抬高水头高度以及增大泥浆的黏度和相对密度以增加泥浆对孔壁的压力，减少缩径。

e. 在钻孔过程中如发现排出的泥浆中不断冒出气泡、出渣量显著增加、护筒内的水位突然下降等情况，可能发生塌孔。此时应判明塌孔位置，在塌孔段投入黏土，钻头空转不进尺，加大泥浆相对密度以稳定孔壁。若塌孔严重，应立即回填黏土，待孔壁稳定后再钻进。

2）检查及清孔。

a. 当钻孔达到设计孔底标高后，现场技术员对孔深、孔径、孔位和孔形、孔底地质情况以及倾斜度和沉渣厚度进行检查，自检合格后填写终孔记录，并及时报请监理工程师检查验收。

b. 成孔工序验收合格后，进行清孔施工。清孔采用换浆法：即钻孔完成后，逐步把孔内悬浮的钻渣换出。在清孔排渣时，应保持孔内水头，防止坍孔、缩径。

c. 待钢筋笼、导管安装完毕后，测量孔底沉淀层厚度，达不到设计要求的，必须进行二次清孔，确保沉淀值达到设计要求，并量测孔深和泥浆等的各项指标，现场质检员自检合格后报请监理工程师检查、签认。

3）钢筋笼安装及混凝土浇筑。

a. 钢筋笼应使用轮式起重机吊装入孔，吊装时用木杆绑扎笼身以提高其刚度。

b. 灌注桩水下混凝土浇筑必须连续施工，混凝土灌注到地面后应清除桩顶部浮浆层，单桩基础可安装桩头模板，找正和安装地脚螺栓，灌注桩头混凝土。

5. 应用效果分析

（1）回转钻机结构简单，现场无须起吊设备配合，安装及操作便捷。

（2）回转钻机施工成本低，经济性较好。

（3）回转钻机施工噪声低，无振动，能够满足现场施工环境保护要求。

（4）履带式回转钻机直接采用履带底盘行走，现场转场效率高，尤其适用于平原地形。

3.4.2　潜水钻机成孔

1. 装备概述

潜水钻机，即潜水式电动回转钻机，是灌注桩的常用成孔机械，适用于淤泥、黏土、粉土、砂土、砂夹小卵石层、强风化岩层。潜水钻机利用潜水电钻机构中密封的电动机、变速机构带动钻头在泥浆中旋转削土，同时用泥浆泵压送高压泥浆，使其从钻头底端射出，与切碎的土颗粒混合，以正循环方式不断由孔底向孔口溢出，将泥渣排出，或用砂石泵或空气吸泥机通过反循环方式排除泥渣，如此连续钻进，直至形成所需深度的桩孔。潜水钻机具有操作简易、转场效率高等特点。目前市场上一般为正反循环一体式潜水钻机，可按工艺需求采用正循环或反循环成孔方法。潜水钻机如图 3.4－5 所示。

图 3.4－5　潜水钻机

2. 装备组成

潜水钻机由动力系统、齿轮传动系统、起重移位系统、排渣系统与钻具系统五大部分组成，具体构配件包括钻头、减速器、潜水电动机、砂石泵、钻杆、密封装置、绝缘电缆，加上配套机具设备，如钻架、卷扬机、泥浆制配设备、电气控制柜等组成。潜水钻机组成示意图如图 3.4－6 所示。

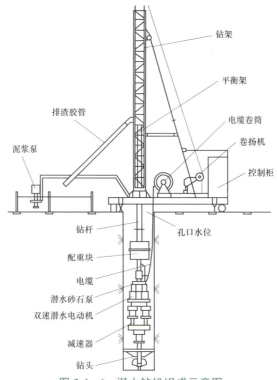

图 3.4－6　潜水钻机组成示意图

3. 装备型号

目前潜水钻机型号较多，钻孔直径一般为 500～1500mm，如将钻头改装，慢速钻进可钻 2000～2500mm 的大直径桩孔。钻孔深 20～30m，最深可达 50m。常用潜水钻机的型号及技术参数见表 3.4－2。

表 3.4－2　　　　　　　　常用潜水钻机的型号及技术参数

项目	钻机型号					
	GZQ－800	GZQ－1250	GZQ－1500	GZQ－2000	QZ－1200	QZ－1500
钻孔直径（mm）	500～800	1250	1500	2000	600～1200	1000～1500
钻孔最大深度（m）	50	50（80）	50	50	50～100	50
主轴最大转速（r/min）	200	45	38.5	22	26～52	11.5～23
主轴最大扭矩（N·m）	1200	4668（4750）	5462	14710	5800～4100	26000～18000
电机转速（r/min）	960	960（970）	960	960	/	/
潜水电机功率（kW）	22	22	22	37	17～24	34～48
最大钻进速度（m/min）	1.0	0.2	0.2	0.15	/	/
主机质量（t）	0.55	0.7	0.8	1.0	/	/
整机外形尺寸（长×宽×高）（m）	4.3×2.23×6.45	5.35×2.22×8.74	7.0×3.0×9.0	7.5×4.0×9.74	5.45×2.2×9.7	5.6×2.2×10.2
整机质量（t）	6	10	14	19	10	15

注　GZQ 型为某钻机厂生产型号；QZ 为某机械制造厂制造型号。

4. 施工要点

施工时，将电动机、减速器加以密封，并同底部钻头连接在一起，组成一个专用钻具，潜入孔内作业，钻削下来的土块被循环的水或泥浆带出孔外。

潜水钻机成孔的施工流程包括：测量定位→设置护筒→安装钻机→钻进→第一次清孔→拔出钻杆和钻头机组→（移走潜水钻机→）测定孔壁→放钢筋笼、插导管→第二次清孔→灌注混凝土、拔出导管→地脚螺栓安装、桩头处理→拔出护筒，主要过程简述如下。

（1）测量定位。

1）由施工队技术员和现场监理对定位轴线、水准点、标高控制点进行复测，并将中心桩、方向桩（副桩）准确移出，做好保护，可以用浇制混凝土的方式固定移出的桩点，定位准确后经监理部、项目部确认验收后方可进行下一步施工。

2）确认桩位定位基准点。复核桩位放线，正确无误后定出中心点，插入钢筋做出标记，并用石灰圈出桩径。

3）调制泥浆。土质不同，配置的护壁泥浆密度也不同。施工中应经常测定泥浆密度、黏度、含砂率和胶体率。

（2）设置护筒：钻孔前应埋设钢板护筒以固定桩位，防止孔口坍塌，护筒与孔壁间用黏土填实。将钻头部分（含电机）吊入护筒内，关好钻架底层铁门。启动砂石泵，使钻头空钻，待泥浆输入孔内开始钻进。

（3）安装钻机。

1）钻机中心与桩基中心偏差不得大于 50mm，钻杆中心偏差应控制在20mm 以内。

2）钻机底座下方用道木垫实，钻杆用扶正器固定，扶正器用地锚固定，确保钻机找正后不偏移。

3）为使钻进成孔正直，防止扩大孔径，应使钻头旋转平稳，力求钻杆垂直无偏钻进。

4）在松软土层中钻进，应根据泥浆补给情况控制钻进速度；在硬土层中的钻进速度以钻机不发生跳动为准。

5）钻进过程应及时校正钻机钻杆，确保不斜孔。泥浆的黏度应符合设计。钻孔内的水位必须高出地下水位 1.5m 以上。如果发生歇孔、塌孔、护筒周围冒浆时，应停钻并采取措施后再继续钻进。

（4）钻进。按照排泥浆方式，潜水钻机有正循环和反循环两种作业方式，施工中多以正循环方式将水和泥浆排出孔外。

1）正循环排泥法：用潜水砂石泵将清水和泥浆从钻机中心送水管射向钻头，然后慢慢放下钻杆至土面钻进，利用钻杆循环流动，由泥浆把土、石渣从孔桩的底部带上，通过泥浆槽排出，直至钻至设计孔深。达到设计深度后，电动机可以停止运转，但砂石泵仍需继续工作，直至孔内泥浆密度达到规定值（视土层及钻头钻速而异）时，方可停泵。

2）反循环排泥法：泥浆由外部流（注）入井孔，用泵吸（泵举）或气举将泥浆钻渣混合物从钻杆中吸出，泥浆经净化后再循环使用。开钻时采用正循环开孔，当钻孔浓度超过砂石泵叶轮位置后，即可启动砂石泵电动机、开始反循环作业。当钻至要求深度后，停止钻进，砂石泵继续排泥，直至孔内泥浆密度达到规定值时为止。反循环排泥法由于不必借助钻头将钻削下来的土块切碎搅动成泥浆排出，故钻进效率高。

3）对原土造浆的钻孔，在钻至设计深度时，可使钻机空转不进尺，同时射水，待孔底残存的土块已磨成泥浆，排出泥浆相对密度达 1.1 左右，或用手触泥浆无颗粒感时，即可认为清孔已合格；对注入制备泥浆的钻孔，可采用换浆法清孔，至换出泥浆相对密度小于 1.15～1.25 时为合格。孔底沉渣厚度应满足设计要求。

（5）成孔及清孔完成后，应及时提升钻杆，移除钻杆和钻头。

（6）一般情况下，钢筋笼吊装可利用钻机架配套滑轮及钢丝绳起吊安装，对于钢筋笼质量较重、钻机急需转下一孔位等情况，也可使用轮式起重机吊装钢筋笼。

（7）钢筋笼放置完毕后插入导管，导管连接应密封可靠，检查孔底沉渣，不满足设计要求时应进行第二次清孔，然后灌注混凝土。混凝土的灌注应满足设计和施工方案要求。

5. 应用效果分析

（1）潜水钻机设备定型，体积较小，质量轻，移动灵活，维修方便。

（2）钻孔时钻杆不旋转，动力传递损失小，成孔精度和效率高，扩孔率低，成孔质量好，钻进速度快，可钻深孔。

（3）施工噪声低、无振动，能满足较高的环境保护要求。

（4）操作简便，劳动强度低。

3.4.3 岩石破碎机开挖

1. 装备概述

岩石破碎机如图 3.4-7 所示，是一种用于输电线路山区岩石嵌固类基础成孔的机械化施工装备。以对岩石的冲击作用为主，旋转作用为辅，同时施加一定轴压力达到破碎岩石的目的。岩石破碎机结构简单、使用轻便、造价低、工效高，适用于山区交通条件差、岩石坚硬的施工环境，可配合旋挖钻机使用，提高成孔效率。

2. 装备组成

岩石破碎机由支腿、冲击器、回转机构、推进装置、操作台等组成，岩石破碎机结构组成如图 3.4-8 所示。

图 3.4-7 岩石破碎机

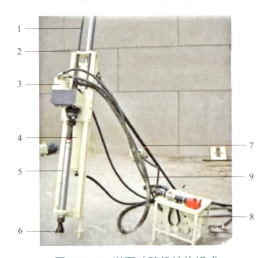

图 3.4-8 岩石破碎机结构组成

1—滑杆；2—滑架；3—气动马达回转动力头；4—气缸；5—冲击器；

6—钻头；7—支腿；8—操作台；9—胶管

（1）支腿由支柱、横轴、上顶盆、手摇绞车、升降螺栓等部件组成。使用时调整升降螺栓，使支柱高低适合于工作要求。

（2）冲击器由接头、阀柜、阀盖、阀、锤、体、缸体和钎头等件组成。压缩空气进入配气装置（阀柜、阀、阀盖），根据阀片位置的不同，进入锤体的后部和背前部，迫使锤体做往复运动冲击钎头进行凿岩工作。

（3）回转机构由电机、变速箱组成，主要是输送压缩空气，同时带动冲击器的回转。变速箱与电机直接连接，用直齿轮传动，分为三级减速，最后用空心轴传出，轴承间隙可以通过箱盖上的止推环调整。

（4）推进装置将推进气缸与滑架相连接，压缩空气通过管路进入气缸作用于活塞，由活塞杆通过支架带动滑板进行凿岩工作。

（5）操作台可控制推进装置的往复运动。

3. 装备型号

岩石破碎机根据单次破碎岩石后成孔直径大小可分为 TF80 型（50～80mm）、TF150 型（80～150mm）、TF300 型（76～300mm）。岩石破碎机主要技术参数见表 3.4－3。

表 3.4－3　　　　　　　　岩石破碎机主要技术参数

型号	TF80	TF150	TF300
钻孔深度（m）	15～20	30～40	80～100
钻孔直径（mm）	50～80	80～150	76～300
适应岩石（硬度）	8～16	8～16	8～16
钻杆规格（mm）	$\phi 42 \times 1025$	$\phi 50 \times 1025$	$\phi 50/60 \times 1025$
功率（kW）	3	4	7.5
适用电压（V）	380	380	380
钻具回转速度（r/min）	110	90	110
使用压力（MPa）	0.8	0.5～0.7	0.8
用气量（m³/min）	3.5	6	17～22
推进有效行程（mm）	1070	1100	1150
推进力（N）	3600	6370	9450
主机长度（mm）	1850	2380	2850
主机高度（mm）	420	470	510
自重（kg）	98	195	305

4. 施工要点

（1）安装和准备。

1）将气管路、照明线路等引至工作面附近待用。

2）按孔位设计要求，将支柱架设牢固。支柱上下两端要垫上木板，再将横轴和卡环按照一定的高度和方向装在支柱上，利用手摇绞车将机器提起，按所需的角度固定在支柱上，然后调整钻机的孔向，钻机位置定准后将横轴和卡环的螺栓拧紧。

（2）作业前检查。

1）工作前应仔细检查气管路是否连接牢固，有无漏气现象。

2）检查注油器内是否已装满机油。

3）检查各部分的螺钉、螺母、接头等处是否都已拧紧，立柱是否支撑牢固。

（3）作业程序及卸杆方法。开始工作时，先启动电动机，待运转正常后扳动操纵台的推进手把，使其得到适当的推进力，然后再扳动控制冲击器的手把至工作位置，开始正常的破岩工作。当推进工作使卸杆器移到与托钎器相碰时，为钻完一根钻杆。接续钻杆时应关闭电动机并停止给冲击器送气，将销子插到托钎器的钻杆槽中，使电动机反转滑板后退、接头与钻杆脱开，再连接第二根钻杆，按此循环连续工作。

卸杆方法：卸杆依靠卸杆器往复和电动机反转等配合实现。当完成钻孔施工后，使卸杆器的四方框向后移到钻杆的第一槽中（此时钻杆的第二个槽被托钎器的销子插牢），将另一销子插到卸杆器中，钻到第一个槽中然后取出托钎器中的销子，使卸杆器带动钻杆后移，当前一钻杆的第二槽与托钎器的四方相符时，将销子插到托钎器四方框的钻杆槽中，使电动机反转，即可将钻杆卸出。

（4）注意事项。

1）随时检查气路、各部分螺钉、螺母、接头的连接情况及立柱和横轴的牢固情况。

2）随时检查油雾器的润滑情况。

3）破岩时不允许反转，以免钻杆脱扣。

4）工作中随时观察岩渣的排出情况是否正常，必要时喷射水混合物吹出积存在孔底的岩渣。

5）短时间内停止工作时应给予少量的气压，以避免泥沙侵入冲击器内部，若长时间停止工作，需将冲击器提至距孔底 1～2m 处固定。

6）工作中应注意冲击器的声音和装备运转情况是否正常，发现不正常现象应立即停机检查。

7）加接新钻杆时应特别注意保持孔内清洁，避免沙土混入冲击器内部损坏机件或发生停钻事故。

（5）机器保养和润滑。

1）每个工作班结束时须清除装备表面的污物。

2）钻杆接头用黄油润滑。

3）减速箱用黄油、机油混合润滑。

5. 应用效果分析

（1）突破地形限制。岩石破碎机自重轻、可拆卸，在交通条件差、大型机械化施工装备难以进场的高山大岭地区具有明显优势。

（2）破碎岩石能力强。从风化岩到坚固花岗岩，岩石破碎机均可胜任。相较于传统风镐只能破碎中风化以下岩层，作业能力大大提高。

（3）安全性高。岩石破碎机工作时，人员无须下孔，消除了落石伤人风险，避免了事故发生。

3.4.4 机械洛阳铲成孔

1. 装备概述

机械洛阳铲是利用铲自重插入泥土，旋转带动泥土拔出从而成孔的一种施工装备，是手动洛阳铲的电动化产品。机械洛阳铲的工作原理是利用卷扬机提升铲头，依靠铲头质量自由下落产生的冲击强行切土，依次完成闭合抓土、抖动卸土等成孔工序。因此机构洛阳铲适用的土质为黏土或粉质黏土，无砂层，地下水位低于桩底标高。机械洛阳铲施工如图3.4-9所示。

图3.4-9 机械洛阳铲施工

2. 装备组成

机械洛阳铲组成示意图如图3.4-10所示，由卷扬机、三脚支撑架、铲头、导向杆等主要部件组成。铲头呈圆柱体，上半部为配重，下半部为铲刃，由左右两片合围成圆筒型，利用铲头自重及自由下落加速度闭合抓土，提升后电控开合铲刃，使土下落至翻斗车。一般由2～4人操作1台机械洛阳铲。

3. 装备型号

针对地质条件主要分为土质型机械洛阳铲和岩石型机械洛阳铲。土质型机械洛阳铲使用方便、快捷，造价低，效率高，缺点是只能用于土质地层；岩石型机械洛阳铲可用于地下有岩层的情况，特制的钻头可以击穿坚硬岩石，施工效果好，大大提高了工作效率。

机械洛阳铲可以施工桩径 0.3～2m、深度 5～30m 的垂直孔（如需扩底需要人工作业）；装备总重 1.2～1.4t，可拆分运输。

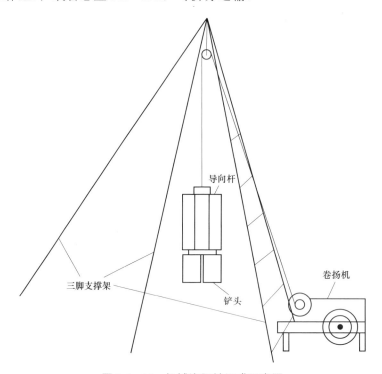

图 3.4－10　机械洛阳铲组成示意图

机械洛阳铲主要结构参数见表 3.4－4，机械洛阳铲主要技术参数见表 3.4－5。

表 3.4－4　　　　　　　　　　机械洛阳铲主要结构参数

序号	名称	质量（kg）	功率（kW）	备注
1	三脚支撑架	80	/	架顶带滑轮
2	卷扬机	120	10	带 30m 钢丝绳
3	铲头	320	/	
4	发电机	250	10	带接线盒、30m 电缆

表 3.4－5　　　　　　　　　　　机械洛阳铲主要技术参数

技术参数名称	技术参数值
自重（t）	1.3（可拆分，最大单件 350kg）
交通条件	无限制，能运输塔材即可
适用地质条件	土、碎石土
设备数量	大量（可随时批量加工）
最大挖孔直径（m）	2
最大挖孔深度（m）	30
扩底情况	人工扩底

4. 施工要点

（1）平整场地，测放桩点，并用约 300mm 长钢筋将桩点埋入土中，以免破坏桩点。

（2）现场组装机械洛阳铲，接通电源试铲，将铲头直径调整至设计孔径。

（3）将机械洛阳铲铲头中心调整至桩头，稳定支撑架，提起铲头对准桩点，开孔挖土。

（4）当铲头抓满土后，提起铲头，将运土车倒至铲头下方，松铲排土至运土车内，开走运土车，放松卷扬机，利用铲头自重继续下沉抓土。如此反复作业，挖孔至桩孔设计标高。

（5）施工过程中如遇土质较湿而无法提铲时，可将少许生石灰块倒入孔内，用铲头将石灰块砸入泥土中吸水、膨胀，挤密湿土层，再将孔内泥土抓出；遇到较硬土层时，可用风镐将局部硬土层穿透后再用洛阳铲将孔内土渣抓出运走。

（6）挖孔达到设计要求后，应将桩孔井口周围用土拢起 200mm 高，并用木板遮盖井口，防止雨水流入或人、物掉入孔内。

5. 应用效果分析

（1）采用机械洛阳铲成孔保证了施工作业人员的安全。

（2）采用机械洛阳铲成孔较旋挖钻机成孔节约施工成本，且不受地形条件限制，施工方便。

（3）采用机械洛阳铲成孔工作效率高，能够保证施工进度。

（4）采用机械洛阳铲成孔减少了护壁施工工序，无泥浆外排，无振动和噪声，对环境影响较小，基本无污染。

3.5　混 凝 土 施 工 技 术

3.5.1　钢筋笼滚焊机

1. 装备概述

传统钢筋笼加工方法以人力手工制作为主，除钢筋原料切头、车丝由机器辅助完成外，其余工序如主筋定位，螺旋筋安装、定位等都由人工操作完成，导致钢筋笼生产效率低，加工精度差，因主筋定位误差较大造成两节钢筋笼对接安装困难。随着钢筋笼工厂化、自动化加工技术的不断发展，钢筋笼的加工精度与生产效率有了质的提高。

钢筋笼滚焊机如图 3.5-1 所示，是集盘条原料放线、钢筋矫直、绕筋成型、滚焊成型功能于一体，采用自动化数控程序生产制作钢筋笼的专用设备。

图 3.5-1　钢筋笼滚焊机

钢筋笼滚焊机用于圆形钢筋笼加工，长度可达 24m 以上，将钢筋笼骨架平置于两组橡胶动力托辊之间，小车载着箍筋线材平行于骨架匀速行进，产生螺旋状箍筋（箍筋间距可根据设计要求设定），同时施焊（亦可快速缠绕后施焊或绑扎），直至完成生产全过程的加工机械。

2. 装备组成

钢筋笼滚焊机组成如图 3.5-2 所示，主要由小车部分（包含钢筋承接圆盘、放线调直器、轨道）、动力柜（数控记忆作业参数）、传动机构（电机、滚笼支架）组成。

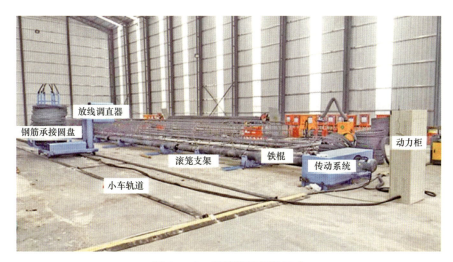

图 3.5-2　钢筋笼滚焊机组成

3. 装备型号

钢筋笼滚焊机主要技术参数见表 3.5-1。

表 3.5-1　　　　　　　　钢筋笼滚焊机主要技术参数

型号	GJLGH3000
加工范围	钢筋笼直径 ϕ（600～3000）mm，长度 12m
绕筋线速（m/min）	0～16
小车速度（m/min）	0～1.5
传动系统功率（kW）	5
小车电机功率（kW）	2.5
整机质量（kg）	5000
场地尺寸（m）	16×6

4. 施工要点

（1）施工工艺流程。钢筋笼滚焊机工艺流程为：骨架焊接→骨架吊装→箍筋吊装→箍筋固定焊接→调整行走步距和速度→箍筋焊接→成品吊离。

（2）施工要点。

1）骨架焊接。

钢筋笼骨架可使用定型模具、人工焊接加工，焊接时应保证加强圈焊接竖直，各焊点饱满、牢固，以免吊运骨架时发生意外。当钢筋笼长度超过 12m 时，必须做好两节钢筋笼骨架主筋对接的质量保证措施，以避免主筋在存放或运输过程中发生变形和弯曲。如需加装加强圈三角支撑筋，应及时按要求设置加装，避免吊装过程中发生弯曲变形。

2）骨架吊装。将骨架吊装至托辊上，吊装时应采用双点绑扎，必要时进行补强，防止骨架变形；吊装过程中应严格执行相关起重作业安全规定，避免危险。

3）箍筋吊装。将箍筋吊装至行走平台，吊装时应确保箍筋钢筋立装在吊装平台上，以便于调直行走平台的调直器顺向工作。

4）箍筋固定焊接。调直行走平台行走至钢筋笼骨架的一端，启动调直器，伸出适量箍筋，点焊固定于钢筋笼骨架。

5）调整行走步距和速度。设定绕筋的滚轴速度和行走平台的速度，并依据钢筋笼加密区和非加密区的尺寸、长度，提前设定速率并测试。

6）箍筋焊接。可视钢筋笼直径大小，采取 1 人焊接或者两人焊接；焊接时，注意避让调直器出口的箍筋，面向钢筋笼骨架。建议采用二氧化碳保护焊机，避免使用电弧焊机，以减少因敲除焊渣引起的箍筋漏焊、烧筋等现象。如需焊接保护层支撑钢筋或保护层混凝土垫块，应在完成箍筋焊接后单独进行。钢筋笼加工如图 3.5-3 所示。

图 3.5-3 钢筋笼加工

7）成品吊离。成品钢筋笼如需临时存放，应设置符合存放要求的支垫措施；如需装车运输，应在运输车车厢内采取必要的防滚动措施。如制作桩基钢筋笼时，需加装声测管，应在钢筋笼吊离后进行，避免设备闲置，提高使用效率。

钢筋笼成品如图3.5-4所示。

图 3.5-4　钢筋笼成品

（3）注意事项。

1）移动盘的箍筋套必须定位准确，固定牢固，保证加工后钢筋笼主筋间距均匀。

2）工艺参数设定需精确调试，以保证钢筋笼箍筋的间距和焊接质量。

3）操作人员应按使用说明书规定的设备技术性能、承载能力和使用环境条件正确操作，合理使用，严禁违章操作，同时遵守保养规定，认真及时做好各级保养。

4）操作人员应熟悉工作环境和施工条件，听从指挥，遵守现场安全规定。

5. 应用效果分析

（1）加工速度快。正常情况下加工效率相对手工制作提升40%～60%。

（2）质量稳定可靠。由于采用数控机械化作业，主筋、箍筋的间距均匀，钢筋笼直径一致，产品质量达到规范要求。

（3）节约原材料。箍筋缠绕紧凑，不需搭接，较之手工制作节省材料1%，降低了施工成本。

（4）节约用地、减少吊装设备使用。工厂布置紧凑，充分利用空间，减少了原材料和成品在运输和存放时使用吊装设备，有利于保护环境。

（5）便于管理。操作流程化，安全便捷；设备位置固定，电路布置合理，工序衔接紧凑。

3.5.2　山地钢筋笼吊装

1. 装备概述

电建钻机具有辅助吊装功能，可选择整体吊装钢筋笼或分段吊装钢筋笼。如图 3.5-5 所示，其原理为利用桅杆油缸将桅杆摆至最大角度，采用液压驱动副卷扬作为动力机构，利用钢丝绳及滑轮组通过滑轮架进行转向，将副卷扬钢丝绳下落并通过吊具与钢筋笼连接；收回副卷扬钢丝绳，将钢筋笼吊离地面，随后 移至桩孔处，放出副卷扬钢丝绳，下放钢筋笼至桩孔内。

图 3.5-5　电建钻机起吊钢筋笼

2. 装备组成

电建钻机的起吊系统主要由液压马达、减速机、卷筒、钢丝绳、滑轮组、滑轮架等部件组成，其中滑轮架位于桅杆的顶端，滑轮架上的主卷扬滑轮和副卷扬滑轮用以改变卷扬钢丝绳走向，是提升、下降钻杆和起吊物件的重要支撑部件。如图 3.5-6 所示。

3. 装备型号

各型号电建钻机吊装性能见表 3.5-2。

图 3.5－6　电建钻机滑轮架

表 3.5－2　　　　　　　　各型号电建钻机吊装性能表

项目 ＼ 机型	KR50D	KR100D	KR110D	KR150D	KR125ES
吊装高度（m）	7	10	13	13	10
起吊质量（t）	1.5	3.5	6	6	6

4. 施工要点

（1）施工准备。

1）工程开工前应进行焊接和机械连接试验，被试构件钢材的抗弯和抗拉强度应满足规范要求，试验报告须向监理报审确认。钢筋笼制作应满足相关规范要求，钢筋笼安装前，应经过监理工程师及现场质检员的检查确认后，方可进行吊装作业。

2）钢筋笼制作前，钢筋应严格除锈，超过电建钻机单次最大起吊高度或质量的钢筋笼应分段制作，分段长度应根据设计图纸及现场施工方法确定。

3）钢筋笼的制作应符合设计尺寸，钢筋笼制作允许偏差应符合以下要求：

主筋间距：±10mm；箍筋间距：±20mm；钢筋笼直径：±10mm；钢筋笼长度：±50mm。

钢筋笼可以根据工程实际需要在场外集中制作或在现场制作，集中制作完成的钢筋笼采用专用拖车进行运输，禁止用铲车等机械拖拽，以保证入孔前钢筋笼主筋的平直，防止变形。

5）结合现场施工条件，考虑机械吊装因素，可在箍筋内侧适当加焊三角形支撑筋，对钢筋笼进行加固，确保运输及吊装的稳定性。

（2）清孔。

完成基础清孔和钢筋笼清理，并对坑底进行二次清孔。

（3）整体吊装钢筋笼。

1）起吊前准备好各项工作，指挥钻机转移到起吊位置，采用两点起吊，主钩吊点位于顶部 1～1.5m 位置，副钩吊点为主钩吊点下方 $L/2$（L 为钢筋笼全长）位置，吊点绳均采用 ϕ17.5 钢丝绳，在钢筋笼上安装钢丝绳和卡环，挂上主吊钩及副吊钩。

2）检查两吊点钢丝绳的安装情况及受力重心后，开始同步平吊。

3）钢筋笼吊至离地面 0.3～0.5m 后，检查钢筋笼是否平稳后主钩起钩，根据钢筋笼尾部距地面距离，随时指挥副钩配合起钩。

4）钢筋笼吊起后，主钩慢慢起钩提升，副吊配合，保持钢筋笼距地面距离，最终使钢筋笼垂直于地面。

5）卸除钢筋笼上副吊点吊钩。

6）钻机吊笼入孔、定位，钻机旋转应平稳，必要时应在钢筋笼上拉牵引绳。下放时若遇到钢筋笼卡孔的情况，应吊出检查孔位情况后再吊放，不得强行入孔。

7）下放钢筋笼入孔时，应保持钢筋笼在孔内居中，并保持垂直状态，避免碰撞孔壁，徐徐放下。钢筋笼下到坑底后，应重新校核是否居中，标高操平后加以固定。

（4）分段吊装钢筋笼。

当钢筋笼较重或钢筋笼长度超出电建钻机起吊性能时，采用分段吊装钢筋笼的方法。分段吊装钢筋笼一般分两段吊装，每段钢筋笼的长度可选择整体长度的 1/2。分段连接钢筋笼可采用机械连接或焊接，应快速对接，避免钢筋笼对接时间过长，孔壁出现坍塌。对接时，按编号顺序，逐节垂直安装，上下笼各主筋应对准校正，采用对称连接或施焊，并按图纸加补完整内箍、外箍，确认合格后方可下放。为保证钢筋保护层误差在允许范围内，利用枕木和钢管将钢筋笼支撑在洞口，如图 3.5－7 所示。

当钢筋笼主筋采用焊接连接时，两段钢筋笼制作过程中须保证焊接头不得分部在同一个平面上，每段钢筋笼主筋布置应长短交错，保证焊接完成后相邻两根主筋上焊接头最小垂直距离不小于钢筋直径的 35 倍。钢筋焊接处应预弯，保证钢筋受力在同一轴线上。

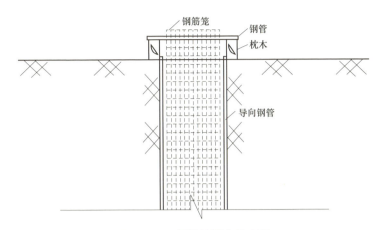

图 3.5－7　钢筋笼固定示意图

当第一节钢筋笼吊入桩孔后将其用钢管和枕木抬在孔口边，然后垂直吊起第二节钢筋笼，使各主筋对齐。先点焊，后施焊，全部主筋焊完后，待焊口自然冷却后，再吊入孔内。

当钢筋笼主筋采用机械连接时，两段钢筋笼制作过程中须保证接头不得分部在同一个平面上，每段钢筋笼主筋布置应长短交错，错开长度为钢筋直径的 40 倍。钢筋笼吊装示意图如图 3.5－8 所示。

图 3.5－8　钢筋笼吊装示意图

钢筋笼主筋采用直螺纹套筒连接时，后吊装的钢筋笼对准孔心，并找准已安放的钢筋笼的位置，两个钢筋笼始终保持竖直状态，找到事先做好标记的钢筋，对齐后将直螺纹套筒拧紧。随后以此钢筋为中心，向两侧将钢筋套筒依次拧紧，直至完成钢筋笼的拼接。

（5）注意事项。

1）钢筋笼的绑扎应尽量靠近坑口位置，便于电建钻机吊装，起吊钢筋笼时可使用其他设备配合。

2）钢筋笼在吊装时宜采用"两点起吊"，在钢筋笼顶面由上至下第一或第二个箍筋上均匀对称布置。吊点箍筋选择可由现场地形、钻机位置及钢筋笼长度综合确定。

3）待钢筋笼吊离地面后，慢慢回收副卷扬钢丝绳，并随着钢筋笼动作的变化调整钻机桅杆位置，确保钢筋笼不在地面拖曳。

4）随着副卷扬的上提，钢筋笼逐步成竖直状态。最终，将钢筋笼提离地面放至已完成的基坑内。

5）起吊钢筋笼前，钻机应选择合适的吊装位置，一旦就位确定后，不得带荷调整。

6）吊装过程中，应在钢筋笼两侧距钢筋笼顶面 1/3 处绑扎控制绳，防止钢筋笼摆动伤人。

7）及时检查副卷扬及滑车、钢丝绳情况，防止起吊过程中钢丝绳出现跳槽、卡顿情况。

8）基坑内吊装钢筋笼时，依据设计要求和规范规定，设置控制钢筋保护层装置，以保证钢筋笼的保护层厚度符合要求。在浇筑混凝土前，可采取将钢筋笼适当提起，保证基坑底部的钢筋保护层厚度。

9）钢筋笼吊装完成后，用仪器对钢筋笼的标高、位置再次复测，满足规范要求后方可进行下一步工序。

10）副卷扬工作时应保证钻机的稳定性；起吊重物时，重物应位于桅杆前方，钢丝绳与桅杆的夹角不超过 15°；重物位于桅杆侧前方时，应旋转钻机，使被吊重物位于本身纵向轴线延长线上，否则可能导致机身倾翻等重大事故；禁止旋转钻机拖动重物。

5. 应用效果分析

电建钻机系列具备 6t 以内的起重吊装能力，可在山地等起重机无法到位的塔位实现机械化吊装钢筋笼、地脚螺栓、钢模板等，对于超长超重钢筋笼可分段吊装，消除了在基础开挖、钢筋笼安装等过程中的安全风险，同时减少了流动式起重机等起重设备的重复配置，实现了钢筋笼批量工厂化加工或现场安装，极大提升了施工工效和质量，对推动输电线路基础全工序机械化施工具有较大的现实意义，经济效益和社会效益显著。

3.5.3 混凝土运输与拌制

1. 装备概述

小型履带式混凝土罐车，如图 3.5-9 所示，适用于输电线路工程山地、水田、丘陵等地区的商品混凝土转运，具有整机质量轻、底盘小、稳定性高、爬坡能力强等特点。使用小型履带式混凝土罐车转运商品混凝土，确保了商品混凝土不发生离析，实现了复杂地形条件下采用商品混凝土浇筑基础。

图 3.5-9 小型履带式混凝土罐车

在桩位的小运起点，根据浇筑混凝土方量，选择配置 2～5 台小型履带式混凝土罐车，通过进料斗将普通大型混凝土罐车的混凝土装入小型履带式混凝土罐车搅拌桶，然后运输至浇筑现场，卸料后再返回小运起点，循环往复直至混凝土浇筑完毕。

2. 装备组成

小型履带式混凝土罐车由底盘和上装组成，其中底盘包括精钢承重轮、橡胶履带、驾驶室；上装部分包括搅拌筒、副车架、进出料装置、操作系统、液压系统、电气系统、供水系统等。

3. 装备型号

小型履带式混凝土罐车参数见表 3.5-3。

表 3.5-3 小型履带式混凝土罐车参数

序号	名称	单位	参数
1	底盘宽度	m	2
2	承载质量	kg	6000~8000
3	整机质量	kg	4500
4	履带型号（长×宽×高）	mm	400×90×68
5	履带材质	/	橡胶
6	爬坡角度	°	30
7	运载量	m³	2
8	时速	km/h	35
9	发动机	kW	80
10	整机尺寸（长×宽×高）	mm	5000×2000×3000

4. 施工要点

（1）施工准备。

1）根据浇筑方量和道路长度，为保证浇筑的连续性，配备 2~5 台小型履带式混凝土罐车，作业前检查小型履带式混凝土罐车的各个部位是否处于正常工作状态。

2）修筑装料平台、运输道路、卸料平台。装料平台分为高差 0.8~1m 的阶梯状的上下两部分，平台下半部分尺寸约为 5.5m×3m，平台上半部分尺寸约为 9m×3m（此处参照 8m³ 轮式混凝土罐车的尺寸）。卸料平台尺寸为 5.5m×3m；运输道路经简单清表后可行走即可，宽度控制在 2.5m 以内。平台场地和运输道路承载力不足时，可在地基表面铺设 20mm 厚的钢板或路基箱。

（2）装载混凝土。

1）装料前将搅拌筒反转，排净搅拌筒内残存的积水和杂物，以保证混凝土的质量。

2）安排小型履带式混凝土罐车和轮式混凝土罐车分别倒车至装料平台的下半部分和上半部分。

3）摇动轮式混凝土罐车的卸料斗对准小型履带式混凝土罐车的进料斗

进行进料。小型履带式混凝土罐车接料如图 3.5－10 所示。

图 3.5－10　小型履带式混凝土罐车接料

4）进料时应保持匀速，搅拌筒应一直处于旋转状态。

（3）转运混凝土。

1）行驶应平稳，上坡用低速 1 挡，平地采用高速 2、3 挡，下坡采用高速 1 挡，并应避免在陡坡上换挡。

2）应注意前方道路情况，避免遇到障碍物或塌陷坑洞。

3）严禁司机在车辆未停稳之前离开驾驶座，严禁在斜坡段长时间停车；如需暂时离开，应在离开前做好车辆制动工作，防止车辆滑移。如确需在斜坡段停车，必须闸好制动闸，同时摘挡并熄火，此时司机不得离开驾驶座；超过 10°斜坡停车后，应在车轮下方用道木或楔块（400×400mm）可靠稳固车辆。

4）空载运行及运送混凝土过程中，搅拌筒不得停止转动，以免滚道、滚轮局部碰损或混凝土产生离析现象。

小型履带式混凝土罐车在山路上行走如图 3.5－11 所示。

图 3.5－11　小型履带式混凝土罐车在山路上行走

（4）卸载混凝土。

1）卸料前，小型履带式混凝土罐车必须保持平正、稳固；

2）当下料斗可以和基础中心对中时，采用直卸方式；当距离较远时，采用溜槽进行过渡。

小型履带式混凝土罐车卸料如图 3.5－12 所示。

图 3.5－12　小型履带式混凝土罐车卸料

（5）注意事项。

1）零部件需进行日常检查、维护、保养。

2）施工完毕后，应立即用罐车自带的软管冲洗进料斗、出料斗、卸料溜槽等部件，清除粘附在车身各处的污泥及混凝土。向搅拌筒内注入 150～200L 水以清洗筒壁及叶片。清洗完毕后，应排除搅拌筒内及供水系统内残存积水，关闭水泵，将控制手柄置于"停止"位置。

3）禁止用手触摸旋转的搅拌筒或向内窥看。

4）搅拌筒连续运转时间不宜超过 8h。

5. 应用效果分析

小型履带式混凝土罐车的优点：采用橡胶履带，重心低、爬坡能力强（最大爬坡 30°），底盘宽度窄（2m），山路通过性强，整机质量轻（4.5t），可实现平原、丘陵、山地、水田等不同地形的商品混凝土运输，并避免商品混凝土的离析。

（1）社会效益。整机宽度只有 2m，对运输道路要求低，能够减少运输便道的修筑，减少对植被和环境的破坏。

（2）经济效益。与混凝土泵相比，小型履带式混凝土罐车避免了堵管造成的误工，同时节约了铺管费用，具有较大的经济优势，具体见表 3.5-4。

表 3.5-4 小型履带式混凝土罐车与地泵的经济比较

序号	项目	小型履带式混凝土罐车 （消耗人工）	地泵 （消耗人工）	备注
1	修筑平台	10	0	
2	铺管	0	15	
3	运输混凝土	3（3台车）	2	举例说明： 小运距离 300m
4	拆管	0	11	
5	堵管	0	5	
6	合计	13	34	

3.6 接 地 施 工 技 术

3.6.1 水平接地沟槽机械开挖

1. 装备概述

链式开沟机主要用于输电线路水平接地沟槽的开挖，是一种高效实用的新型开沟装备，如图 3.6-1 所示。链式开沟机与拖拉机配套使用，拖拉机柴油机经皮带将转动传递到离合器，驱动行走变速箱、传动轴、后桥等实现链式开沟机的运动，同时驱动工作装置开挖。开挖出的沟槽深度及宽度标准、余土堆放整齐。

2. 装备组成

链式开沟机主要由链条、从动链轮、机架、切削刀片、液压缸、连接架、分土器、主动链轮、刮土器组成。主要结构如图 3.6-2 所示。

图 3.6-1 链式开沟机

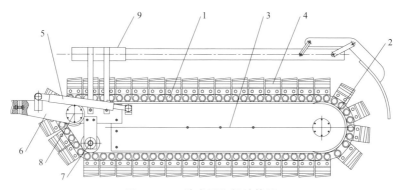

图 3.6－2　链式开沟机结构图

1—链条；2—从动链轮；3—机架；4—切削刀片；5—液压缸；

6—连接架；7—分土器；8—主动链轮；9—刮土器

　　链式开沟机依靠拖拉机输出作为开沟机变速箱的动力。由传动轴传动开沟机变速箱，经过变速箱变速带动主动链轮，再由主动链轮带动链条实现开沟。链式开沟机刀片分为破土和收土，两者搭配使用实现开沟。分土器用于开沟时将土分到两侧，防止开沟时因土量过多导致回土。

　　3.装备型号

　　链式开沟机按照安装方式分为悬挂式开沟机和固定式开沟机。由于型号较多，现仅列出一种常用型号 1KG－1200。可配套 40－120 马力且带爬行挡的拖拉机。链式开沟机主要参数见表 3.6－1。

表 3.6－1　　　　　　　　　　　链式开沟机主要参数

型号	1KG－1200
开沟宽度（mm）	0～400（宽度可以调节）
开沟深度（mm）	0～1200
工作效率（m/h）	0～400
可配套拖拉机动力（马力）	40～120
链条传动功率（kW）	27.14kW
外形尺寸（mm）（长×宽×高）	2700×1200×700
总质量（kg）	460

4. 施工要点

（1）施工准备。根据土质类别和接地体埋设深度，合理选择链式开沟机，保证开沟深度、宽度满足要求。

（2）行走路线的确定。根据接地线埋设长度，合理确定开挖起止位置，可以选择用拉绳指行法或标杆指行法确定开沟机行走路线。

（3）开沟作业。将开沟机开至起始位置，调整好方向，启动开沟机，缓慢下方，逐步开挖至规定深度，将拖拉机设置在爬行挡，发动机转速 1600r/min 时，车速不超 8m/min，沿着规定的方向前进，实现稳定开沟。

（4）注意事项。

1）使用前检查变速箱是否加注齿轮油，各连接处是否固定，螺钉有无松动。

2）链式开沟机作业时，在分土区范围内禁止站人，以防碎砖、碎瓦飞出伤人。

3）分土器积土严重、影响分土功能时，应停机铲除。禁止开沟工作中铲除积土和查看调整等操作。

5. 应用效果分析

（1）链式开沟机代替人工作业，机械化程度高，能连续作业，施工效率高。

（2）链式开沟机对地表破坏小，有利于环境保护。

（3）链式开沟机开挖的沟槽形状规则、深浅一致，施工质量好。

3.6.2 接地非开挖机械化施工

1. 装备概述

接地非开挖机械化施工主要采用水平定向钻机。水平定向钻机（见图 3.6-3）是在不开挖地表的条件下铺设多种地下公用设施（管道、电缆等）的一种施工机械。水平定向钻机应用于接地非开挖机械化施工，适用于平地或起伏较平缓的山地且较松软地质（不具备穿岩能力，遇到块石或岩层需绕道），需要有进场道路，道路坡度不大于 15°，特别适合在田地、沼泽地、经济作物区施工。

图 3.6－3 水平定向钻机

水平定向钻机由动力系统为钻进系统提供动力，在控向系统的引导及泥浆系统的协助下，钻具选取合适入土角度钻进地下土层，并沿预先设计的控向轨迹钻进导向孔，完成钻孔后，通过将接地装置绑扎在钻具上后回牵完成敷设，达到最小开挖地表的施工效果。钻进导向孔作业如图 3.6－4 所示，回牵接地装置作业如图 3.6－5 所示。

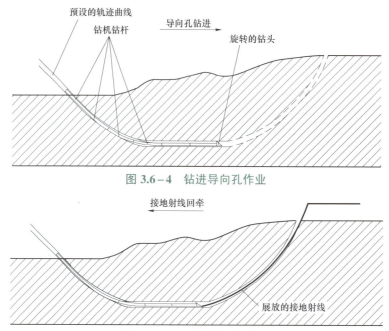

图 3.6－4 钻进导向孔作业

图 3.6－5 回牵接地装置作业

2. 装备组成

水平定向钻机由钻进系统、动力系统、控向系统、泥浆系统、钻具及辅助机具组成，非开挖水平定向钻机如图3.6-6所示。

图 3.6-6　非开挖水平定向钻机

结构及功能如下：

（1）钻进系统：是钻进作业及回拖作业的主体，由钻机主机、转盘等组成。钻机主机放置在钻机架上，用以完成钻进作业和回拖作业；转盘装在钻机主机前端，连接钻杆，并通过改变转盘转向和输出转速及扭矩大小，达到不同作业状态的要求。

（2）动力系统：由液压动力源和发电机组成动力源，为钻进系统提供高压液压油作为钻机的动力，发电机为配套的电气设备及施工现场照明提供电力。

（3）控向系统：通过计算机监测和控制钻头在地下的具体位置和其他参数，引导钻头正确钻进，在该系统引导下，才能按设计曲线钻进，常用的有手提无线式和有线式两种。

（4）泥浆系统：由泥浆混合搅拌罐和泥浆泵及泥浆管路组成，为钻进系统提供适合钻进工况的泥浆。在水平定向钻机施工过程中，需要使用与钻机功率相匹配的泥浆液搅拌装置，对于钻头的钻进和壳壁的支撑保护有着十分重要的作用。

（5）钻具及辅助机具：包括钻进中钻孔和扩孔时所使用的各种机具。钻具主要有适合各种地质的钻杆、钻头、泥浆马达、扩孔器，切割刀等机具；辅助机具包括卡环、旋转活接头和各种管径的拖拉头。

水平定向钻机采用橡胶履带底盘、液压行驶及锚固系统、自动装卸钻杆机构及泥浆泵等机械化及自动化机构，可在恶劣环境下施工，安全便捷。

3. 装备型号

适合架空输电线路施工条件的水平定向钻机以中小机型为主，其中中小型定向钻机技术参数见表 3.6－2。

表 3.6－2　　　　　　　　　　中小型定向钻机技术参数

技术参数名称	SXZ160A	SXZ180	SXZ200	SXZ320
发动机型号	上柴	康明斯	康明斯	康明斯/上柴
发动机额定功率（kW）	100	97	110	153/140
推拉方式	油缸	马达	齿轮齿条	油缸
最大回拖/进给力（kN）	160/100	180/180	200/200	320/200
动力头最大扭矩（N·m）	5000	6000	6350	12000
动力头转速（r/min）	0～180	0～140	0～150	0～140
动力头行进速度（m/min）	0～30	0～21	0～24	0～22
最大回扩孔直径（mm）	$\phi600$	$\phi600$	$\phi600$	$\phi800$
单根钻杆长度（m）	3	3	3	3
钻杆直径（mm）	$\phi60$	$\phi60$	$\phi60$	$\phi73$
入土角度（°）	10/23	10/22	10/22	10/20
泥浆最大流量（L/min）	160	250	200	320
泥浆最大压力（bar）	100	80	80	80
整机质量（t）	6.1	8.5	8.5	11.5

回拖力和扭矩是水平定向钻机两个重要的性能参数，大部分水平定向钻机采用回拖力衡量设备能力，在设备施工时，主要靠扭矩切削地下土层。有关工程机械研发制造企业正探讨微型定向钻机，以期满足施工距离较短、入土深度较浅、道路场地复杂受限的施工需求（见表 3.6－3）。

表 3.6－3　　　　　　小型化 SXZ50 水平定向钻机主要技术参数

技术参数名称		参数值	备注
发动机额定功率（kW）		43	2200r/min
动力头推拉	最大回拖力（kN）	50	—
	运行速度（m/min）	0～30	

技术参数名称		参数值	备注
动力头回转	最大扭矩（N·m）	2000	/
	转速（r/min）	0～140	/
钻杆（mm）		$\phi 50 \times 2000$	直径×长度
入土角度（°）		8～20	/
泥浆泵最大流量（L/min）		55	/
整机质量（kg）		3500	主机（不含钻杆）
外形尺寸（mm）（长×宽×高）		4200×1500×2200	/

4. 施工要点

水平定向钻机敷设接地线施工流程主要包括：施工准备、道路场地修整、接地装置敷设、清理退场。

（1）施工准备。施工前应进入施工现场收集有关资料并进行实地勘查，主要包括地形地貌、接地射线路径地质及地下管线情况、接地装置敷设长度、深度及设计曲线（确定射线出、入土点）等相关信息（见图 3.6－7）。做好地下管线的复测工作，将管线种类、埋深、管材标示在施工图纸上，设计导向孔轨迹时应避开公用设施。策划道路、施工场地修整方案，并确定所需的钻具及相关配件。开挖泥浆池、泥浆排放池，制备泥浆，并安装好供水、供浆所需的管路、电路（见图 3.6－8）。

图 3.6－7 现场测量放线及出、入土点确定

图 3.6－8　安装供水装置

（2）道路场地修整。道路场地修整的原则是优先利用原有或废弃的道路、场地进行修整，最大程度减少道路、场地的修整范围。

1）道路修整：路面宽大于 2.3m，最大纵向坡度控制在 20°以内，最大横向坡度控制在 3°以内，路面抗压强度大于 0.044MPa。

2）场地修整：结合现场地形及接地装置设计图纸，选定水平定向钻机的最佳施工摆放位置，对该位置进行场地平整；根据水平定向钻的机型大小来确定场地平整面积，一般入钻时施工所需占地宽度不大于 2.5m，面积不超过 $20m^2$；场地平整度小于 5°。

（3）接地装置敷设。

1）钻进导向孔。钻进导向孔是接地非开挖机械化施工的重要阶段，决定铺设的接地射线的路线与出土点。在钻头开始入钻前，需要完成以下准备：根据土质为钻头选择安装合适的导向板、在钻头内装入含多种传感器的探棒、校准导向仪及调试钻头出水量（见图 3.6－9 和图 3.6－10）。

图 3.6－9　安装传感器

图 3.6－10　调试导向仪

　　首先将钻机入土角调整至预定入射角后钻入地层，在钻进液喷射钻进的辅助作用下，钻孔向前穿越。穿越时应根据钻进的地质情况调整钻机的钻进速度。工进方式分为顶进和旋转钻进两种，顶进适用于穿越过程中的方向调整，每次调向至少需顶进 2～3m；旋转钻进适用于穿越前进，通过两种工进方式的交替配合直到完成穿越过程。钻进施工实例如图 3.6-11 所示。

图 3.6-11　钻进施工实例

　　一般每钻进 1m 距离时，对钻头定位测量一次，关键位置需多次测量校准，以便及时调整钻头的钻进方向，保证导向孔曲线符合设计要求。导向仪定位测量实例如图 3.6-12 所示。

图 3.6-12　导向仪定位测量实例

　　对有地下构筑物、关键的出口点或调整钻孔轨迹时，应增加测量点。将测量数据与设计轨迹进行比较，确定下一段的钻进方向。钻头在出口处露出地面，测量实际出口是否在误差范围之内（两根射线之间距离大于 5m），误差允许范围见表 3.6－4。

表 3.6－4　　　　　　　　　　导 向 孔 允 许 偏 差

导向孔曲线		出土点	
横向偏差（m）	上下偏差（m）	横向偏差（m）	纵向偏差（m）
±3	+1～－2	±3	+9～－3

如果钻孔有部分超出误差范围，应抽回钻杆，重新钻进钻孔的偏斜部分。当出口位置满足要求时，导向钻孔完成。

2）接地装置的展放与固定。导向孔完成后，准备固定接地装置前应校核接地射线长度是否符合设计要求，确认无误后方可进行固定展放施工。接地装置可固定在钻头导向板处的圆孔位置。固定方式可采取将接地装置端头穿过导向板圆孔后弯回并压紧，弯折长度在 0.5～0.7m 内，并用铁线捆绑固定，防止在回牵过程中脱落。固定实例见图 3.6－13。

图 3.6－13　接地射线固定实例

接地装置展放时应保持一定输入距离，防止在回牵过程中发生弯曲、打扭或断裂，展放时应设专人看护。当回牵阻力大时，可使用一个拉头或拉钩和一个旋转连接器与接地连接钻杆，旋转连接器用于接地装置回转，并避免拧坏接地装置。

3）回牵接地装置。回牵接地装置前，应事前配制好灌浆所需的泥浆，泥浆制备宜选用膨润土。为控制灌浆时泥浆浓度不至堵管，不同地质状况所需泥浆的黏度应符合表 3.6－5 要求，并每隔 0.5h 测一次泥浆黏度。

表 3.6-5　　　　　　　　泥　浆　黏　度　值　表

地质状况	黏土	亚黏土	淤泥	粉砂	细砂	中砂	粗砂	软岩石
黏度值（s）	30～40	35～40	40～45	40～45	40～45	45～50	50～55	45～50

　　根据灌浆的不同需要，可向泥浆中加入增黏剂、润滑剂等泥浆添加剂。所用添加剂应保证不腐蚀接地装置并满足环保要求。泥浆制备应设置泥浆池或专用容器，使用泥浆泵进行搅拌并过滤，在特殊情况下，可采用人工搅拌后过滤。

　　回牵开始前，应检查过滤网罩安装是否正确合理，避免堵管；接地装置回牵时钻机应待钻头出浆后再开始入土。在回牵过程中，接地装置由出土点向入土点回拖。回牵时钻头以不旋转的方式直接向入土点方向移动，移动时钻头出水口位置朝上。钻机在回牵时不停地由钻头出水口向导向孔内泵入泥浆，进行灌浆操作，以保证接地装置在回牵过程中的润滑与接地装置的回填覆盖。直至接地装置被回牵到入土点出土，回牵作业完成。接地回牵出土实例见图 3.6-14。

图 3.6-14　接地回牵出土实例

　　（4）清理现场。所有施工完成后应清理施工现场，包括排除入口坑和出口坑中的钻进液和泥浆，并回填工作坑。

　　5. 应用效果分析

　　相比人工敷设，水平定向钻机施工有如下特点：

（1）不破坏植被、不扰民，对环境及建筑物基础的影响大幅减少，减少青赔费。

（2）穿越精度高，易于调整敷设方向和埋深，管线弧形敷设距离长，可满足接地体敷设要求，且可使接地体绕过地下障碍物。

（3）装备进出场、转移便捷，施工占地少、节省人工，施工速度快、工效较高。

（4）采用了非开挖施工，减少了大量土石方开挖、运输和堆放，有利于保护环境。

（5）特别适应于水稻田地区施工，可从池塘、河流等地形下方穿越施工。

3.7　应　用　实　例

3.7.1　岩石锚杆基础

（1）应用条件。浙江地区某 110kV 线路工程按四回路、双回路、单回路混合架设；全线地形占比：高山占 60%，山地占 20%，平地占 20%，其中四回路架线位于平地段。线路所在区域为典型山地地形，地质以粉质黏土、粉质黏土混碎石、强风化凝灰岩、中风化凝灰岩。在整体坡度为 20°～25°，且岩体基本质量等级Ⅳ及以上类的塔位选择采用岩石锚杆基础。该工程锚杆基础的地质主要特性指标见表 3.7－1。

表 3.7－1　　　　　　　　工 程 地 质 特 性 指 标

地层厚度	类型	地层名称	岩土主要物理力学性质指标						
			重度 γ（kN/m³）	黏聚力 C（kPa）	内摩擦角 φ（°）	岩石饱和抗压强度 frc（MPa）	混凝土与岩石黏结强度标准值 τb（kPa）	岩体等代极限剪切强度标准值 τs（kPa）	承载力特征值 fak（kPa）
0～1.5m	火山岩	强风化凝灰岩	23.0	30	25	/	180	10	300
1.5m以下	火山岩	中风化凝灰岩	26.0	300	35	44.16	900	75	5000

（2）工程设计情况。针对覆盖层在 2.5m 以内的采用常规的承台式岩石锚杆基础，承台要求嵌岩 0.5m，根据荷载条件，直线塔一般采用 4 根锚杆，转

角塔根据转角大小采用 9～16 根锚杆。针对覆盖层 2.5～4m，采用短桩－锚复合基础设计，基础可充分利用短桩抗水平力能力和锚杆的抗拔性能，短桩 3～5m，锚杆根据桩径不同 6～9 根。岩石锚杆基础工程应用典型施工图如图 3.7－1 所示。

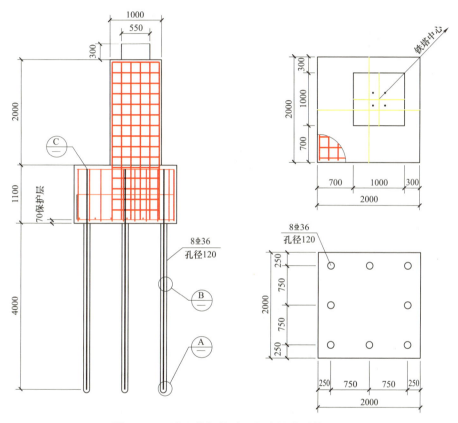

图 3.7－1　岩石锚杆基础工程应用典型施工图

（3）装备及施工。该工程施工采用小型模块化锚杆钻机及锚杆基础典型施工工法进行机械化施工。工法采用先钻孔后开挖桩的施工方法，采用了新型成品灌浆材料取代传统细石混凝土，有效避免锚孔由于振捣不均引起的质量问题，缩短了施工周期。小型模块化锚杆钻现场工程应用实景如图 3.7－2 所示，注浆施工现场实景如图 3.7－3 所示。

（4）工程应用成效。在该工程的该地质条件下岩石锚杆基础混凝土方量比岩石嵌固少 34%，比掏挖基础少 46%，钢筋量比岩石嵌固和掏挖基础约多一倍。岩石锚杆基础本体造价优于掏挖基础，和岩石嵌固式基础本体造价相当。岩石锚杆基础与其他类型基础造价对比详见表 3.7-2。

图 3.7-2　小型模块化锚杆钻现场工程应用实景

图 3.7-3　注浆施工现场实景

表 3.7-2　　　　　　　　岩石锚杆基础与其他类型基础造价对比

基础类型	岩石锚杆基础		岩石嵌固式基础	掏挖基础
	承台	锚杆		
基础混凝土（m³）	7.79	0.8	12.99	15.66
基础护壁（m³）	0	0	2.98	2.68
开挖深度（m）	1.7	4.0（锚固深度）×16	6	5
开挖方量（m³）	12.13	/	12.76	15.43

基础类型	岩石锚杆基础		岩石嵌固式基础	掏挖基础
	承台	锚杆		
岩石比例	0%	/	74.23%	75.50%
基础钢筋（t）	0.8375	0.3797	0.574	0.588
造价（万）	2.58	2.46	4.97	5.57
	5.04			
对比	100%		98.61%	110.47%

从施工安全作业风险方面，岩石锚杆基础明显优于掏挖基础及岩石嵌固式基础，基础施工全过程实现了机械化施工，避免人员掏挖产生的深基坑作业的安全风险，同时施工效率大大提升。

从环保效益看，岩石锚杆基础减少了基础开挖量、节约了材料耗量，从而减小对环境的破坏，降低了碳排放，有着显著的环保效益。

该工程采用小型模块化锚杆钻机锚杆基础典型施工工法可完成钻孔、开挖、清孔、压力注浆等多工序机械化施工，减少了人工干预，保障了施工质量，提高了施工效率。提高钻孔效率5～8倍，提高承台开挖效率25%，缩短基础施工周期约50%，施工效率比较见表3.7－3。

表 3.7－3　　　　　施 工 效 率 比 较

基础形式	项目	本工法	传统设备	效率提升
9MB1515	承台开挖	45 工日	60 工日	25%
	钻孔施工	0.4～0.8m/min	0.04～0.1m/min	5～8 倍

3.7.2　螺旋锚基础

3.7.2.1　单锚型斜向布置螺旋锚基础应用实例

（1）应用条件。河南地区某 220kV 线路工程。工程新建线路路径长度约 11km，双回路架设。沿线地形为平地农田，地层主要由第四系黄土状粉土、黄土状粉质黏土、粉土和粉质黏土构成，部分土层混有钙质结核。地下水位埋深较深。塔位地层主要特性见表 3.7－4。

表 3.7－4 塔位地层主要特性

地层厚度（m）	名称	状态	岩土主要物理力学性质指标					地下水位	腐蚀环境
			重度γ（kN/m³）	黏聚力 C（kPa）	内摩擦角ϕ（°）	侧摩阻力（kPa）	端阻力（kPa）		
3.0～4.0	粉砂	稍密	18.0	/	18.0	36	/	>15..0m	微腐蚀
3.5～4.5	粉质黏土	硬塑	19.5	35	12.0	88	1800		
5.0～7.0	粉土	密实	19.5	12	23.0	74	1500		

（2）工程设计情况。经工程基础的螺旋锚基础、灌注桩基础及板式基础的机械化应用效能、技术造价对比分析，该工程应用螺旋锚基础共 5 基，全部为倾斜单锚型螺旋锚基础。工程适用的基础型式有板式基础、灌注桩基础和螺旋锚基础。通过基础方案比选，最终采用单锚型螺旋锚基础，并通过锚杆倾斜布置来降低基础水平力影响。根据地质条件、基础作用力等计算确定锚杆埋深、锚盘尺寸及间距，后通过现场试验验证设计方案的承载力性能。

该工程基础设计时采取以下几点措施：

1）地质土层主要为硬塑的粉质黏土，且部分土层含有钙质结核，对施工机械的额定功率要求较高。为此，试验前进行试拧，以验证设计方案的可行性。

2）为避免现场焊接及防腐，提升螺旋锚加工质量及现场施工效率，研发了免现场焊接的倾斜单锚型螺旋锚基础，在锚杆旋拧至设计埋深后，采用模型通过现场放样确定上部连接段组成构件间的位置关系，而后在工厂加工整个连接段结构并做镀锌防腐处理，从而避免现场焊接和现场防腐，降低施工难度，保障施工质量。

（3）装备及施工。该工程施工采用螺旋锚钻机进行基锚旋拧，并采用免现场焊接的施工工法实现杆塔与基础的连接。现场试拧确定钻机动力头的额定扭矩为 160kN·m，最大悬高 12m。现场实施场景见图 3.7－4，免现场焊接的螺旋锚施工工艺见图 3.7－5。经研发攻关，该工程采用的螺旋锚钻机能够自动测量、显示并记录锚杆倾角、施工扭矩和钻深，实现施工过程控制，提升基础施工质量。

（4）工程应用成效。该工程通过现场试验验证，所推荐的螺旋锚基础设计方案承载力性能能够满足工程需要。与通常采用的钻孔灌注桩基础相比，可节省本体投资约 30%，造价对比详见表 3.7－5。实现了经济、环保、社会效益的明显提升，为螺旋锚基础的进一步推广应用打下坚实基础。

（a）螺旋锚现场施工　　　　　　　　　（b）螺旋锚成品

图 3.7－4　螺旋锚施工设备及基础成品

（a）螺旋锚放样切割　　　　　　　　　（b）放置钢承台模型

图 3.7－5　免现场焊接的螺旋锚施工工艺

表 3.7－5　　　　　　　　　螺旋锚基础与其他类型基础方案对比

基础类型	螺旋锚基础	灌注桩基础	板式基础	备注
埋深（m）	7.0	8.0	2.9	
桩（锚盘）径（m）	0.81	0.8	/	
混凝土（m³）	0.0	16.93	19.16	含保护帽
钢材（kg）	2117.2	1361.8	1595.6	锚含塔脚，桩不含塔脚
造价（万元/基）	3.43	4.91	4.12	
造价对比（%）	100	143	120	

3.7.2.2 群锚型钢制承台螺旋锚基础应用实例

（1）应用条件。山东某 220kV 线路工程新建同塔双回线路约 2×23km，单回线路约 1×13km。工程沿线地形平坦，地貌类型属黄河下游冲洪积平原，地势较开阔。上覆地层主要为第四系全新统冲、洪积层，土层主要为粉土和粉质黏土。沿线地下水类型属第四系孔隙潜水，场地地下水位埋深较浅。该工程螺旋锚基础的地质主要特性指标见表 3.7－6。

表 3.7－6 工程地质特性表

地层厚度	名称	状态	岩土主要物理力学性质指标					地下水位	腐蚀环境
			重度 γ（kN/m³）	黏聚力 C（kPa）	内摩擦角 ϕ（°）	侧摩阻力（kPa）	端阻力（kPa）		
0～7.5m	粉质黏土	可塑	19.0	35	10.0	58	/	地下水年变化幅度为1.5～2.0m	弱腐蚀
7.5m 以下	粉土	稍密	18.0	16	24.0	26	/		弱腐蚀

（2）工程设计情况。经工程基础的螺旋锚基础、灌注桩基础及板式基础的机械化应用效能、技术造价对比分析，该工程 22 基角钢塔（单回直线角钢塔 15 基、单回耐张角钢塔 3 基、双回直线角钢塔 4 基）采用全钢结构倾斜螺旋锚群桩基础。

根据前期研究成果，群桩按照 15°布置时，倾斜螺旋锚承载力受锚杆间距影响较小，多个螺旋锚组合为群桩时可不考虑组合系数，因此该工程倾斜螺旋锚群桩采用 3 根锚杆、倾斜 15°、三桩均布布置。基础工程应用典型施工图如图 3.7－6 所示。

(a) 导向桩

图 3.7－6 全钢结构倾斜螺旋锚群桩基础典型施工图（一）

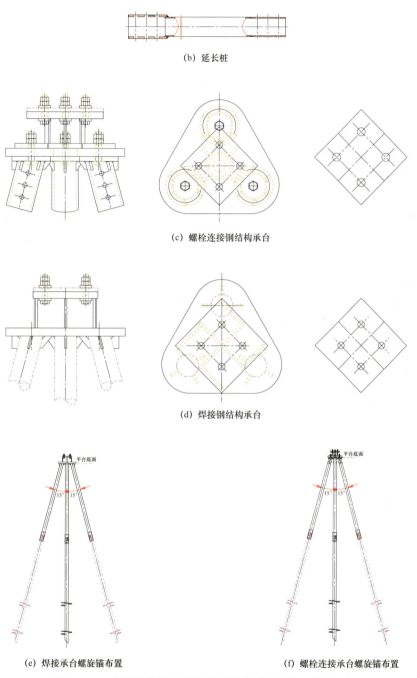

(b) 延长桩

(c) 螺栓连接钢结构承台

(d) 焊接钢结构承台

(e) 焊接承台螺旋锚布置

(f) 螺栓连接承台螺旋锚布置

图 3.7－6 全钢结构倾斜螺旋锚群桩基础典型施工图（二）

（3）装备及施工。该工程施工采用挖掘机加装液压驱动马达和倾角及压力检测系统进行机械化施工。现场工程应用实景如图 3.7－7 所示。

图 3.7－7　现场工程应用实景

（4）工程应用成效。通过全钢结构螺旋锚基础的应用，该工程机械化施工效率大幅提高。螺旋锚基础段基础施工和组塔综合工期由 33 天/基缩短为 3 天/基，工期缩短 90%以上；施工作业面由现浇基础的 1600m²/基缩小为 900m²/基，缩小 40%以上。此外，螺旋锚基础采用钢结构装置连接铁塔，基础无开挖、余土外运，对植被无破坏，提高了工程绿色建造水平。

3.7.2.3　单锚型增设短钢筒螺旋锚基础应用实例

（1）应用条件。辽宁公司某 66kV 新建线路工程，线路路径长度约 37km，单、双回路架设。沿线地形为冲积平原，地貌为农田，地层主要由细砂构成，地下水位埋深较浅。该工程螺旋锚基础的地质主要特性指标见表 3.7－7。

表 3.7-7　　　　　　　　　　工 程 地 质 特 性 表

地层厚度	地层名称	状态	岩土主要物理力学性质指标						
			重度 γ （kN/m³）	黏聚力 C （kPa）	内摩擦角 ϕ （°）	侧摩阻力 （kPa）	端阻力 （kPa）	地下水位	腐蚀环境
0～8.7m	细砂	稍密	19	5	25	60	600	1.6m，变幅±1.0m	微腐蚀

（2）工程设计情况。经工程基础的螺旋锚基础、灌注桩基础及板式基础的机械化应用效能、技术造价对比分析，该工程应用螺旋锚基础共 102 基，全部为装配组合型螺旋锚基础，属于单直锚基础。在传统螺旋的基础上，提出大螺旋锚（外侧短钢筒）＋小螺旋锚（内侧竖直单根深螺旋锚）的组合锚基础型式，既可以有效提升传统螺旋锚基础的水平抗剪刚度和强度，又能增加其抗压和抗拔能力。基础工程应用典型施工图如图 3.7-8 所示。

（3）装备及施工。经考察各种施工机具，该工程螺旋锚基础施工采用旋挖钻机，新型螺旋锚施工设备如图 3.7-9 所示。旋挖钻机具有以下突出优势：回转扭矩大，易于控制，能够满足深锚、大盘径的施工；具有机械臂，机械臂扬程可满足螺旋锚深度要求，并可改进为伸缩或折叠式，满足超深锚的施工要求；螺旋锚杆依托机械臂，桩孔对位方便准确，便于螺栓连接。现场工程应用实景如图 3.7-10 所示。

（4）工程应用成效。应用于本基础后，基础施工进度快，尤其适用于冬季施工，单台机械最快每天可施工 3 基，施工后的地面整洁干净，无弃料，零养护，零焊接，不影响土地耕种，占地协调顺利，极大缩短了工期，同时降低了工程造价，本体工程费用减少了 103 万元。

3.7.2.4　戈壁碎石土螺旋锚基础应用实例

（1）应用条件。青海戈壁某 330kV 线路工程，该工程采用单回路架设，塔位地形较为平坦，海拔在 2800～2950m 范围，属山前冲洪积平原地貌，地表植被稀疏。本次试点应用两基螺旋锚基础，塔位地层主要特性见表 3.7-8。

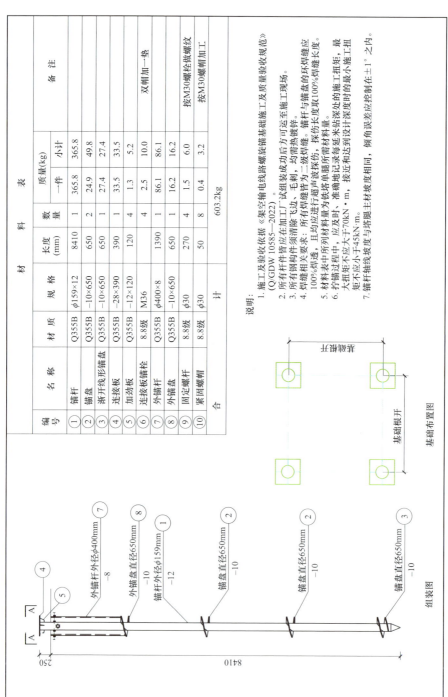

材　料　表

编号	名　称	材　质	规　格	长度(mm)	数量	质量(kg) 一件	质量(kg) 小计	备　注
①	锚杆	Q355B	φ159×12	8410	1	365.8	365.8	
②	锚盘	Q355B	-10×650	650	2	24.9	49.8	
③	渐开线形锚盘	Q355B	-10×650	650	1	27.4	27.4	
④	连接板	Q355B	-28×390	390	1	33.5	33.5	
⑤	加劲板	Q355B	-12×120	120	4	1.3	5.2	
⑥	连接板锚栓	8.8级	M36		4	2.5	10.0	双帽加一垫
⑦	外锚杆	Q355B	φ400×8	1390	1	86.1	86.1	
⑧	外锚盘	Q355B	-10×650	650	1	16.2	16.2	
⑨	固定螺杆	8.8级	φ30	270	4	1.5	6.0	按M30螺栓做螺纹
⑩	紧固螺帽	8.8级	φ30	50	8	0.4	3.2	按M30螺帽加工
合　计							603.2kg	

说明:
1. 施工及验收依据《架空输电线路螺旋锚基础施工及质量验收规范》(Q/GDW 10585—2022)。
2. 所有杆件管应在加工厂试组装成功后方可运至施工现场。
3. 所有钢构件须清除飞边、毛刺,均需热镀锌。
4. 焊缝相关要求:所有焊缝皆为一级焊缝,毛刺,探伤焊缝应100%焊透,且均应进行超声单脉探伤。锚杆与锚盘的环焊缝应100%焊缝,探伤长度取100%焊缝长度,最接伤处需磨材料量。
5. 材料表中所列材料量均为铁塔单腿所需材料量。
6. 拧锚过程中,应及时,准确地记录每延米钻进深度 · m,接近和达到设计深度钻达到设计时深度应控制的最小施工扭。
7. 锚杆轴线坡度与塔腿主材坡度相同,倾角误差应控制在±1°之内。

图 3.7-8　基础工程应用典型施工图

图 3.7－9　新型螺旋锚施工设备

图 3.7－10　现场工程应用实景

表 3.7－8　　　　　　　　工 程 地 质 特 性 表

地层厚度（m）	地质情况描述
0～2	土层为圆砾层，粒径大于 2mm 的颗粒质量约占总质量的 50%～60%，母岩以花岗岩、石英岩为主，砂质充填，具水平层理，局部夹砾砂薄层
2～5.5	土层为圆砾层，粒径大于 2mm 的颗粒质量约占总质量的 60%～70%，母岩以花岗岩、石英岩为主，砂质充填，具水平层理，局部夹中砂、砾砂薄层
5.5～6.5	土层为中砂，矿物组成以石英、长石为主，砂质不均匀，级配一般，混少量小砾石颗粒

（2）工程设计情况。该工程设计螺旋锚基础两基：一基采用螺旋锚单直锚基础型式，另一基采用螺旋锚斜群锚基础型式。在螺旋锚结构型式上采用不同于其他地质条件下的锚盘、锚头结构，单锚螺旋锚基础采用了适合的抗水平力构件，此组合结构提高了单锚基础的抵抗水平力的能力，简化施工程序，提高了施工效率，抗水平构件如图 3.7-11 所示。

图 3.7-11 抗水平构件实景图

（3）装备及施工。该工程施工采用型号为 300 及以上的履带式挖掘机，具备正反两套液压油路，考虑到高原地区的机械降效，旋拧的扭力应达到 70 000N 及以上。施工时结合地质报告，采用直接旋拧和先引孔后旋拧两种方式。钻机匀速缓慢钻进、实时监测，每钻进 500mm 停机测量、校正，钻进过程中要尽量避免对原状土造成扰动，一般不宜反转。采用抗水平构件的坑壁间隙用原状土回填夯实，预留眼孔用水泥砂浆填充饱满，施工现场实景如图 3.7-12 所示，基础现场实景如图 3.7-13、图 3.7-14 所示。

图 3.7-12 基础施工实景图

图 3.7-13 群斜螺旋锚基础实景图

图 3.7－14　单螺旋直锚基础实景图

（4）工程应用成效。螺旋锚单直锚基础、斜群锚在该工程服役至今，未发生铁塔变形、倾斜、地基下沉等现象，亦未发现锚杆与原状土之间产生缝隙，所有质量控制项目和控制数据符合施工规范要求。不仅实现了现场零混凝土，避免水土流失，保护生态环境，而且大大缩短了施工工期，提高了工程综合效益。经测算，一基螺旋锚基础相比常规基型可减少碳排放约40%。

3.7.3　微型桩基础

3.7.3.1　500kV 预制混凝土微型管桩基础应用实例

（1）应用条件。湖北某 500kV 线路工程，新建线路长度 116.165km，新建线路途径随州市随县、曾都区、广水市、孝感市安陆市、孝昌县、孝南区，沿线海拔 30～400m，工程地形比例：一般山地 35%、丘陵 32%、平地 28%、河网 3%、泥沼 2%。

（2）工程设计情况。经工程基础的预制微型管桩与挖孔桩基础的机械化应用效能、技术造价对比分析，该工程预制微型桩基础共使用 3 基，塔基编号为 G240、G241、G242，采用预制微型桩基础的八桩方案。预制微型管桩——八桩设计方案如图 3.7－15 所示。

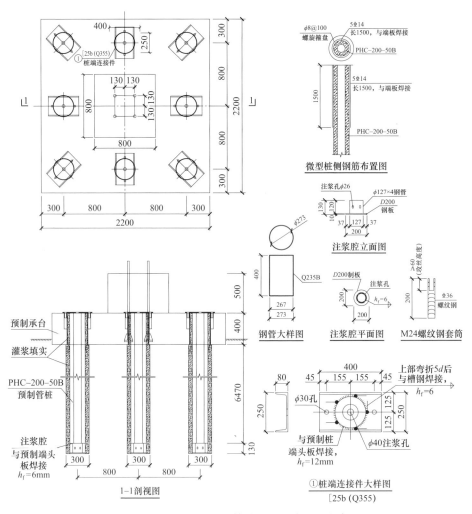

图 3.7－15　预制微型管桩——八桩设计方案

（3）装备及施工，八桩采用的装备及成品如图3.7－16所示。采用微型桩潜孔钻机。预制微型桩施工顺序为：成孔—预制承合就位—沉桩—预拼接—注浆—拼接。先成孔，然后预制承台就位，再将微型预制管桩吊入桩孔内，并通过快速连接结构与承台连接，最后通过桩底压浆装置进行桩侧注浆，使桩与桩周土紧密结合。其中，根据不同的地质条件和需要钻孔孔径大小的不同需要匹配不同孔径的冲击器、钻头、推进回转压力以及除尘方式。注浆管利用预制管桩空腔，通过底部端板与桩底注浆腔相连，注浆腔预留 4 个出浆孔，使其能够更加均匀的出浆书返浆，直至从地面冒旧浆液，注浆完毕。

（a）施工进场图

（b）钻机施工

（c）预制微桩八桩成品

图 3.7－16　预制微型管桩——八桩成品

　　（4）工程应用成效。该工程采用预制微型桩基础，相比于挖孔桩基础，单个基础节省了 7.94m³ 混凝土，但因为预制构件使用量减少，生产规模不大，综合造价增加 0.15 万元，增加比例约 5%。500kV 工程微型桩基础材料及本体造价（单个基础）见表 3.7－9，同时因使用微桩基础，避免超 5m 的深基坑作业风险，同时应用微桩成孔钻机，实现线路机械化施工，提升工程施工效率30%以上。

表 3.7 - 9　　500kV 工程微型桩基础材料及本体造价（单个基础）

分析项目		微型桩基础	挖孔桩基础		比例（%）
			本体	护壁	
材料用量	钢筋（kg）	284	663.3	128.9	35.80
	钢构件（kg）	326.7	/	/	/
	混凝土（m³）	2.74	7.09	3.59	25.60
	水泥浆（m³）	2.38	/	/	/
本体费用（万元）		3.34	3.19		105

3.7.3.2　220kV 预制混凝土微型管桩基础应用实例

（1）应用条件。湖北某 220kV 线路工程新建线路长度 47.857km，除 4 基采用双回路终端塔出线外，其他均采用单回路架设，新建杆塔 133 基，其中双回路转角塔 4 基，单回路转角塔 38 基，单回路直线塔 91 基。工程经必选使用预制微型桩基础的塔位共 10 基，分别是 N20、N31N、N34、N48、N49、G34N、G51、G52、G55N、G59。

（2）工程设计情况。采用预制微型桩基础的四桩方案，四桩设计方案及成品如图 3.7 - 17 所示。

（3）装备及施工。预制微型管桩——四桩设计方案及成品如图 3.7 - 18 所示。采用微型桩潜孔钻机。预制微型桩施工顺序为：成孔—预制承合就位—沉桩—预拼接—注浆—拼接。先成孔，然后预制承台就位，再将微型预制管桩吊入桩孔内，并通过快速连接结构与承台连接，最后通过桩底压浆装置进行桩侧注浆，使桩与桩周土紧密结合。其中，根据不同的地质条件和需要钻孔孔径大小的不同需要匹配不同孔径的冲击器、钻头、推进回转压力以及除尘方式。注浆管利用预制管桩空腔，通过底部端板与桩底注浆腔相连，注浆腔预留 4 个出浆孔，使其能够更加均匀的出浆书返浆，直至从地面冒旧浆液，注浆完毕。

（4）工程应用成效。该工程采用预制微型桩基础，相比于挖孔桩基础，单个基础采用预制微型桩基础，相比于挖孔桩基础，节省了 9.25m³ 混凝土，但因为预制构件使用量减少，生产规模不大，综合造价增加 0.15 万元，增加比例约 11%。经济性对比详见表 3.7 - 10，同时因使用微桩基础，避免超 5m 的深基坑作业风险，同时应用微桩成孔钻机，实现线路机械化施工，提升工程施工效率 40%以上。

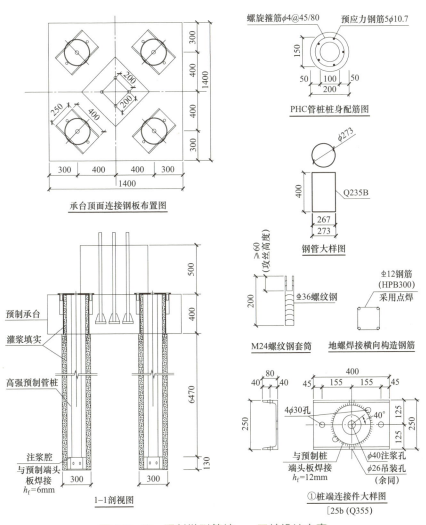

承台顶面连接钢板布置图

螺旋箍筋φ4@45/80 预应力钢筋5φ10.7

PHC管桩桩身配筋图

钢管大样图

M24螺纹钢套筒 地螺焊接横向构造钢筋

①桩端连接件大样图
[25b（Q355）]

预制承台
灌浆填实
高强预制管桩
注浆腔
与预制端头板焊接 $h_f=6mm$

1—1剖视图

图 3.7－17　预制微型管桩——四桩设计方案

（a）预制微桩四桩成孔

（b）预制微桩四桩成平

图 3.7－18　预制微型管桩——四桩成品（一）

（c）钻机施工

图 3.7-18　预制微型管桩——四桩成品（二）

表 3.7-10　　220kV 工程微型桩基础材料及本体造价（单个基础）

分析项目		微型桩基础	挖孔桩基础		比例（%）
			本体	护壁	
材料用量	钢筋（kg）	176	512.8	99.7	28.70
	钢构件（kg）	202.4	/	/	/
	混凝土（m³）	0.91	6.82	3.34	9.60
	水泥浆（m³）	0.87	/	/	/
本体费用（万元）		1.56	1.41		111

3.7.3.3　220kV 山地微型桩基础应用实例

（1）应用条件。浙江某 220kV 线路工程新建线路段全长 39km，全线按单回路架设。全线山地 37.05km，占全线长度 95%，植被覆盖茂密。线路所在区域地形为浙江地区典型山地地形，地质以粉质黏土、粉质黏土混碎石、强风化凝灰岩、中风化凝灰岩为主。

（2）工程设计情况。线路施工过程中，经工程基础的微型桩基础与掏挖及岩石嵌固基础的机械化应用效能、技术造价对比分析，该工程应用微型桩基础 1 基，具体情况如下。

塔位设计按四桩基础的微型桩设计，桩径采用 400mm，桩长 5～8m。试点塔基地质参数见表 3.7－11～表 3.7－14。

表 3.7－11　　　　　　　　A 腿试点塔基地质参数

土层	层底深度（m）	桩的极限侧阻力标准值（kPa）	桩的极限端阻力标准值（kPa）
硬可塑粉质黏土	0.5	60	1200
强风化凝灰岩	2.7	160	2000
中风化凝灰岩	10	260	3000

表 3.7－12　　　　　　　　B 腿试点塔基地质参数

土层	层底深度（m）	桩的极限侧阻力标准值（kPa）	桩的极限端阻力标准值（kPa）
硬可塑粉质黏土	2.1	60	1200
硬可塑粉质黏土混碎石	10	82	1600

表 3.7－13　　　　　　　　C 腿试点塔基地质参数

土层	层底深度（m）	桩的极限侧阻力标准值（kPa）	桩的极限端阻力标准值（kPa）
硬可塑粉质黏土	0.7	60	1200
强风化凝灰岩	2.7	160	2000
中风化凝灰岩	10	260	3000

表 3.7－14　　　　　　　　D 腿试点塔基地质参数

土层	层底深度（m）	桩的极限侧阻力标准值（kPa）	桩的极限端阻力标准值（kPa）
硬可塑粉质黏土	0.7	60	1200
强风化凝灰岩	3.7	160	2000
中风化凝灰岩	10	260	3000

按设计要求，上述塔腿基础 A、C、D 均进入中风化凝灰岩层，岩石饱和单轴抗压强度 64MPa；B 腿为硬可塑粉质黏土混碎石。桩端不考虑扩底，基础采用小桩径大埋深基础，减少基础工程量，充分发挥微桩基础的机械化施工优势。微型桩基础施工图如图 3.7－19 所示。

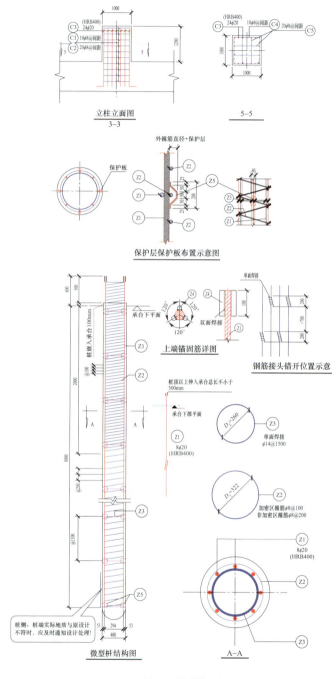

(a) A\C\D腿（桩长4m）

图 3.7-19　微型桩基础施工图（一）

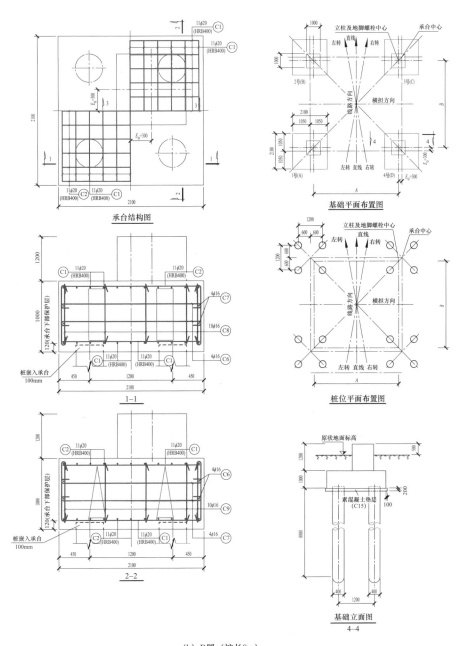

(b) B腿（桩长8m）

图 3.3－19　微型桩基础施工图（二）

（3）装备及施工。工程施工采用微型桩钻机进行钻孔，根据不同的地质条件和需要钻孔孔径大小的不同需要匹配不同孔径的冲击器、钻头，桩和承台基础现浇。桩挖至设计高程后，将桩底残渣等清理干净，及时检查验收成孔质量，合格后浇灌混凝土，确认孔内无积水，成孔后及时浇筑混凝土，缩短暴露时间。成孔完成后对桩和承台进行现浇,山地微桩应用效果如图 3.3－20 所示。

(a) 山地微型桩设备

(b) 山地微型桩现场成孔　　　　　　　(c) 山地微型桩成品

图 3.7－20　山地微桩应用效果图

（4）应用效果。试点工程挖微桩基础成孔施工效率高，设备运输通道仅需 2m，设备可采用履带式自行走钻机或轨道车等运输方式进场，场地需设置小型泥浆池，对周边种植植被有一定的影响，整体水土保持效果良好。采用的微桩钻机施工效率高、基坑质量好，可缩短基础施工 30 个工作日、混凝土方量降低 53%、钢筋量增加 20%,同时避免深基坑的掏挖作业确保基础施工人身安全。桩基经济性方面，微桩较常规掏挖基础混凝土方量减少幅度较大，钢筋用量略有增加，整体经济技术指标良好。

3.7.3.4　220kV 微型钢管桩应用实例

（1）应用条件。河北某 220kV 线路工程，新建双回路架空线路 30km，新建塔基 65 基。线路位于华北平原中东部，黑龙港流域，地势平坦，地面坡降小于 1‰，地面标高 9.19～9.34m。现场勘察表明场地主要以第四系冲积、湖积成因的粉质黏土、粉土及砂类土为主，地下水以浅水为主，埋深约 3m。工程地质特性见表 3.7－15。

表 3.7－15　　　　　　　　　工 程 地 质 特 性 表

岩土描述				勘测期间地下水位埋深（m）	岩土主要物理力学指标推荐值		
深度（m）	岩性	岩土类别	状态		极限侧阻力标准值 q_{sik}（kPa）	极限端阻力标准值 q_{pk}（kPa）	承载力特征值 f_{ak}（kPa）
0.00～1.50	粉土	粉土	中密		50		130
1.50～2.80	粉质黏土	黏土	可塑		60		120
2.80～3.30	粉土	粉土	中密		50		130
3.30～9.00	粉质黏土	黏土	可塑	1.90	60		120
9.00～15.00	粉土	粉土	中密		50	550	140
15.00～19.10	粉土	粉土	密实		70	1000	160
19.10～20.50	粉砂	砂土	中密		60	1000	160

（2）工程设计情况。微型钢管桩尺寸及布桩设计采用 2×2 群桩基础，钢管规格 ϕ159×6，桩长 6.5m，材料为 Q235B。承台采用预制承台，钢管桩与承台的连接方式采取螺栓机械式连接，考虑两者的安装间隙，进行尺寸放样，预制承台尺寸为长×宽×高＝1.6×1.6×0.3（m），承台柱尺寸为 0.6×0.6×0.9（m），混凝土等级采用 C40 混凝土，钢筋采用 HRB400 和 HPB300 钢筋。

（3）装备及施工。该工程施工采用液压振动锤进行钢管桩沉桩施工，基坑开挖采用小型挖掘机开展施工。首先采用小型挖掘机开挖出 2m 宽、1m 深的基坑，然后在基坑底部进行沉桩。本次试验采用振动打桩机沉桩，为确保沉桩时，桩身始终垂直，沉桩完成后，采用气动力注浆机，以 0.3MPa 的注浆压力从钢管桩顶部注入水泥浆，以浆液开始从顶部注浆孔溢出作为注浆结束的条件。

钢管桩（法兰）与预制承台相对位置关系及施工成品如图 3.7－21 所示。

（4）工程应用成效。微型钢管桩装配式基础和灌注桩基础材料及工程造价对比详见表 3.7-16、表 3.7-17。

（a）装配式承台吊装

（b）装配式承台成品

（c）振动打桩机

（d）注浆

图 3.7-21　微型钢管桩（法兰）与预制承台相对位置关系

表 3.7-16　　　　微型钢管桩装配式基础与灌注桩基础材料对比

基础类型	微型钢管桩装配式基础	灌注桩基础
基础混凝土（m³）	4.4	17.2
基础钢材（t）	1.27	1.68

表 3.7-17　　　　微型钢管桩装配式基础与灌注桩基础实际造价对比

基础类型	微型钢管桩装配式基础	灌注桩
预制承台材料费用（元）	13 000	/
钢管桩费用（元）	14 000	/
预制承台模板费用（折到1基）（元）	19 000	/
定位装置费用（元）	21 000	/

基础类型	微型钢管桩装配式基础	灌注桩
注浆及水泥费用（元）	3000	/
施工机械费用（元）	14 300	/
人工及其他（元）	14 500	/
费用（元/基）	98 800	51 600

微型钢管桩装配式基础由于单批采购，且需要考虑预制承台模板和定位装置的费用，费用较常规灌注桩基础高。主要原因在于目前基础使用量小不成规模，单价较高；承台为预制承台，需要均摊高额模板制作费用；打入式钢管桩需外增定位装置费用，模板和定位装置是可重复利用的，这两项费用在多量基础使用时可以降低。

以试点工程为标准进行测算，微型钢管桩装配式基础费用约为灌注桩基础的 2 倍，主要原因是分摊模板制作费用和定位装置费用，同时由于订货量小，材料单价较高。如果能够实现一定规模应用，假设某 40km 线路工程，杆塔总基数 117 基，直线塔数量 84 基，其中 80%采用此种基础型式，为 65 基，以此为基准测算微型钢管桩装配式基础经济性，详见表 3.7－18。

表 3.7－18　　　　　　　微型钢管桩装配式基础经济性

基础类型	微型钢管桩装配式基础费用计算	微型钢管桩装配式基础实际费用	灌注桩
预制承台材料费用（元）	13 000×0.9	11 700	/
钢管桩费用（元）	14 000	14 000	/
预制承台模板费用（折到 1 基）（元）	19 000×0.02	380	/
定位装置费用（元）	21 000×0.02	420	/
注浆及水泥费用（元）	3000	3000	/
施工机械费用（元）	14 300	14 300	/
人工及其他（元）	14 500×0.8	11 600	/
费用（元/基）	98 800	55 400	51 600

由表 3.7－18 计算可以看出，一定规模应用情况下，微型钢管桩装配式基础的费用与灌注桩可基本持平，但此表计算仅是理论推算，实际情况仍需实际工程检验。

项目实施阶段在 NN5、BN5 采用装配式预制承台注浆微型钢管桩基础，施工速度较常规灌注桩基础节省 50%施工时间，同时避免开挖泥浆池、减少现场湿作业数量，对环境破坏较小。

3.7.4　其他环保型基础

3.7.4.1　河网地区 500kV 线路工程

（1）应用条件：江苏某 500kV 线路工程双回线路长约 60km，导线采用 4 分裂 630mm² 截面导线，全线地线为双根 72 芯 OPGW。该工程线路沿线地貌主要为农田、湖沼以及太湖水域，地形平坦开阔，地势较低。沿线水系发育。沿线所属地貌单元主要为太湖水网平原区的水网平原，局部为太湖水域。全线约 8km 位于太湖内，需搭建水上施工平台进行施工。

（2）设计及施工应用情况。工程跨越东太湖段线路路径走向在太湖管委会的要求下基本已经确定。考虑到搭建水上平台造价较高，故在塔位选择上，尽量采用高呼高直线塔，拉大档距，以减少塔位数量，降低水上平台的费用。同时考虑到如采用群桩承台基础，承台底面需要高于 100 年一遇的洪水位，需要在水上平台进行高支模浇筑承台板和承台柱，施工难度较大且施工安全风险较高，该段经设计优化均采用单根灌注桩基础。

基于该工程地质特点，该工程选择正循环钻成孔灌注桩工艺。水上灌注桩施工，护筒埋设直接影响成桩质量。水上施工一般用双筒，即起围堰作用的外护筒和建立泥浆高度及兼模板的内护筒。水上施工应配备两套护筒。内护筒、外护筒埋置采用激振器振入法。将外护筒采用小型浮吊（50t）吊装至水中着底，按桩位控制好中心，在护筒上固定振动器后，振动将护筒沉入土中。护筒沉入土中的深度满足要求后，抽干筒内的湖水，如护筒底部有漏水、渗水现象，应用振动器进行振动下沉，直至不漏水、渗水。外护筒采用振入法时，护筒应正直下沉，护筒中心与桩位中心的偏差控制在 50mm 之内，倾斜度不应大于 1%。

人工清除护筒内淤泥，以桩中心为中心进行人工开挖，深度达 1m 后，将内护筒吊入，在确保桩中心与内护筒中心偏差小于 50mm 后，将护筒四周用黏性土回填并夯实至湖底土层标高，以防翻浆。检查各部分控制尺寸后，可进入正常钻孔施工。灌注桩施工具体流程如图 3.7－22 所示。

水下混凝土施工工艺及浇灌技术要求施工工艺为：安设导管→安放隔水栓→灌注首批混凝土→剪断铁丝→继续灌注混凝土、提升导管→灌注完毕、拔出导管。水上施工平台上钻机就位进行成孔作业如图 3.7－23 所示。

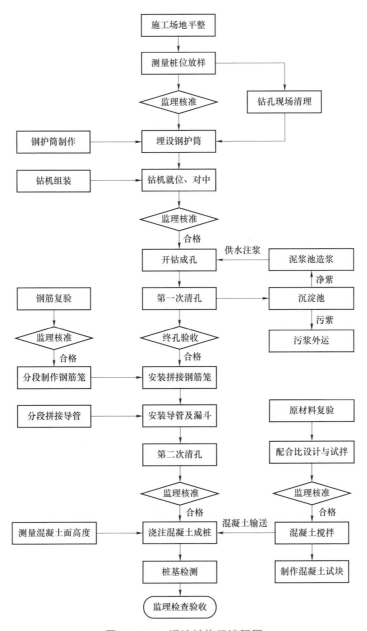

图 3.7－22 灌注桩施工流程图

　　泥浆处理与外运，根据现场施工实际情况，泥浆排放采用专用泥浆船外运输至岸上方式。现场施工过程中需要严格控制泥浆排放，严禁直接将泥浆排放至水域内。施工前，采用专用船舶停靠在平台边缘，作为移动沉淀池和泥浆池，钻孔施工完成后，将泥浆进行外运，运输至指定地点进行排放。

图 3.7－23　水上施工平台上钻机就位进行成孔作业

（3）装备及施工。该工程施工采用钻孔灌注桩作业平台＋混凝土运输船＋内外双护筒的施工工法进行机械化施工。工法采用先搭设作业平台、激振器埋设内外护筒、灌注桩钻孔、成孔成熟工艺的施工方法，采用了混凝土运输船舶取代作业区域受限情况下采用自拌混凝土，有效避免大方量混凝土浇筑自拌效率无法满足可能造成的质量问题，缩短了施工周期，节约大量人工成本。现场工程应用实景如图 3.7－24、图 3.7－25 所示。

图 3.7－24　水上混凝土运输船舶浇筑作业

图 3.7－25　水上灌注桩施工成品

（4）工程应用成效。对该工程位于太湖内的 5E5－SJ2 塔型分别采用单桩基础和群桩基础进行计算对比，工程量对比结果见表 3.7－19。

表 3.7－19 工程量对比结果

桩型式	桩径 （m）	桩长 （m）	承台尺寸 （m）	承台埋深 （m）	桩数量	桩混凝土量 （m³）	承台混凝土量 （m³）	钢筋量 （kg）
单桩	2.4	20.3	/	/	1	95.5	/	6216
承台桩	0.8	25	4×4	2.1	4	51.2	20	9985

可见采用单桩基础混凝土量较高，但钢筋量较省。而采用单桩基础可以避免在水上平台上搭建脚手架，可以节省施工措施费。综合比较下采用单桩基础经济性更优。

从施工安全作业风险方面，采用机械运输、浇筑，基础施工全过程实现了机械化施工，避免人员大量原材料堆积造成平台受力不足的安全风险，同时施工效率大大提升。

从环保效益看，单桩基础减少了基础灌注桩数量和开挖量、节约了材料耗量，减小了基础对重要水域的占用，从而减小对环境的破坏，降低了碳排放，有着显著的环保效益。

该工程采用钻孔灌注桩作业平台＋混凝土运输船＋内外双护筒的基础典型施工工法可完成钻孔、清孔、混凝土灌注等多工序机械化施工，减少了人工干预，保障了施工质量，提高了施工效率。缩短基础施工周期约 50%。

3.7.4.2 平原地形 220kV 线路工程

（1）应用条件。江苏某 220kV 线路工程双回线路长 19.6km，新建 220/110 混压同塔四回挂双回线 2×1.3km、同塔双回 2×8.2km、利用已建同塔双回单侧挂线 1×0.6km。220kV 导线截面为 2×400mm²，110kV 导线截面为 2×300mm²，全线地线为双根 48 芯 OPGW。场地沿线区位于长江下游南岸，地形较为平坦，水系较发育，交通条件便利。地貌单元属冲积平原，地面高程在 9.96～11.00m，场地地形较为平整开阔。

（2）工程设计情况。该工程铁塔采用 2E2、2E3、2E5 和 2/1I2A 模块，全线 220kV 部分共计 36 基，直线塔 13 基，转角塔 18 基，终端塔 5 基。根据具体塔位地形地质条件选用基础，采用钢筋混凝土板式基础、单桩灌注桩基础、承台灌注桩基础。

（3）装备及施工。桩基础钻孔在道路条件允许的条件下优先采用旋挖钻机成孔（见图 3.7－26），其他桩位采用回转钻机成孔（见图 3.7－27），成孔后按照钻孔灌注桩工艺进行基础施工（见图 3.7－28）。

图 3.7－26　旋挖钻机成孔

图 3.7－27　回转钻机成孔

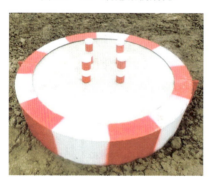

图 3.7－28　灌注桩基础成品

板式基础采用履带式挖机进行开挖（见图 3.7－29），开挖至接近坑底时采用人工清槽，防止标高超差，然后按照大开挖基础工艺进行钢筋绑扎、模板安装，混凝土浇筑施工。

（4）工程应用成效。该工程地质条件下，基础上拔力在 1500kN 左右时板式基础和灌注桩基础造价最接近，但依然有 1.14 倍。板式基础成品如图 3.7－30 所示。总的来说采用灌注桩基础型式经济性要好于板式开挖基础型式，板式基础与灌注桩基础对比值如图 3.7－31 所示。

图 3.7 - 29 履带式挖机开挖

图 3.7 - 30 板式基础成品

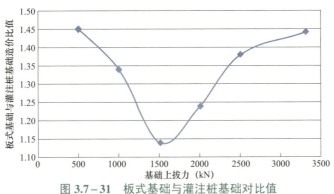

图 3.7 - 31 板式基础与灌注桩基础对比值

板式基础与灌注桩基础的人员配置及施工效率对比（见表 3.7－20）：

1）人员配置：一般情况下，一个灌注桩施工组配置 6～8 人，一个大开挖施工组配置 8～10 人，灌注桩基础人员配置较少。

2）施工机械配置：灌注桩基础施工需要配置钻机、泥浆泵、流动式起重机、钢筋焊接设备等，大开挖基础施工需要配置挖机、钢筋焊接设备等，大开挖基础机械设备配置较少。

3）单基基础方量为 100m³ 时，灌注桩基础施工周期在 5～7 天，大开挖基础施工周期在 8～10 天，灌注桩基础施工周期较短。

表 3.7－20   施 工 效 率 比 较

基础形式	人员配置	机械配置	施工周期
灌注桩基础	6～8 人	钻机、泥浆泵、流动式起重机、钢筋焊接设备	5～7 天
板式基础	8～10 人	挖机、钢筋焊接设备	8～10 天

3.7.4.3 山地丘陵地形 500kV 线路工程

（1）应用条件。四川某 500kV 线路工程长度约 100.3km，全线采用单回路架设，导线型号为 4×JL3/G1A－400/35，地线型号为双 OPGW－150 和 OPGW－120。该工程设计基本风速 27m/s 和 30m/s，导线设计覆冰厚度 10mm，地线设计冰厚较导线增加 5mm。地形比例——山地：丘陵＝63%:7%；地质比例——岩石:松砂石:普通土:坚土:泥水:水坑＝40%:51%:1%:4%: 3%: 1%。

（2）工程设计情况。该工程直线塔选用 500－KC21D 模块，耐张塔选用 500－KD21D 模块。采用的基础形式为挖孔基础、灌注桩基础、岩石锚杆基础、微型钢管桩基础。工程共 215 基铁塔，其中 197 基采用挖孔基础，均采用机械化施工。应用挖孔基础的塔位地层覆盖层厚度大多在 2m 以内，地质条件为上覆可塑～硬塑黏土，以下为砂岩/砂泥岩互层/泥岩的地层。

进行挖孔基础设计时，为了有利于机械化施工的开展，考虑了以下几个方面：取消基础扩大头；基础桩径按 0.2m 的倍数选取，减少钻头数量；增加钢筋笼支撑钢筋，以便钢筋笼的吊装。该工程使用的挖孔基础桩径 1.0～1.6m，埋深 5～14m。

（3）装备及施工。该工程全面采取"旋挖钻机＋分体式旋挖机"开挖基础，实现基础施工人员不下坑。机械挖孔基础施工时应保证钻机工作范围内地面平整和压实，坑口按要求设置护壁。旋挖钻机主要型号见表 3.7－21。

表 3.7－21　　　　　　　　　挖孔基础旋挖钻机型号

旋挖钻机型号	总功率（kW）	最大钻孔直径（m）	最大钻孔深度（m）	总重（t）	起吊质量（t）	行走状态宽度（m）	适用范围
KR50 型	50	1.2	10	12	1.5	2.2	普通土、砂层
KR110D 型	110	3.2	20	28	5	2.6	普通土、强风化岩石、卵石层
KR150A 型	150	3.2	28	36	5	2.6	中风化岩石，岩石硬度 60MPa 以下
徐工—XR180L	194	1.5	20	38	5	2.8	中风化岩石，岩石硬度 40MPa 以下
徐工—XR200L	220	2.0	25	40	5	3.5	中风化岩石，岩石硬度 60MPa 以下

因工程部分塔位交通条件较差，旋挖钻机进场较困难，采用了分体式旋挖机进行挖孔基础施工。目前，分体式旋挖机已迭代升级至第四代，极限工况硬度达到 40MPa、效率 0.5m/h，填补了行业装备空白。挖孔基础施工及成品如图 3.7－32 所示。

（a）履带旋挖钻机施工

图 3.7－32　挖孔基础施工及成品（一）

(b) 分体式旋挖机施工

(c) 钢筋笼整体吊装

(d) 山区机械挖孔基础成品

图 3.7－32　挖孔基础施工及成品（二）

（4）工程应用成效。该工程为四川省山地丘陵地区首个全过程机械化施工工程，基础均按照机械化施工模式进行设计。与人工挖孔基础相比，机械挖孔基础取消了扩大头，减小了桩径、增大了埋深，基础本体工程量相差不大，但护壁工程量减少约 40%。同时，采用机械化施工降低了安全风险、提高了施工质量、大幅提升了施工效率。基础施工采用机械开挖代替人工开挖，消除三级及以上风险 215 项；机械化施工基坑开挖成型标准，钢筋笼整体吊装，采用 100%预拌混凝土浇筑，成桩低应变结果全部优良，无Ⅲ、Ⅳ类桩，Ⅰ类桩比例达 97%；基础施工阶段采用旋挖机、分体式挖孔机和商混，人员较常规施工方式减少 334 人，压降率 39%，单基效率提升 46%。

　　该工程全过程机械化施工较常规施工共减少 640 人以上，人员压降率 31.5%，大幅降低了人员劳动强度。工程有效施工时间为 121 天，保证了工程在迎峰度夏关键节点顺利投运。

组塔机械化施工

本章以机械化组塔施工为主线，首先介绍了为服务机械化施工要求而进行的杆塔优化设计，然后介绍了目前架空线路组塔常用装备及其性能，最后以实际工程案例介绍了机械化组塔的具体应用情况。

4.1 技 术 要 点

1. 施工要求

（1）组塔要优选成熟安全的组塔机械化施工方案，包括履带式起重机、轮式起重机组塔，以及落地双摇臂抱杆、双平臂抱杆、四摇臂抱杆、单动臂抱杆组塔，直升机组塔等，具体组塔装备需要综合铁塔设计方案、场地条件、进场道路等诸多因素确定，综合制定切实可行的施工方案。

（2）施工单位要通过图纸会检、设计交底等方式深入研究工程所配置塔型的特点，加强交流，汲取设计单位在机械化施工方面的思路及设计方案，充分理解铁塔组立机械化施工可以借鉴的设计亮点；要做好方案执行的监督工作，着重关注施工方案执行情况、塔材保护及补强措施、规程规范的落实情况，确保现场组塔安全高效，发挥机械化施工对现场的安全、工效的促进作用。

（3）杆塔组立施工应执行《架空输电线路铁塔分解组立施工工艺导则》（Q/GDW 10860—2021）、《110kV～750kV 架空输电线路施工及验收规范》（GB 50233—2014）；铁塔组立应有防止塔材变形、磨损的措施，临时接地应连接可靠，接触良好。每段安装完毕铁塔辅材、螺栓应装齐，严禁强行组装；在施工过程中需加强对基础和塔材的成品保护。

（4）组立施工要严格按照方案执行，切不可随意更改现场布置及吊点位置；塔脚板就位后，上齐匹配的垫板和螺母，及时拧紧地脚螺母并做好防卸措施，吊装过程中钢丝绳与塔材接触处要采取相应的镀锌层保护措施，塔片吊装及时进行补强；组立完成后拧紧螺母并做好防卸措施，塔脚板与主材之间不应出现缝隙，塔脚板与基础面应接触良好，出现空隙时应加铁片垫实，并应浇筑水泥砂浆。

（5）为更好地开展机械化施工，建议将施工与属地介入关口前移，在可研阶段提出施工及属地的相关建议，以便于更好的配合设计单位开展机械化相关设计，相当一部分施工方案的制定在设计阶段已经确定。

（6）在人员配置方面需要结合选定的施工方案，充分考虑设备操作、安全监护、现场指挥、后勤保障等人员配置；结合以往施工经验，充分考虑高空工作内容、效率以及设备吊装效率从而反推地面配合人员数量，最终确定班组人员配置。

2. 质量控制要求

（1）组塔施工前要严格检查基础强度是否满足组塔要求，基础混凝土强度必须经第三方质量检测，分解组塔混凝土强度需达到设计强度的 70%，整体组塔需满足 100%。

（2）各构件的组装应牢靠，交叉处有空隙时应装设相应厚度的垫圈或垫板。螺栓加垫时，每端不宜超过 2 个垫圈。螺栓应与构件平面垂直，螺栓头与构件间的接触不应有空隙。螺栓的螺纹不应进入剪切面。

（3）个别螺栓需扩孔时，扩孔部分不应超过 3mm。当扩孔需要超过 3mm 时，应先堵焊再重新打孔，并应进行防锈处理，不得用气割扩孔或烧孔。

（4）自立式转角塔、终端塔应组立在斜平面的基础上，向受力反方向预倾斜，预倾斜符合规定。

（5）铁塔组立后，各相邻主材节点间弯曲度不得超过 1/750。

（6）螺栓穿向应一致美观，并符合规范要求。螺母拧紧后，螺杆露出螺母的长度：对单螺母，不应小于两个螺距；对双螺母，可与螺母相平。螺栓露扣长度不宜超过 20mm 或 10 个螺距。

（7）防盗螺栓安装到位，安装高度符合设计要求。防松帽安装齐全。

（8）架线前需对全塔螺栓进行紧固，架线后复紧，螺栓紧固率满足规范要求。

（9）直线塔结构倾斜率：对一般塔不大于 0.3%，对高塔不大于 0.15%。耐张塔架线后不向受力侧倾斜。

4.2　起重机组塔技术

4.2.1　履带式起重机组塔

1. 装备概述

履带式起重机是具有履带底盘的动臂起重机，在输电线路工程施工中可利用其分解组立或整体组立铁塔。履带式起重机具有履带接地面积大、通过性好、适应性强、可带载行走等优点。利用履带式起重机的主臂和副臂可完成不同高度、不同质量的塔材吊装。除常规履带式起重机外，还有针对输电线路铁塔特点专门研制的履带式电建起重机，如图 4.2－1 所示，适用于 35～500kV 输电线路工程平地、丘陵、山地、沙漠、沼泽等多种地形下铁塔组立施工。

图 4.2－1　履带式电建起重机

2. 装备组成

履带式起重机结构组成如图 4.2－2 所示，由底盘、转台、吊臂、配重、动力装置、传动机构、控制装置、吊钩等组成。

（1）底盘：包括行走机构和行走装置，可在带载条件下行走。

（2）转台：通过回转支撑安装在底盘上，在起重作业时可以回转。

（3）吊臂：桁架式（或伸缩式）结构，用来支撑起升机构起吊载荷的钢结构。

（4）配重：安装在转台尾部，确保起重机工作稳定性。

（5）动力装置：即动力源，为起重机提供驱动力。

（6）传动机构：将动力传递给各个工作机构。

（7）控制装置：用来控制和操纵履带式起重机，实现行走、吊装作业。

（8）吊钩：履带式起重机的取物装置。

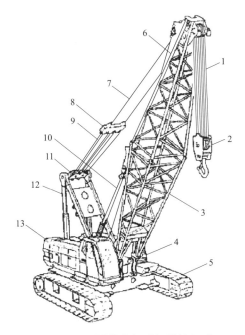

图 4.2－2 履带式起重机结构组成

1—起升钢丝绳；2—吊钩；3—吊臂；4—转台；5—底盘；6—上部吊臂；

7—吊臂钢丝绳；8—变幅滑轮组；9—变幅钢丝绳；10—吊臂后仰防止装置；

11—门架滑轮组；12—门架；13—配重

3. 装备型号

（1）常规履带式起重机型号及主要技术参数见表 4.2－1。

表 4.2－1   履带式起重机型号及主要技术参数

参数	ZQUY55	ZQUY80	ZQUY150	ZQUY220	ZQUY280
主臂最大起重量（t）	55	80	150	220	280
副臂最大起重量（t）	5	7	15	35	37
主臂长度（m）	13～52	13～58	19～82	18～87	18～87
固定副臂长度（m）	9～15	9～18	12～30	12～36	12～36
最高回转速度（r/min）	1.5	2	1.5	1.22	1.3

续表

参数	ZQUY55	ZQUY80	ZQUY150	ZQUY220	ZQUY280
最高行驶速度（km/h）	1.3	1.2	1	1	1.1
爬坡度（%）	30	30	30	30	30
最大单件运输质量（t）	31	38	46	55	58
长×宽×高（m）	11.5×3.45×3.4	13.5×3.4×3.2	11.5×3.30×3.30	12.02×3.4×3.4	12.53×3.47×3.46
整机质量（t）	51	78	150	230	252

（2）STB400T6 履带式电建起重机主要技术参数见表 4.2－2。

表 4.2－2　　　　STB400T6 履带式电建起重机主要技术参数

技术指标		参数
外形尺寸	整机全长（mm）	13 355
	整机宽度（缩回）（mm）	4700（3000）
	整机高度（mm）	3270
	主、从动轮中心距（mm）	5082
	履带板宽度（mm）	700
主臂工况	最大额定起重量（t）	30
	主臂长度（m）	10.6～48
	主臂俯仰角度（°）	－2～80
	最大额定起重力矩（t•m）	137.5
固定副臂工况	最长主臂+最长副臂（m）	48+16
	主、副臂夹角（°）	0、15、30
工作速度	主副卷扬绳速度（m/min）	0～140
	吊臂全起/落时长（s）	50/80
	吊臂全伸/缩时长（s）	380/360
	回转速度（r/min）	2.5
	空载行走速度（km/h）	0～3
发动机	型号	WP6G190E301－140kWNR3
	额定功率	140/2000

技术指标		参数
钢丝绳	直径（mm）	∅16
运输参数	整机质量（t）	45.5
	最大单件运输质量（t）	33.5
	运输尺寸（长×宽×高）（mm）	13 355×3000×3270
其他参数	平均接地比压（MPa）	0.065
	最小回转半径（mm）	4330

4. 施工要点

（1）塔腿段吊装。

1）吊装塔脚板及主材时，履带式起重机宜根据实际情况布置于塔身内侧或外侧。应先吊装塔腿的塔脚板，并紧固地脚螺栓，再吊装主材。吊装主材时，应采取打设外拉线等防内倾措施。

2）三个侧面构件可采用分解吊装方式吊装。吊装时，应先吊装水平材，后吊装斜材。水平材吊装过程中，可采用打设外拉线等方式调整就位尺寸。

3）内隔面构件可采用分解吊装方式吊装。内隔面水平材就位过程中，可采用打设外拉线等方式调整就位尺寸。

4）预留侧面构件吊装时，履带式起重机宜布置于塔身外侧。

5）在塔体强度满足要求的情况下，可将塔腿段和与之相连的上段合并成一段进行分解吊装。其中，侧面构件吊装应自下而上进行。

（2）塔身段吊装。

1）起重机布置于塔身外侧，按每个稳定结构分段吊装。先吊装其中一个面，然后再吊装相邻两个面，依次完成四个面的吊装。对塔身上部结构尺寸、质量较小的分段，可采用整段或分片吊装方式吊装。整段吊装时，四个吊点应选在上主材节点处，螺栓应紧固到位；分片吊装时，两吊点应选在两侧主材节点处，距塔片上段距离不大于该片长度的1/3，对于吊点位置辅材较弱的吊片，应采取补强措施。

2）吊装塔身时，根据实际情况，采取打设外拉线等防内倾措施和就位尺寸调整措施。

（3）曲臂吊装。

1）宜整体吊装曲臂。

2）上下曲臂就位后，应及时装设两侧上曲臂的连接控制绳。

3）起重机伸出臂长应有适当余量，并应防止塔件碰撞吊臂。

（4）横担吊装。

1）组装横担时，由流动式起重机辅助塔材组装。

2）吊装横担时，履带式起重机宜布置在需吊装横担的重心线顺线路方向，流动式起重机站车位置距横担重心宜为 15～18m。按照吊装工况采用主臂加副臂，主臂仰角、副臂安装角依据吊装高度及横担质量综合选用。

3）横担的吊装应采取由下往上的顺序，即先吊装下层横担，再吊装上层横担。

4）地线支架和导线横担采用整体吊装、分段吊装或分前后片吊装；耐张塔地线支架与跳线架均整体吊装，导线横担采用分段吊装、前后片吊装或分段分前后片吊装；转角塔同直线塔分段，但外角外侧横担分片吊装。吊装横担时，吊点绳宜绑扎在吊件重心偏外的位置；起吊时，横担外端略上翘，就位时先连接上平面两主材螺栓，后连接下平面两主材螺栓。

5）酒杯型塔宜整体吊装横担及顶架。当横担整体质量较大时，应先整体吊装中横担，再分别吊装两边横担及地线支架。

6）干字型塔，应先吊装导线横担，再吊装地线支架及跳线支架。

7）羊字型铁塔横担，应按先下后上顺序吊装。

8）钢管杆组立时，对于质量较轻的可以整体吊装；质量较重的，应按先下后上顺序吊装。

9）起重机伸出臂长应有适当余量，并应防止塔件碰撞吊臂。

（5）注意事项。

1）起重机自重大，对地压力高，作业时重心变化大，应在平坦坚实的地面上作业、行走和停放。

2）为保证起重机的正常使用，在起重机作业前必须按照以下要求进行检查：各安全防护装置及各指示仪表齐全完好，钢丝绳及连接部位符合规定，燃油、润滑油、液压油、冷却水等添加充足，各连接件无松动。

3）内燃机启动后，应检查各仪表指示值，进行空载运转，顺序检查各工作机构及其制动器，确认正常后方可作业。

4）作业时，俯仰变幅的吊臂的最大仰角不得超过出厂规定。当无资料可查时，不得使用该设备，以防止吊臂后倾造成重大事故。

5）下降吊臂的操作，应严格遵守起重机说明书规定。

6）起吊载荷接近满负荷时，其安全系数相应降低，操作中稍有疏忽，就会发生超载，在起吊载荷达到额定起重量的 90%及以上时，升降动作应慢速进行,并严禁同时进行两种及以上动作。

7)起重机如需带载行走,由于机身晃动,吊臂随之俯仰,幅度也不断变化,所吊重物也因惯性而摆动,形成斜吊,因此,重物质量不得超过允许起重量的 70%。行走道路应坚实平整,重物应在起重机正前方,便于操作员观察和控制,重物离地面不得大于 500mm,并应拴好拉绳,缓慢行驶。

8)起重机在不平地面上急转弯容易造成倾翻事故,因此,起重机行走时转弯不应过急;当转弯半径过小时,应分次转弯;当路面凹凸不平时,不得转弯。

9)起重机上下坡时,起重机的重心和吊臂的幅度随坡度而变化,因此,起重机上下坡道时应空载行走,上坡时应将吊臂仰角适当放小,下坡时应将吊臂仰角适当放大。下坡空挡滑行将失去控制造成事故,严禁下坡空挡滑行。

5. 应用效果分析

(1)履带式起重机有较大的起重能力,操作灵活,使用方便,在平坦坚实的道路上还可带载行走。

(2)履带式起重机行走速度慢,易造成路面损坏,在长距离转移时应使用平板车运输,运输成本较高。

(3)履带式起重机到达现场后一般需要组装,尤其是大吨位履带式起重机,相比较来说组装、运输成本占比较高,如果是施工周期较短不如轮式起重机更为便捷。

(4)履带式起重机对道路承载力要求较高,投入使用前应视现场情况而定。戈壁滩等路况较差、但承载力较好的地形可以推广应用履带式起重机,大大减少修路成本。

(5)使用履带式起重机代替传统悬浮抱杆组塔不仅极大降低了施工安全风险,也显著提高了工效、缩短了工期,减少了人工投入,对推动输电线路组塔机械化施工具有较大意义。

4.2.2 轮式起重机组塔

1. 装备概述

轮式起重机是将起重机构安装在加重型轮胎和轮轴组成的特制底盘上的一种全回转式起重机,如图 4.2-3 所示。轮式起重机能够在公路上高速行驶,在输电线路工程施工中可利用其分解组立或整体组立铁塔。

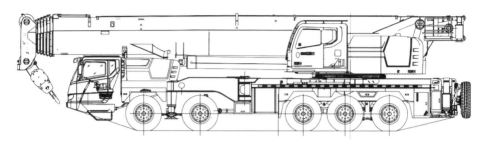

图 4.2－3　轮式起重机

2. 装备组成

轮式起重机结构组成如图 4.2－4 所示，主要包括吊臂、回转系统、伸缩系统、变幅系统、动力和传动系统、支腿、平衡重、操纵室等。

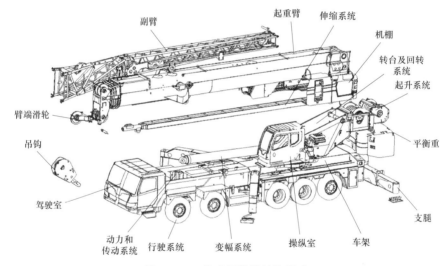

图 4.2－4　轮式起重机结构组成

（1）吊臂：有桁架式和箱型伸缩式两种，起重作业时，在臂架平面和垂直臂架平面的两个平面上承受压、弯联合作用，起吊载荷。

（2）回转系统：用来支撑起重机回转部分的自重和起升载荷的垂直作用及倾翻力矩作用，并在驱动装置的作用下绕回转中心做整周旋转。

（3）伸缩系统：用来改变伸缩式吊臂的长度，并承受由起升质量和伸缩臂质量所引起的轴向载荷。

（4）变幅系统：起重机通过变幅机构改变吊臂的仰角，从而改变作业幅度。

（5）动力和传动系统：动力源为起重机提供驱动力，并将动力传递给各个工作机构。

（6）支腿：用于扩大起重机的支撑基面，提高整车吊装载荷的稳定性。

（7）平衡重：安装在转台尾部，确保起重机工作稳定性。

（8）操纵室：安装有操纵系统，用于控制和操纵轮式起重机，实现吊装作业。

3. 装备型号

轮式起重机型号及主要技术参数见表 4.2－3。

表 4.2－3　　　　　　　轮式起重机型号及主要技术参数表

参数	QY16K	QY20	QY25E	QY70	QY100
主臂最大起重量（t）	16	20	25	70	100
主臂长度（m）	10.17～24.7	10.4～26.2	19～82	11.6～44	12.8
固定副臂长度（m）	8.1	7.5	12～30	9.5～16	18.1
最高回转速度（r/min）	2.1	3	3	1.6	2
最高行驶速度（km/h）	69	63	63	75	75
爬坡度（%）	32	25	23	35	40
长×宽×高（m×m×m）	11.8×2.5×3.2	12.3×2.5×3.5	12.4×2.5×3.5	14.1×2.7×3.7	15.2×3×3.9
整机质量（t）	21.5	25	26.4	25.2	54.8

4. 施工要点

（1）施工准备。施工前应对作业现场和被吊塔材进行实际勘察，对轮式起重机进行安全检查。

（2）起重作业。轮式起重机组塔作业与履带式起重机基本相同，以下介绍轮式起重机操作要点。

1）主起升操作：载荷起升（主吊钩上升）：操纵手柄后拉；载荷下落（主吊钩下降）：操纵手柄前推；停止动作：操纵手柄返回中位。改变操纵手柄的幅度大小并利用油门踏板控制主起升机构的工作速度。

2）副起升操作：载荷起升（副吊钩上升）：操纵手柄后拉；载荷下落（副吊钩下降）：操纵手柄前推；停止动作：操纵手柄返回中位。改变操纵手柄的幅度大小并利用油门踏板控制副起升机构的工作速度。

3）自由滑转操作方法：为防止起吊重物时有侧载，在起升操作的同时，按住操纵手柄上自由滑转按钮，开启自由滑转功能。吊臂自由滑转对正重物重心，待重物离地后再松开自由滑转按钮。左右操作手柄均有自由滑转按钮。

（3）伸缩操作。主臂伸缩操作前，应先将仪表盘上"伸缩/副卷切换开关"复位。主臂伸缩方式有自动和手动两种。伸缩速度由操纵手柄的幅度和油门大小共同调节。选择自动方式时，只需在显示器上选择臂长伸缩代码，将操纵手柄向前或向后扳动，即可实现自动伸缩。

（4）变幅操作。

1）变幅起臂：将右操纵手柄向左扳；变幅落臂：将右操纵手柄向右扳；停止：操纵手柄处于中位；变幅起臂速度由操纵手柄和油门控制。

2）主臂仰角与总起重量、工作半径关系：落臂时工作半径加大，而额定起重量则减小；起臂时工作半径减小，而额定起重量则增加。

（5）回转操作。右回转：将左操纵手柄向右扳；左回转：将左操纵手柄向左扳；停止：将操纵手柄处于中位；可用脚踏开关进行回转的制动操作。改变操纵手柄的幅度大小并利用油门踏板来控制起重机回转的速度。

（6）复合动作操作。根据实际作业需求，在低于单绳拉力额定值 30%的工况下，允许进行复合动作操作。起重作业时，不同动作组合时需要遵循一定的原则。必须在可允许的范围内操作起重机。具体原则如下：

1）伸缩可以和其他动作进行复合（仅限于空载时使用），但伸缩和副卷不能复合。

2）主卷可以和变幅、回转、副卷动作组合；副卷可以和变幅、回转动作组合。

（7）注意事项。

1）轮式起重机须经过培训并经考试合格取得资质证书的人员方能操作，且作业时需满足现场坏境温度、风力要求。

2）调试或作业时安全注意事项。不适当的操作如下：

a. 重物未离开地面就进行回转；

b. 卷扬上的钢丝绳乱绳；

c. 在工况表规定的起重机配置状态之外工作；

d. 在工况表规定的工作半径和回转范围之外工作；

e. 起吊重物时回转过快，或在不平整的地面上起吊重物；

f. 在不适合的条件下作业，特别是斜拉重物或吊起的重物突然松散；

g. 作业时速度过快，如回转太快、作业时快速制动；

h. 重物捆绑不当或悬空时打转；

i. 支腿跨距未伸到起重性能表中的规定值；

j. 起重机未在水平状态下作业，在重物作用下引起转台回转。

2）如果力矩限制器在使用过程中出现故障或者工作不正常，应立即停止操作。

3）力矩限制器仅对起重机吊臂垂直平面内的超载力矩起防护作用，不能防护斜吊、侧向风载、地面的倾斜或陷落。起重机操作员不能因有力矩限制器而忽略起重机的有关安全操作规程。

4）吊臂侧弯量过大需进行调整。

5）使用前应进行空载操作，检查各操纵杆和开关有无异常现象，如有应立即修理。

6）如起升钢丝绳超过其最大拉力，钢丝绳绳头可能会滑脱，钢丝绳可能被拉断，损坏起升减速机或其马达。

7）吊件离开地面约 100mm 时，应暂停起吊并进行检查，确认正常且吊件上无搁置物及人员后方可继续起吊。

8）因钢丝绳打卷而导致吊钩旋转时，应把钢丝绳完全解开后方能起吊。

9）突然卸载或钢丝绳断裂，吊臂端部力突然释放将导致起重机向后倾翻。

10）起重作业时禁止进行检查和维修。

11）起重作业时操作员应集中精力，对指挥员的信号做出及时反应，对停止信号应服从。

12）起重作业时应注意观察周围情况，避免发生事故。

5. 应用效果分析

（1）轮式起重机车身紧凑，通过性能强，行驶速度快，适于长距离迅速转场，机动性能好。

（2）轮式起重机基本可以满足 500kV 及以下输电线路铁塔整体组立需要，也可辅助完成特高压工程中 70%～80%铁塔的组立施工。

（3）采用轮式起重机进行铁塔组立，可有效降低组塔施工安全风险，减少人工投入，提高施工效率，缩短有效施工周期，对推动输电线路组塔施工机械化具有重要意义。

4.2.3　起重机组塔对接装置

1. 装备概述

起重机组塔对接装置（简称对接装置，见图 4.2-5）是一种用于输电线路铁塔分段组立的工器具，依靠对接装置各部件辅助，可实现被吊塔段自动到达预定就位位置，避免作业人员在带载吊臂、被吊塔段下方进行安装作业。对接装置结构简单、使用方便，能够减少高处作业人员辅助就位耗时，提高铁塔吊装工作效率，同时，避免塔段下方高空作业人员辅助，降低施工安全风险。

图 4.2-5　起重机组塔对接装置

2. 装备组成

对接装置由水平限位部件、导向部件、垂直限位部件组成。通常对接装置在塔段对接位置 4 根主材处各安装一套，4 套对接装置配合使用。

水平限位部件如图 4.2-6（a）所示，安装于被吊塔段下端，并在相邻两水平限位部件的外侧通过花篮螺栓连接水平限位绳，为被吊塔段就位提供更大范围的限位。钢丝绳应稍有松弛，以免造成铁塔主材变形而使尺寸改变。

导向部件如图 4.2-6（b）所示，安装于已就位塔段上端，其上方设有倾斜导轨。对接过程中，导向部件对被吊塔段起导向作用，保证被吊塔段在对接位置存在偏差的情况仍能到达预定就位位置。

垂直限位部件如图 4.2－6（c）和（d）所示，安装于已就位塔段主材外侧，其上设有承台。对接完成后，被吊塔段落至承台上，垂直限位部件对被吊塔段起定位作用，同时，在施工人员完成被吊塔段和已就位塔段连接前，垂直限位部件对被吊塔段起临时承托作用。

（a）水平限位部件

（b）导向部件

（c）垂直限位部件（外包角钢连接用）　　　（d）垂直限位部件（内包角钢外包铁连接用）

图 4.2－6　对接装置组成

3. 装备型号

对接装置根据适用铁塔的主材连接方式可分为：内包角钢外包铁用对接装置、外包角钢用对接装置，对接装置分段吊装示意图如图4.2-7所示。

(a) 外包角钢连接形式　　　　　　　(b) 内包角钢外包铁连接形式

图 4.2-7　对接装置分段吊装示意图

1—水平限位部件；2—导向部件；3—垂直限位部件

目前国内主要在 110kV 和 220kV 输电线路单肢角钢铁塔塔身段吊装施工中使用对接装置，其主要技术参数见表 4.2-4。

表 4.2-4　　　　　　　　对接装置主要技术参数

参数名称		110kV 输电线路铁塔（外包角钢）用对接装置	220kV 输电线路铁塔（内包角钢外包铁）用对接装置
型号		ZDJ-W-30/2.6	ZDJ-N-30/3
额定载荷（kN）	导向部件水平方向	2.6	3
	垂直限位部件垂直方向	30	30
展开翼长度（mm）		350	400
导轨长度（mm）		400	450
导轨倾斜角度（°）		23	20

4. 施工要点

（1）铁塔底段对接装置安装及吊装。

1）铁塔底段吊装。

a. 铁塔底段吊装有分段吊装和分片吊装两种方式。根据铁塔底段质量、根开尺寸选择吊装方式。

b. 分段吊装前将导向部件和垂直限位部件分别安装于被吊塔段主材上端，被吊塔段主材下端进行补强，防止主材在起吊过程中变形，吊点绑扎处两侧应采取保护措施。

c. 分片吊装方式参考《110kV～750kV 架空输电线路铁塔组立施工工艺导则》（DL/T 5342）的相关要求，将每根铁塔腿部及塔脚组成整体，完成导向部件、垂直限位部件安装。

d. 铁塔底段吊装完成后，及时将接地引下线与铁塔连接牢固。

2）外包角钢连接形式导向部件、垂直限位部件安装。

导向部件安装于已就位塔段的主材内侧，与主材紧密贴合，并通过下方螺栓孔，使用定位螺栓与已就位塔段主材连接，垂直限位部件通过连接板与导向部件连接。

3）内包角钢外包铁连接形式导向部件、垂直限位部件安装。

导向部件通过搭板搭在已就位塔段内包角钢上端外侧，内侧通过顶紧螺栓将其顶紧在内包角钢上，上部通过链条缠绕主材及法兰，将导向部件和塔材固定在一起。垂直限位部件利用已就位塔段螺栓孔连接于塔段主材外侧。

（2）中间塔段对接装置安装及吊装。

1）中间塔段起吊。

按照上述方法在已组立塔段主材上端安装导向部件、垂直限位部件。在被吊塔段主材下端进行补强，防止主材在起吊过程中变形。通过起吊装置将被吊塔段与流动式起重机相连，多根吊点绳长度应保持一致，防止被吊塔段在起吊过程中发生扭转、变形。利用流动式起重机将被吊塔段缓慢起立，被吊塔段离地 100mm 时，停止起吊，检查起重系统的稳定性，制动器的可靠性，吊件的平稳性，绑扎牢固性。拆除补强装置，在被吊塔段主材底部安装水平限位部件。

2）外包角钢连接形式水平限位部件安装。

水平限位部件利用被吊塔段螺栓孔安装在外包角钢的外侧，在水平限位部件耳板处布置控制绳，相邻两水平限位部件之间连接限位绳。

3）内包角钢外包铁连接形式水平限位部件安装。

水平限位部件利用被吊塔段主材螺栓孔安装于被吊塔段主材外侧，在水平限位部件上方布置控制绳，相邻两水平限位部件之间连接限位绳。

4）中间塔段对接。

a. 起吊被吊塔段接近已安装塔段上方时，地面辅助人员利用控制绳适当调整被吊塔段位置，使被吊塔段与已就位塔段在俯视平面内四边平行对齐，缓慢下落被吊塔段，在水平限位部件的辅助作用下找准就位中心。

b. 操作起重机吊钩缓慢下降，使被吊塔段借助导向部件滑入就位位置，最终使被吊塔段落至垂直限位部件的承台上。施工人员上塔，利用可用螺栓孔，将被吊塔段与已就位塔段连接。

a）外包角钢连接形式：利用导向部件预留开孔在每根主材安装就位螺栓，将被吊塔段、已就位塔段连接。在已就位塔段塔身部位安装起吊滑车，按照垂直限位部件、水平限位部件、导向部件的顺序拆除各部件。

b）内包角钢外包铁连接形式：拆除导向部件、水平限位部件，然后每根主材拆除一侧垂直限位部件，将外包铁旋转找正，安装已找正侧剩余就位螺栓。再拆除另一侧垂直限位部件，按前述方法安装另一侧外包铁及剩余就位螺栓。

c. 解开绑扎点，起重机松开与被吊塔段的连接，并移开吊臂。完成未安装辅材的连接和固定。

d. 后续中间塔段的组立参照上述步骤实施。

（3）顶端塔段对接装置安装及吊装。顶段塔段对接装置安装及吊装施工要点与中间塔段对接装置安装及吊装相同，只是无须在塔段顶端安装导向部件、垂直限位部件。

（4）注意事项。

1）对接装置使用前应在相应塔段进行试组装，验证对接装置与铁塔主材配合良好；导向部件与塔材间应无台阶等不平滑过渡；各限位部件限位尺寸应正确；螺栓、螺母等连接件与对接装置各部件及铁塔主材不应有干涉。

2）对接装置使用时检查对接装置型号规格，避免混用、错用；出厂时宜按 3 蓝 1 红配色，便于指挥人员观察吊件位置。

3）对接装置如有变形、裂纹时应及时更换。

4）起吊前在被吊塔段主材下端安装补强靴进行补强，防止主材在起立过程中变形。

5）对接过程中，操作起重机主吊钩缓慢下降，下降速度宜控制在 0.03～0.05m/s。

5. 应用效果分析

（1）组塔施工安全风险低。使用流动式起重机进行铁塔分段吊装作业，通过对接装置使被吊塔段自动滑落就位，塔段下方无须高空作业人员辅助就位，降低施工安全风险。

（2）组塔施工效率高。铁塔组立采用分段吊装、分段对接方式，减少高处作业人员辅助就位耗时，提高铁塔吊装工作效率。

4.3 落地抱杆组塔技术

4.3.1 落地双摇臂抱杆组塔

1. 装备概述

落地双摇臂抱杆（如图 4.3-1 所示）利用设置于抱杆杆体上端的两根摇臂实现塔材吊装；与铁塔附着连接，减小了杆体长细比，保证了杆体稳定；可用于铁塔根开、塔头尺寸较大的酒杯塔、大跨越塔等杆塔的组立施工，组塔施工质量和工作效率高，适应性强，是一种广泛用于输电线路铁塔组立的机械化施工装备。

图 4.3-1 落地双摇臂抱杆组立钢管塔

2. 装备组成

落地双摇臂抱杆结构组成主要包括抱杆主体、摇臂、变幅系统、起吊滑车组、抱杆拉线、顶升系统、腰环等，如图 4.3-2 所示。

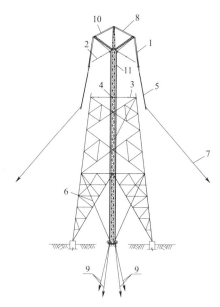

图 4.3－2　落地双摇臂抱杆结构组成图

1—起吊滑车组；2—抱杆拉线；3—附着系统；4—腰环；5—塔材；6—顶升系统；

7—控制绳；8—变幅系统；9—起吊绳、变幅绳；10—摇臂；11—抱杆主体

（1）抱杆主体：包括抱杆杆体、抱杆底座、抱杆帽、旋转段。

（2）摇臂：安装于抱杆上部旋转段上的两根工作臂，通过调幅系统可在 0°～90°范围内变幅。

（3）变幅系统：连接于抱杆帽和摇臂间的滑车组，用于实现摇臂在垂直平面内的旋转变幅。

（4）起吊滑车组：安装于摇臂端部，用于吊装塔材。

（5）抱杆拉线：由四根钢丝绳及相应索具组成。拉线上端通过卸扣固定于抱杆上部拉线挂板上，下端引至铁塔以外的地面或以组立塔身主材的上端节点处。

（6）顶升系统：用于顶升抱杆的液压系统（或滑轮组提升系统），随着铁塔组立高度的递增，逐渐增加抱杆杆体的高度。

（7）腰环：布置在抱杆杆体上，通过附着系统实现抱杆整体稳定性要求，同时使抱杆在顶升（提升）过程中保持竖直状态。

3. 装备型号

随着国内超高压、特高压架空线路高速发展，落地双摇臂抱杆的规格也在不断丰富，抱杆高度、额定起升荷载随着抱杆截面的增加也随之增加，具

体参数见表 4.3-1。

表 4.3-1 双摇臂落地抱杆技术参数

项目	参数			
型号	ZB-2YD-30/11/330	ZB-2YD-40/14/560	ZB-2YD-50/14/700	ZB-2YD-60/16/960
杆体断面 （mm×mm）	600×600	750×750	800×800	900×900
最大工作幅度（m）	11	14	14	16
额定起重载荷（kN）	2×30	2×40	2×50	2×60
额定起重力矩 （kN·m）	330	560	700	960
额定不平衡力矩 （kN·m）	82	140	175	240
独立高度（m）	15	12	15	15

4. 施工要点

（1）抱杆组立。

1）地形条件许可时，可采用流动式起重机组立或倒落式人字抱杆整体组立。

2）地形条件受限时可采用倒落式人字抱杆整体组立上段，利用液压提升套架或提升架提升抱杆下段，液压提升套架或提升架应结合抱杆组立同步安装。

3）地形条件受限时，可先利用小型倒落式人字抱杆整体组立或采用散装方式组立抱杆上半部分。再利用已组立的抱杆上半部分将铁塔组立到一定高度，然后采用倒装提升方式，在抱杆下部接装抱杆其余各段，直至全部组装完成。

4）抱杆组立过程中，应根据其性能要求及时设置腰环、拉线，并应保持抱杆杆身正直。

5）抱杆安装完成后，应对起吊、变幅、回转各系统及安全装置进行调试及参数设置，并应在使用前进行试吊。

（2）塔腿吊装。

1）现场道路及地形条件允许，采用流动式起重机组立塔腿段。

2）两侧吊件应按抱杆中心对称布置，吊件偏角不宜超过5°。

3）吊装塔脚板及主材时，应先对角、对称同步吊装塔腿的塔脚板，再吊装主材。吊装主材时，应采取设置外拉线等防内倾措施。

4）主材吊装完毕后，应对称同步吊装侧面构件。可采用整体或分解吊装方式吊装侧面构件。分解吊装时，应先吊装水平材，后吊装斜材。水平材吊装过程中，应采用设置外拉线等方式调整就位尺寸。

5）侧面构件吊装完毕后，应对称同步吊装内隔面构件。可采用整体或分解吊装方式吊装内隔面构件。内隔面水平材就位过程，应采用设置外拉线等方式调整就位尺寸。

6）对结构尺寸、质量较小的塔腿段，地形条件允许时，可采用成片吊装方式吊装。

（3）抱杆提升。

1）采用滑车组牵引法倒装提升方式时，可在塔身某一合适高度节点处或提升架顶部挂设四套提升滑车组，提升滑车组牵引绳从定滑车引出，再通过地面转向滑车引至地面后进行"四变二变一"或"四变一"组合，最终与地面牵引滑车组相连。采用"四变一"方式时，四套提升滑车组的尾绳应设置测力和调节装置。

2）采用地面液压提升套架倒装提升方式时，加装标准节的操作应在地面进行。

3）抱杆提升过程中，应根据其性能要求，合理设置腰环数量及间距。采用地面液压提升套架进行抱杆首次提升时可设置一道腰环，其余情况抱杆首次提升时，其腰环数量均不得少于两道。腰环设置过程中，应保持杆身正直。

4）抱杆提升完毕后，应及时设置抱杆拉线。

5）采用顶块和提升滚轮形式的腰环，抱杆提升前应先调进滚轮、退出顶块，保证滚轮与杆身之间留有合适间隙，提升完毕后应至少保证最上部两道腰环顶块顶紧杆身。

（4）塔身吊装。

1）根据抱杆承载能力和操作人员熟练程度，可以采用单侧吊装或双侧平衡起吊。采用双摇臂对称吊装，转轴旋转与调幅滑车组协同进行，保证构件顺利就位。

2）单侧吊装时，对侧摇臂的起吊滑车组增加配重，起到平衡拉线的作用。

3）双侧吊装时，抱杆必须调直，双侧塔片对称布置且质量近似相等。起吊前，应检查两侧吊片的起吊点是否始终与抱杆成一直线，否则应调整，避免摇臂承受侧向力。起吊时应缓慢启动两台起吊卷扬机，减少抱杆承受的不平衡弯矩。

4）铁塔塔片应组装在摇臂的正下方，以避免吊件对摇臂及抱杆产生偏心扭矩。单侧吊装时，如受场地限制，吊件的起吊中心对抱杆轴线的偏角符合抱杆设计条件。

5）吊装作业时，当抱杆内拉线与被吊构件有干涉时，预先采取避让措施，不应在吊装中调整抱杆内拉线。

6）两侧塔片安装就位后，将摇臂旋转到另两侧，起吊塔体另两侧面的斜材和水平材。待塔体四侧斜材及水平材安装完毕且螺栓紧固后方可松解起吊索具。

7）对于较宽的塔片，在吊装时采取必要的补强措施。

8）塔身吊装过程中，腰环不得放松。

（5）曲臂吊装。

1）根据抱杆的承载能力及场地条件可采用整体、分段、分片或相互结合的方式对称同步吊装曲臂。

2）曲臂吊装过程中，应根据抱杆强度、稳定性要求，在上下曲臂间设置落地形式等满足抱杆提升、吊装要求的腰环或抱杆辅助落地拉线。

3）曲臂吊点绳宜用倒"V"形钢丝绳，吊点绳绑扎在曲臂的 K 节点处或构件重心上方 $1 \sim 2m$ 处。

4）两侧曲臂吊装完成且紧固螺栓后，在曲臂上口前后侧加钢丝绳和双钩紧线器调节收紧，并测量曲臂上口螺栓孔距离，确认其与横担相应螺栓孔距离是否相符。

（6）横担及地线支架吊装。

1）对酒杯型、猫头型、鼓型塔，根据抱杆承载能力、横担质量、横担结构分段和塔位场地条件，采用横担整体吊装、分段、分片或相互组合的方式对称同步吊装。

2）首先吊装中横担，中横担接近就位高度时，缓慢松出控制绳，使横担下平面缓慢进入上曲臂平口上方。当两端都进入上曲臂上口后，先低后高，对空就位。两侧曲臂间水平距离通过落地拉线及两曲臂间的水平拉线调整，满足就位要求。

3）抱杆最大吊装幅度不能满足边横担、横担顶架吊装时，可采用辅助抱杆进行吊装。辅助抱杆吊装边横担时，顶架横担部分辅材视吊装情况放到后续工序中安装。

4）也可采用横担顶架挂设起吊滑车组起吊边横担的方式，利用辅助抱杆吊点绳对横担顶架挂设节点进行加强，一般采用两侧平衡吊装方案。

5）对羊字型、干字型塔，可采用整体、分段、分片或相互结合的方式吊装，宜采取由下往上的吊装顺序，即先吊装下层横担，再吊装上层横担或地线支架。吊装上层横担或地线支架时，应组装在顺线路方向上，当吊件高度超过下层横担后再旋转至横线路方向；吊装横担时，吊点绳宜绑扎在吊件重心偏外的位置；起吊时，横担外端应略上翘，就位时应先连接上平面两主材螺栓，后连接下平面两主材螺栓。

6）抱杆起吊幅度、起吊质量受限时，可采取由上往下的吊装顺序，即先吊装上层横担，后吊装下层横担。吊装上层横担时，吊点绳宜绑扎在横担重心偏外的位置；起吊时，上层横担外端略上翘，就位时先连接上平面两主材螺栓，后连接下平面两主材螺栓；吊装下层横担时，利用抱杆起吊滑车组对挂设于地线支架挂点补强，然后通过上层横担上的节点，采用"V"形吊带悬挂独立起吊系统进行吊装。

7）横担远塔身段吊装也可在地线支架头，设置支撑滑车，直接利用抱杆起吊滑车组进行吊装；也可利用地线支架挂设起吊滑车组起吊，抱杆起吊滑车组对地线支架挂设位置补强；如果横担过长或吊臂长度不足，可采用辅助抱杆吊装方式。

（7）铁塔组立完毕后抱杆即可拆除。对杆身采用标准节的抱杆，应先将两摇臂收拢并与桅杆绑扎固定，然后按提升逆程序将杆身从底部逐节拆除，待抱杆降到一定高度后，采用流动式起重机或在塔身挂滑车组的方式将剩余部分拆除。

5. 应用效果分析

（1）落地双摇臂抱杆适用于道路平坦、运输便利的地区。

（2）适用于根开大、横担较长、曲臂较高的自立式铁塔组立施工。

（3）使用落地双摇臂抱杆，高空作业多、施工工艺较复杂。

（4）落地抱杆组塔施工的固有风险等级为 3 级，而不采取相关措施的内悬浮抱杆组塔施工的固有风险等级为 2 级，风险管控压力较小。

4.3.2　落地双平臂抱杆组塔

1. 装备概述

落地双平臂抱杆如图 4.3－3 所示，针对输电线路铁塔组立施工特点研发设计，立于铁塔中心，与铁塔用腰箍软附着，使用装配式基础或现浇基础，通过小车变幅及回转机构实现塔材就位的新型组塔装备。落地双平臂抱杆可进行起升、变幅、回转机构单独或联合动作，通过液压下顶升系统升高，具备齐全的安全保护装置，是输电线路组塔施工的重要装备。除常规落地双平臂抱杆外，还研发应用了单侧起吊的智能平衡力矩抱杆（见图4.3-4），仅可单侧起吊，但其通过单侧配重实现力矩智能调节，可以克服两侧起吊塔材吊重必须一致的难题。

图4.3-3　落地双平臂抱杆

图4.3-4　智能力矩平衡落地抱杆

2. 装备组成

落地双平臂抱杆由塔顶、回转机构、变幅机构、拉杆、吊臂、载重小车、吊钩、回转塔身、上支座、回转支承、下支座、塔身、腰环、套架、底架基础、基础底板、引进组件、起升机构、起升系统、电控系统等组成。智能平衡力矩抱杆两侧吊臂并不等长，在短吊臂上设置配重作平衡臂使用。落地双平臂抱杆主要部件见表 4.3－2，结构组成如图 4.3－5 所示。智能平衡力矩抱杆主要部件见表 4.3－3，结构组成如图 4.3－6 所示。

表 4.3－2　　　　　　　　　　落地双平臂抱杆主要部件

序号	名称	序号	名称	序号	名称
1	塔顶	8	回转塔身	15	底架基础
2	回转机构	9	上支座	16	基础底板
3	变幅机构	10	回转支承	17	引进组件
4	拉杆	11	下支座	18	起升机构
5	吊臂	12	塔身（标准节）	19	起升系统
6	载重小车	13	腰环	20	电控系统（含司机室）
7	吊钩	14	套架		

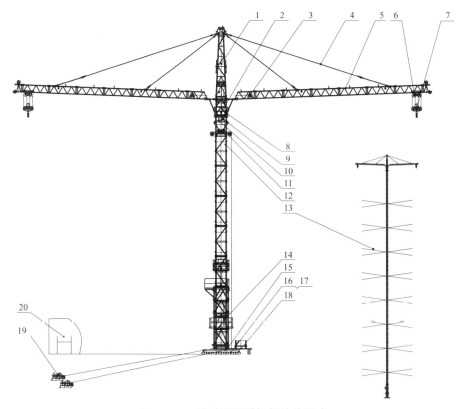

图 4.3－5　落地双平臂抱杆结构组成

表 4.3 - 3　　　　　　　　　　智能平衡力矩抱杆主要部件

序号	名称	序号	名称	序号	名称
1	底板	9	回转总成	17	配重块
2	底架	10	回转中节总成	18	平衡行走小车
3	爬升架总装	11	过渡节	19	平衡臂长软拉索
4	升节机构	12	塔顶	20	平衡臂短软拉索
5	进节机构	13	吊臂	21	吊臂短软拉索
6	顶升机构	14	起重行走小车	22	吊臂长软拉索
7	塔身	15	吊钩		
8	附着	16	平衡臂		

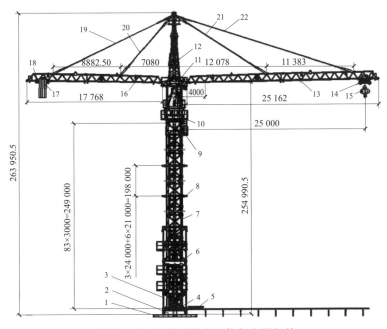

图 4.3 - 6　智能平衡力矩抱杆主要部件

3. 装备型号

（1）落地双平臂抱杆。根据额定起重力矩的不同，落地双平臂抱杆型号有 T2T36、T2T45、T2T60X、T2T80、T2T100、T2T120、T2T480、T2T800、T2T1260、T2T1500，落地双平臂抱杆主要技术参数见表 4.3 - 4。

表 4.3－4 落地双平臂抱杆主要技术参数

参数 \ 型号	T2T36	T2T45	T2T60X	T2T80	T2T100	T2T120	T2T480	T2T800	T2T1260	T2T1500
额定起重载荷（kN）	2×20	2×25	2×50	2×50	2×80	2×80	2×160	2×200	2×300	2×300
额定起重力矩（kN·m）	360	450	600	800	1000	1200	4800	8000	12 600	15 000
额定不平衡力矩（kN·m）	180	225	300	400	400	600	1440	3200	4200	4500
独立高度（m）	15	8	15	21	21	24	28	36	60	36
工作幅度（m）	2~18	2~20	1.5~20	2~21	2.5~21	2~24	2~30	4~40	5~42	5~50
收口尺寸（m）	2×2	2.1×2.1	1.9×1.9	3.2×3.2	3.2×3.2	3.4×3.4	5.1×5.1	6.5×6.5	9.2×9.2	8.5×8.5
抱杆最大起升高度（m）	120	100	120	150	150	210	300	440	400	410
自由高度（m）	15	8	15	21	21	21	28	36	36/32	36
腰环间距（m）	15	8	15	21	21	21	28	36	36/32	36
起升钢丝绳（mm）	13	13	13	13	14	14	20	20	26	26
变幅钢丝绳（mm）	6.6	6	7.7	7.7	7.7	7.7	11	10	18	18

（2）智能力矩平衡落地抱杆。根据额定起重力矩的不同，智能力矩平衡落地抱杆型号有2050、2510，智能力矩平衡落地抱杆主要技术参数见表4.3－5。

表 4.3－5 智能力矩平衡落地抱杆主要技术参数

参数 \ 型号	2050	2510
额定起重载荷（kN）	50	100
额定起重力矩（kN·m）	1000	2500
独立高度（m）	27	30
工作幅度（m）	3~20	4~25
收口尺寸（m）	3.4×3.2	3.6×3.6

续表

型号 参数	2050	2510
抱杆最大起升高度（m）	150	250
自由高度（m）	27	30
腰环间距（m）	21	24
起升钢丝绳（mm）	16	16
变幅钢丝绳（mm）	12	12

4. 施工要点

落地双平臂抱杆施工包括抱杆安装、电气接线及调试、抱杆顶升、腰环安装、塔材吊装、抱杆拆除等过程。

（1）抱杆安装。按设计要求做好抱杆底座基础，确保地耐力及场地尺寸，将落地双平臂抱杆安装到可顶升加高状态，安装顺序如下：基础底板—底架基础—套架—标准节—下支座—回转支承—上支座—回转塔身—塔顶—吊臂及载重小车、变幅钢丝绳—拉杆—吊钩及起升钢丝绳。

（2）电气接线及调试。落地双平臂抱杆的电源是从工地电源（工地总配电箱、发电机等）通过电缆进入操作台，再由操作台通过电缆进入各电气柜、运动机构及保护控制器。工地电源开关箱的设置必须符合"一机一箱一闸一保护"的规范。

（3）抱杆顶升。在使用中，随着电力塔高度的不断提升，抱杆的起升高度也需要不断提高。利用液压油缸系统采用下顶升方式加高。开始顶升前，确保抱杆悬臂高度、腰环满足要求，并放松下支座内拉线。

通过顶升油缸与套架相互配合，一次或多次顶升操作后，完成抱杆标准节的加节作业。抱杆顶升到一定高度时，需要安装腰环，并打好拉线，才能继续顶升使用。

（4）腰环安装。将两个腰环半框连接在一起，此时螺栓螺母暂不拧紧。调整腰环上下位置，安装拉线和防沉拉线，使得腰环各方向的滚轮都能顶住抱杆主弦杆。待腰环位置确定后，紧固腰环半框连接螺栓，并紧固拉线。

（5）塔材吊装。双平臂抱杆采用两侧同时起吊塔材的作业方式。主要动作有抱杆启动、抱杆起升、抱杆变幅、抱杆回转以及急停操作。吊装按"由下向上、由内向外、左右对称、同步吊装"的原则，逐段依次进行。各待吊塔材在地面组装时，按吊装顺序，一一对称布置在两侧平臂的正下方，使两侧吊装构件的中心连线与抱杆平臂轴线的垂直投影线相重合。双平臂抱杆具有限制装置，当吊重、力矩、力矩差到达限制值时，只能对吊件进行下放、向平臂内侧移动、减小力矩差方向移动，保证抱杆不会发生倾覆、破坏等安全事故。

（6）抱杆拆除。

1）拆卸前检查相邻组件之间是否还有电缆连接。

2）拆除吊钩、幅度限位、臂头可拆除部分、载重小车等。

3）起升钢丝绳穿过相应的滑轮组，运行起升机构，使两侧起升钢丝绳得到预紧；确保双侧起升钢丝绳预紧后，再运行起升机构，让两侧吊臂围绕根部铰点同步缓慢摇起，将吊臂与回转塔身固定在一起。

4）依次将塔顶、回转塔身上下支座、塔身、套架等拆除，最后拆除底架基础和基础底板。

（7）注意事项。

1）抱杆使用前应检查各紧固件、钢丝绳穿绕、电缆连接、安全装置等是否完好，并进行载荷试验。

2）抱杆操作必须设专人指挥，操作人员必须在得到指挥信号后方可进行操作，操作前必须鸣笛，操作时精神集中。

3）必须严格按抱杆性能表中规定的幅度和起重量进行工作，不允许超载使用。

4）起升、回转等机构的操作必须稳起、稳停、逐挡变速，严禁快速换挡，不得长时间使用慢速挡。

5）回转动作时，将回转制动开关转至回转位置，只有在回转停稳后，为防止吊臂被风吹动，才能将开关转至制动位置，严禁将回转制动开关当作制动"刹车"使用。

6）抱杆作业完毕后，回转机构应松闸，吊钩应升起。

5. 应用效果分析

（1）落地双平臂抱杆具有安全保护装置齐全、施工安全性高、吊装方式灵活、施工效率高、速度控制灵活、就位精度高，操作简单、配合人员少，启、制动平稳等优点。

（2）在特高压工程和机械化施工中发挥了积极作用，取得了显著成效，进一步提升了工程建设技术、安全质量，有效保障了施工人员人身安全，提高了工程整体建设效率效益。

（3）经济效益好。采用流动式起重机及落地双平臂抱杆配合连续段组塔作业模式，按工序分组施工，实现流水化作业。组塔单吊段起吊时间仅为传统悬浮抱杆起吊的 40%。传统抱杆组立需设置四根拉线，同时埋设双钩地锚，落地双平臂抱杆无须设置，减少地锚占地面积，减少赔偿费用。

4.3.3 落地四摇臂抱杆组塔

1. 装备概述

落地四摇臂抱杆是一种用于输电线路工程铁塔组立的机械化施工装备，抱杆利用设置于抱杆杆体上端的四根摇臂，可进行铁塔根开、塔头尺寸较大的酒杯塔、大跨越塔等塔型的组立施工。落地四摇臂抱杆组立大跨越钢管塔如图 4.3－7 所示。抱杆利用塔身作为支撑，不需搭设外拉线。四根摇臂既可用于吊装塔材，又可兼作平衡拉线，保证了施工安全，提高了组塔施工质量，工作效率高，适应性强。

图 4.3－7　落地四摇臂抱杆组立大跨越钢管塔

2. 装备组成

落地四摇臂抱杆包括抱杆主体、摇臂、变幅系统、起吊滑车组、平衡滑车组、腰环等，落地四摇臂抱杆结构组成如图 4.3－8 所示。

（1）抱杆主体：由抱杆帽、抱杆上段、加强段、主杆段、抱杆底座组成。

（2）摇臂：布置于抱杆杆体上部的四根吊臂，通过变幅系统可在 0°～90°范围内变幅。

（3）变幅系统：连接于抱杆帽和摇臂间的滑车组，实现摇臂在垂直范围内的变幅。

（4）起吊滑车组：安装于摇臂端部，进行塔材吊装。

（5）平衡滑车组：与起吊滑车组相同，与塔脚相连接，起到平衡拉线的作用。

（6）腰环：布置在抱杆杆体上，腰环间距应布置合理，满足抱杆整体稳定性要求。

（7）转向滑车：布置于铁塔主材和塔腿处，用于合理引导牵引绳走向，避免牵引绳与塔身或抱杆杆体相摩擦，减少抱杆受力。

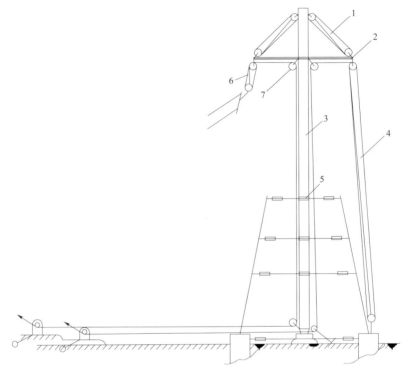

图 4.3－8　落地四摇臂抱杆结构组成图

1—变幅系统；2—摇臂；3—抱杆主体；4—平衡滑车组；5—腰环；
6—起吊滑车组；7—转向滑车

3. 装备型号

落地四摇臂抱杆技术参数见表 4.3－6。

表 4.3－6　　　　　　　　　　落地四摇臂抱杆技术参数

项目	参数	
抱杆型号	ZB－4YD－500	ZB－4YD－650
抱杆断面（mm×mm）	500×500	650×650
总高度（m）	70	82

项目	参数	
顶段高度（m）	4.5	10.2
摇臂长度（m）	3.5	9
额定起重量（t）	2×15	2×20
质量（kg）	3700	5700

4. 施工要点

（1）抱杆组立。按设计要求做好抱杆底座基础，确保地耐力及场地尺寸，将落地四摇臂抱杆安装到可顶升加高状态，安装顺序如下：基础底板—底架基础—套架—标准节—下支座—回转支承—上支座—回转塔身—塔顶—摇臂、变幅钢丝绳—拉杆—吊钩及起升钢丝绳。

（2）塔腿吊装。

1）应合理布置摇臂方位、吊件摆放及组装位置，吊件偏角不宜超过5°。

2）一侧摇臂起吊时，其他三侧摇臂起吊滑车组应锚固于地面。起吊前，抱杆顶部应向起吊反侧预偏200～300mm。吊装过程中，应及时调整平衡侧起吊滑车组锚固力，保持抱杆正直。

3）依次吊装四个塔腿的塔脚板、主材及侧面构件等。主材吊装时，应采取打设外拉线等防内倾措施。吊装侧面和内隔面构件时，应采取打设外拉线等就位尺寸调整措施。

（3）抱杆提升。

1）可利用已组立好的塔体作为支撑架，采用滑车组牵引法倒装方式提升。提升滑车组的定滑车应始终布置在跨越塔某一合适高度的塔身节点上，提升滑车组牵引绳可采用"四变二变一"或"四变一"组合方式与地面牵引滑车组相连。加装标准节的操作应在地面进行。

2）抱杆提升过程中，应根据其性能要求合理设置腰环数量及间距，抱杆首次提升时其腰环数量不得少于两道。腰环打设过程中应保持杆身正直。

（4）塔身吊装。

1）塔身应按每个稳定结构分段吊装。应先吊装主材，后吊装侧面构件。对塔身上部结构尺寸、质量较小的段别，可采用成片吊装方式吊装。

2）塔身吊装时，应根据实际情况，采取打设外拉线等防内倾措施和就位尺寸调整措施。

3）抱杆不应倾斜吊装作业，吊装过程中应保持抱杆正直。

（5）曲臂吊装。

1）曲臂可采用分段、分片或相互结合的方式吊装。上曲臂吊装后应打设落地拉线及两上曲臂间的水平拉线，其中一侧上曲臂吊装后应先打设过渡落地拉线，待水平拉线安装后拆除。

2）曲臂吊装过程中，应根据抱杆稳定性要求，在上下曲臂间设置落地形式、交叉形式等满足抱杆提升、吊装要求的腰箍。

（6）横担吊装。

1）对酒杯型塔，可采用分段、分片或相互结合的方式吊装。

a. 应先吊装中横担，后吊装边横担及顶架。中横担就位时，应通过落地拉线及两上曲臂间的水平拉线调整就位尺寸，满足就位要求。中横担中间部分分段吊装时，先行吊装段的抱杆侧应采取临时固定措施。边横担可采用在地线顶架布置起吊滑车组的方式吊装。

b. 横担及顶架吊装过程中，应根据抱杆稳定性要求，在上下曲臂间设置落地形式、交叉形等满足抱杆提升、吊装要求的腰箍。

c. 当抱杆最大吊装幅度不能满足边横担吊装时，可采用辅助人字抱杆的方式增加作业幅度。宜先利用辅助人字抱杆吊装地线顶架，再通过在地线顶架布置起吊滑车组的方式吊装边横担。

2）对羊字型、干字型及鼓型塔，可采用整体、分段、分片或相互结合的方式吊装，宜按上横担、顶架、下横担的顺序吊装，下横担可采用在上横担布置起吊滑车组的方式吊装。

（7）抱杆拆除。对杆身采用标准节的抱杆，应先将两摇臂收拢并与桅杆绑扎固定，然后按提升逆程序将杆身从底部逐节拆除，待抱杆降到一定高度后，采用流动式起重机或在塔身挂滑车组的方式将剩余部分拆除。

（8）注意事项。

1）使用前应对抱杆进行外观检查，严禁使用存在变形、焊缝开裂、严重锈蚀、弯曲等缺陷的部件。

2）抱杆组装后，杆体直线度不得超过其长度的 1‰。

3）在对抱杆各部件检查合格后，还应进行抱杆试吊装承载试验，合格后方可按程序吊装塔材。

4）抱杆提升采用倒装提升接长的方法，提升滑车布置在已组塔身呈对角线的主材节点处，两提升滑车应等高。

5）抱杆的底部应平整，遇到软土时，应采取防止抱杆下沉的措施。

6）起吊时，一侧起吊滑车组做起吊用，其他三侧起吊滑车组做平衡用，吊钩与塔腿连接。

7）单侧吊装时，为了保证抱杆受力后处于平衡状态，抱杆顶部应向平衡侧（即起吊反向侧）预偏移 0.3～0.5m。

8）根据塔材就位要求，尽可能将起吊侧摇臂收起，改善抱杆受力状况。

9）抱杆拆除为倒装提升的逆过程，抱杆从下往上逐段拆除。

10）当拆除至只有一道腰环时，需采取措施防止抱杆倾倒。

5．应用效果分析

（1）落地四摇臂抱杆适用范围广，不受地形条件限制。

（2）适用于结构根开大、横担较长、曲臂较高的自立式铁塔组立施工。

（3）所需工器具数量较多，且质量较重，需考虑现场运输条件。

（4）落地抱杆组塔施工的固有风险等级为 3 级，风险管控压力较小。

4.3.4　落地单动臂抱杆组塔

1．装备概述

落地单动臂抱杆如图 4.3-9 所示，是在建筑塔式起重机基础上，针对输电线路铁塔组立施工特点研发设计，用于铁塔组立的大型组塔施工装备。落地单动臂抱杆立于铁塔中心，与铁塔进行软附着，单侧吊臂起吊。利用平衡臂平衡吊重力矩，通过单吊臂俯仰及回转实现塔材就位，具有拉线少、启制动平稳、安全保护装置齐全、就位精度高等特点。落地单动臂抱杆安装有起重量限制器、起重力矩限制器、幅度指示器等多重安全保护装置，自动化程度高，使用安全可靠。

2．装备组成

落地单动臂抱杆结构主要包括由标准节组成的杆体、调整吊点空间位置的吊臂、平衡吊重以减小杆体受力的平衡臂、作为杆体升高承载结构的顶升套架等主要部件。

（1）抱杆头部。抱杆头部采用分段式设计，以便现场组装。顶部设有避雷针、航空障碍灯、摄像头的安装固定装置。抱杆头部高度需保证吊臂及平衡臂能安全收拢，同时也要满足 45t 轮式起重机在地面组装的要求。

图 4.3 – 9　落地单动臂抱杆

（2）平衡臂。平衡臂由平衡臂架、配重提升架、配重等组成，用于平衡落地单动臂抱杆吊重后的前倾弯矩，减小杆体承受的弯矩，改善杆体受力。

（3）吊臂。吊臂用于起吊重物，吊臂截面型式可以选择三角形截面或四边形截面。三角形截面主要用于小吨位起重机，四边形截面主要用于大吨位起重机。由于单动臂落地抱杆起重量相对较小，吊臂主要承受轴向压力，所受弯矩较小，使用三角形截面可以满足使用要求，同时加工制造简单，且在同等载荷状态下，三角形截面吊臂的质量轻于四边形截面吊臂。

（4）标准节。为便于运输和存放，落地单动臂抱杆标准节采用分片拼接形式，每个标准节可分拆为两个或四个单片及若干腹杆，各腹杆与单片用销轴连接，拼装好的标准节之间用高强度螺栓组连接。

（5）基础。考虑到组塔施工的特点，落地单动臂抱杆基础使用装配式基础，无须浇筑混凝土基础。预先将地面平整夯实，将可重复使用的装配式基础放于地面，底座四角通过钢丝绳与塔腿基础上的预埋拉环连接以打设地拉线，在落地单动臂抱杆最大独立高度以内时需在回转支承下支座处打设内拉线，标准节和顶升套架通过底座置于地面上，依次安装落地单动臂抱杆上部结构。

3. 装备型号

常用的落地单动臂抱杆型号及性能参数见表4.3-7。

表 4.3-7 常用的落地单动臂抱杆型号及性能参数

项目		技术参数	
		ZB-1YD-50	ZB-1YD-160
额定起重力矩（t·m）		50	160
利用等级		U3	U3
总工作循环次数（N）		1.25e⁵	1.25e⁵
起升高度	最大工作高度（m）	150	150
	最大独立高度（m）	27	25
最大起重量（t）		4	8
工作幅度	最小幅度（m）	2	2.5
	最大幅度（m）	20.8	24
起升机构	倍率	3	4
	起重量（t）	4	8
	速度（m/min）	4.8~40	0~25
	电机功率（kW）	15	30
回转机构	回转速度（r/min）	0~0.3	0~0.3
	电机功率（kW）	4.4	2×4
变幅机构	变幅速度（°/min）	0~28.7	0~31.4
	电机功率（kW）	7.5	30
顶升机构	顶升速度（m/min）	0.65	0.45
	电机功率（kW）	2×7.5	2×7.5
	工作压力（MPa）	50	25

4. 施工要点

（1）抱杆组立。

1）现场道路及地形条件允许，宜采用流动式起重机组立抱杆。

2）地形条件受限时可采用散装方式组立抱杆基本段，利用液压顶升套架加装抱杆杆身标准节，液压顶升套架应结合抱杆组立同步安装。

3）抱杆组立前，对抱杆采用的装配式基础铺平拼装，并以标准节的引进方向选择基础底板安装方向，将抱杆底架装在拼好的基础底板上；抱杆底架与塔基础预埋件通过锚固线固定，如果通过塔腿固定，抱杆安装前预先安装塔腿。

4）抱杆组装过程中，应根据其组装要求及时打设临时拉线，并保持抱杆正直。落地单动臂抱杆基本段（带液压顶升架）组装示意图如图 4.3－10 所示。

5）抱杆基本段及电气部分安装完成后，需对吊臂变幅限制器、回转限制器、起重量限制器、变频器等装置进行调试及参数设置。

6）抱杆须在调试完成后、使用前进行试吊。

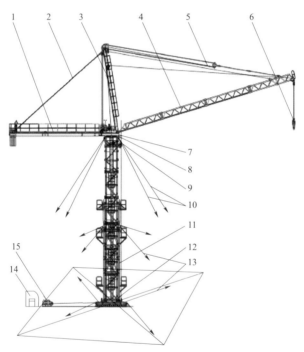

图 4.3－10　落地单动臂抱杆基本段（带液压提升架）组装示意图

1—平衡臂；2—平衡臂拉杆；3—塔顶；4—吊臂；5—调幅绳；6—起吊滑车组；
7—上支座；8—回转臂身；9—下支座；10—塔机临时拉线；11—液压顶升套架；
12—底架及基础底块；13—套架锚固线；14—控制室；15—动力设备

（2）塔腿吊装。

1）应合理布置吊臂方位，吊件摆放及组装位置应满足垂直起吊要求。

2）依次吊装四个塔腿的塔脚板、主材及侧面构件等。主材吊装时，应采取打设外拉线等防内倾措施。吊装侧面和内隔面构件时，应采取打设外拉线等就位尺寸调整措施。

3）抱杆顶升。

抱杆顶升过程中，应根据其性能要求，合理设置腰箍数量及间距。腰箍打设过程中，应保持抱杆塔身正直。

4）塔身吊装。

a. 塔身应按每个稳定结构分段吊装。应先吊装主材，后吊装侧面构件等。对塔身上部结构尺寸、质量较小的段别，可采用成片吊装方式吊装。

b. 塔身吊装时，应根据实际情况，采取打设外拉线等防内倾措施和就位尺寸调整措施。

5）曲臂吊装。曲臂可采用分段、分片或相互结合的方式吊装。上曲臂吊装后应打设落地拉线及两上曲臂间的水平拉线，其中一侧上曲臂吊装后应先打设过渡落地拉线，待水平拉线安装后拆除。

6）横担吊装。

a. 对酒杯型塔、猫头型塔根据抱杆承载能力、横担质量、横担结构分段和塔位场地条件，应采用横担整体吊装、分段、分片或相互组合的方式吊装。

b. 首先吊装中横担，中横担接近就位高度时，应缓慢松出控制绳，使横担下平面缓慢进入上曲臂平口上方。当一端都进入上曲臂上口后，先低后高，对空就位。两侧曲臂间水平距离应通过落地拉线及两曲臂间的水平拉线调整，满足就位要求。

c. 当抱杆最大吊装幅度不能满足边横担、横担顶架吊装时，可采用辅助抱杆进行吊装。辅助抱杆吊装边横担时，顶架横担部分应视吊装情况放到后续工序中安装。

d. 对羊字型、干字型及鼓型塔，可采用整体、分段、分片或相互结合的方式吊装，宜按从下向上的顺序吊装。

（3）抱杆拆除。

1）对单动臂抱杆，可利用人字抱杆等辅助设备将吊臂、平衡臂配重块等先行分段拆除。然后按顶升逆顺序将抱杆降到一定高度后，采用流动式起重机或在塔身挂设滑车组的方式将其剩余部分拆除。

2）拆除抱杆过程中，应采取打设抱杆临时外拉线等方式防止抱杆在拆卸吊臂、平衡臂、配重块等部件的过程中倾覆。

（4）注意事项。

1）每班检查力矩控制器、起重量仪表、角度限制器、高度限位器等安全装置是否正常，开关是否完好、螺栓是否紧固。

2）每半个月对力矩控制器和起重量仪表进行一次吊重检测，检查精度是否符合要求，若发现超载，应立即进行调整。

3）各机构的制动器应经常进行检查，调整制动瓦与制动轮的间隙，保证灵活可靠。间隙保证为 0.5～1mm。摩擦面不应有污物存在，遇有污物必须用汽油和稀料清洗。

4）减速箱、变速箱、外啮合齿轮等各部分的润滑，以及液压油均按润滑表的要求进行。

5）每天检查起升和变幅钢丝绳磨损情况，注意保养，保持钢丝绳的清洁，定期涂油。注意检查各部钢丝绳有无断丝和松股现象，如超过有关规定，必须立即更换。

6）经常检查各部件的连接情况，如有松动，应拧紧。各连接螺栓应在受压时检查松紧度（可旋转吊臂的方法造成受压状态），所有连接销轴都必须装有开口销，并需张开。

7）经常检查各机构运转是否正常，有无噪声，如发现故障，必须及时排除。

8）严格按润滑表中的规定进行润滑油加注和更换，并清洗油箱内部。

9）经常检查结构连接螺栓、焊缝以及构件是否损坏、变形和松动等情况，如发现问题必须立即处理。

10）保持各部分电刷接触面清洁，调整电刷压力，使其接触面积不小于50%。

11）各安全装置的行程开关的触点开闭必须可靠，触点弧坑应及时磨光。

5. 应用效果分析

（1）上回转结构操控简便、变幅灵活，施工时辅助工作少，吊装杆件无须对称布置，场地占用小。

（2）落地单动臂抱杆通过附着固定在铁塔上，抱杆杆体顶部无须拉线，地形适用性强，同时避免了拉线所受自重及风力等因素影响；落地单动臂抱杆直接坐于地面，安全性较好。

（3）落地单动臂抱杆利用液压顶升套架将抱杆整体上提，在抱杆底部加节。加节操作均在地面操作，过程简单，因此安全性高、加节效率高。

（4）落地单动臂抱杆使用装配式基础，运输及装配简便。使用时只需将铁塔中心地面稍微平整后，在地面上安装专用的可重复使用的底座就可以正常作业，节省了混凝土基础的施工费用。

（5）落地单动臂抱杆具有自拆卸功能，在铁塔组立完成后，将吊臂和平衡臂收拢至抱杆头部，使用钢丝绳或其他装置固定在抱杆头部上，并能防止吊臂、平衡臂与塔帽相互碰撞。

4.3.5 落地双摇臂抱杆智能监测系统

1. 装备概述

落地双摇臂抱杆智能监测系统（简称智能监测系统）如图4.3-11所示，用于落地双摇臂抱杆组塔施工过程的安全监测。智能监测系统可实现不平衡力矩、杆身和摇臂倾角、起重量、风速等影响落地双摇臂抱杆施工安全的影响因素的远程无线监测，并可进行监测数据的边缘分析，进而依据内置算法和安全阈值进行声光提醒报警。智能监测系统适用于各种型号的落地双摇臂抱杆，具有感知精度高、算法可靠、安装简便、待机时间长等优点，对提高组塔班长指挥效率、提升组塔施工安全都具有重要作用。

图4.3-11 落地双摇臂抱杆智能监测系统

2. 装备组成

智能监测系统主要由起重量无线测力传感器、摇臂倾角无线传感器、杆身倾角无线传感器、拉线无线测力传感器、风速无线传感器、数据接收与边缘计算模块、显示终端等组成，如图4.3-12所示。

图4.3-12 智能监测系统组成

1—起重量无线测力传感器；2—倾角无线传感器；3—拉线无线测力传感器；
4—风速无线传感器；5—数据接收与边缘计算模块；6—显示终端

（1）起重量无线测力传感器和摇臂倾角无线传感器可实现抱杆两侧吊重、摇臂倾角及不平衡力矩的实时监测。

（2）杆身倾角无线传感器可实时获得抱杆杆身的倾角信息，通过系统的内置算法实时计算杆身顶部的水平位移。

（3）拉线无线测力传感器实时监测抱杆拉线的受力状态，通过与边缘计算模块自动计算的阈值进行对比分析，可实时显示当前载荷状态下抱杆的安全稳定性。

（4）风速无线传感器实时监测施工现场风速，融入抱杆受力分析，并提示现场作业人员在安全规程要求的安全风速下施工。

智能监测系统反应灵敏、数据采集频率快；采用无线传输模式，传输距离远；前向纠错多频段信号传输，安全可靠；采用更低功耗的边缘计算模块，待机时间长；配置高分贝报警器，警示效果好。

3. 装备型号

智能监测系统适用于各种型号的落地双摇臂抱杆，通用性好，主要技术参数见表 4.3 – 8。

表 4.3 – 8　　　　落地双摇臂抱杆智能监测系统主要技术参数

型号	ZB – 2Y – JC – 10t
额定负荷（kN）/精度	100/0.05%F.S
倾角角度范围（$X \times Y \times Z$）（°）	（±180）×（±180）×（±180）
温度测量范围（℃）	−20～+60
数据采集频率（Hz）	1
本地无线传输距离（m）	≥100
供电电源	DC 6～8.4V 5A
报警声音强度（dB/m）	≥75
防护等级	IP55
工作环境温度（℃）	−10～+40
电池续航时间（天）	≥7

4. 施工要点

落地双摇臂抱杆智能监测系统使用包括现场准备、安装、调试使用、拆除等过程。

（1）现场准备。保证电源电量充满，电量不足时应打开电源模块充电，充电时关闭开关；充电后如长期不使用应关闭开关。电源输出接口不使用时应套上硅胶帽防水防尘。智能监测系统使用前应对施工人员进行技术交底及操作培训。

（2）安装。将智能监测系统各测力传感器、倾角传感器等模块安装在抱杆相应位置上，打开电源开关。

（3）调试使用。

1）打开接收模块开关。

2）连接各个模块（倾角、起重、拉力、风速等模块）与电源模块（此时电源开关是打开状态）。

3）使用手持 Pad 连接 baogan_wi-fi 热点，打开 App，登录应用 App，当所有模块链接上后，数据传输流畅，可以正常工作。

<登录软件>界面如图 4.3-13 所示，输入用户名，密码；可以选择记住密码，提高登录效率。点击【登录】进入参数设置界面。

<参数设置界面>如图 4.3-14 所示，选择抱杆生产企业和对应的抱杆型号，并设置报警值。通过界面可以看到所设置的参数值。点击【确定】进入现场监控界面。

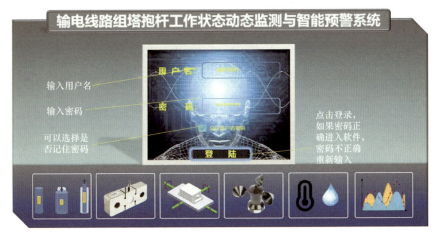

图 4.3-13　登录界面

<现场监控界面>如图 4.3-15 所示，可以监测起重量、拉力、倾角、风速等数据。达到 90%的报警值，对应数据框会显示黄色；超过报警值对应数

据框会显示紫红色。此外，为方便充电，会显示每个模块的耗电情况。具体看下图所示说明。点击【抱杆参数】会返回上一页面，点击【图形显示】进入下一页面。

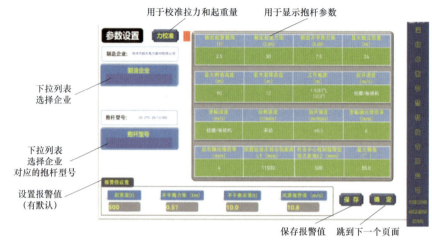

图 4.3－14　参数设置界面

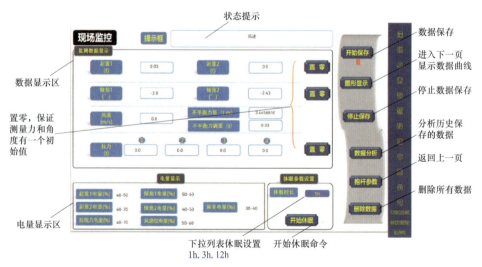

图 4.3－15　现场监控界面

<图形显示页面>如 4.3－16 所示，该界面以图形方式显示重要数据，数据可以触屏放大、移动。如果达到报警要求会用相应颜色提示。

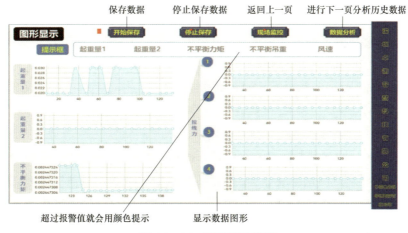

保存数据　　停止保存数据　　返回上一页　　进行下一页分析历史数据

超过报警值就会用颜色提示　　　　显示数据图形

图 4.3－16　图形显示页面

＜数据分析界面＞如图 4.3－17 所示，分析历史数据，共有两个显示通道，通过下拉列表选择分析的数据种类（如：倾角 1，倾角 2，起重量 1，起重量 2。由于同一种类的数据可能有多个历史数据文件，"文件数"显示了该种类数据的历史数据文件总数，并在图形上显示最近的一次，选择之前的数据文件可以通过"＋"和"－"操作来进行选择。

4）力传感器和处理模块每次连接后，应进行校准，在使用过程中没有和其他力传感器或模块连接，就不需要再进行校准了，而根据任务只需要置零。对于需要初始化的起重量、拉力和倾角采用手动置零，此时拉力与起重量不应加载重物，倾角应保持水平，保证置零准确。

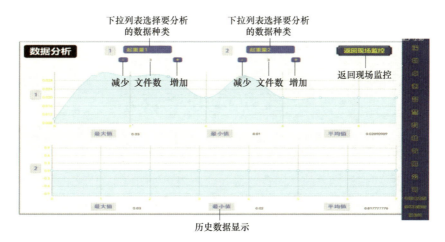

下拉列表选择要分析　　　　下拉列表选择要分析
的数据种类　　　　　　　　的数据种类

减少　文件数　增加　　　减少　文件数　增加

返回现场监控

历史数据显示

图 4.3－17　数据分析界面

5）在使用过程起重量每次吊装都可以进行置零，保证初始准确。

6）关注电量消耗情况，电源馈电充电应在作业完成后进行，并保存数据完毕，电量20%以下就要充电，不要完全耗光。

7）休眠分为1、3、12h，如遇特殊情况无法工作，唤醒的系统会在5min内再次进入休眠1h。例如，遇到极端天气休眠12h后系统苏醒，但由于天气原因无法开工，甚至工人无法到达现场，此时系统苏醒，在没有应答5min后，会再次休眠，休眠时间1h，如此反复，直到应答为止。而系统一旦进入到这样的休眠中，苏醒时间不易计算，但系统会在1h内苏醒。只需打开接收模块，登入App等待数据接收即可。为了不错过接收数据应在苏醒前20min打开接收模块。

8）模块采用了防水设计，使用时可根据环境情况采用热熔胶进行接口密封防水。

（4）拆除。关闭各装置，拆除电气接线及通信接线。

5．应用效果分析

（1）使用落地双摇臂抱杆智能监测系统可实现抱杆组塔施工现场关键受力点的全方位监测与预警，提高施工效率、节约施工成本，提升组塔施工的安全性。

（2）对于施工单位，监测系统可协助施工人员及时调整抱杆的工作状态，降低施工风险；对于建管单位，监测系统可实现组塔施工全过程监管和全方位的安全评价；对于监理单位，监测系统有助于抱杆组塔的现场监督。

（3）落地双摇臂抱杆智能监测系统有助于组塔施工工器具的升级换代，提升抱杆组塔施工的数字化水平。

4.4 直升机组塔技术

1．装备概述

直升机组塔辅助系统（简称对接辅助系统）如图4.4-1所示，是一种辅助直升机吊装塔段（简称被吊塔段）与已就位塔段实现自动对接、就位的工器具。组塔施工前，使用螺栓将对接辅助系统各部件分别与被吊塔段或已就位塔段连接。组塔过程中，为防止被吊塔段在就位时出现过大幅度的扭晃，通过控制绳快速连接位置可以方便地面人员使用控制绳辅助被吊塔段就位。该施工方法具有组塔效率高，适用范围广等特点。

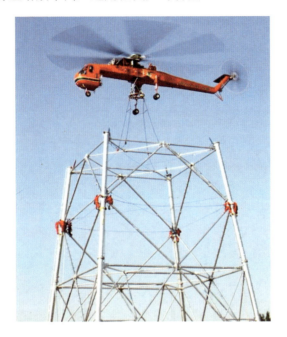

图 4.4－1　直升机组塔辅助系统

对接辅助系统具有以下性能特点。

（1）自动导向：为使被吊塔段与已就位塔段能够实现自动对接就位，对接辅助系统应为被吊塔段准确进入安装位置提供导向作用。

（2）临时支撑：被吊塔段就位后，在施工人员登塔使用螺栓将被吊塔段与已就位塔段连接前，对接辅助系统应为被吊塔段提供临时支撑。

（3）准确定位：应保证被吊塔段、已就位塔段和连接角钢上螺栓孔位的准确对齐，为施工人员进行塔段连接提供便利，对接辅助系统应具有水平限位和垂直限位功能。

（4）辅助控制：为防止被吊塔段在就位时出现过大幅度的扭晃，对接辅助系统应留有控制绳快速连接位置，方便地面人员使用控制绳辅助被吊塔段就位。

2. 装备组成

输电线路角钢塔用对接辅助系统的组成可参考起重机组塔对接装置。

输电线路钢管塔用对接辅助系统由限位装置、导向装置、安装平台三个部件组成，如图 4.4－2 所示。

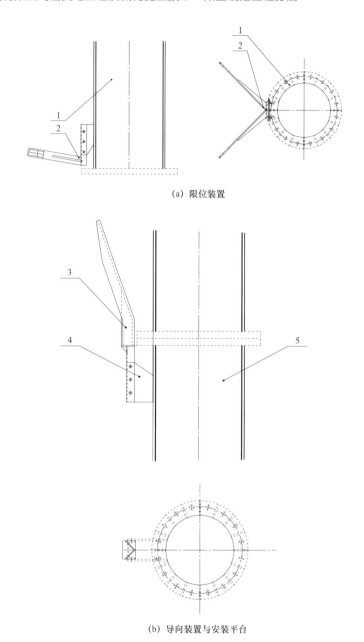

(a) 限位装置

(b) 导向装置与安装平台

图 4.4−2　对接辅助系统组成

1—被吊塔段；2—限位装置；3—导向装置；4—安装平台；5—已就位塔段

　　限位装置使用螺栓安装于被吊塔段主材内侧并可沿导向装置滑下，其下端两侧各有一展开翼，并设有连接孔，可连接限位绳以扩大导向范围，为被吊塔段就位提供更大范围的限位作用。

　　导向装置通过螺栓安装在安装平台上方并位于已就位塔段主材内侧，其主体为含加强筋的倾斜导轨，可以为被吊塔段就位提供导向作用。

　　安装平台通过焊接或螺栓连接等形式安装于已就位塔段主材内侧，其主体为含加强筋的安装附件，用于安装导向装置。

　　3. 装备型号

　　直升机组塔对接辅助系统根据适用铁塔形式分为角钢塔用对接辅助系统和钢管塔用对接辅助系统。对接辅助系统技术参数见表 4.4-1。

表 4.4-1　　　　　　　　直升机组塔对接辅助系统主要技术参数

项目	角钢塔用对接辅助系统	钢管塔用对接辅助系统
型号	ZZS-2	ZZS-15
撞击力（N）	2000	15 000
安全系数	3	3
许用应力（MPa）	156	156

　　4. 施工要点

　　（1）施工流程。直升机组塔对接辅助系统施工流程如图 4.4-3 所示。

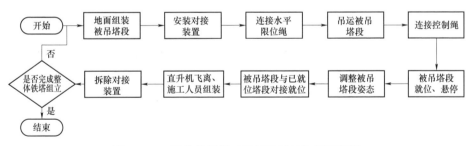

图 4.4-3　直升机组塔对接辅助系统施工流程图

　　1）在地面组装场将被吊塔段组装，当塔段下方辅材超出主材时，应将下方辅材进行部分组装，并将其向上松绑至主材上，或先不安装该斜材。避免对对接过程造成影响。完成组装后对被吊塔段进行测量，确保被吊塔段和已就位塔段连接位置、尺寸满足安装要求。

　　2）在被吊塔段和已就位塔段的 4 个连接主材处各安装一套对接辅助系统，保证对接辅助系统安装准确、稳固。导向装置、安装平台安装于已就位塔段主材内侧。在被吊塔段上安装限位装置时，应注意限位装置安装于主材内侧，并在相邻两限位装置的外侧连接限位绳，为被吊塔段就位提供更大范围的限位，钢丝绳应稍有松。

3）使用吊挂装置将被吊塔段悬挂在直升机机腹下方，然后将其吊运至已就位塔段附近。起吊过程应平稳缓慢，防止被吊塔段在地面滑移或与地面产生磕碰。

4）直升机将被吊塔段调整好方位、缓慢落下至距地面一定高度，地面辅助人员迅速将控制绳连接在限位装置的连接板上。由于铁塔四角处均有一根控制绳，因此应安排4名地面辅助人员同时连接。

5）直升机吊起被吊塔段至已就位塔段上方，在对接辅助系统中限位装置的辅助作用下找准就位中心并悬停。吊起过程应缓慢，防止控制绳与铁塔发生缠绕。

6）地面辅助人员收紧4根控制绳，使被吊塔段与已就位塔段在俯视平面内四边平行对齐。

7）直升机驾驶员逐渐降低悬停高度，使被吊塔段借助对接辅助系统中导向装置的导向作用顺畅滑入安装位置，实现被吊塔段与已就位塔段准确对接就位。施工人员登塔，使用螺栓将已就位塔段和连接角钢连接，从而实现被吊塔段和已就位塔段的连接。被吊塔段对接就位如图4.4-4所示。

(a) 角钢塔对接　　　　　　　　(b) 钢管塔对接

图 4.4-4　被吊塔段对接就位

8）拆除对接辅助系统各装置，从而完成被吊塔段的直升机组立。

9）后续塔段的组立参照上述步骤实施，从而完成整基铁塔的直升机组立施工。

（2）注意事项。

1）应在额定载荷下使用，严禁超载吊装。

2）使用前应进行外观检查，并按不低于3倍安全系数要求开展载荷试验，试验合格后方可投入施工。

3）对现场指挥、直升机驾驶员、地面辅助人员进行模拟演练，熟悉施工过程和注意事项。

4）施工前应制定紧急措施预案，对可能发生的被吊塔段扭晃、塔段对接不到位、对接辅助系统卡阻等情况制定应对预案。

5）施工现场应配置无线对讲设备。

5. 应用效果分析

（1）施工效率高：直升机日组塔15～25次，工效显著，高于常规组塔装备。

（2）适用范围广：直升机组塔方式无地形要求，适用于平原、丘陵、山地等多种地形。

（3）操作简便：直升机组塔对接辅助系统结构简单，操作方便，施工人员易于掌握，降低了施工安全风险。

4.5 螺 栓 紧 固 技 术

4.5.1 角钢塔攀爬及螺栓紧固机器人

1. 装备概述

角钢塔攀爬及螺栓紧固机器人（简称紧固机器人）如图4.5-1所示，具有沿角钢塔攀爬、越障、定位等功能，能完成高空螺栓紧固及扭矩检查等工作。紧固机器人采用锂电池供电、电机驱动，仿尺蠖式方式沿角钢主材运动；自动识别定位角钢塔构件和螺栓，能实现避障和攀爬；可完成三种型号（M16、M20、M24）螺栓紧固工作。推广应用可降低角钢塔高空作业安全风险，减少人员投入，具有很高的经济社会价值。

2. 装备组成

紧固机器人由地面控制站、攀爬机器人本体、机载传感器、螺栓紧固机构等部分组成，如图 4.5-2 所示。

图 4.5-1 紧固机器人

地面控制站包括无线通信网设备主机，定向天线，交换机，工业电脑，充电器、蓄电池、逆变器。无线通信网设备主机、定向天线和交换机组成通信局域网；工业电脑运行地面操作控制软件；充电器、蓄电池和逆变器构成电源保障系统。

攀爬机器人本体作为作业的承载和运动平台，可以在角钢塔上攀爬运动，具有避开脚钉、连接板等障碍功能。

机载传感器由可见光相机、激光雷达、深度相机等传感器组成，构成了机器人的感知系统，完成机器人环境感知及定位功能。

螺栓紧固机构由四自由度机械臂、自适应螺栓型号（M16、M20、M24）的螺栓紧固装置组成，可以输出最大 300N·m 扭矩。

3. 装备型号

紧固机器人可用于 220kV 及以下电压等级的"干"字形直线塔螺栓紧固作业，其主要技术参数见表 4.5-1。

图 4.5－2　紧固机器人组成

表 4.5－1　　　　　　　紧固机器人主要技术参数

序号	项目	参数
1	质量（kg）	50
2	攀爬最高速度（m/min）	2
3	自动攀爬能力	具备
4	通过能力	可过斜材、连接板
5	自动对准功能	具备自动对准螺栓能力
6	输出力矩调节性	具备数字设置功能
7	螺栓复紧速度（s）	小于 10
8	适应螺栓型号	M16、M20、M24
9	障碍物识别能力（mm）	10
10	正常条件下定位精度（mm）	1
11	复杂光照条件下定位精度（mm）	5
12	静态路径规划能力	具备
13	动态路径规划能力	具备

4. 施工要点

（1）路径规划。作业前，根据现场作业的角钢塔型号，在角钢塔高空作业机器人平台软件中选择相应型号角钢塔，在作业虚拟仿真环境中进行攀爬仿真，确保路径规划数据的准确性。作业路径规划示意图如图 4.5－3 所示。

（2）无线路由器、天线、电源等安装。

1）距离铁塔 6～10m 距离设置地面操作站，在地面操作站附近放置蓄电池和逆变器，安装无线路由器。

2）主机及天线安装。在地面操作站附近将不锈钢立柱插入地下，将主机安装在立柱上，天线安装于顶端，如图 4.5－4 所示，供电插头插入逆变器，检查指示灯是否变成绿色。指示灯红色则为故障，需排除故障后才能继续作业。无线路由器放置在主机附近，电源插头插入逆变器，检查其是否正常联网到主机。

图 4.5－3　作业路径规划示意图　　　　图 4.5－4　天线及主机

（3）紧固机器人自检。打开紧固机器人电源开关和地面操作站软件，在地面操作站上查看紧固机器人自检情况。紧固机器人自检内容见表 4.5－2。

表 4.5－2　　　　　　　　　紧固机器人自检内容

序号	自检内容	正常值	备注
1	电池电量	24V 以上	
2	通信链路情况	提示正常	
3	空载电流	小于 3A	
4	躯干运动编码器	0±2	控制夹持机构移动至原点
5	夹持机构位移传感器	传感器数值为 231±3	夹持器张开到最大位置
6	俯仰机构	可以俯仰到位	控制俯仰机构到极值

1）通过地面操作站上的屏幕可以查看机载电池的状态信息，如果提示电量不足或是电量低于 24V，应更换电池或进行充电再进行下一步操作。

2）通过地面操作站的操作屏幕，查看无线通信连接情况，确保无线通信已经正常连接情况下，打开紧固机器人的上下两个夹爪，使之保持最大张开状态。

3）操作屏幕上的上下夹爪的"伸出"按钮，使上下夹爪达到最大伸出状态。

4）通过地面操作站的操作屏幕，打开机器人的上下两个夹爪，使之持最大张开状态。

（4）紧固机器人上塔安装。紧固机器人在进行攀爬作业前应由人工正确安装在铁塔上才能保证正常作业。为确保安装正确且不对工具造成损伤，应按下列顺序进行安装。

1）将紧固机器人和地面操作站从包装箱中取出，水平放置在平坦地面上，紧固机器人的攀爬夹爪侧应向上。

2）打开紧固机器人上的电源开关，机载计算机顺利启动，并显示启动成功。

3）由两名作业人员各抬机器人的一端，将机器人紧贴主材放置，调整机器姿态，使上下两个夹爪中间的"V 形块"和主材紧密贴合。

4）通过地面操作站的上下夹爪"闭合"按钮，控制紧固机器人的两个夹爪夹持铁塔主材，达到夹持强度后自动停止，如有报警声音或在地面操作站屏幕上弹出报警提示，则关闭电源。

（5）角钢主材左侧面螺栓紧固。

1）完成上述设置后，点击开始作业，观察夹爪夹持状态是否正常，确认无误后，紧固机器人按规划的运动路径自动向上攀爬。

2）从紧固机器人攀爬过程中夹持机构的收缩动作到越过脚钉而不发生碰撞，夹持机构和角钢接触部位均附有硬质橡胶垫，可以保护角钢表面不受损伤。

3）在主材角度变化部位，可以通过机器人夹持机构的俯仰模块调整紧固机器人姿态，使紧固机器人可以通过角度变化部位，俯仰模块可实现最大 13°的范围调整。

4）到达螺栓作业区后，上下夹持机构夹紧主材。

5）控制作业机械臂使末端的紧固装置翻转到左侧。

6）观察机械臂状态是否正常，定位相机的识别结果是否正常。

7）双目相机对螺栓进行识别定位。

8）将右上角螺栓作业第一个作业目标，控制机械臂使紧固装置对准并进行紧固作业。

9）根据规划顺序控制作业机械臂运动完成下一个螺栓的紧固。

10）重复作业步骤直至此区域的螺栓全部紧固完成。

11）紧固过程中如果定位和识别出现异常，应由人工介入确认。

12）作业到达最高作业区域后由人工确认完成此侧面作业，转入下一侧面作业。

（6）角钢主材右侧面螺栓紧固。

1）角钢左侧面作业完成后，控制作业机械臂使紧固装置旋转对准角钢右侧面。

2）控制作业机械臂使沿主材方向伸展到最大距离，对准螺栓作业区域的右上部分。

3）重复"角钢主材左侧面螺栓紧固"中的4）～9）步骤，直到作业完成。

4）作业完成后，紧固机器人返回初始位置，按照下面（7）中的1）～2）步骤将机器人从主材上拆卸下来，进行另外一根主材作业，直到作业完成。

（7）紧固机器人下塔。

1）通过地面操作站屏幕上的上夹爪张开按钮，控制上夹爪张开到最大角度。

2）由一名作业人员固定机器人，再通过操作站屏幕操作打开下夹爪到最大角度，然后由两名作业人员将机器人从主材上取下。

3）关闭机器人电源并放回到包装箱中，保持夹爪一侧向上放置。

（8）注意事项。

1）紧固机器人上电自检前，水平放置在平坦地面上，紧固机器人的攀爬夹爪侧向上。

2）紧固机器人自检时，地面操作站上的各项数据应显示正常，按钮状态无异常。

3）紧固机器人上塔安装完成后，应测试攀爬夹爪、"V"形块，确保机械臂、螺栓紧固机构运动正常。

4）通过地面操作站确认上下两个夹爪上的避障确认相机工作正常，并正确选择上下相机显示位置。

5）确认定位双目相机工作正常。

6）进行紧急刹车和急停功能的试验，保证设备的安全性。

7）电源总开关打开后，不得随意关闭。

8）应先关掉内部控制 PC 机后再关闭控制系统电源。

9）工作机械臂上电后不得人为强行转动任何自由度。

10）在地面操作站终端上进行人工干预操作时，应通过人机交互界面确认每一步的操作正确并执行到位后，方可进行下一步操作。

11）作业完一侧主材后查看消耗电量，确保剩余电量是一侧主材作业消耗电量的 1.2 倍以上，否则应更换电池，更换电池应确保其电量一侧主材作业消耗电量的 1.2 倍以上。

12）在紧急工况时，应确保上下夹爪处于夹持状态，且夹爪的夹持力在正常范围内（单个夹爪总夹持力不小于 500N），然后通过远程电源遥控系统对机器人进行关机，5s 后再遥控打开机器人电源。

13）按说明书要求做好机械构件、电气系统、安全装置的日常维护和保养等工作。

5. 应用效果分析

（1）紧固机器人适应能力强，运动能力可以覆盖肢宽 100～220mm 的各种型号的角钢塔。

（2）社会效益高。极大降低了高空作业人员的人身安全风险，减轻了作业人员不足的压力，提高工作效率及工程质量，推动输电建设领域机器减人，机器代人的步伐。

（3）经济效益好。采取机器人复紧，能替代 70% 左右人工作业，可提升杆塔施工质量，极具推广价值。

4.5.2　数控扭矩扳手

1. 装备概述

输电线路组塔施工用数控扭矩扳手如图 4.5-5 所示，是架空输电线路组立铁塔施工手持电动工具，用于铁塔组立中定扭矩紧固铁塔高强度螺栓、螺母。目前数控扭矩扳手扭矩范围为 110～3000N·m，可满足 M16～M56 铁塔螺栓紧固需要。

2. 装备组成

数控扭矩扳手由控制面板、电池、扶手、变速机构、减速机构、反力臂组成，并配备工业手机。数控扭矩扳手结构组成如图 4.5-6 所示、内部结构如图 4.5-7 所示。

图 4.5－5　输电线路组塔用数控扭矩扳手

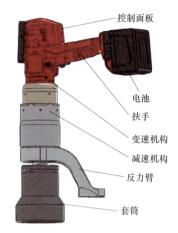

图 4.5－6　数控扭矩扳手结构组成

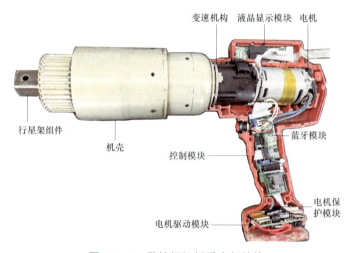

图 4.5－7　数控扭矩扳手内部结构

（1）控制面板：用于显示使用者工号、手持终端 App 设定的扭矩值。

（2）电池：提供能源。

（3）扶手：握把。

（4）变速及减速机构：传输能量的机械机构。

（5）反力臂：力的支撑结构。

（6）数控扭矩扳手配套工业手机如图 4.5－8 所示，登录工业手机 App，选择手动和自动设置扭矩值。

图 4.5 – 8　数控扭矩扳手配套工业手机

3. 装备型号

数控扭矩扳手各型号技术参数表见表 4.5 – 3。

表 4.5 – 3　　　　　　数控扭矩扳手各型号技术参数表

型号	扭矩范围（N·m）	方榫（mm×mm）	外形尺寸（mm×mm）	空载转速（r/min）	质量（kg）	电压（V）	功率（W）
XHDB – C450	110～450	19×19	≤330×80	≥45	≤4.7	28	560
XHDB – C1200	300～1200	25×25	≤390×88	≥20	≤7	28	560
XHDB – C3000	700～3000	25×25	≤430×88	≥5	≤7.8	28	560

4. 施工要点

（1）电动模式（数控定扭矩打紧模式）。

1）系统上电时，此时蓝牙未连接，显示为 6 位扳手工号。前两位数表示当前扳手生产年为 20××年，中间两位数表示当前扳手生产周为生产年第几周，最后两位数表示为当前扳手为生产周生产的第几号扳手。

2）App 与扳手蓝牙连接后界面显示卡号为 App 登录者的人员身份卡号后四位。

3）在 App 输入默认扭矩值后，扳手得到数据，进入电动模式，显示当前设置的扭矩值。

4）设置好 1000N·m 的扭矩值后按下启动按钮，待界面显示工作完成后松开启动按钮，此次打紧工作标志完成。

（2）校准参数设置。

1）通过调节设置和累加按键，分别测试 800、2500、3000 三种数值下所打出的扭矩，为了使测试更准确，可以多次测量取平均值。

2）同时按住图示所标记的校准键后通电，系统进入校准模式，将记录所得的测试数据输入系统，每输入一个数据按下校准键切换下一数据，输入三个数据后按下校准键松开进入工作模式（系统默认分别为 800、2500、3000）。

（3）App 使用要点。

1）登录功能。

a. 进入 App 后首先进行登录。"查询"按钮点击后可以看到当前保存于本地的人员信息，这些人员可以在手持设备未联网时进行登录。

b. 点击"输入身份证号登录"或"输入手机号登录"按钮。

c. 输入人员"身份证号"或"手机号"，核对正确后点击确定按钮，完成登录操作。

2）蓝牙连接功能。

a. 登录完成后打开蓝牙开启按钮后，开始搜索蓝牙设备，当发现可连接设备的名称与扳手工号相同时，点击连接。

b. 蓝牙连接完成后，扳手将等待默认扭矩值的设置。

3）默认扭矩值设置功能。

a. 蓝牙连接完成后，点击"激活设备"按钮后界面跳出对话框，此时可以选择手动输入默认扭矩值或自动识别输入默认扭矩值。

b. 点击"手动创建"按钮。在默认扭矩值处可以手动输入扭矩值，点击"激活"按钮后，此扭矩值将传递给扳手。

c. 点击"自动识别"按钮。将手持设备对准二维码后，将自动识别出所含信息及其对应的默认扭矩值。若不正确点击"重新识别"可再次进行识别；若正确点击"确定"按钮将此扭矩值传递给扳手。

d. 若需要重新改变默认扭矩值可点击"重设默认扭矩值"，此时将重新跳出对话框，按照上述两种方式重新设置扭矩值。

4）工作信息存储和上传功能。

a. 扳手每次工作完成后均会通过蓝牙传输本次工作信息，App 将接收此信息，并完成上传。在手持设备未联网时，扳手的工作信息将存储在本地。

b. 当手持设备处于联网状态时，扳手每次工作信息将及时上传服务器，同时上传之前保存在本地的数据。

5）公告信息获取功能。通过点击下方页面切换按钮切换至首页界面。可以在此处获取服务器所发布的一系列重要信息。

6）信息查询和退出登录功能。通过点击下方页面切换按钮切换至我的界面。在此界面可以看到当前登录人员的信息。点击"退出登录"按钮后，保存于本地的数据将全部被清除，所以当存在本地的工作数据未上传完时，请勿点击此按钮。

（4）注意事项。根据需要紧固的螺栓规格机械性能及等级，确定所需扭矩大小，再选择适当扭矩范围的数控扭矩扳手。

1）数控扭矩扳手禁止超载使用。

2）数控扭矩扳手禁止在储存有易燃易爆物品、气体，或粉尘场所使用。应保持工作场所干净、整洁。应在干燥的房间内存放设备。

3）数控扭矩扳手应使用原装电池，并使用原装充电器进行充电。勿将电池与金属物品放置在一起，以避免电池短路。勿接触电池溢出液体。

4）应避免意外启动设备。更换部件或存放前，应取下电池；放入电池前，应确认驱动开关已关闭。

5）数控扭矩扳手使用前应检查充电器、连接电缆、电池组、延长电缆和插头是否损坏或老化。检查各活动部件是否可正常运行、是否存在卡阻。

6）数控扭矩扳手使用时操作人员应保持安全姿势，身体应处于平衡状态。无关人员应保持在安全距离之外。

7）数控扭矩扳手使用时操作人员必须穿戴紧身工作服，使用合适的个人防护用具，如防滑手套、护耳器和护目镜等。

5. 应用效果分析

数控扭矩扳手在紧固高强度塔材螺栓、螺母作业中扭力设定精准，可大幅提升螺栓紧固施工质量；扳手使用铝钛合金材料，压缩扳手体积与质量，配备高空作业专用背带，便于操作和携带；同时大容量快充功能，提升了施工现场持续使用时间。新一代数控扭矩扳手还具备物联定位、远程信息数据传输功能，将作业人员信息、紧固时间、地点等信息全部纳入智能信息采集范围，实现螺栓紧固的可追溯性；对全塔螺栓紧固数量、紧固型号进行统计，确保整塔螺栓紧固率并落实紧固次数要求。

4.6 自动化装置与智能化辅助系统

4.6.1 电动绞磨及集控系统

1. 装备概述

电动绞磨及集控系统如图 4.6-1 所示，主要用于落地双摇臂抱杆组塔施工现场。电动绞磨可实现远程遥控，集控系统可实现多台绞磨集控，在组塔施工过程中使用 4 台电动绞磨替代传统机动绞磨，配合绞磨尾绳自动收放机，利用集控系统取代单点操作，仅需 1 人即可完成落地双摇臂抱杆组塔的全部动作指令，具有省人工、噪声小、安全性能高等特点，风险压降、降本增效效果显著。

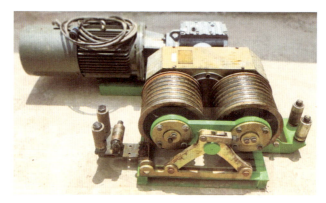

(a) 电动绞磨

(b) 集控系统分控箱

(c) 电动绞磨总控箱

图 4.6-1 电动绞磨及集控系统

2. 装备组成

电动绞磨及集控系统如图 4.6-2 所示，主要由发电机、配电箱、电动绞磨、分控箱、总控箱、电源通信线缆等组成。

（1）发电机，额定功率为 30kW，可同时满足两台电动绞磨同时瞬时启动要求。

（2）配电箱，输出交流 380V 电压。

（3）电动绞磨，由变频电机、减速机、变速箱、双滚筒等组成，额定牵引力 3t，牵引速度 8～25m/min，质量 350kg。

（4）分控箱，控制单台电动绞磨的控制箱，手动模式下，可实现单台控制，自动模式下，可通过总控箱进行控制。

（5）总控箱，控制 4 台电动绞磨、抱杆回转的总集成控制箱，落地双摇臂抱杆的组塔施工动作指令按钮全部集中在总控箱的控制面板上。

（6）电源通信线缆，是为电动绞磨及控制系统传输电力和信号的线束。

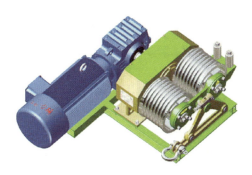

（a）电动绞磨主要组成

（b）集控系统主要组成

图 4.6-2 电动绞磨及集控系统组成

3. 装备型号

考虑运输、拆卸和施工环境，电动绞磨单机质量 350kg。牵引力 1t 以内时，最大牵引速度为 25m/min；牵引力 2.2t 时，最大牵引速度为 16m/min；牵引力 3t 时，最大牵引速度为 12m/min。电动绞磨技术参数见表 4.6－1。

表 4.6－1　　　　　　　　　电动绞磨相关技术参数

项目	数值	备注
工作电压	AC380V	
型号	ZJ－QXSR－30/6	
长×宽×高（m×m×m）	1.35×0.75×0.4	
电机额定功率（kW）	7.5	变频电机
额定荷载（t）	3	双滚筒
收卷速度（m/min）	8～25	无级变速
整机质量（kg）	350	

集控系统：考虑运输、拆卸和施工环境，集控箱质量 15kg。考虑安全施工相关规定，集控箱具备数显功能及急停、报警功能。考虑抱杆施工工艺，设置安全互锁，落地抱杆回转、起吊、变幅不能两两同时动作。集控系统技术参数见表 4.6－2。

表 4.6－2　　　　　　　　　集 控 系 统 技 术 参 数

项目	数值	备注
工作电压（V）	AC 380	
最大工作电流（A）	32×2	
显示单元（寸）	4.3TFT	带触摸
通信接口	CAN 2.0B	
整机质量（kg）	15	

4. 施工要点

电动绞磨及集控系统施工包括场地准备、安装、调试使用、拆除等过程。
（1）场地准备。在不影响进出场的合理位置布置发电机（下垫彩条布）

和配电箱，平整出 0.8m×0.8m 的空地用于摆放电动绞磨，绞磨后方 1m 位置设置 3t 锚桩。在绞磨后方 4m 处平整出 1m×1m 的空地用于摆放绞磨尾绳自动收放机、分控箱。在收放机后面 1m 处埋设 $\phi32×1.5m$ 锚桩，用于固定架体。在电动绞磨、尾绳自动收放机后方视野宽阔处放置指挥棚和总控箱。

（2）安装。

1）电气接线。发电机—配电箱—总控箱采用 $5×10.0mm^2+1$ 的五芯电缆连接，总控箱—分控箱—分控箱—分控箱—分控箱采用 $5×6.0mm^2+1$ 的五芯电缆连接，分控箱—电动绞磨采用 $3×4.0mm^2$ 的四芯电缆连接。分控箱—尾绳自动收放机采用伺服电机自带的电缆线连接。

2）通信接线。总控箱—分控箱—分控箱—分控箱—分控箱，分控箱—尾绳自动收放机，分控箱—电动绞磨采用 $2×0.75mm^2$ 两芯屏蔽线进行连接。

（3）调试使用。启动发电机，待发电机正常运行后，依次打开配电箱、总控箱的空气开关，观察总控箱三相电压值显示均为 380V，打开分控箱的空气开关。

在手动模式下，按下绞磨收、放绳按钮，观察绞磨是否正常运行，尾绳自动收放机是否随动方向一致。旋转无级变速旋钮，观察电动绞磨和尾绳自动收放机是否缓慢变速。再将各分控箱调节至自动模式，按下总控箱的 1、2、3、4 号绞磨收、放绳按钮，观察 4 台电动绞磨和尾绳自动收放机是否按指令动作，再依次试验变速旋钮、急停按钮是否正常，观察总控箱显示屏上各电动绞磨、分控箱的工作数据是否正常。

待电动绞磨及集控系统检验完成后，开始按照使用说明书规范操作，进行组塔作业。若在施工过程中出现机器故障或其他紧急情况，迅速按下急停按钮，电动绞磨及集控系统将立即断电自锁。

（4）拆除。关闭各装置的空气开断，顺序为分控箱—总控箱—配电箱—发电机。拆除电气接线及通信接线。

（5）安全注意事项。

1）使用前需对操作人员进行技术交底及操作培训。

2）使用前应首先对电动绞磨、尾绳自动收放机、分控箱、总控箱进行外观检查。

3）电缆及通信接线应穿管埋在地面 100mm 以下。

4）施工前应对装置进行整体性能测试，开始吊装时以轻缓为主，反复试吊不少于 2 次无误后正常施工。

5）转场运输时，应注意轻拿轻放，避免对集控系统电路电缆造成破坏。

6）若在使用过程中出现异常情况应立即停机，隐患排除后方可继续施工。

5. 应用效果分析

（1）实现绞磨集群集控，地面操作人员由 12 人变成 1 人，贯彻落实"机械化代人、智能化减人"的工作思路。

（2）减少人工施工作业量，提升工作效率，全面推进输电线路施工全过程机械化施工。

4.6.2　绞磨尾绳自动收放机

1. 装备概述

绞磨尾绳自动收放机如图 4.6－3 所示，主要用于输电线路组塔、架线施工过程中绞磨尾绳的自动收卷和松放。收放机可自动识别绞磨收、放绳状态，使尾绳线盘与绞磨滚筒间始终保持有效张力。收放机具有体积小、操作简单、单件质量轻、应用范围广等特点，能够直接替代机动绞磨尾绳留放人员，实现机动绞磨留绳操作无人化。与电动绞磨配合应用于落地双摇臂抱杆组塔时，可实现绞磨集群控制，仅需一人即可完成传统由 12 人分 4 组配合的施工任务，大幅减少施工人员配置。

(a) 机动绞磨尾绳自动收放机　　　　　　　(b) 电动绞磨尾绳自动收放机

图 4.6－3　绞磨尾绳自动收放机

2. 装备组成

机动绞磨尾绳自动收放机如图 4.6-4 所示，主要由电气控制箱、尾绳线盘、收放架、DC48V 移动电池、状态感应器等组成。

（1）电气控制箱由电机、减速机、控制器及相关控制元件组成，外部设置有控制按钮，包括急停、收绳、放绳、无级调速等，可切换手动模式与自动模式。

（2）尾绳线盘是用于组塔、架线施工时盘绕绞磨的尾绳，使尾绳始终保持张力。

（3）收放架的主要作用是支撑并固定各部件，尤其是保证尾绳线盘在空、满载的情况下仍能转动顺畅，不晃动和卡顿。

（4）DC48V 移动电池为快充锂电池，为收放机正常工作状态持续供电不少于 4h。

（5）状态感应器安装在机动绞磨齿轮箱的外壁，附着在凸出的转动轴上，通过光感信号收集绞磨状态并反馈给收放机，收放机判断执行随动。

电气分控箱是用于电动绞磨尾绳收放机的控制集成组件，由发电机经配电箱输入交流电，指令按钮与电气控制箱一致。

电气控制箱　　　　　　　收放机架体　　　　　　　尾绳线盘

图 4.6-4　绞磨尾绳自动收放机主要组成件

3. 装备型号

绞磨尾绳自动收放机采用可分体式设计，考虑山区运输条件，单件质量≤30kg，总体质量≤110kg。考虑施工现场用电条件，供电电源分直流低压移动电池和交流三相电压。按照施工现场地形条件和机具使用需求，选取相对应的绞磨尾绳自动收放机，ZR-50-DC 用与机动绞磨配套使用，ZR-50-AC 用与电动绞磨配套使用。尾绳自动收放机相关技术参数见表 4.6-3。

表 4.6－3　　　　　　　　尾绳自动收放机相关技术参数

项目	数值	备注
工作电压（V）	DC480	机动绞磨使用
工作电压（V）	AC220	电动绞磨使用
型号	ZR－50	DC、AC
电机额定扭矩（N·m）	10	
电机额定功率（W）	1500	1500r/min
减速机	20	速比
收卷速度（m/min）	8～25	放卷为手动
静态收卷张力（N）	＞200	
保护制动力（N）	＞800	
最大容绳量（m）	600	$\phi12.5～15.5$
整机质量（kg）	≤110	

4. 施工要点

绞磨尾绳自动收放机施工包括场地准备、安装、使用、拆除等过程。

（1）场地准备。在绞磨后方 4m 处平整出 1m×1m 的空地，用于摆放绞磨尾绳自动收放机。清除绞磨与尾绳自动收放机之间的杂物和尖锐铁器，地形不宜有明显的凸起，确保绞磨尾绳保持张紧并能顺畅收回和松放。在收放机后方 1m 处埋设 $\phi32×1.5m$ 锚桩，用于固定架体。

（2）安装。

1）结构安装。

a. 线盘组装。将绞磨尾绳自动收放机工作模式调整至手动模式，控制电机启动使减速机输出轴的凹形面横向朝外，打开横向 U 型槽的封堵插销。施工人员抬起尾绳线盘，轴承侧插入 U 形槽，方形头插入减速机输出轴的凹形口，然后把封堵插销插入 U 形槽，把连接插销插入方形头和凹形口。连接插销头部有关闭装置，防止在线盘转动时连接插销掉落。将轴承侧的旋紧装置拧紧，以使尾绳线盘在工作中不发生异常晃动。使用 $\phi12.5×3m$ 的钢丝绳头+3t 卸扣和 $\phi32×1.5m$ 的钻桩+挡土板连接锚线板，用以稳固设备。

b. 尾绳盘绕。将施工现场钢丝绳的尾头首先在空线盘上绑定，把钢丝绳放入导向槽，然后启动绞磨尾绳自动收放机收卷钢丝绳，使钢丝绳整齐地排列在尾绳线盘上。收线应预留 3～4m 的余量，最后把钢丝绳缠绕在绞磨滚筒上不少于 5 圈。

2）电气接线。绞磨尾绳自动收放机通过 CAN 总线进行通信传输，各连接处采用重载连接器，使用前将各处线缆连接，电源接入控制箱。

（3）使用。启动装置，切换手动模式，空载收放运行，确认各个部件运转良好。反复切换工作模式，确保切换顺畅。

在手动模式下做好施工准备后，先将绞磨尾绳收紧，再将工作模式切换至自动模式，启动绞磨，此时尾绳自动收放机即与绞磨进入同步状态，自动收放尾绳。

若施工过程中，需要调节自动排绳器，确保尾绳在尾绳线盘整齐排列，可松开丝杆齿轮处固定螺栓，旋转手柄即可微调排绳器位置。

若在施工过程中，出现机器故障或其他紧急情况，迅速按下急停按钮，装置将立即断电自锁。

（4）拆除。铁塔、架线施工完成后，设备需拆卸转场运输。首先将绞磨尾绳自动收放机的工作模式切换至手动模式，控制电机启动使减速机输出轴的凹形面横向朝外，拔出插销。在收绳线盘下方铺垫道木，打开 U 形槽的封堵插销，施工人员从进线侧稍微抬起（约 10°）绞磨尾绳自动收放机，线轴和尾绳线盘因自重从 U 形槽口和凹面滑出，落在道木上方，完成收绳线盘和架体的分离，方便运输。

（5）安全注意事项。

1）使用前需对操作人员进行技术交底及操作培训。

2）使用前应首先对绞磨尾绳自动收放机进行外观检查，检查项包括：

a. 检查主架体及各附件是否存在腐锈严重的情况。

b. 检查尾绳线盘是否有较大变形。

c. 检查尾绳线盘线轴插销是否安装到位。

d. 检查伺服电机电线插接是否严密。

e. 检查尾绳线盘线轴轴承侧的螺纹手柄是否旋紧。

f. 检查各处螺栓是否紧固到位。

g. 检查各处焊缝是否有较大缝隙。

h. 检查尾绳自动收放装置手动自动模式是否顺畅切换。

3）使用前，应将收放机锚固牢靠。绞磨及收放机之间严禁人员通过或逗留。

4）安装时应注意平整场地，使绞磨尾绳收放机受力对称，收放绳索顺畅平稳。收放机应位于绞磨侧后方，正对绞磨滚筒并以此为中心左右收放尾绳。

5）使用过程中如出现收放机突然断电，应立即停止绞磨和收放机，并进行故障检查。

5．应用效果分析

（1）实现绞磨尾绳留绳操作无人化，大幅减少人员配置，降低施工成本，压降风险效果显著。

（2）实现绞磨集群控制，全面推进输电线路施工全过程机械化施工。

4.6.3　斜线式作业人员运输施工升降机

1．装备概述

斜线式作业人员运输施工升降机如图 4.6–5 所示，安装在跨越塔单腿主管上，通过调节底座使升降机导轨架与铁塔主管近似平行，适用于不同倾角的高塔人员及小型工器具运输。施工升降机导轨架通过连接附墙与主管连接，吊笼通过滚轮安装在导轨架上，通过电机驱动使吊笼在导轨架上上下运行。随着跨越塔高度不断增高，施工升降机的安装高度也需要不断增加，通过增加标准节与塔腿附墙连接实现。

图 4.6–5　斜线式作业人员运输施工升降机

2. 装备组成

施工升降机主要包括底笼、电气系统、产品铭牌、导轨架及附墙架、供电系统、吊笼、传动系统、吊杆等。升降机底座安装在铁塔承台基础上，导轨架通过可调节长度的附墙与跨越塔主管连接，吊笼通过销轴与传动机构连接，供电系统采用滑触线形式，不受风雨等天气影响，安全可靠，经济实用。施工升降机结构组成如图4.6-6所示。

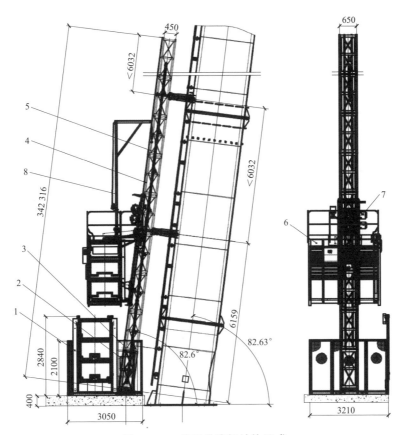

图 4.6-6　施工升降机结构组成

1—底笼；2—电气系统；3—产品铭牌；4—导轨架及附墙架；
5—供电系统；6—吊笼；7—传动系统；8—吊杆

3. 装备型号

施工升降机规格型号有SCQ80、SCQ90，主要技术参数见表4.6-4。

表 4.6－4　　　　　　　　　　　施工升降机主要技术参数

参数　　　　　　　　型号	单位	SCQ80	SCQ90
额定载重量	kg/人数	800/8	900/10
提升速度	m/min	0～45	0～60
最大起升高度	m	330～336	332
自由端高度	m	≤6	≤6
吊笼净空尺寸	m×m×m	2.4×1.2×2.2	2.8×1.3×2.2
吊笼质量	kg	1300	2000
单笼电机功率	kW	2×（13～23）	2×（11～20）
电机型号	/	D132L4	YZZP.A132L1.HB－4
标准节尺寸	m	0.65×0.45×1.508	0.65×0.45×1.508
防坠安全器　型号	/	SAJ30－1.2A	SAJ30－1.4
防坠安全器　额定动作速度	m/s	1.2	1.35
导轨架地面法向倾角	°	0～10°	0～10°
滑触线	m³	35	35

4. 施工要点

（1）场地准备。施工升降机基础应满足出厂使用说明书中的各项要求，此外还必须符合当地的有关安全法规。保证混凝土基础可承受最大压力、混凝土标号、厚度、表面倾斜及混凝土基础下的地面承载能力等符合要求。

（2）安装架设。采用起重设备进行施工升降机安装，依次安装底架→基础座→标准节→吊笼组成→传动系统→滑触线→底笼围栏（含底笼门框及底笼门）→第一道附墙→吊杆→继续加标准节及附墙→最顶上一节无齿条顶节→行程限位碰块。

安装完成后，检查导轨架标准节的垂直度，按电路图的要求接通所有电路的电源，各机构进行试运转，检查各机构运转是否正常。

安装完毕，按说明书要求调整好安全装置后即可使用，或根据所需起升高度，顶升加高后使用。底座及标准节安装如图 4.6－7 所示，吊笼安装如图 4.6－8 所示。

（3）标准节加高。随着铁塔组立高度的不断提升，升降机的起升高度也需要不断提高。在地面将升降机标准节组装好，用起重设备起吊标准节，与事先安装在塔身主管上的附墙连接，至所需高度后，安装导轨架限位碰铁即可。安装过程中应检查其垂直度，并及时调整。然后进行滑触线安装，通电后进行调试，调试完成后才能进行正常施工运行。

标准节吊装如图4.6-9所示，附墙架安装如图4.6-10所示。

图4.6-7 底座及标准节安装

图4.6-8 吊笼安装

图4.6-9 标准节吊装

图4.6-10 附墙架安装

（4）人员运输。

1）升降机运行。工作前应按规定检查各部件状态，一切正常后方可使用。

先合上底笼配电箱空气开关 QM1 与 QF1，此时总接触器 KM1 吸合。

再合上吊笼电控箱中的空气开关 QM2、QF2 与 QF3。

将钥匙开关打开，KM2 接触器吸合，变频器上电，按下启动按钮，此时启动继电器 KA 吸合并自保，注意 SA1 控制开关应在零位才能启动。

将检修盒上的工作方式转换开关 SA3 打在工作挡，此时转动 SA2 主令开关可使吊笼升降运动。

注意：施工升降机限乘、限载满足参数要求。开动吊笼前应先关好各门，否则不能启动。在运行过程中不能开门否则吊笼将停车。在接近底层时应注意停车。行驶中如因保护电路动作停车时控制开关应及时拨至"零"位置。

2）升降机操作。将底笼电源上的电源开关置于"开"。

关闭所有门，包括吊笼门、天窗盖及底笼门。

使吊笼极限开关手柄处在"ON"位置，并确认电控箱内的保护开关已经接通，操作箱和检修盒上的急停按钮已经打开。

打开钥匙开关，按下启动按钮，此时扳动手柄并保持，升降机吊笼即可升降运行，操作手柄置于"0"位，吊笼即可停车。在上下终端站，吊笼上设有上、下限位开关、上、下减速限位开关和极限开关，司机应掌握缓稳操作。注意：升降机启动前应按警铃提醒所有人员注意。

在运行中如发生异常情况（如电气失控）时，应立即按下急停按钮，在未排除故障前不允许打开。

（5）坠落试验。每台防坠安全器应每隔三个月随吊笼进行一次额定载荷坠落试验。升降机每次重新安装时也需进行一次试验，保证升降机的使用安全。

坠落试验后需将防坠安全器复位，在安全器没有复位之前严禁操作运行吊笼。

（6）拆除。拆卸的方式和顺序基本上与安装的方式和顺序相反。拆卸遵循设备使用说明书中的安全要求。

将升降机周围圈隔，并在醒目位置悬挂"注意高空坠物"的警示标牌。

（7）注意事项。

1）施工升降机机械防冲顶措施采用导轨架顶节标准节为无齿条标准节时，每次导轨架加高时需先将顶节标准节拆卸后再加高，待加高完毕，再将顶节标准节装回导轨架顶部。

2）基础调节杆事先根据施工所需角度计算出其对应长度。安装前先将调节杆长度调整到所需长度，同时需要注意两端螺栓长度不可超过极限范围。

3）安装附墙架要确保附墙架主平面垂直导轨架轴线，垂直角度误差要符合说明书要求。

4）升降机拆除过程中不得先拆除附墙架后拆除标准节。

5. 应用效果分析

（1）斜线式作业人员运输施工升降机是一种可调节角度的整机结构，可适应一定范围内不同倾角的施工环境需求，可满足该范围内升降机的使用要求，避免重复购置设备，降低使用成本。

（2）作为施工全过程人员运输的施工装备，不仅节约时间，还降低了作业人员的体力消耗，从而减少高空移动风险，保证人身安全。

（3）经济效益好。节省工人上下跨越塔的体力和时间，提高整体施工效率。

4.6.4 悬浮抱杆状态监测与安全预警系统

1. 装备概述

悬浮抱杆状态监测与安全预警系统（简称监测系统）如图 4.6-11 所示，是一种采用先进传感技术，对悬浮抱杆杆身轴向压力和空间倾角、拉线和承托绳受力、起重量、环境状态等进行实时监测和分析，并按照内置阈值进行安全预警的智能化辅助装备，可用于各种截面尺寸的悬浮抱杆，对辅助悬浮抱杆施工、提高悬浮抱杆使用安全性具有重要作用。

图 4.6-11　悬浮抱杆状态监测与安全预警系统

2. 装备组成

监测系统采用最少量传感器配置模式，由杆身轴向压力—倾角一体化监测模块（内置温度传感器和湿度传感器）、起重量测力传感器、拉线测力传感器、承托绳测力传感器、风速传感器、网关、显示终端、报警器组成。监测系统组成如图4.6-12所示。

图 4.6-12 监测系统组成

1—杆身轴向压力—倾角一体化监测模块；2—测力传感器；
3—风速传感器；4—网关；5—显示终端

（1）杆身轴向压力—倾角一体化监测模块内置的四路高精度力传感器可实时监测抱杆杆身 4 根主弦杆的受力状态；三维倾角传感器可实时监测抱杆杆身空间倾角，获取杆身倾斜状态。配以起重量测力传感器测得的起重量值，通过内置算法可实时计算当前载荷状态下抱杆的安全稳定性。

（2）拉线测力传感器和承托绳测力传感器可实时监测拉线和承托绳受力，通过边缘计算实时分析抱杆杆身轴向压力，并与杆身轴向压力监测模块数据进行对比分析，保证监测信息闭环。

（3）风速传感器实时监测施工现场风速，参与抱杆受力分析，并提示现场作业人员在安全规程要求的安全风速下施工。

监测系统反应灵敏、数据采集频率快；采用无线传输模式，传输距离远；前向纠错多频段信号传输，安全可靠；边缘节点工作在低功耗模式，待机时间长；配置高分贝报警器，警示效果好。

3. 装备型号

根据悬浮抱杆杆身断面宽度，目前监测系统有适用于不同断面抱杆的多个型号，监测系统主要技术参数见表4.6-5，并可根据抱杆规格定制。

表 4.6 – 5　　　　　　　　　　　监测系统主要技术参数

型号	ZB – X – JC – 150/500	ZB – X – JC – 150/600	ZB – X – JC – 150/800
主机尺寸 （mm × mm × mm）	500 × 500 × 100	600 × 600 × 120	800 × 800 × 140
额定负荷/精度	±100kN/1%		
倾角测量范围	X × Y × Z（±180°）×（±180°）×（±180°）		
温度测量范围（℃）	−20～+60		
数据采集频率（Hz）	1	0.5	0.5
本地无线传输距离（m）	≥100	≥100	≥120
供电电源	DC12.6V – 5A		
报警声音强度（dB）	≥75（1m）		
主机质量（kg）	80	95	115
防护等级	IP54		
工作环境温度（℃）	−5～+40		
电池续航时间（天）	≥7		

4．施工要点

（1）施工准备。

1）对作业点进行现场勘查，制定安全、质量管控措施。

2）组织所有进场人员开展施工交底，由施工方案编制人员对监测系统安装、使用及操作要点等关键要求对作业人员进行安全、技术交底，确保每位施工人员清楚施工任务、施工技术要点和安全注意事项。

3）打开监测系统，确保系统各模块均正常联网运行，显示终端显示正常。

（2）安装调试。

1）杆身轴向压力—倾角一体化监测模块安装。在抱杆杆身中间位置的两个标准节之间安装杆身轴向压力—倾角一体化监测模块，保证螺栓连接可靠，轴向压力—倾角一体化监测模块安装图如图 4.6 – 13 所示。

2）测力传感器安装。

a．在起吊绳、2 根顶部拉线、2 根承托绳中分别串联一个测力传感器。

b．起吊绳：在起吊绳/起吊滑车组与吊件连接部位增加卸扣，串联起重量测力传感器。

c．拉线：在抱杆顶部拉线孔位置，使用卸扣将拉线测力传感器与拉线串联。

图 4.6－13　轴向压力—倾角一体化监测模块安装图

d. 承托绳：在抱杆底部承托绳孔位置，使用卸扣将承托绳测力传感器与承托绳串联。

3）系统调试。

a. 电量检查：检查各传感器电量，确保电量充足，避免组塔过程中由于电量不足引起的传感器关机而导致数据丢失。

b. 通信测试：开启传感器，使用监控系统软件，配置使用的传感器 ID，点击数据采集，查看是否有数据显示，如有显示表示通信正常。

c. 阈值设置。

a）进入"配置管理"后点击"角度阈值"，输入对应监测系统模块编号，根据施工方案，输入需设定的角度值（默认为 10°），点击"角度阈值"按钮即可完成设置。

b）进入"拉力阈值"界面，根据现场施工实际使用的工器具型号依次选择"起吊绳、内拉线、承托绳"对应型号，并按需设置预警百分比（默认为95%），点击"计算设定阈值"即可完成设置。

c）点击"方案配置"后即可查看倾角传感器/拉力传感器实时数据。

d）现场施工中，当任一传感器值超过其许用拉力的设置预警百分比（如：95%）时，现场终端报警。

（3）组立铁塔。

1）组立塔腿段。根据施工方案，利用装有测力传感器的起吊绳连接塔腿主材、辅材组成的整体，按两个侧面塔片进行吊装，测力传感器一端通过卸扣与滑车组连接，另一端通过卸扣与钢丝绳连接，进而连接塔材；或利用装有测力传感器的起吊绳单独起吊由辅材组成的八字塔片，吊装操作过程中指定班组人员监视现场终端数据和报警器，如有报警及时处理。

2）吊装塔身。

a. 利用装有测力传感器的起吊绳连接塔片整体吊装，测力传感器一端通过卸扣与滑车组连接，另一端通过卸扣与钢丝绳连接，进而连接三眼板及塔片。

b. 构件开始起吊，控制绳应略收紧；构件着地的一端，应设专人看护，以防塔材起吊卡阻。起吊过程中，在保证构件不碰撞已组塔段的前提下，均匀松出控制绳以减少各索具受力，防止受力过大监测系统误报警。

c. 构件起吊过程中，塔上人员应密切监视构件起吊情况严防构件挂住塔身。构件下端提升超过已组塔段上端时，应暂停牵引，按照塔上作业负责人指挥慢慢松出控制绳，构件对准已组塔段主材时，再慢慢松出牵引绳，直至构件就位。

d. 构件接头螺栓安装完毕，即可松出起吊绳、吊点绳及控制绳等，再安装斜材及水平材。根据杆塔高度不同，重复该吊装过程，直至杆塔主体吊装完成。

3）吊装横担。横担独立吊装，利用装有测力传感器的起吊绳连接横担整体吊装，测力传感器一端通过卸扣与滑车组连接，另一端通过卸扣与钢丝绳连接，进而连接塔材。吊点绳交叉绑在横担上平面左右两侧节点上。严格控制横担吊装提升高度，确保拉线倾角满足要求。

（4）注意事项。

1）组装抱杆时，将杆身轴向压力—倾角一体化监测模块通过螺栓固定在抱杆杆身中间位置两个标准节之间。

2）测力传感器需通过 2 只卸扣与受力钢丝绳串联，拉线测力传感器安装于抱杆顶部靠近连接处，承托绳测力传感器安装于抱杆底部靠近连接处（2 根对角承托绳），起重量测力传感器安装于吊点与被吊物连接处。

3）抱杆起立前，确认所有模块均已开机并能正常工作。

4）抱杆起立后，首先利用经纬仪观测，通过调整拉线将抱杆调整为竖直状态，操作现场终端进入"标定管理"菜单，输入传感器编号后，点击"相对零度标定"，对倾角传感器进行置零操作。

5）构件离地后应暂停起吊，进行一次全面检查，检查内容包括：牵引设备的运转是否正常，各传感器、现场终端等是否运转显示正常，各绑扎处是否牢固，各处的锚桩是否牢固，各处的滑轮是否转动灵活，已组塔段受力后有无变形等。检查无异常，方可继续起吊。

5. 应用效果分析

（1）使用悬浮抱杆状态监测与安全预警系统可有效监测悬浮抱杆组塔时各部件受力，大大降低悬浮抱杆组塔作业风险，提高了组塔施工安全性。

（2）悬浮抱杆状态监测与安全预警系统的三维倾角传感器、测力传感器可协助施工人员对抱杆状态进行调整，使抱杆达到施工方案设定位置和状态，具有较好的施工辅助功能。

4.7 应 用 实 例

本部分以实际工程为例，介绍组塔施工相关典型经验与做法。结合施工装备，分别介绍轮式起重机组塔、单动臂落地抱杆组塔、履带吊配合双平臂落地抱杆（超大型）组塔方式。

4.7.1 轮式起重机组塔

1. 实施条件

某 220kV 输电线路工程新建铁塔 21 基，双回路耐张塔 15 基，双回路直线塔 6 基。其中，角钢塔共 14 基，计划全部采用轮式起重机进行分解组立。

线路运输条件良好，可利用基础施工进场道路将塔材、轮式起重机运抵现场，场地开阔，施工作业面便于轮式起重机分解组立铁塔。

2. 工程方案

根据该工程特点，对普通段角钢的塔型、高度、质量等信息进行充分分析，普通段角钢塔信息一览表见表 4.7-1，结合施工经验及轮式起重机参数调研，最终确认该工程角钢塔采用 25t+80t 轮式起重机配合的方式进行杆塔组立。25t 轮式起重机主要负责底段吊装及其他塔段的地面组装工作，25t 轮式起重机性能参数表见表 4.7 2。80t 轮式起重机主要负责超过 25t 轮式起重机吊装高度的塔材吊装，80t 轮式起重机主臂工况性能参数表见表 4.7-3。考虑到底段塔材较重，为保证轮式起重机灵活性及最大限度提高吊装安全系数，25t 轮式起重机不使用副臂吊装，80t 轮式起重机利用副臂配合吊装，80t 轮式起重机主臂+副臂工况性能参数表见表 4.7-4。

表 4.7－1　　　　　　　　　　　普通段角钢塔信息一览表

塔型	全高（m）	铁塔质量（t）	最重横担质量（t）	最长单侧横担长度（m）	备注
220－SDJ61－42	59	62.8746	1.0549	7.9	同种塔型 8 基
220－SZ61－45	62.1	22.3039	0.3648	6.0	同种塔型 2 基
220－SJ611A－42	59	42.0944	0.8128	6.9	同种塔型 2 基
220－SZ61A－48	65.3	23.3819	1.1045	6.5	同种塔型 1 基
220－SJ611A－42	59	42.0944	0.8128	6.9	同种塔型 1 基

表 4.7－2　　　　　　　　　　　25t 轮式起重机性能参数表

工作幅度	用第五支腿，I 缸伸至 100%，侧、后方作业						
	主臂臂长						
	10.5m	14.04m	18.3m	24m	29.7m	35.4m	41m
3	25 000	25 000	19 500				
3.5	25 000	23 500	19 500				
4	23 000	22 000	19 500				
4.5	21 500	21 000	19 500	16 600			
5	20 000	19 600	18 600	16 000			
5.5	18 800	18 200	17 300	15 500			
6	17 100	17 100	16 000	14 500	12 600		
6.5	15 500	15 500	14 700	13 500	11 900		
7	14 300	13 800	13 800	12 800	11 200		
7.5	13 300	12 800	12 700	12 000	10 600	8600	
8	12 300	12 000	11 700	11 300	10 000	8400	
9		9800	9800	10 000	9000	7600	6400
10		8250	8200	8900	8100	7000	6000
11		6850	6750	7500	7400	6400	5600
12		5650	6500	6350	6800	5950	5200
13			4650	5350	5850	5450	4800
14			3900	4600	5050	5050	4400
15				3850	4350	4650	4100
16				3400	3850	4150	3850
18				2500	2950	3250	3350
20				1800	2250	2550	2750
22					1700	2000	2200
24					1250	1550	1750

续表

工作幅度	用第五支腿，I 缸伸至 100%，侧、后方作业						
	主臂臂长						
	10.5m	14.04m	18.3m	24m	29.7m	35.4m	41m
26						1150	1350
28						850	1050
30							600
32							500
倍率	8	4	4	4	4	3	3
吊钩质量	442kg						

注 25t 轮式起重机在主臂全伸，考虑吊钩、钢丝绳及工器具等质量的情况下，15m 作业半径内可安全起吊 3.5t，现场吊装或地面组装时注意不要超限吊装。（主钩及配套钢丝绳、工器具按照 600kg 考虑）

表 4.7－3　　　　　　　　80t 轮式起重机主臂工况性能参数表

工作幅度（m）	主臂（m）						
	11.85	19.8	31.7	39.6	47.6	51.5	55
3.0	80 000						
4.0	75 000	60 000					
5.0	65 000	54 000					
6.0	57 000	48 000	37 000				
7.0	47 000	44 000	35 100				
8.0	41 000	40 000	33 900	23 000			
9.0	34 000	34 000	31 500	22 500			
10.0		32 400	30 600	21 200	13 500		
12.0		24 600	25 800	18 600	13 000	10 000	8000
14.0		19 700	20 000	15 500	11 500	9500	7500
16.0			16 100	13 500	10 000	8500	7000
18.0			13 300	12 500	9000	7500	6500
20.0			11 200	10 700	8000	7000	6200
22.0			9500	9200	7000	6100	5800
24.0			8100	8100	6500	5600	5200
26.0			7000	7500	5600	5100	4700
28.0				6500	5500	4600	4200
30.0				5700	4800	4400	3900
吊钩	80t 吊钩						

注 80t 轮式起重机在主臂全伸不装副臂时，考虑吊钩、钢丝绳及工器具等质量，20m 作业半径内可安全起吊 5.5t，现场吊装或地面组装时注意不要超限吊装。（主钩及配套钢丝绳、工器具按照 700kg 考虑）

表 4.7-4　　　　　80t 轮式起重机主臂+副臂工况性能参数表

副臂长度（m）	10.5			17		
主臂长度（m）	47.6	51.5	55	47.6	51.5	55
工作幅度（m）	相应吊重（kg）					
10.0	6.5					
12.0	6.3	5.5				
14.0	6.2	5.4		3.7		
16.0	5.8	5.4	4.5	3.7	3.4	3.1
18.0	5.1	4.9	4.3	3.7	3.4	3.1
20.0	4.6	4.4	3.9	3.7	3.4	3.1
22.0	4.3	4.0	3.5	3.5	3.4	3.1
24.0	3.9	3.6	3.3	3.3	3.1	2.6
26.0	3.6	3.4	2.9	3.0	2.9	2.6
28.0	3.3	3.0	2.6	2.8	2.6	2.3
30.0	3.0	2.8	2.4	2.5	2.4	2.2

注　80t 轮式起重机在安装一节 10.5m 副臂后，20m 作业半径内可安全起吊 3.5t，安装 17.5m 副臂后，20m 作业半径内可安全起吊 2.7t，25m 作业半径可安全起吊 2.2t，现场吊装或地面组装时注意不要超限吊装。（小钩及配套钢丝绳、工器具按照 400kg 考虑）

3. 实施效果

（1）安全方面：根据该工程地处平原，组塔施工作业面较大的特点，常规施工方式可采用内悬浮外拉线抱杆组塔或轮式起重机组塔方式，根据《输变电工程建设施工安全风险管理规程》（Q/GDW 12152—2021）规定，内悬浮外拉线抱杆组塔方式风险等级为 3 级，流动式起重机立塔（塔高 60m 及以下）风险等级为 4 级，超过 60m 为 3 级，固有风险得到压降。

对比内悬浮外拉线抱杆组塔与轮式起重机组塔方式，抱杆组塔需要投入的工器具及施工人员较多，现场起吊系统、拉线系统、承托系统等管理及操作较复杂，对现场管理人员的能力要求较高。

抱杆组塔高空人员工作量较大，除进行常规的塔材就位、螺栓紧固工作外，还需进行拉线调整、抱杆提升等工作。

综上所述，该工程普通段角钢塔采用轮式起重机组塔方式在安全管理方面成效显著。

（2）质量方面：与传统悬浮抱杆组塔方式对比，轮式起重机因减少了拉线、磨绳使用数量，大大减少了钢丝绳磨损塔材的概率。在现场组装时，更方便塔材搬运、配合地面组装，对塔材的镀锌层保护及整体质量管理更加可控，整体效果较好。

（3）经济方面：对比内悬浮外拉线抱杆组塔与轮式起重机组塔方式，从单基组塔班组投入数量考虑经济性，班组人员配置明细表见表4.7－5。就该工程角钢塔分析，当采用抱杆组塔施工时，单基组塔需要 6 天，采用轮式起重机配合需要 4 天/基，采用轮式起重机组塔较抱杆组塔单基节约 2 天施工时间，同时检修效率也相应提高。其中轮式起重机的台班费用为：1500 元/（天·25t）、4500 元/（天·80t），现场需要 25t 轮式起重机配合 3 天，80t 轮式起重机配合 1 天，机械费用小计 9000 元/基。目前班组人工费用结算约 350 元/（天·人），综合计算，采用抱杆组塔单基施工成本 52 500 元，轮式起重机组塔单基成本 44 000 元，单基节省 8500 元（以上费用暂未考虑班组驻点租赁费、通勤车租赁费、小型工器具租赁费等）。

表 4.7－5　　　　　　　　　组塔班组人员配置明细表

序号	工种	人数	备注
1	班组负责人	1	
2	班组安全员	1	
3	班组技术员	1	
4	高空人员	6	
5	地面人员	15	含机械操作 1 人
6	后勤	1	

注　该表格未体现轮式起重机操作人员，该人员由轮式起重机租赁公司提供，人工费含在台班费用里面。

4.7.2　落地双平臂（智能平衡力矩）抱杆组塔

1. 实施条件

某 220kV 输电线路工程河流跨越塔塔型为同塔四回路钢管塔，铁塔根开 36.36m。单基塔重 934.8244t，铁塔呼高 120m，全高 168m，最大单件长度 11.971m，最大单件质量 8.8t（考虑工器具质量 50kg），钢管最大直径为 1.1m。单侧横担最长 30.25m，单侧横担最重 18.282t，可拆分成 2 段，单吊最重 9.5t。

因该塔位工作量较大，经过道路修整，现场大运条件良好，可将塔材、轮式起重机运抵现场，场地开阔，施工作业面便于开展机械化施工。

2. 工程方案

根据该塔位特点，对主跨塔的根开、高度、总质量、单件质量及长度、公司现有设备等信息进行充分分析，最终确认该工程采用 2510 型落地双平臂（智能平衡力矩）抱杆组塔，25t 汽车式起重机配合地面组装，80t 汽车式起重机负责抱杆组立。

2510 型落地双平臂（智能平衡力矩）抱杆组塔是一种非常适应电力行业特高压输电塔安装施工特点的新型组塔起重设备。该起重机具有可折叠式水平起重架，小车变幅，上回转自升式等多种功能，其最大工作幅度为 25m，全幅度起重量均为 10t，最大起升高度为 250m；该机的顶升系统采用液压下顶升，起升机构、回转机构、变幅机构均采用变频调速控制，起升机构采用上置型式，配重系统采用智能平衡配重系统，可以实现在设定范围内的智能平衡力矩功能。

抱杆主要参数如下。

（1）起重臂长度：25m，最大工作幅度为 25m（抱杆中心线至吊钩中心距离）。

（2）最大起重量及倍率：10 000kg（任意幅度），4 倍率。

（3）平衡臂长度：17.5m，配重 8.32t（共四块）。

（4）塔身尺寸：2.0m×2.0m×3m（长×宽×高）。

（5）最大独立使用高度：30m。

（6）附着使用最大塔身高度：250m。

（7）使用柔性附着且附着间距不大于 24m。

（8）附着状态塔身最大悬高：30m。

（9）起重臂及平衡臂收叠后最大水平方向外形尺寸不大于：3.6m×3.6m。

（10）安装完成后底架最大外缘尺寸：5.6m×5.6m。

（11）起重臂水平旋转角度：360°。

（12）回转速度：0～0.63r/min。

（13）水平臂小车变幅速度：0～15m/min。

（14）起升速度：0～32m/min（常规档）。

（15）设计最大工作风速：风速低于 6 级（10.8～13.8m/s）。

落地双平臂（智能平衡力矩）抱杆组塔流程图如图 4.7-1 所示。

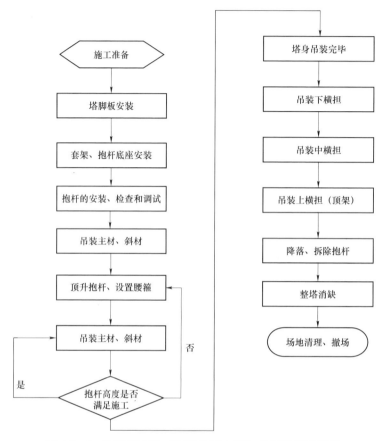

图 4.7-1　落地双平臂（智能平衡力矩）抱杆组塔流程图

3. 实施效果

（1）安全方面：落地双平臂（智能平衡力矩）抱杆因为自身配置配重的原因，具有智能平衡力矩的功能，可以单侧起吊，在较小抱杆截面的基础上提高不平衡力矩系数，从而提高设备起吊能力，灵活方便。

（2）质量方面：所有塔材采用汽车式起重机组装、抱杆吊装的方式进行组立，一定程度上确保了塔材安装质量，做好镀锌层保护措施、塔材补强措施，整体施工质量可控在控。

（3）经济方面：铁塔全重 934t，铁塔本体 801t。该工程自抱杆组立至铁塔本体组立完成，一共施工 30 天，每日吊装塔材约 27t，经济效益显著。

4.7.3 履带吊配合双平臂落地抱杆（超大型）组塔

1. 实施条件

某 1000kV 特高压输电线路工程主跨塔为三层横担（长度分别为 24.3、26.3m 和 31.4m）垂直排列鼓形双回路铁塔，呼称高 297.5m，全高 371m，塔重约 4400t，其中主体部分重约 3600t。跨越塔共分 33 段。采用空心钢管作为塔材，主材间使用法兰连接，1～14 段交叉铁采用十字交叉板连接，15～33 段交叉铁采用法兰连接，上横担与塔身采用球型节点连接，中下横担与塔身采用法兰连接。跨越塔根开 62.138m，底段（33 段）主材通过法兰与基础斜立柱插入钢管连接，一侧跨越塔斜立柱外露垂直高度 5m，另一侧跨越塔斜立柱外露垂直高度 6m。

因该塔位工作量较大，现场经过精细策划，换土回填、场地硬化等方式可以满足大型运输车辆进出、大型履带吊现场施工。场地开阔，施工作业面便于开展机械化施工。

2. 工程方案

两基跨越塔采用 T2T 800 双平臂落地抱杆（超大型）与大吨位履带吊分解组立，其中底段（33 段）使用 400t 和 85t 履带吊吊装；32～29 段使用双平臂落地抱杆（400t 履带吊配合）吊装；28 段至导地线横担使用双平臂落地抱杆（85t 履带吊配合）吊装。跨越塔主体结构吊装完毕，拆除抱杆，利用 80t 轮式起重机、起重滑车组、人字抱杆逐节吊装井筒、井架。跨越塔主体结构参数见表 4.7－6。

表 4.7－6　　　　　　　　　　跨越塔主体结构参数

段数	段高（m）	累计高度（m）	质量（t）	累计质量（t）	主材分段
33	40.5	40.5	690.029	690.029	5
32	21	61.5	259.423	949.452	3
31	22.466	83.966	356.612	1306.064	3
30	19.334	103.3	215.483	1521.547	3
29	19.35	122.65	255.563	1777.11	2
28	16.65	139.3	155.875	1932.985	2
27	16.664	155.964	192.04	2125.025	2
26	14.336	170.3	120.977	2246.002	2
25	14.353	184.653	137.394	2383.396	2
24	12.347	197	81.465	2464.861	1

续表

段数	段高（m）	累计高度（m）	质量（t）	累计质量（t）	主材分段
23	12.424	209.424	115.596	2580.457	2
22	10.676	220.1	68.444	2648.901	1
21	10.704	230.804	85.15	2734.051	1
20	9.196	240	56.123	2790.174	1
19	9.199	249.199	68.035	2858.209	1
18	7.901	257.1	43.677	2901.886	1
17	14.7	271.8	73.86	2975.746	2
16	12.7	284.5	77.64	3053.386	2
15	7	291.5	48.974	3102.36	2
14	6	297.5	43.762	3146.122	2
13	5	302.5	32.933	3179.055	2
12	10	312.5	39	3218.055	1
11	8.9	321.4	34.1	3252.155	1
10	8.1	329.5	43.286	3295.441	2
9	5.3	334.8	24.156	3319.597	2
8	7.4	342.2	17.287	3336.884	1
7	7.3	349.5	15.819	3352.703	1
6	13	362.5	25.809	3378.512	1
5	7	369.5	40.071	3418.583	2
4	0	369.5	51.761	3470.344	/
3	0	369.5	59.2	3529.544	/
2	0	369.5	59.842	3589.386	/
1	3.5（部分高度与5段重合）	371	9.216	3598.602	/

　　33 段段高 40.5m，重 690t，下部根开 62.138m，对角线 87.863m；上部根开 55.172m，对角线 78.013m。主材管径 1.8m，法兰螺栓为 8.8 级 M64 高强螺栓。使用 400t 履带吊配合 85t 履带吊逐根吊装主材、腹杆、水平隔材及斜隔材，共计 84 吊，最大吊量 18.34t。吊装顺序为：主材→水平腹杆→斜腹杆→V 形隔材→横隔材。400t 履带吊使用 84m 主臂工况（相关起重性能表见表 4.7－7），站位于靠近基础中心处，保持工作半径不大于 40m，最大起升高度约 77m，允许起吊质量 27.5t。主材利用 85t 履带吊逐根吊装，利用布置于塔内的 400t 履带吊以及塔外的 85t 履带吊，逐根吊装水平腹杆、斜腹杆。33

段水平腹杆长 52.521m，重 13.28t，使用 400t 履带吊逐根吊装。利用设计预留的吊耳和绑扎在水平管上的吊点，4 点起吊。一根水平腹杆吊装完毕后，在水平腹杆中心设置吊点，利用塔外设置的 85t 履带吊继续吊住构件中心，防止塌腰变形。85t 履带吊臂长 58m，工作半径 15m 时，最大起升高度 50m，允许起吊质量 13.2t。利用 400t 履带吊吊装对应的两根斜腹杆。33 段斜腹杆长 47.047m，重 13.27t，采取两点起吊方式。构件离地时，利用 80t 轮式起重机辅助抬吊，防止构件弯曲变形。按照双平臂落地抱杆安拆方案的要求安装抱杆初始段，利用 400t 履带吊吊装剩余 1 个面的水平腹杆和斜腹杆。吊装剩余水平隔材、V 形隔材。安装落地抱杆第 1、2 道腰环，顶升抱杆，增加 5 节加强标准节，准备吊装 32 段塔材。400t 履带吊进行接杆操作，改为 84m+78m 超起塔式工况。85t 履带吊主臂工况起重性能表见表 4.7－7。400t 履带吊主臂工况起重性能见表 4.7－8。

表 4.7－7　　　　　　85t 履带吊主臂工况起重性能表　　　　　　单位：t

幅度（m）	主臂长（m）																
	13	16	19	22	25	28	31	34	37	40	43	46	49	52	55	58	61
4.2	85																
5	69.7	68.5	67														
6	55.5	55.5	55.5	54.3	52.5												
7	44.2	44.2	44.2	44.2	43.1	42.6											
8	36.5	36.5	36.5	36.5	36.5	36.1	35.4	34.3									
9	30.7	30.7	30.7	30.7	30.7	30.7	30.2	29.5	29.5	28.8							
10	26.6	26.6	26.6	26.6	26.6	26.6	26.3	25.9	25.9	25.2	24.8	24.4					
11	23.7	23.7	23.4	23.4	23	23	23	22.6	23	22.6	21.9	21.6	20.5	18.9			
12	21.2	20.8	20.8	20.8	20.8	20.8	20.5	20.5	20.5	20.1	19.6	19.6	18.9	18.5	18.2	15.6	
14		17.1	17.1	16.9	16.9	16.9	16.7	16.4	16.4	16.4	16.4	16	15.8	15.3	15.2	14	13.1
16			14.2	14.2	14.2	14.2	13.9	13.9	13.9	13.8	13.5	13.5	13.4	13.1	12.8	12.4	11.8
18				12.1	12.1	12.1	12	12	11.7	11.7	11.5	11.5	11.3	11.3	11	10.6	10.4
20				10.6	10.6	10.6	10.4	10.3	10.2	10.2	9.9	9.9	9.7	9.7	9.5	9.2	9
22					9.4	9.2	9.2	9	8.9	8.8	8.8	8.6	8.6	8.4	8.4	8.1	7.9
24						8.3	8.1	8.1	7.9	7.8	7.7	7.7	75	7.4	7.2	7.2	7
26							7.2	7.2	7	7	6.8	6.8	6.5	6.5	6.4	6.3	6.1
28							6.5	6.4	6.3	6.3	6.1	6	5.9	5.9	5.7	5.6	5.4
30								5.9	5.7	5.6	5.4	5.4	5.3	5.2	5	5	4.9
32								5.2	5	5	4.9	4.7	4.6	4.6	4.5	4.5	4.3
34									4.6	4.5	4.3	4.3	4.2	4	3.9	3.9	

续表

幅度（m）	主臂长（m）																
	13	16	19	22	25	28	31	34	37	40	43	46	49	52	55	58	61
36										4.2	4	4	3.9	3.8	3.6	3.5	3.4
38											3.7	3.6	3.5	3.4	3.3	3.2	3.1
40												3.3	3.2	3.1	2.9	2.8	2.7
42													2.9	2.8	2.7	2.5	2.4
44														2.5	2.4	2.2	2.2
46														2.2	2.1	2	1.9
48															1.9	1.8	1.6
50																1.5	1.5
52																	1.3
54																	1.1

表 4.7－8　　　　　　　　　400t 履带吊主臂工况起重性能表　　　　　　单位：t

作业半径（m）	主臂长度（m）										
	24	30	36	42	48	54	60	66	72	78	84
6	400.0										
7	357.5	356.1									
8	315.7	314.4	313.0								
9	276.2	275.8	273.5	265.2	240.4						
10	244.1	241.3	234.8	228.6	213.7	203.4					
12	182.4	182.5	182.4	178.1	174.1	166.7	159.7	153.5	147.2		
14	155.0	154.5	151.3	148.0	144.7	140.5	135.1	130.2	125.2	120.7	116.2
16	127.3	127.2	126.6	124.0	121.3	120.0	116.4	112.5	108.4	104.7	100.9
18	107.4	107.3	107.0	106.1	104.0	102.8	100.8	98.6	95.1	91.9	88.6
20	92.4	92.3	92.0	91.5	90.6	89.5	87.8	86.3	84.2	81.4	78.6
22	80.7	80.7	80.4	79.8	79.2	78.5	77.3	76.0	74.5	72.8	70.3
24		71.2	71.0	70.4	69.8	69.0	68.3	67.6	66.2	65.0	63.1
26		63.5	63.3	62.7	62.0	61.3	60.6	60.2	59.2	58.1	56.7
28		57.0	56.8	56.3	55.7	54.9	54.1	53.7	52.8	52.3	51.1
30			51.4	50.8	50.2	49.4	48.6	48.2	47.3	46.7	46.0
32			46.6	46.2	45.5	44.7	43.9	43.5	42.6	42.0	41.3

续表

作业半径 (m)	主臂长度（m）										
	24	30	36	42	48	54	60	66	72	78	84
34				42.0	41.5	40.6	39.9	39.4	38.5	37.9	37.1
36				38.4	37.8	37.0	36.3	35.8	35.0	34.4	33.5
38				35.3	34.7	33.9	33.1	32.6	31.8	31.2	30.4
40					31.9	31.1	30.3	29.8	28.9	28.3	27.5
42					29.3	28.5	27.8	27.3	26.5	25.9	25.0
44						26.3	25.5	25.1	24.1	23.5	22.7
46						24.2	23.4	23.0	22.1	21.5	20.7
48						22.2	21.6	21.1	20.2	19.6	18.7
50							19.8	19.4	18.5	17.9	17.1
52							18.2	17.8	16.9	16.3	15.5
54							16.8	16.4	15.5	14.9	14.0
56								15.0	14.1	13.5	12.6
58								13.7	12.8	12.3	11.4
60									11.7	11.1	10.3
62									10.6	10.0	9.1
64									9.6	9.0	8.1
66										80	7.2
68										7.2	6.3
70											5.5

32 段段高 21m，重 259t，下部根开 55.172m，对角线长 78.013m；上部根开 51.56m，对角线长 72.906m。主材管径 1.8m，法兰螺栓为 8.8 级 M64 高强螺栓。使用双平臂落地抱杆逐根吊装主材、腹杆、水平隔材及斜隔材，共计 20 吊，最大起吊质量 16.5t。吊装顺序为：主材→腹杆。

T2T800 双平臂落地抱杆，额定起重力矩 800t·m，允许最大不平衡力矩 320t·m，全幅度起吊质量 20t，工作幅度 4～40m，液压下顶升，使用 2 台 250kN 牵引机作为牵引设备，T2T 800 双平臂落地抱杆性能参数见表 4.7－9。

表 4.7－9   **T2T 800 双平臂落地抱杆性能参数**

整机工作级别	≥A4
抱杆结构形式	双平臂
整机设计安全系数（屈服强度系数）	工作工况≥1.75，非工作工况≥1.22

续表

额定起重力矩（t·m）	800	
最大不平衡力矩（t·m）	≥320（40%额定起重力矩）	
起升高度（m）（钩下高度）	最终使用高度	距地面430
	工作时最大独立高度	36
最大起重量（t）（钩下质量）	20（对应幅度4～40m）	
悬臂自由高度（m）（钩下高度）	36	
顶升过程最大悬臂自由高度（m）	42	
首次安装最大高度（m）	≥50	
腰环间距（m）	36	
标准节截面尺寸（m）	2.65×2.65（中心距）/3×3（外廓）	
收口尺寸（m）	≤6.5×6.5	
工作幅度（m）	最小幅度	4
	最大幅度	40
起升机构	倍率	4
	起重量（t）	20/20
	起升速度（m/min）	0～30/0～30
回转机构	回转速度（r/min）	0～0.4
	电机功率（kW）	3×18.5
	回转角度（°）	±120
变幅机构（考虑纵偏4度）	变幅速度（m/min）	0～39/0～39
	电机功率（kW）	11/11
顶升机构	顶升速度（m/min）	≥0.4
	顶升高度（m）	430（钩下高度）
	电机功率（kW）	90
总功率（kW）	172.5	
最大使用功率（kW）	95	
起吊时偏角（°）	纵偏	4
	侧偏	4

31 段段高 22.466m，重 357t，下部根开 51.56m，对角线长 72.906m；上部根开 47.696m，对角线长 67.442m，主材管径 1.8m，法兰螺栓为 8.8 级 M64 高强螺栓。使用落地抱杆、400t 履带吊逐根吊装主材、腹杆、水平隔材及斜隔材，共计 68 吊。吊装顺序为：主材→水平腹杆→斜腹杆→横隔材→V 形隔材→横隔材。400t 履带吊塔式工况起重性能如图 4.7－2 所示。

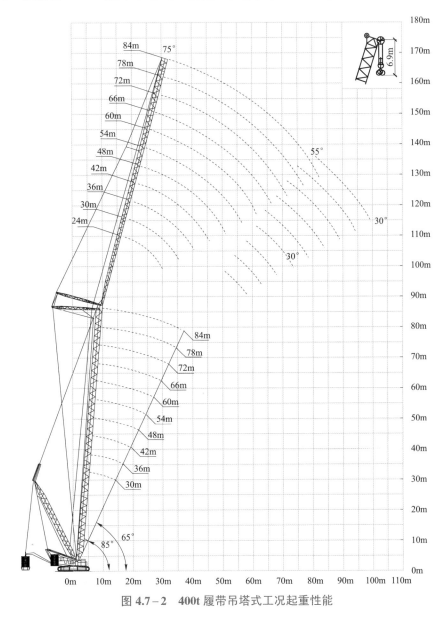

图 4.7－2　400t 履带吊塔式工况起重性能

30 段塔身段高 19.334m，重 215t，下部根开 47.696m，对角线长 67.442m；上部根开 44.37m，对角线长 50.644m，主材管径 1.7m，法兰螺栓为 8.8 级 M64 高强螺栓。使用落地抱杆吊装，主材逐节吊装，腹杆逐根吊装，共 20 吊，吊装顺序为主材→腹杆。

29 段塔身段高 19.35m，重 255t，下部根开 47.696m，对角线长 67.442m；上部根开 44.37m，对角线长 50.644m。主材管径 1.6m，法兰螺栓为 8.8 级 M64 高强螺栓。主材、腹杆逐根吊装，横隔材、V 形隔材组成整体进行吊装，共 24 吊，吊装顺序为主材→腹杆→隔材。

剩余塔段吊装全部采用落地抱杆吊装，85t 履带吊配合地面组装。

跨越塔 1～4 段为导地线横担，导线横担均采取分段吊装方式，地线横担采取整段吊装方式，共 14 吊。

3. 实施效果

（1）安全方面：该工程跨塔组立除底段采用履带吊组立以外，剩余主要以双平臂落地抱杆组塔为主。该抱杆起重行程 40m，全幅度起吊 20t，不平衡系数达到了 40%，远超常规双平臂落地抱杆，极大提高了安全系数。经过现场精心策划，起吊塔材组件质量全部小于额定起重量。抱杆在设计时充分考虑了安全系数与安全预警等功能，所有部件均有机械与电子两种保护设置，全塔布置多组摄像头，所有操作进行了集控操作，真正将智能化、可视化落到实处。根据《输变电工程建设施工安全风险管理规程》（Q/GDW 12152—2021）规定，落地通天抱杆分解吊装组立（不带摇臂）组塔方式风险等级为 3 级。虽然组立的铁塔为特高压第一高塔，但是风险等级较低。

（2）质量方面：所有塔材采用轮式起重机、履带吊、抱杆吊装的方式进行组立，一定程度上确保了塔材安装质量，做好镀锌层保护措施、塔材补强措施，整体施工质量可控在控。

（3）经济方面：该工程在施工前期就做了非常详细的施工策划，在特高压公司牵头下确定的铁塔本体组立施工策划工期 210 天，实际施工时，北岸跨塔组立 109 天，南岸跨塔组立 149 天。整体铁塔组立周期整体短于国内其他大跨越铁塔组立周期，效率较高。针对这种大跨越钢管塔，履带吊搬运、组装实用性强，为现场吊装前的组片做好了较充分的准备工作，提高了吊装效率。另外，T2T 800 双平臂落地抱杆可以两侧同时起吊 20t 重的塔材，极大提高了吊装效率，经济效益显著。

架线机械化施工

本章主要介绍了架线机械化施工方案和施工机械装备，讲述了目前国网系统主要的 110～750kV 架线施工技术方案。通过对典型的 110～750kV 架线施工案例进行对比，安全成效方面采用可视化智能集控牵张机架线施工能够适当降低安全风险，同时在经济效益方面能够节省架线施工费用，适当缩短架线施工时间。

5.1 技 术 要 点

架线机械化施工主要包括牵张场位置选择、牵张设备选型和导地线展放方式。架线施工机械化装备目前主要采用无人机导引绳展放，架线施工主要采用牵张机，其中"三跨"（跨高速铁路、跨高速公路、跨重要输电通道）采用可视化智能集控牵张机。其中施工阶段牵张场位置选择，还应该结合机械化架线施工的特点，综合考虑沿线地形、交叉跨越、交通运输、牵张场大小、导线型式等因素，选择合适的具体位置，为架线机械化施工提供便利，最大程度利用现有道路进行运输，综合比选后选择临时道路修筑方案。

5.1.1 牵张设备选型方案

根据导线或主牵引绳型号合理选择牵张设备。典型牵张设备选型见表 5.1－1。

表 5.1－1　　　　　　　　　　　典型牵张设备选型表

导线型号	主牵引绳直径（mm）	牵引绳破断力（kN）	机械类型	主要技术参数	配套工艺	操作人员配置
1×LGJ－240/30（LGJ－300/40、LGJ－400/35）	13	105	牵引机	90kN	一牵一	1
			张力机	1×40kN		1
2×LGJ－240/30（LGJ－300/40）	15	158	牵引机	90kN	一牵二	1
			张力机	2×40kN		1

续表

导线型号	主牵引绳直径（mm）	牵引绳破断力（kN）	机械类型	主要技术参数	配套工艺	操作人员配置
2×LGJ－400/35（LGJ－400/50）	18	206	牵引机	90kN	一牵二	1
			张力机	2×40kN		1
2×LGJ－630/45	20	260	牵引机	180kN	一牵二	1
			张力机	2×40kN		1
4×LGJ－400/35	24	392	牵引机	180kN	一牵四	1
			张力机	2×2×40kN		2
4×LGJ－400/50	24	392	牵引机	220kN	一牵四	1
			张力机	2×2×40kN		2
4×LGJ－630/45	28	462	牵引机	250kN	一牵四	1
			张力机	2×2×40kN		2
4×LGJ－630/55	24	392	牵引机	180kN	2×一牵二	2
			张力机	2×40kN		2
4×LGJ－720/50（LGJ－800/55）	24	392	牵引机	180kN	2×一牵二	2
			张力机	2×70kN		2
6×LGJ－300/40	28	462	牵引机	250kN	一牵六	1
			张力机	3×2×40kN		3
6×LGJ－630/45	24	392	牵引机	180kN	3×一牵二	3
			张力机	3×2×40kN		3

5.1.2　导地线展放方式

导引绳采用八角旋翼机展放，导线采用一牵一（单导线）、一牵二（二分裂）、一牵四（四分裂）、一牵六（六分裂）、2×一牵二（四分裂）、3×一牵二（六分裂）张力展放，耐张塔紧线，耐张塔平衡挂线。地线展放采用一牵一张力展放，耐张塔紧线。

5.2　张力架线技术

5.2.1　多旋翼无人展放机导引绳

1. 装备概述

输电线路建设中使用的多旋翼无人机如图 5.2－1 所示，不受地形、地貌环境限制，可跨越江河、公路、铁路、电力线、经济作物区、山区、泥沼、河网等复杂地形，主要用于导引绳展放施工，也可用于专用货运索道架设、跨越网敷设施工等领域。

2. 装备组成

多旋翼无人机结构组成如图 5.2-2 所示，主要由机架、动力系统、飞行控制系统、电池和桨叶组成，为了满足实际工程使用要求，另需配备遥控系统和放线系统。

（1）机架是多旋翼无人机的飞行载体，一般由高强轻质材料制成，如碳纤维、PA66+30GF 等材料。

图 5.2-1 多旋翼无人机

图 5.2-2 多旋翼无人机结构组成

A—机架；B—动力系统；C—飞行控制系统；D—电池；E—桨叶

（2）动力系统主要由电机、电调等组成。电机由电动机和驱动器组成，起到提供动力的作用。电调全称电子调速器，为驱动电机提供指令，实现指定的速度和动作等。

（3）飞行控制系统集成了高精度的感应器元件，主要包括陀螺仪（飞行姿态感知）、加速计、角速度计、气压计、GPS及指南针模块、控制电路等。通过高效的控制算法内核，能够精准感应并计算飞行姿态等数据，通过主控制单元实现精准定位悬停和自主平稳飞行。

（4）电池为动力系统和其他机载设备提供电力来源，一般采用普通锂聚合物电池或智能锂聚合物电池等。

（5）桨叶是通过自身旋转将电机转动功率转化为飞行动力的装置，按材质可分为尼龙桨、碳纤维桨和木桨等。

（6）遥控系统由遥控器和接收机组成，是整个飞行系统的无线控制终端。接收机和遥控器一一配对，接收机负责将遥控器发出的指令传送给飞行控制系统。

（7）放线系统由轴架及ϕ6及以下迪尼玛绳组成，目前多旋翼无人机展放初级引绳多采用牵放方式。初级引绳及轴架置于地面，以无人机作为初级引绳的牵引动力，多旋翼无人机放线系统如图5.2-3所示，飞至目的地后通过遥控系统控制将绑扎沙袋的绳头投放至指定地点。

图 5.2-3 多旋翼无人机放线系统

3. 装备型号

（1）按轴数分类。按轴数有三轴、四轴至十八轴多旋翼无人机等，按发动机数有三旋翼、四旋翼、八旋翼至十八旋翼多旋翼无人机等。轴和旋翼的含义不同，如四轴八旋翼是在每个轴上下各安装一台电机构成八旋翼。

（2）按动力装置分类。可分为油动多旋翼无人机、电动多旋翼无人机以及油电混合多旋翼无人机。

（3）按质量分类。

1）微型多旋翼无人机：空机质量介于1.5～4kg，起飞全重介于1.5～7kg。

2）轻型多旋翼无人机：空机质量介于4～15kg，起飞全重介于7～25kg。

3）小型多旋翼无人机：空机质量介于15～116kg，起飞全重介于25～150kg。

（4）展放初级引绳无人机选择。输电线路放线施工多采用电动轻型六旋翼无人机和八旋翼无人机（其中八旋翼无人机稳定性优于六旋翼无人机），有效载重与电机动力及电池续航能力有关，可根据工程需要及所展放的初级引绳线密度选择无人机，如ϕ4迪尼玛绳线密度为9.31g/m，按照单飞空距1500m

计算，可选择起飞全重 15kg 及以上多旋翼无人机。

轻型多旋翼无人机技术参数见表 5.2－1。

表 5.2－1　　　　　　　　　轻型多旋翼无人机技术参数

项目	轴距	载重（kg）	飞行高度（m）	飞行精度（m）	爬升速度（m/s）	控制距离（m）	视频传输（m）
参数	1133	15.5	2000	1	10	≤1500	3000

4. 施工要点

多旋翼无人机放线施工包括场地准备、线路沿线准备、展放初级导引绳等过程。

（1）场地准备。作业场地包括：起降场、抛绳场、初级导引绳线盘展放场及遥控接力点等场地。作业场地准备的原则如下。

1）起降场地应开阔无障碍物，须远离带电电力线等危险物，场地不宜小于 4m×4m。起降场在条件允许的情况下应设置在飞行放线的起点塔位，当起点塔位不具备起降条件时，可在起点塔位就近位置设置。

2）抛绳场选择在放线区段最后一基塔的前侧，要求此场地前无电力线、公路等重要跨越物。

3）初级导引绳盘展放场一般选择在起始塔位的后侧，不具备条件时可选择在线路侧面。

4）遥控接力点的选择依据地形及通视信号条件确定。展放区段一般控制在 1.5km 范围内，区间根据地形高差和通信信号情况设置。

（2）线路沿线准备。完成放线区段内所有跨越架的搭设，放线区段内所有铁塔上设置 1 名高空人员，沿线跨越架设置 1 名安全员监护，所有人员必须在无人机起飞前做好准备，并及时告知指挥人员。

（3）展放初级导引绳。

1）展放场设于顺线路方向，多旋翼无人机展放初级引绳如图 5.2－4 所示。先将初级导引绳连接在无人机下方投放器上，无人机后方 5m 左右绑扎沙袋，然后遥控无人机带绳头起飞升空。

2）当无人机飞到放线区段的第一基铁塔上空时，将无人机悬停于铁塔上方 5m 左右，调整机位，使初级导引绳能够准确落入铁塔横担上方，然后依次过塔继续飞行，单飞空距控制在 1500m 以内，通过最后一基铁塔 30～50m，将沙袋通过遥控器投下，塔上人员接住后立即将初级引绳升空，并将绳头在横担上绑牢，然后再重新依次飞行下一个空距。

图 5.2－4　多旋翼无人机展放初级引绳

3）飞行过程中，操作手根据指挥员的命令控制无人机飞行速度、高度和方向，初导绳的张力由地面绳盘操控人员根据指挥员的命令进行控制，使初导绳始终处于悬空状态。

5. 应用效果分析

（1）具有较高的安全性。与动力伞、无人直升机相比，由于无人机不载人，所以不会发生人员的伤害事故，遥控无人机在设计上，保证了在出现任何意外情况时，有自动返航功能，不会发生自由飘飞的情况。既不会危及空中安全，也不会伤及地面人员及设施。

（2）具有垂直起降、空中定点悬停、低空低速等特性。充分满足了线路施工在各种地形条件下的要求及塔上人员抓绳等操作要求。

（3）起飞场地要求较低。一般 4m×4m 的范围就能满足要求，不需要跑道，能够减少对环境的破坏。

（4）抗风能力较强。在 5 级风以下能满足一般线路展放初级导引绳的要求。

（5）飞行精度较高。如果预先在飞行程序中输入坐标，无人机能够准确地巡航到预定位置。偏差只有 1m，而且在电量不足的情况下，能自动返回起飞地点。

（6）具有良好的经济性。采用一般方法即采用铺设导引绳等，会使工程增加人力、物力及青苗赔偿费用等，使用多旋翼无人机可在不停电跨越下完成初级导引绳展放，减少施工可能遇到的各种青苗赔偿阻碍，大大缩短了输电线路架线工期并减少了费用支出。

5.2.2　集控可视化牵张放线系统

1. 装备概述

集控可视化牵张放线系统如图 5.2－5 所示，是一种用于架空输电线路工程牵张放线的机械化、信息化施工装备系统，综合运用了高精度传感、自组网通信、人工智能等技术，实现牵张放线的多设备集中控制、放线过程可视化、关键参数实时采集，监测数据本地计算支撑管控，提升了架空输电线路牵张放线施工的机械化、信息化、智能化水平。

图 5.2－5　集控可视化牵张放线系统

2. 装备组成

集控可视化牵张放线系统由数字化牵张机、集中控制室、高空一体化组网监控平台、集成感知式放线滑车、集成感知式牵引板、弧垂监测装置等组成。

（1）数字化牵张机如图 5.2－6 所示，包括数字化牵引机和数字化张力机。牵张机智能化改造，加装视频监控和智能传感器，通过可编程控制器的工作逻辑编写和设定，实现牵张机数字化，可进行集中控制。

图 5.2－6　数字化牵张机

（2）集中控制室如图 5.2-7 所示，主要功能是进行设备关键状态参数的展示和多台设备的远程集中控制，实现不同厂家、不同机型自动识别和控制，实现了人机分离，极大改善了工人的操作环境。

（3）高空一体化组网监控平台如图 5.2-8 所示，主要作用是将多源供能模块、自动组网模块、视频监控模块、电源管理模块、设备管理模块等进行一体化设计，可远程进行组网、监控及电源管理。

图 5.2-7　集中控制室

图 5.2-8　高空一体化组网监控平台

（4）集成感知式放线滑车如图 5.2-9 所示，是对普通放线滑车的升级改进，通过加装滑车多参量、滑车无线拉力等传感器，使放线滑车具备挂点拉力监测、悬挂姿态监测、轮槽放线视频监测等功能。

（5）集成感知式牵引板如图 5.2-10 所示，是对普通牵引板的升级改进，通过加装牵引板姿态位置、子导线拉力等传感器，使牵引板具备子导线拉力监测、位置监测、姿态监测等功能。

（6）弧垂监测装置是在牵张放线过程中实时监测关键档弧垂的设备，通过架空导线视频采集装置获取导线弧垂的视频信息，然后基于机器视觉和图像测量的智能算法实时测量导线弧垂。

图 5.2-9　集成感知式放线滑车

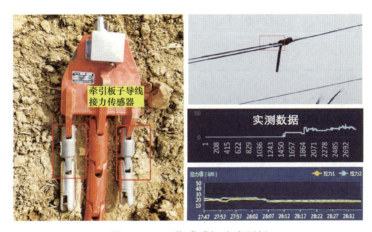

图 5.2-10　集成感知式牵引板

3. 装备型号

目前国内架空输电线路施工领域，主要在三跨施工中对集控可视化牵张放线系统进行推广应用。架空输电线路施工一般在野外，地形环境复杂，且无市电电源，对设备要求较高，集控可视化牵张放线系统主要技术参数见表 5.2-2。

表 5.2-2　　　　　　集控可视化牵张放线系统主要技术参数

参数		集控可视化牵张放线系统
数字化牵张机	通信电缆长度（m）	≥30
	适用线路工程电压等级（kV）	≥35
集中控制室	集控室操作设备数量（台）	≥3
	录像机容量（T）	≥10
高空一体化组网监控平台	电池容量（Ah）	≥200
	摄像头像素（W）	≥400

续表

参数		集控可视化牵张放线系统
集成感知式放线滑车	定位	北斗（5m）
	通信方式	微功率无线、Wi-Fi
	测量精度	0.05°
集成感知式放线滑车	清晰度	第一码流：1080P（1920×1080） 第二码流：VGA（640×480）、 QVGA（320×240）可设
集成感知式牵引板	通信方式	无线
	定位	北斗（5m）
	角度测量精度（°）	0.05
	力传感器结构形式	流线型
	力测量精度	±1%F.S
	力安全荷载	300%F.S
	力传感器防护等级	IP 67

4. 施工要点

集控可视化牵张放线施工包括施工准备、装备布置、系统调试、集控牵张放线、可视化监控等过程。

（1）施工准备。集控可视化牵张放线施工前应准备好成套设备，主要分为三部分：集控牵张设备、自组网设备、感知监控设备。根据集控可视化张力放线施工方案，对作业人员以及各设备操作人员进行安全、技术交底，确保每位施工人员清楚施工任务、施工技术要点和安全注意事项。设置 3 名机动人员，由总指挥人员进行指挥，当线路发生异常工况时，机动人员由总指挥人员统一调动对异常情况进行处理。

（2）装备布置。

1）牵张场布置。以展放四分裂导线为例，张力场布置两台双线张力机和一台小牵引机，牵引场布置一台单线张力机和一台大牵引机，牵张两场各布置一台集中控制室，集中控制室内布置有集控台、电脑、网络硬盘录像机，集中控制室顶部布置有 360°高清摄像头、组网装置、空调等。

2）滑车悬挂布置。

a. 对于直线塔，将金具、绝缘子、放线滑车在地面组装完成后，采用机动绞磨和滑车组将金具串和放线滑车升空挂置金具挂点位置。

b. 对于耐张塔，将钢丝绳、放线滑车组装完成后，采用机动绞磨和滑车组将放线滑车升空挂置横担挂点附近。钢丝绳固定在塔材处时，采用内垫外包措施对塔材和钢丝绳进行保护。

c. 根据施工现场工况、参数，建议转角度数大于 30°的耐张塔、跨越点两端铁塔、跨越架（物）两端铁塔安装集成感知式放线滑车，并在每项导线距离滑车 20m 内的塔身或横担处装设高空一体化组网监控平台，可与滑车同时安装。

（3）系统调试。

1）牵张设备调试。牵张设备控制系统对数据传输的延时要求较高，建议数据传输延时低于 100ms（牵张设备之间），主要调整牵张设备的牵张力、启停、油门、牵引速度、开关机等参数，尽量满足可以完全同步的效果。

2）自组网系统调试。

超远距离组网时需要对准天线，数据传输速率接近 300Mbps，延时低于 2ms。多个设备（超过 10 台）组网后，总带宽不低于 150Mbps，总延时不高于 20ms，此状态为安装调试较优状态。

3）摄像头系统调试。摄像系统对网络带宽和延时要求高，局域网传输时带宽不低于 100MB，延时不高于 200ms（再高会出现明显卡顿）。摄像头 360°旋转灵活，分辨率为 400 万像素，达到画面清晰、不卡顿，变焦范围 500m 内等，远程调节变焦迅速；录像数据传输采用 IP 方式，录像机容量 8T，录像内容正常存储在硬盘录像机。

（4）集控牵张放线。

1）集控可视化牵张放线区段的现场指挥位置一般设在张力场，指挥人员可在集控室内或张力场内，全区段按照现场指挥的统一指令作业。

2）主张力机、主牵引机操作前按照规定进行常规检查和开机，在空载情况下检查各部位运转、操作转动系统和刹车系统可靠性情况。

3）牵引时，应先开张力机，待张力机刹车打开后，再启动牵引机；停止牵引作业时应先停牵引机，后停张力机。放线过程中应始终保持尾线、尾绳有足够的尾部张力。

（5）可视化监控。

1）导引绳、牵引绳、导地线牵引初始速度应慢，待牵引板通过第一基放线滑车后按照正常中速牵引。集控室操作平台控制牵引速度，正常牵引速度为 60~80m/min。

2）牵引板在牵引过程中，通过滑车、跨越点等关键控制点时，放大监控画面，通过摄像头的变焦、旋转功能，监控牵引板位置、工况，牵引板过转角塔时，应放慢牵引速度。牵引板在通过滑车前后时应基本保持水平。

3）监控画面调整9画面或12画面（根据摄像头数量调整），集中监控每一档的导引绳、牵引绳、导地线工况，导引绳、牵引绳、导地线应保持水平高度相同且相互分开，无绞线、跳槽、磨线等异常工况。

4）导引绳、牵引绳、导地线通过跨越点时，监控画面可调整到多画面，随时监控导引绳、牵引绳、导地线与被跨越物的安全距离。

5）导引绳、牵引绳、导地线换盘操作、压接临锚操作和牵引绳连接头通过牵引机卷筒操作时，无论是牵引或回卷，速度均应缓慢。

6）张力放线完毕，核查导线各个连接头的位置，如与布线计划不符，应及时采取措施。

7）集控牵张设备无缝实时联动、摄像系统的高清实时画面的传输及画面的精准控制的工作状态。

8）通过视频监控放线全过程，监控导线与滑车工作是否正常，导线是否被摩擦损伤、跳槽等情况。在跨越点监控导引绳、牵引绳、导线与被跨越物及跨越网、架的安全距离。

9）牵引侧接到由任何岗位发出的停车信号时，均应立即停止牵引，在任何情况下，张力机应按现场总指挥的指令操作。

（6）注意事项。

1）牵张设备在启动前，恢复各按钮、手柄、钥匙到初始位置。

2）集控室、牵张机在启动后，检查设备上的仪表盘、数字显示器、按钮等均能正常工作。

3）在设备调试过程中，对刹车、紧急停机操作进行3次试验，保证设备功能灵活有效。

4）牵张设备在启动后，低速运行，必须缓慢加速，不得快速将油门加大。

5）牵张场的设备控制必须时刻听从现场总指挥的统一指挥，时刻关注牵张场的工况。

6）通过PC端的视频软件，对每个摄像头进行360°旋转、变焦功能进行控制，严禁其他无关人员对监控设备及软件随意调整。

7）无线局域网在组装前对每个部件进行外检查、组装试验，在每一基铁塔的组网设备安装后，通过调试程序调整其参数，当所有组网设备安装完成后，对搭建完成的局域网进行总调试。

5. 应用效果分析

（1）经济性好。牵张机操作过程实现了设备前端"人机分离"，后端进行集中控制，操作人员可以远离设备噪声区域，多台设备集中控制极大降低了现场人员投入。

（2）安全性高。解决了牵张场多台设备协同控制、实现了"一键启停""一键紧急停机"功能，降低了人为误操作、操作不到位等引起安全事故的可能。

（3）监控覆盖强。可以实现全程视频监控，有效解决放线过程中"人员监控"不到位问题，及时掌握放线中出现的跑线、误碰跨越物等问题。

（4）制约条件少。自组网技术，不依赖公网，实现了放线过程中指挥音、视频信号的无损传递，适用于各种气候条件，契合输电工程建设地域环境特点。

5.2.3　电动紧线机

1. 装备概述

输电线路专用电动紧线机（简称电动紧线机）如图 5.2－11 所示，是针对输电线路高空紧线、调线、提线作业特殊环境研制的一种代替常规手扳葫芦的电动化装备。应用于附件安装如图 5.2－12 所示、应用于紧挂线如图 5.2－13 所示。电动紧线机采用直流伺服电机驱动，通过多级齿轮减速机构，将所需要的扭矩传递到主动链轮末端，从而驱动链轮旋转，带动链条进行运

图 5.2－11　电动紧线机　　图 5.2－12　应用于附件安装　　图 5.2－13　应用于紧挂线

动；动力部分和下钩组件之间，以工业级起重链条进行连接，采用定—动滑轮组的方式，实现下钩组件末端负载的牵引；具备有线控制、无线遥控及手动控制三种操作方式。

电动紧线机的质量与同级别手扳动葫芦相当，施工布置和安装与手扳葫芦一致，提升速度是普通手扳葫芦的 5 倍以上，有效解决传统人工手扳葫芦操作时高空作业人员多、劳动强度大、高空安全风险大等问题，是实现高空作业机械化的新型装备。

2. 装备组成

电动紧线机由动力电机、减速传动装置、棘轮离合器、链条组件，以及操控系统和供电系统等部分组成，电动紧线机结构组成如图 5.2－14 所示。

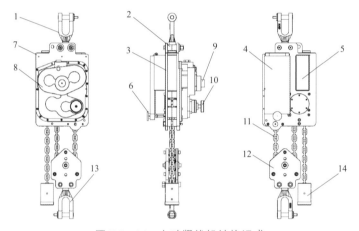

图 5.2－14　电动紧线机结构组成

1—固定吊环；2—承重夹块；3—电池侧板；4—电池；5—控制盒；6—电池手轮；7—齿轮侧板；
8—变速箱盖；9—手动轴盖；10—制动器手轮；11—链条；12—游轮；
13—移动吊环；14—尾环限制装置

（1）电动紧线机选用对位置、速度和力矩闭环控制的伺服电机，精度高、高速性能好、抗过载能力强，发热和噪声明显降低。

（2）减速传动装置采用同轴式布置方案，减速器的大齿轮和链条导轮连在一起，转矩经大齿轮直接传给链条导轮，链条导轮只受弯矩而不受扭矩，减小制动弹簧的轴受力、制动瞬间冲击力、电动机轴受扭转的冲击，具有机构紧凑，传动稳定，安全系数高等优点。

（3）棘轮离合器，采用棘爪摩擦制动方式。棘轮轮齿用单向齿，棘爪铰接于摇杆上，当摇杆逆时针方向摆动时，驱动棘爪便插入棘轮齿以推动棘轮同向转动，当摇杆顺时针方向摆动时，棘爪在棘轮上滑过，棘轮停止转动。为了确保棘轮不反转，在固定构件上加装止逆棘爪。

（4）链条组件采用 G100 工业级起重链条进行连接，采用定一动滑轮组方式，实现下钩组件末端负载的牵引。

3. 装备型号

电动紧线机具有以下主要技术特点：

（1）额定荷载安全系数不小于 3。

（2）采用直流伺服电机驱动，行进速度稳定匀速，启动、制动平稳可控。

（3）采用过载保护装置，能够自动防止过载、离合状态自动锁定。

（4）安装方式与传统手板葫芦相同，具备有线控制、无线遥控及手动控制三种操作方式。

（5）制动时间不大于 0.2s，滑移量不大于 10mm。

（6）供电可靠，工作时间不小于 2h，具有电量显示或电量不足报警。

（7）最高牵引速度 200～300mm/min。

电动紧线机型号及主要技术参数见表 5.2－3。

表 5.2－3　　　　　　　　电动紧线机型号及主要技术参数

序号	项目	6T 系列	9T 系列	12T 系列
1	型号	JXJ－6T	JXJ－9T	JXJ－12T
2	额定载荷（kN）	60	90	120
3	最大牵引速度（mm/min）	300	270	200
4	移动电源电压（V）	48	48	48
5	电机额定功率（W）	500	750	750
6	标准牵引长度（m）	5	5	5
7	链条行数	2	2	4
8	链条型号/规格	$\phi 8 \times 24$/G100	$\phi 10 \times 30$/G100	$\phi 8 \times 24$/G100
9	温度范围（℃）	－10～+40	－10～+40	－10～+40
10	电机最高设定转速（r/min）	3000	3000	3000

4. 施工要点

电动紧线机主要应用于紧挂线、子导线调整、附件安装等施工作业。

（1）应用场景。

1）紧挂线施工中二道保护：利用电动紧线机可遥控/线控操控、空载收/

放线速度较快的特点，在紧线施工过程中，可同步收紧二道保险绳，使二道保险绳始终处于受力状态，避免二道保护失效，实现紧线全过程二道保护。

2）子导线调整：利用电动紧线机可遥控/线控操控、调节精度高、具备过载保护的特点。在施工风险较高、劳动强度大的子导线调节过程中，让施工人员位于相对安全的杆塔横担上，轻松、高效、精准操控电动紧线机完成子导线弧垂调整。

3）附件安装：利用电动紧线机放线速度较快、调节精度高、具备过载保护的特点，替代传统附件安装施工工艺中的提线手扳葫芦/滑轮组，在提线工程中，让施工人员轻松、高效将导线提升到预定位置，或精确调整位置，实现附件安装作业轻松高效完成。

（2）操作要点。

1）按通用手扳葫芦起吊安全操作规程吊挂安装电动紧线机。

2）检查外观各部件是否完整，链条无裂痕。

3）接通电源，在手持遥控器面板上查看电压电量是否大于80%，不足应及时充足电。

4）空载运行机械，检查机构是否运转正常。

5）先用低速度挡起吊，吊空后可根施工方案正常使用。

5. 应用效果分析

电动紧线机已经在多个电压等级线路工程施工中在紧挂线、子导线调节及附件工序中进行了应用，在压降施工风险、提高施工效率等多个方面优势明显。

（1）可遥控/线控操作，精度易掌控。电动紧线机紧线/松线速度快，范围广，子导线调整过程中，施工人员可位于相对安全的横担上，精确操控子导线调整，在降低安全风险的同时，提高施工效率，调整精度。

（2）质量适中，效率高。电动紧线机相对同级别常规手扳葫芦质量相当，但紧线速度可达到200～300mm/min，附件安装施工过程中，效率相对传统施工工艺有质的提高，同时劳动强度大幅降低。

（3）安全性高。电动紧线机的施工布置与传统手扳葫芦布置方式一致，无须单独配置专用施工工器具。能够自动防止过载、离合状态自动锁死，较普通手板葫芦更安全。

5.2.4　自动走线弧垂检测装置

1. 装备概述

自动走线弧垂检测装置如图 5.2-15 所示，是一种替代人工经纬仪的弧垂检测自动化设备，在人机界面上实时汇报当前导线的弧垂，此外，可进一步通过程序逻辑对比当前弧垂值与目标弧垂值，通过程序的指令输出控制紧线执行器的收紧或放松，直至导线的当前弧垂与目标弧垂基本一致，从而实现自动紧线。

图 5.2-15　自动走线弧垂检测装置

2. 装备组成

自动走线弧垂检测装置主要包括地面控制站、自行走小车、紧线执行器等。

（1）地面控制站如图 5.2-16 所示，采用工业型手持平板电脑，并搭载虚拟仪器开发工具，地面控制站与自行走小车通过无线通信方式进行指令与数据交互，并实时获取检测结果。

图 5.2-16　地面控制站

（2）自行走小车由驱动总成、通信天线、定位系统天线、定位系统接收机等组成（见图 5.2－17）。小车采用双轮驱动方案，直流无刷电机配套蜗轮减速机驱动；通信采用 E90－DTU 数传模块；定位系统采用高精度 GNNS 接收机。自行走小车整套系统采用锂电池供电。

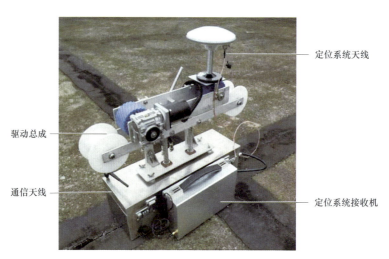

图 5.2－17　自行走小车

（3）紧线执行器（见图 5.2－18）由液压绞磨、绞磨控制器组成。通过绞磨控制器可实现绞磨手动调速、收线放线，或通过地面控制站自动控制速度和收放线。

图 5.2－18　紧线执行器

3. 装备型号

自动走线弧垂检测装置规格型号为 SHC–JX1–50/35；S—架线施工机具，HC—弧垂观测装置，JX—紧线功能，JX1 表示可实现单根导线紧线，50/35—适用导线最大直径 50mm，爬坡角度 35°。具体参数见表 5.2–4。

表 5.2–4　　　　　　　自动走线弧垂检测装置主要技术参数

序号	装备型号	SHC–JX1–50/35
1	小车最大行走速度（m/min）	30
2	小车最大爬坡速度（m/min）	16（35°爬坡度下）
3	小车最大爬坡度（°）	35
4	小车外形尺寸 （长×宽×高）（mm×mm×mm）	600×250×450
5	小车质量（kg）	8
6	定位参考站质量（kg）	1.5
7	手持终端质量（kg）	1
8	小车最大行走距离（m）	3000
9	通信距离（m）	5000
10	测量分辨率（m）	0.001
11	测量精度（mm）	±22
12	适用导地线直径（mm）	≤50
13	小车观测子导线数量（根）	2
14	系统多档同步观测能力	/
15	电池电压（V）	24
16	电池容量（Wh）	500
17	续航时间（h）	5
18	系统组成	行走小车、手持式定位系统接收站、手持终端、紧线执行器、短距离 Wi–Fi 通信模块
19	通信方式	无线数传电台
20	环境风力	≤5 级
21	环境湿度（%）	≤60
22	环境温度（℃）	–20～55
23	环境能见度（m）	0
24	紧线执行器控制距离（m）	300
25	自动紧线最大延迟（s）	1
26	紧线控制方式	自动/人工
27	观测小车与紧线执行器控制方式	一对一
28	单个紧线执行器额定牵引力（kN）	50

序号	装备型号	SHC-JX1-50/35
29	牵引速度范围（m/min）	0~25
30	紧线执行器卷筒底径（mm）	253
31	紧线执行器质量（kg）	567
32	紧线执行器功率（kW）	14

4. 施工要点

自动走线弧垂检测装置施工主要包括弧垂检测和绞磨自动紧线两个部分。

（1）弧垂检测。

1）将定位系统接收机与小车安装，连接电源线。

2）将定位系统天线安装在小车顶部，用通信线连接定位系统天线和小车顶部的数据线中转口；小车把手下压方式如图5.2-19所示。

图5.2-19　小车把手下压方式

3）将小车安装在导线上，天线朝小车前进方向，并松开把手使小车轮子夹在导线上，检查是否牢靠；设置小车自动走到两座塔的中点；

4）小车到位后，"小车接近目标测点"灯亮，此时"中间点弧垂"数据将显示，小车水平位置及弧垂值显示如图5.2-20所示。

（2）绞磨自动紧线。将卡线器夹紧在导线上，钢丝绳连接卡线器并通过滑车组引至地面的液压绞磨，液压绞磨和绞磨控制器连接并启动绞磨，在平板上将理论计算好的目标弧垂值输入并执行自动紧线；当"弧垂接近目标弧垂"灯亮，表明紧线工作完成，弧垂接近目标值显示方式如图5.2-21所示。

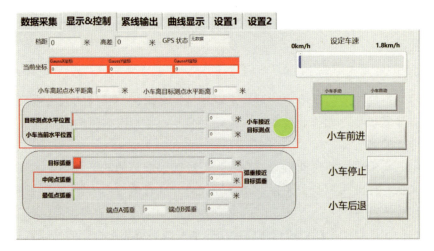

图 5.2 − 20　小车水平位置及弧垂值显示

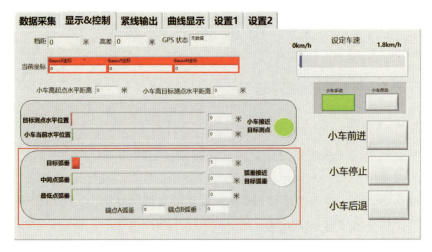

图 5.2 − 21　弧垂接近目标值显示方式

（3）注意事项。

1）使用前需先检查检测装置外部设备是否固定牢固，若有松动，须及时紧固。

2）预先确认检测装置不受外物干涉，若行走过程中有障碍物阻碍，需清理障碍物。

3）操作人员须熟悉检测装置各开关位置以及检测装置状态指示，以便及时判断检测装置故障和切断电源。

4）注意地面控制站的上位机软件各类参数变化及报警提示，以便及时采取相应措施。

5）运输、保存过程中，应防止重压，剧烈振动和浸水，否则会造成设备的损坏。

5. 应用效果分析

（1）自动走线弧垂检测装置满足现场施工要求。与传统的人工观测方法比较有显著优势，如作业效率高、检测误差小、数据准确度与客观性高、不需要专业的测工等。

（2）实现弧垂的自动检测。克服人工经纬仪观测的缺陷和不足，具有通视要求低、作业距离长、无累计误差等优势，能有效应对大雾、夜间等人工无法作业的场合。

（3）实现自动紧线。通过集成自动弧垂紧线装置与可程控的紧线执行器，采用测量的高精度弧垂数据与液压绞磨反馈的方式，实现紧线弧垂自动调节。

5.3　跨越施工技术

5.3.1　伸缩对接式跨越架

1. 装备概述

架空输电线路施工用伸缩对接式跨越架（简称伸缩对接式跨越架）如图 5.3−1 所示，是一种用于保护被跨越物安全的临时机械化施工装备，适用于跨越高速公路、高速铁路与重要输电通道等重要跨越施工。通过架体与硬质封网结构承受导线、牵引板等在事故情况下的冲击作用，保护被跨越物的安全。伸缩对接式跨越架结构稳定好、抗冲击性能强、封网对接速度快、精度高，可有效解决现有跨越架承载能力有限、封网时间长等不足，是重要跨越施工的必要装备之一。

2. 装备组成

伸缩对接式跨越架由架体、工作平台、封网装置、对接装置及动力机构等组成。

（1）架体主要起支撑作用，通过抱杆标准节搭建所需宽度和高度，通过单独设计的连接标准节将标准节进行连接。

（2）工作平台主要提供伸缩封网大臂的工作空间和支撑平台，组立跨越架架体后，将工作平台安装在跨越架架体上，在工作平台上安装动力源、固定门架等辅助设施，一套跨越架至少包含 4 个工作平台，便于两侧伸缩臂同时对接安装。

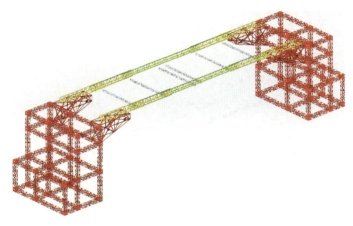

图 5.3－1　伸缩对接式跨越架

（3）封网装置如图 5.3－2 所示，由封网大臂与封网横梁组成。封网大臂主要由基本臂和两节嵌套伸缩臂组成，在基本臂和伸缩臂 1 底部安装马达动力机构，并在其内部布置轨道，伸缩 1 和伸缩臂 2 分别嵌套安装基本臂、伸缩臂 1 的内侧轨道中，并在伸缩 1 和伸缩臂 2 的底部布置传动链条机构，通过驱动马达机构实现伸缩臂 1、伸缩臂 2 的伸出和收缩运动。封网横梁采用刚度较大的格构式结构代替软索等软封网结构，封网横梁作为直接与事故状态下跌落的导线接触，一般可选用吸能性较好材料，其截面设计成 400mm×400mm、300mm×300mm 等尺寸。

图 5.3－2　封网装置示意图

（4）对接装置由凸接推头、导轨、弹簧卡扣、对接凹头、复位弹簧、行程开关和法兰盘等组成。采用两侧对接的方式实现封网大臂的连接，当两侧封网大臂准备就位，通过电控装置，嵌套的伸缩臂逐节展开，则伸缩臂的头部需单独设计对接机构使两侧封网大臂连接，对接装置示意图如图5.3-3所示。

图 5.3-3　对接装置示意图

3. 装备型号

伸缩对接式跨越架采用双侧封网大臂同时运动完成封网，其主要技术参数包括：跨越距离、封网高度、封网宽度及额定载荷等，如表5.3-1所示。

表 5.3-1　　　　　　　伸缩对接式跨越架主要技术参数

型号		HGK60	
利用等级		U3	
防护网覆盖面积（m×m）		38×11	
最大跨越高度（m）		30	
最大跨越宽度（m）		60	
封网横梁尺寸（长×宽×高）（m）		12×0.3×0.3	
伸缩主臂设计载荷（t）		2	
封网横梁设计载荷（t）		1	
传动机构	功率（kW）	4×1.5、4×0.75	
液压系统	功率（kW）	4×2.2	
	额定流量（L/min）	3.5	
	额定压力（MPa）	25	
	溢流阀调定压力（MPa）	28	
跨越架最高处设计风速（m/s）	安装状态离地10m高处	8	
	工作状态离地10m高处	10.8	
	非工作状态离地10m高处	28.4	
工作温度（℃）		-15~40	

4. 施工要点

伸缩对接式跨越架施工包括场地准备、部件安装、封网施工、拆除施工等过程。

（1）场地准备。采用推土机、压路机等地面平整装备将地面平整压实，布置场地要平整，场地地形、地质条件及地耐力应满足格构式跨越架的搭建及使用，产品在使用过程中地面不得出现凹陷、坍塌等现象。

（2）部件安装。安装顺序包括架体安装、就位平台与辅助平台安装、伸缩主臂安装、封网横梁安装等。

（3）封网施工。伸缩对接式跨越架利用链条传动系统进行封网施工，首先两边同时启动动力系统，驱动伸缩臂 1 向前伸出至指定位置；停止后，继续驱动伸缩臂 2 向前，装有凹对接装置的一侧伸缩主臂先行伸出到指定位置，装有凸对接装置的一侧伸缩主臂减档慢行；当两侧锥端端部距离为 1000mm 时，停止凸对接装置一侧伸缩主臂向前驱动，然后通过观察视频监控系统传递的影像，来判断红外激光射线是否与标靶中心同心；如不同心可通过液压支架上的油缸来调节校正，直到红外激光射线寻到靶心中心；然后继续驱动，实现两侧主臂对接，当对接限位指示灯亮时，对接装置对接完成。

（4）拆除施工。拆除施工顺序与安装顺序相反，首先拆除绝缘网，收缩封网大臂，然后依次拆除就位平台、辅助平台等部件，最后拆除架体。

（5）跨越架施工注意事项。

1）跨越架拆散后由工程技术人员和专业维修人员进行检查。

2）应检查主要受力结构件的金属疲劳，焊缝裂纹，结构变形等情况，检查各零部件是否有损坏或碰伤等，对缺陷、隐患进行修复后，再进行防锈、刷漆处理。

5. 应用效果分析

（1）占地面积小。伸缩对接式跨越架无较长的外拉线作为支撑，占地面积较小。

（2）封网效率高。封网大臂采用链条传动系统进行封网施工，封网速度快，对接精度高，封网时间约 20min。

（3）经济效益好。伸缩对接式跨越架主要应用于跨越高速铁路、高速公路及重要输电通道等重要跨越施工，被跨设施管理部门对跨越架的安全性能要求较高，且要求被跨设施停运的窗口期较短，伸缩对接式跨越架封网效率与安全性高，可降低事故发生率与被跨设施停运造成的经济损失，具有较高的经济效率。

5.3.2 双臂液压推进型硬封顶格构式跨越架

1. 装备概述

双臂液压推进型硬封顶格构式跨越架（简称双臂推进式跨越架）如图 5.3-4 所示，是一种用于架线施工跨越重要设施的施工装备。依靠结构式架体、主臂、防护梁、防护网、安全控制系统，实现对被跨越物的防护。双臂推进式跨越架装配式机械化施工、登高作业少、抗冲击能力强、封网施工空间占用少，可实现被跨越物不停运施工，能有效保障故障状态下被跨越物的安全，缩短工期，保障本体施工安全，是大型跨越施工的重要装备之一。

图 5.3-4　双臂液压推进型硬封顶格构式跨越架

2. 装备组成

双臂推进式跨越架由架体系统、主臂系统，防护网系统和安全控制系统构成，结构具体组成见图 5.3-5。

3. 装备型号

双臂推进式跨越架型号命名为 STK60，设计使用高度一般不大于 60m，跨距不超过 60m，防护宽度不大于 17.7m。

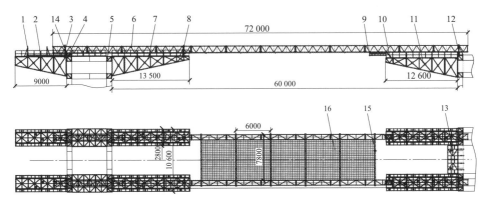

图 5.3-5　双臂推进式跨越架硬封顶部分组装图

1—就位门架；2—就位平台；3—导向门架；4—推进装置；5—架体；6—主臂；7—承重平台；

8—承重门架；9—挂接小车装置；10—顶升装置；11—顶升平台；12—对接门架；

13—挂网平台；14—锁紧装置；15—防护梁；16—防护网

本跨越架形成了高度、宽度、跨度系列化应用方案：高度以 1m 为级差 3 种形式 14 种配置 40 种高度组合，其中 30m 及以下采用重力式，可不用外拉线；有 10.8、14.7、17.7m 三种防护宽度；两架体间跨度为 26.1～60m 无级调节。

双臂推进式跨越架性能参数见表 5.3-2。

表 5.3-2　　　　　　　　双臂推进式跨越架主要性能参数

参数项目		参数数据
推进机构	顶推/回收速度（mm/min）	1100/2330
	电机功率（kW）	4
	工作压力（MPa）	10
顶升机构	顶升/回收速度（mm/min）	530/880
	电机功率（kW）	1.1
	工作压力（MPa）	16
总功率（kW）		11
设计风速	安装状态离地 10m 高处（m/s）	8
	工作状态离地 10m 高处（m/s）	10.8
	非工作状态离地 10m 高处（m/s）	28.4
工作温度（℃）		−15～40

4. 施工要点

双臂推进式跨越架施工包括施工准备、地基处理、架体安装、平台安装、门架及液压装置安装、主臂安装、防护网安装、检查验收、放线施工、防护网拆除、主臂拆除、架体拆除、撤场清理等过程。以下以重力式跨越架为例。

（1）施工准备。

1）技术人员根据跨越点情况编写措施，包括制作平断面布置图、确定跨越架选用尺寸和工器具配置等内容。

2）施工前对全体施工人员进行交底。

3）工器具到现场后进行全面检查，确保满足施工需要。

（2）地基处理。

1）根据施工方案现场测量放样，确定跨越架安装位置。

2）清理施工所需范围内的树木杂物，整平压实，使推进侧地面与对接侧地面等高或略高（0~500mm），在跨越架落地处铺垫钢板。

（3）架体安装。

1）在钢板上将 3 节或 4 节抱杆连接成段，两端通过六通连接件与其他方向的抱杆段连接紧固，在地面上拼装成"田"字或"目"字结构。

2）在地面空地上，将立柱、水平梁所需要的 3 节或 4 节抱杆紧固连接成段，其中六通连接件拼装在水平梁两端，便于就位。

3）逐根吊装第一层立柱，底部与地面第一层平面结构节点处的六通连接件连接，吊装时附带临时拉线固定。逐根吊装水平梁，安装到对应两根竖直抱杆的顶部并连接，完成地面以上第二层平面结构。紧固螺栓，进行水平度和垂直度测量，如有沉降需调整。

4）同样逐根吊装第二层的立柱和顶部第二层平面结构，紧固螺栓。

5）如果高度未达到要求，继续向上吊装，直至完成两侧跨越架架体的安装。

6）过程中按照要求安装内拉线及接地，其中内拉线一般采用 GJ100 钢绞线+UT 线夹+两眼板与六通连接件连接。

（4）平台安装。

1）在液压推进侧地面组装就位平台及承重平台，在液压顶升侧拼装顶升平台和挂网平台，根据地形可整体或分段组装，用流动式起重机吊装就位。

2）安装走台及护栏。

（5）门架及液压装置安装。

1）在就位平台上安装液压推进装置，待支架安装完成后，再在平台安装孔上安装液压泵、操控台及连接油管。

2）在就位平台上安装就位门架、导向门架；在承重平台前端上安装承重门架和卷绳装置；在对侧跨越架架体顶部安装对接门架。

3）顶升平台端部安装液压泵、操控台及连接油管，连接电源。

4）分别启动液压推进和顶升装置，进行空载调试，确保各机构动作正常。

（6）主臂安装。

1）在地面拼接两侧各 4 节前端主臂标准臂节，整体安装在导向支架和承重支架上。随即调紧侧向滚轮间隙，关闭门架封顶梁并锁紧。

2）将连接推进小车及油缸的推杆与主臂下端推进孔销接，将卷绳装置绳头绑扎在主臂前端并放松，之后随主臂在推进过程中带出到对侧。

3）加一节标准节后，启动水平液压推进系统，活塞杆伸出，推动主臂向前推进。将标准臂节推进到位后，分离推杆，缩回活塞杆。

4）用流动式起重机吊装下一节标准臂节放置在就位门架上，与主臂连接，液压向前推进。重复操作，直至主臂推进超过对侧液压顶升装置约 2m 处。

5）启动液压装置顶升主臂端部，消除主臂自重引起的下沉现象。

6）主臂在托辊上可以左右推动调整位置，保证主臂的平直。

（7）防护网安装。

1）主臂继续水平推进，至挂网平台后，在两个主臂分别安装 6 个挂网小车。

2）继续推进穿过可左右移动的对接门架，调直后锁紧。

3）在挂网平台上，将操作绳与推进侧首个挂网小车连接，小车之间使用 6m 定长的绳索连接，回收绳与末端小车连接。将两端装上抱箍的铝合金防护梁，逐一吊至挂网小车结构下部并与小车连接。

4）跨越电力线时防护梁间可不挂防护网。跨越铁路和高铁时，每两根铝合金防护梁之间，需挂设一张迪尼玛防护网。

5）同步启动两个承重平台上的卷绳装置，带动操作绳将防护网平稳拉出至跨越物上方，调整整平后固定。

（8）检查验收。跨越架安装完成后进行检查验收，主要包含以下方面：

1）检查跨越架底座有无下沉，架体是否横平竖直，各种距离是否满足要求。

2）检查是否有缺件、连接是否牢固、防护网系统是否平整。

3）检查电气装置是否可靠，电缆线、接地等是否满足要求。

4）检查液压推进和顶升油缸系统的安装、油压油位等是否正常。

5）检查锁紧装置是否夹紧，开关是否完好。

（9）放线施工。跨越架验收合格后，利用主臂上的操作绳进行导引绳、牵引绳及导地线展放。

（10）防护网拆除。

1）放线施工完成后，用操作绳及回收绳将防护网拉回至挂网平台，在挂网平台上依次拆除防护网、防护梁、挂网小车。

2）将操作绳挂接在主臂端部，随主臂回收。

（11）主臂拆除。

1）拆除主臂与推进时相反，启动推进系统，逐节回收主臂至就位门架后吊离。

2）重复上述过程，直至双臂拆除剩余 4 节臂节，整体吊至地面拆解。

（12）架体拆除。

1）拆除跨越架架体与组装时相反，使用流动式起重机，依次从上至下，先后拆除电缆、液压装置、门架、走台、防护栏杆、各平台、格构式架体至地面，拆散装车。

2）拆除架体过程中需要依次拆除拉线，并用控制绳控制。

（13）撤场清理。

1）工器具撤离后及时清理施工现场垃圾。

2）回填施工坑洞，恢复施工现场环境原貌。

（14）注意事项。

1）跨越架施工必须有专人统一指挥。

2）跨越架底座钢板设置要平整，拉线及接地设置要规范。

3）搭设过程中需要监测两侧跨越架底部高差，必要时采取调整措施。

4）推进、顶升操作必须平稳。

5）主臂在无约束时，以及对接完成后，必须锁紧。

6）跨越架在拉设或拆卸防护网时，两侧操作绳必须同步。

7）防护网拉设完后必须拉紧操作绳，两端与主臂固定。

8）跨越架在安装及使用时，发现异常噪声或异常情况，应立即停车检查。

9）安装过程中，任何人发出停车信号，都应停车检查。

10）电器系统保护装置、限位开关等，均不允许随意触动。

11）保护装置动作后必须停止作业，查找原因，相应手柄必须回到零位位置。

12）跨越架设计工作风速为六级，能承受的极限大风为十级，因此预报超过六级风天气下不宜跨越施工，跨越施工过程中接到十级以上大风预警时采取上部拆除或全部拆除的措施。

13）按照说明书，做好跨越架金属构件、液压系统，电气系统、安装装置的每日检查、日常维护和保养等工作。

5. 应用效果分析

（1）抗冲击能力强。显著提高了跨越架故障状态的抗冲击能力，保障了被跨越物的安全，同时装配式的机械化施工保障了跨越架施工的安全。

（2）施工效率高。机械化施工速度快，水平推进封顶方式可实现被跨越物不停运施工，减少了对电力线路、铁路、高速公路等被跨越物的影响。

（3）适用范围广。架体使用灵活、适用高度范围广、拉线依赖度低，尤其适合无法打拉线等复杂环境的高架公路、铁路等的跨越施工。

（4）经济效益有优势。初次投入成本较高，高度大于 25m 时每次使用成本较钢管或毛竹等散件式跨越架有明显优势。

跨越铁路应用案例如图 5.3－6 所示。

图 5.3－6　跨越铁路应用案例

5.3.3　吊桥封闭式跨越封网装置

1. 装备概述

吊桥封闭式跨越封网装置（简称跨越装置）如图 5.3 – 7 所示，是一种用于输电线路跨越施工的机械化施工装备，尤其适用于输电线路跨越高速铁路施工的情形。跨越架架体为格构式桁架，具有稳定性强、易于搭设、取材方便、通用性强、强度高等特点。封网时，两侧大臂通过绞磨提升系统及导向系统完成对接合拢，在被跨物上方形成三角形刚性支撑结构，实现对被跨越物的安全遮护。装备可有效解决跨越封网设施安全可靠性低、施工时间长等问题，为重要设施跨越施工提供了一种安全、高效的跨越封网装置。

图 5.3 – 7　吊桥封闭式跨越封网装置

2. 装备组成

跨越装置组成如图 5.3 – 8 所示，由封网系统、提升系统、架体等组成。

（1）封网系统设计有多重安全防护装置，主要有防坠落装置、水平限位装置、提升小车防坠丝杠等。

（2）提升系统包含集中操作台、电动卷扬机、电动绞磨、提升小车等，辅以视频监控装置，实现远距离集中控制。

（3）跨越装置采用"H"型跨越架体，架体自稳定性好，无须外拉线；架体采用格构式抱杆作为基本单元，立柱抱杆规格为 1000mm，横梁抱杆规格为 700mm，大臂标准段为变截面结构。

3. 装备型号

吊桥封闭式跨越装置型号为 DQ – 50，最大跨距 50m，根据被跨物宽度设置跨距；可承受最大冲击载荷 48kN；最大封网宽度 12m；可满足大部分跨越铁路施工需求。跨越装置主要技术参数见表 5.3 – 3。

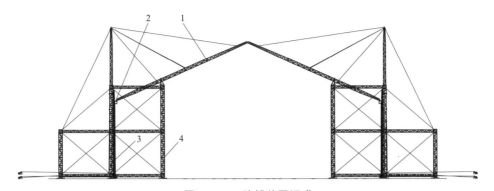

图 5.3 – 8　跨越装置组成

1—封网系统；2—提升动力系统；3—导轨系统；4—架体系统

表 5.3 – 3　　　　　　　　跨越装置主要技术参数

序号	项目	设计参数
1	封网宽度（m）	12
2	最大跨越距离（m）	50
3	跨越架高（m）	15～60
4	封网大臂与水平交叉角度（°）	22～25
5	总功率（kW）	64
6	最大允许垂直冲击载荷（kN）	48
7	可承受最大风速（m/s）	25
8	安装允许最大风速（m/s）	10
9	动力系统工作电压（V）	380
10	工作温度（℃）	−20～40
11	封网时间（min）	10
12	回收时间（min）	15

4. 施工要点

（1）技术准备。

1）根据现场情况，由跨越实施单位对跨越参数进行详细复测，并编制专项跨越施工方案，跨越施工方案应与跨越区段的架线施工互相协调、配合。

2）专项跨越施工方案应包含"导线断线冲击力计算""跨越架搭设高度、长度和宽度计算""封网大臂长度、倾斜角计算""地耐力计算""放线通过性验算""大臂回收通过性验算""拉线安全距离验算""地锚受力计算"等校核内容。

3）在特殊地形条件应用跨越装置，应由具有相关资质的单位对架体稳定性和承载力进行校核。

4）跨越装置安装前，全体施工人员接受技术、安全交底。

（2）机具、安全防护用品准备。

1）施工项目部组织技术、安全、质量各部门，对进场的跨越架及配套工器具、安全防护用品进行检查，合格后方可投入使用。

2）安装中用到的起重滑车、拉线、钢丝绳套等应进行力学试验（报告在有效期内）、工器具安全评估。

（3）材料准备。

1）对标准节（抱杆）、底座、横梁、拉线拉板、绝缘杆等材料进行清点，对到达现场的各种材料、构件进行外观（弯曲、变形）、数量（是否缺件）、规格、检查，质量不合格者不得使用。

2）材料运输到位后，分段整齐摆放。对材料要妥善保管，严防偷盗。

（4）现场放样，测量定位。

1）跨越架组立首先应对搭设场地进行平整，清理杂物，然后对跨越装置搭设场地平整夯实，并用水准仪操平，使坡度不大于5‰。跨越架搭设场地平整、夯实后，必要时应在跨越架落地位置铺设钢板或枕木。

2）利用经纬仪及卷尺确定底座、卷扬机、地锚、流动式起重机等位置。

（5）跨越装置安装。

1）方箱及主柱吊装。

首先将方箱吊起并就位于底座上方，穿入M20螺栓并紧固；之后将一段或若干段已连接好的主柱标准节采用两点绑扎，竖直起吊，将主柱拼接到方箱后，用螺栓固定连接。

2）横梁吊装。

横梁起吊前在地面将中段与上段横梁、六方箱体连接；将横梁与六方箱体连接段安装至主柱上方，将六方箱体与主柱用连接，完成横梁安装。

3）桅杆吊装。

桅杆在地面组装完成后，整体起吊至桅杆顶端连接孔进行连接。

4）设置架体拉线。

a. 桅杆吊装完成后立即在架体内部设置内拉线，通过UT线夹调整拉线松紧，使架体整体受力平衡，无歪扭变形。

b. 设置桅杆顶部与后方架体横梁的斜拉线。

c. 设置后方上层横梁与下层横梁的斜拉线。

（6）垂直导轨安装。在主柱上套装固定腰环，腰环每隔 3m 安装一个，导轨安装时紧贴主柱面，通过侧位法兰与腰环连接，并用螺栓连接固定。

（7）大臂安装。吊装时将大臂分段从架体上方缓慢放入架体内侧，下降至支座后，将下锥段与铰接支座、小车连接。

（8）提升动力系统安装。

1）提升绳索走线。大臂安装完毕，将提升钢丝绳一端锁止在提升小车上端的尾绳挂点处，提升绳从挂点位置经过导轨顶端的滑车转向，再向下引至提升小车上的转向滑车，向上再通过导轨顶端的滑车转向从主柱内向方箱处的转向滑车引入电动卷扬机滚筒，通过电动卷扬机滚筒缠绕后，进入底座的转向滑车，再引至提升小车的下滑车转向下，到底座上的转向滑车向上使钢丝绳最后锁固在提升小车底部的钢丝绳挂点上。

2）变幅绳索走线说明。变幅绳索一端固定在大臂中部的钢丝绳挂点处，经桅杆顶端顶帽上的滑轮组，通过转向滑车到达大臂顶端的转向滑车后，沿大臂方向引入大臂中部的转向滑车，最后通过桅杆顶部顶帽上的转向滑车后，向下引入电动牵引机。跨越架进行调试前，检查并确认各卷扬机制动装置处于制动状态，确认大臂水平限位装置的接近开关处于工作状态。之后进行以下调整工作：

a. 垂直导轨调整。通过卷扬机缓慢提起提升小车，检查提升小车滑轮与轨道结合状态，发现卡阻时利用腰环四周的调整螺钉进行调整。

b. 大臂对接。首次对接应以低速运行。大臂对接过程由控制系统程序自动完成，随时观测大臂及提升系统、变幅系统状态，出现异常情况立即停机。

大臂前部下落接近至水平限位装置时，应密切观测大臂与跨越架体上平面之间垂直距离，出现异常立即处理。

5. 应用效果分析

（1）施工时间短。跨越装置缩短跨越施工整体作业时间，铁路窗口期工作量小，封网时间可控制在 30min 内，应用于高速铁路跨越，可明显降低与铁路部门的协调难度。

（2）施工人员投入少。跨越装置与传统利用杉篙、毛竹等搭设跨越架的施工方法相比，高空作业量小，减少人员投入，较以往传统跨越方法有了较大提升，使全天候作业成为可能。

（3）安全性高。使用本跨越装置安全性得到较大提升，封网快速、承载力高，可最大限度减少对被跨设施（铁路，公路、电力线等）的影响。

（4）使用跨越装置，材料设备运输费用相较传统方法有所升高，但在临时占地、缩短施工周期、降低施工组织压力等方面具有明显优势。

5.3.4 旋转臂式跨越架

1. 装备概述

旋转臂式跨越架如图 5.3-9 所示，是一种用于输电线路架线施工的跨越施工装备，具备可迅速搭建、即时移除的特点。根据相间宽度，每组遮护宽度 8m，三相时采用三组跨越架，每组四立柱、单跨桥实现导地线展放防护。

图 5.3-9 旋转臂式跨越架单相组装结构组成

施工时，旋转跨梁在被跨物上方形成跨越桥，利用旋转电机、轨道、行走小车等设备完成设备旋转及封网杆的展开，对被跨物进行有效防护，可有效解决跨越高铁窗口时间短、快速封网快速拆网的难题。

每组旋转臂式跨越架由四根主立柱支起一座长 36m、宽 8m 的矩形跨越桥。跨越桥面由两根连梁和 5 根承力圆钢管和 11 根非承力圆管组成，各圆管 2m 间距均布组成 36m 的跨越桥面。

2. 装备组成

旋转臂式跨越架（见图 5.3 - 10）分为可变部分（标准节）、固定部分两部分。可变部分的跨越架柱体结构为标准节，标准节的高度为 2m，方形断面，包括组合式基础、标准节、控制台、动力装置（卷扬机）、发电机等装置；固定部分为高铁轨顶以上部分，柱体结构仍为方形断面，在横梁两侧安装两条轨道并在其上装有铺设桥面的行走小车。

旋转臂式跨越架由动力系统、转向系统、调幅系统、拉线和平衡系统、腰箍系统、电气系统和机械部分组成。机械部分包括组合式基础、主立柱、搁柱、桅杆、跨梁、平衡梁、加强型连梁及橡胶托辊、承力桥面、铺设桥面的小车系统等；动力装置包括（卷扬机）、发电机等装置；电气系统主要包括旋转电动机、减速机、离合装置等。

图 5.3 - 10　旋转臂式跨越架

3. 装备型号

旋转臂式跨越架主要技术参数如下：

（1）主柱（搁柱）：跨越架四根主立柱高度 45m（可按需求组装），桅杆侧总高 57m；封网长度和宽度为 36m × 8m，主立柱断面 900mm × 900mm。

（2）桅杆：被跨越同侧架体立柱中心距 8m；两根主柱顶各安装一组 12m 四棱台形桅杆。

（3）连梁：跨越物同侧的两主柱之间用连梁连接，连梁截面 900 mm×900 mm，摇臂座两侧分别安装跨梁和平衡梁。

（4）跨梁：长 36m，断面 600mm×600mm，跨梁一端与摇臂座铰链连接，一端搁置在被跨越物对侧的立柱顶上（搁柱），旋转跨梁水平正反向旋转角 180°。

（5）搁柱：对侧立柱（搁柱）顶部安装 2m 长的羊角。

（6）平衡梁：总长 7m，用预制混凝土配重块作为平衡梁配重。

（7）桥面：两组跨梁之间装有 8m 长金属排管，2m 一档，形成跨越桥的桥面。

（8）基础：跨越架采用组合板式基础，与跨越架立柱根部螺栓连接，基础四角设拉线孔与四角地锚扫地拉线固定。

（9）跨越设备整体垂直承载 2850kg，安全系数：3。

（10）安装垂直方向调整行程＞0.5m（其中：液压行程＞0.1m；变幅调整＞0.4m）。

（11）安装垂直方向调整行程＞0.5m（其中：液压行程＞0.1m；幅角调整＞0.4m）。

（12）拉线：各拉线/拉索按《重要用途钢丝绳》（GB 8918）WS6×36+FC 1870MPa 选取。采用 ϕ24 钢丝绳，双层布置。

（13）最大风速：12m/s（六级风）。

（14）电源：电动部件动力配置 15kW 发电机供电，工作电压：380V，遥控器、信号灯系统电压：220V。

（15）旋转总成：旋转 90° 用时约 7min，即开合时间为 7min。

跨梁与平衡梁参数见表 5.3－4。

表 5.3－4　　　　　跨 梁 与 平 衡 梁 参 数

跨梁（kg）									
名称	1.8m 锥节	节数	4.5m 节	节数	4m 标准节	节数	末节	节数	总长	总重
跨梁理论	204.3	1	315.6	1	279.2	6	/	1	35	/
跨梁实际	190	1	220	1	205	6	/	1	35	/
加工字钢	190	1	500.65	1	257	6	339	1	35	2571.65
平衡梁（kg）									
名称	3.3m 锥节	节数	3m 平衡节	节数	平衡块	节数		总长	总重
平衡梁理论	635	1	909	1				7	
平衡梁实际	635	1	835	1	7388	1		6.3	8858

4. 施工要点

（1）组合式地基。在跨越设备的四根立柱下方各安装了一组装配式地基。每块地基由四小块组合而成，立柱与地基用螺栓连接，地基板四角设有控制拉线孔，水平与四角地锚连接；每组跨越柱体两地基需精准定位，横纵偏差小于 50mm。

（2）拉线系统。四根立柱分别设置四方拉线，拉线地锚选用 12t 级钢板地锚，根据地质有效埋深一般不小于 3.5m。ϕ24 钢丝绳双层拉线设置，上层拉线对地夹角不大于 60°。各卸扣选用 12t 级，钢丝绳用 d22 绳卡，不少于 4 个，间距不小于 160mm。

（3）旋转跨越架组装。跨越架组装采用 50t 级轮式起重机，就位方向与被跨越物方向平行。逐节组装，组装顺序为：整平底座—下杆段—下层拉线安装—上杆段—上层拉线安装—连梁—旋转节—桅杆—平衡梁—悬臂根段（装配拉线）—悬臂中段（装配拉线）—悬臂头段（装配拉线）—行走小车。

（4）铺设桥面。利用跨梁上的轨道，安装行走小车、承力杆及封网杆，将承力桥面带过被跨铁路，两侧收紧并锚固，完成铺设桥面工作。两组跨梁之间装有 8m 长金属排管，2m 一档，形成跨越桥的桥面。

（5）拆除。跨越设备的拆除与组装时的顺序相反，在铁路部门给定的天窗点进行拆除作业；解开桥面的锚固点，利用小车将承力桥面收回并拆除；旋转主立柱的跨梁与铁路基本平行，用轮式起重机进行拆除。

（6）注意事项。

1）每组跨越柱体两地基需精准定位，横纵偏差小于 50mm。

2）地锚埋深需根据土质情况加大埋设深度。

3）上层拉线对地夹角不大于 60°。地形较低时应放远地锚保证拉线夹角。

4）各部件连接时必须将连接螺栓、销子等装配齐全，紧固到位，并复紧。

5）水平方向的就位：

a. 旋转臂式跨越架是四立柱双门型结构式跨越结构，带桅杆的主柱和搁柱分立于铁路的两边，旋转臂式跨越架的水平转向系统由电机、减速机、旋转齿圈、离合器组成，电动机通过变速机构五级减速，带动跨梁慢速旋转。

b. 旋转臂式跨越架采用了离合器脱开动力，用手动的方法，精确控制跨梁旋转移动定位，完成跨梁与搁柱的安装；电动旋转时，电机、离合器的电流通断可以在塔下用电气箱控制，也可通过遥控器在被跨越物对面控制。

6）垂直方向的就位。跨梁旋至铁路对面与搁柱安装时，垂直方向就位较为困难，调幅系统可以对跨梁在垂直方向上做一定的调整，调幅系统由跨梁－桅杆调幅滑车组、调幅绳、转向滑车、手拉葫芦组成，手扳葫芦可以缩短两调幅滑车之间的距离，从而抬高跨梁端部，方便就位，按适合搁柱的高度调整两调幅滑车之间的距离，完成安装任务。

7）地锚坑的回填土必须分层夯实，回填高度应高出原地面 200mm，表面应做好防水措施。

5. 应用效果分析

（1）旋转臂式跨越架应用于高速铁路、电力线路等跨越，可有效降低与相关部门的协调难度。

（2）封网快速、承载力高，可最大限度减少对被跨物的影响。缩短跨越施工整体作业时间，减少人员投入，采用机械化施工后，材料设备运输费用相较传统方法有所升高。

（3）搭设速度快。采用电动旋转跨梁的方法，保证三相旋转臂式跨越架，六根跨梁可以同时工作，旋转速度一致，互不干涉，跨梁同时旋转可以更快地搭设跨越设备。

（4）连接可靠，工作稳定，增加安全性。可以任选手动、电动就位方式，跨梁电动就位困难时，电动机构可以脱开，用手动精确定位。

5.3.5 移动式伞型跨越架

1. 装备概述

移动式伞型跨越架如图 5.3－11 所示，是一种通过与轮式起重机配合，用于架空线路架线作业中防止各级绳

移动式伞型跨越架
视频

索、导地线跑线和断线对被跨越物的冲击造成安全生产事故的一种机械化防护设备。主要适用于 220kV 及以下架空电力线路拆、放线作业时跨越 110kV 及以下线路，以及跨越公路、铁路等，且现场满足相应规格起重机通行和布置的作业现场。

图 5.3 – 11　移动式伞型跨越架

跨越高速公路、高速铁路、220kV 带电线路等特定场景需要进行专项方案论证，并在与相关部门密切沟通配合下满足体系管理要求。

移动式伞型跨越架基于雨伞收放原理，在运输和对接时为收拢状态，利用起重机吊臂举升到高空后，由跨越架自身动力系统利用无线遥控器展开形成封网平台。与跨越架相配合的起重机可将跨越架封网平台送至被跨越物上方，从而实现对被跨越目标物体进行封网覆盖，起到对被跨物的保护作用；使用中可随时调整封网平台的架设位置、方向和姿态，保证封网平台始终位于跨越交叉点正上方。跨越架顶部安装有过线滚杆和羊角，拆、放线作业时可辅助过线并确保安全。跨越架采用自身携带动力电源和采用遥控操作，可规避绝大部分人员安全风险；无须人员高空作业，且跨越架封网平台的架设高度主要决定于起重机型号的选择，可以通过选择合适型号的起重机来实现需要的跨越高度，极大地降低安全风险等级；在环境条件允许的地方，可以实现完全不停电跨越，极大地提高社会效益与经济效益；在通常作业情况下，对环境的破坏性也更小。

移动式伞型跨越架安装在起重机吊臂顶部副臂接口上，可灵活适配各种主流规格型号的起重机；对接、举升、展开至作业位置和作业结束拆卸用时均在一小时内，可方便快捷和灵活布置，符合线路拆除、220kV 及以下线路放线施工"短、平、快"的要求。

2. 装备组成

移动式伞型跨越架装备组成如图 5.3 – 12 所示，由轮式起重机和移动式伞型跨越架本体等组成。

图 5.3-12　移动式伞型跨越架结构组成

1—过线滚筒；2—主承载桁架；3—封网桁架；4—起重机吊臂；5—旋转机构；
6—俯仰机构；7—跨越架底座

　　移动式伞型跨越架本体由主承载桁架、封网桁架和旋转俯仰机构等主要部分构成，自带动力机构和电源，通过远程无线遥控操作。本体由高强度钢材制造，通过跨越架底座与轮式起重机吊臂头部连接，由起重机将展开的矩形封网平台（如图 5.3-13 所示）举升到工作高度，再旋转到被跨物上方进入工作位置。

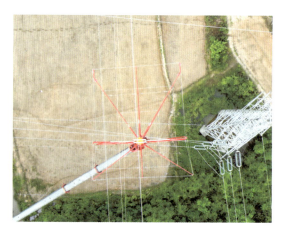

图 5.3-13　矩形封网平台

3. 装备型号

　　移动式伞型跨越架根据其应用场景和设备参数的不同分为 C 型和 D 型两种主要类型（见表 5.3-5），跨越作业时根据作业环境、跨越对象、实际载荷和需要遮盖的尺寸选择合适的跨越架型号，必要情况下可以采用多台联合封网来确保满足安全、载荷和保护面覆盖完整的需要。

表 5.3-5　　　　　　移动式伞型跨越架主要型号及主要技术参数

型号	SKY-SY-8×10/10-C	SKY-SY-8×12/30-D 型
过线宽度（m）	8	8
遮盖长度（m）	10	12
主承载桁架额定垂直载荷（kN）	10	30
主承载桁架额定水平载荷（kN）	5	10
桁架式安全网额定载荷（kN）	5	15
架设线规格（mm²）	400 截面及以下，单根	630 截面、双分裂及以下
跨越架俯仰调整角度（°）	0~60	0~60
跨越架旋转调整角度（°）	接近 360	接近 360
驱动形式	电机驱动	电机驱动
操作方式	无线遥控	无线遥控
跨越架质量（t）	2.8	3.5
适配载具类型（t）	25 及以上起重机	35 及以上起重机
大宽度跨越	双跨越架对向组网	双跨越架对向组网，带后侧扩展保护网和安全拉线

应根据现场导线高度、允许起重机停放的地形条件和导线规格等情况计算实际载荷（含跨越架设备自重和安全系数），并选择合适的起重机型号配合使用。起重机在特定臂长、角度下的载荷能力可查询起重机厂家提供的参数。

4. 施工要点

移动式伞型跨越架使用整体流程图如图 5.3-14 所示，包括现场勘察、方案设计、现场施工三大环节。

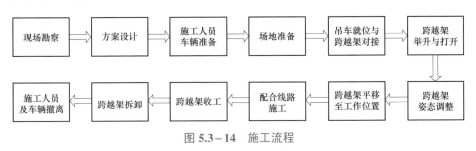

图 5.3-14　施工流程

（1）现场勘察及方案设计。

1）现场勘查。现场勘察是指通过对施工现场进行实地勘察，通过对施工现场环境、路况以及被跨物的实际情况进行勘察，为后续的方案设计、现场场地处理和现场布置等提供参考依据。现场勘察应由项目部组织项目总工、跨越架作业班组长、轮式起重机司机等相关施工技术人员实施并形成勘察结果。

2）方案设计。参照展放导线规格、档距和高度等数据，结合载荷需求、带电安全距离和安全系数等选择移动式伞型跨越架的型号，同时通过计算得到所需起重机规格和吊臂需举升的高度和角度。结合现场道路和地形条件，编制合适规格的起重机和跨越架专项施工方案。再经计算可得到各相线路详细的吊臂举升高度和角度，在施工作业时采用专项方案中的吊臂举升高度和角度来进行施工作业。

施工方案完成后，项目部应及时落实"编审批"程序，需专家评审时应按要求评审。方案批准后应及时报监理项目部审批并报业主项目部确认并存档。

（2）道路和现场场地处理。根据不同工程道路和施工环境，结合现场勘察情况，确定道路、场地平整的范围及平整实施方案。在设备进场前完成道路和场地处理并由项目部、安监人员、起重机司机和移动式伞型跨越架操作相关人员现场验收确认。

（3）设备进场架设。

1）设备进场。现场平整完成且验收合格后，移动式伞形跨越架和起重机按照设计指定地点进场就位。起重机按照安规要求布置可靠，准备与移动式伞型跨越架对接。移动式伞型跨越架由配有随车吊的货车运抵施工现场，停靠在设计指定地点。

2）跨越架与起重机对接。将起重机吊臂调整到平行于地平面且方便与跨越架对接的位置。使用随车吊将跨越架吊起到对接位置。整个对接过程由施工负责人专人指挥，确保安全。吊装过程中需专人拉好跨越架上的牵引绳，防止跨越架吊装过程中旋转撞击，危害设备与人员安全。跨越架底座上的起重机连接脚采用长度和宽度可以调节的结构形式，松开紧固螺钉即可任意调节，可适应各种规格和型号的起重机。连接脚与起重机采用安全插销连接，插好安全插销后必须在插销上扣好安全别针。

3）跨越架举升、展开与布置。跨越架与起重机连接可靠后，起重机司机缓慢起升大臂，全程听从施工负责人指挥。将起重机大臂起升至适合角度后，再将起重机伸臂至适合高度，使跨越架到达作业高度。在要求高度操作跨越架遥控器将跨越架展开，然后缓慢转动起重机吊臂，将跨越架封网平台移送到指定位置。利用遥控器调整跨越架的俯仰机构，使其基本水平；利用遥控器调整跨越架的旋转机构，使其主承载桁架与施工线路基本垂直；通过微调吊臂，使施工线路位于主承载桁架中间。

（4）跨越施工作业。跨越架正确布置就位后，随即可进行展放导引绳、牵引导线等常规线路作业。进行不同相线路施工时，应根据方案进行吊臂位置和跨越架角度微调以保证跨越架处于最佳保护位置。

（5）跨越架收工。跨越施工完工后，移动吊臂将跨越架撤离跨越点，撤离完成后，操作跨越架遥控器将跨越架收拢，下放吊臂至水平，然后将跨越架从起重机上拆下，吊入运输车辆，驶离施工作业区，完成全部收工作业。

5. 应用效果分析

（1）满足区段架线周期短、跨越难度大、降低安全风险的施工要求。在施工过程中采用全机械化遥控操作，不需要人工搭设架体，无人员高空和近电作业，极大降低安全风险；跨越架就位布网、撤网均可在一小时内完成，架设后可随时调整封网位置，操作方便，相比传统跨越架更高效。

（2）对施工条件要求低。可实现完全不停电跨越、减少因停电导致的经济损失和对社会正常生产与生活的影响；跨越道路时仅占用一条车道和路肩，可避免封路，且不需要征地和影响地面绿植。

（3）具有很好的经济效益。大大加快跨越施工进度，可大量节省搭设和拆除传统跨越架的人工、时间和耗材成本；更加适应不停电跨越施工，可避免停电带来的经济损失。

工程案例所述的 110kV 线路为当地某水泥厂供电线路，若停电会造成该水泥厂停工和每日近 300 万元的经济损失。为承担好社会责任，该工程选择了完全不停电跨越方案。此工程采用100t 轮式起重机和 SKY-SY-8×12/30-D 型跨越架，工程用时 3 天，完成拆旧和展放 220kV 线路的跨越施工，避免了因停电导致的经济损失。220kV 输电线路完全不停电跨越 110kV 带电线路工程如图 5.3-15 所示。

图 5.3－15　220kV 输电线路完全不停电跨越 110kV 带电线路工程

5.3.6　系留无人机照明系统

1. 装备概述

电网建设系留无人机照明系统是一种基于系留无人机的空中照明设备。当前，跨越电气化铁路是输电线路施工的一项常规作业，应铁路部门的要求，必须在夜间窗口期进行施工。以提高供电保障质量，减少因停电检修对居民及用户影响而开展的供电设备"零点抢修"成为常态。在电网应急抢险过程中，高机动、大范围照明支持也必不可少。传统照明已经很难满足实际需要，因此，系留无人机照明系统应运而生。

目前，传统地面照明按照其功率、体积、质量可以分为大型高杆灯照明和小型便携式照明两大类。大型高杆灯照明优点是亮度高，照明面积大，缺点是笨重、运输必须靠专车，不能通车的特殊地形无法使用，光源只能单面照射、光线刺眼，高度不够，照明死角多；小型便携式照明优点是小巧便携，能够满足局部范围较长时间照明，缺点是照明范围小，只能作为补充光源使用，过多小型灯具布设将为施工人员增加额外负担。

与传统地面照明相比，系留无人机照明系统具备以下优势：

（1）兼备传统小型设备小巧便携、灵活机动和大型设备照明亮度高的特点。

（2）使用环境不受地理环境影响，解决了大型照明设备无法快速进入施工、抢险现场，抵近作业的困难。

（3）照明覆盖范围广，高空作业时光线自上而下照射不产生炫光，能够有效提升夜间施工的效率和安全性。

（4）根据电网施工现场需要，可以依据现场施工需要设定空间电子围栏，有效避免刮擦设备及近电作业误触带电体等施工事故。

（5）无人机自带电池，且配备地面供电系统，可以实现不间断照明。

（6）可多机联动、组合使用，满足大面积抢建、多点作业、应急抢险的需要。

（7）供电系统采用远程监测和操作控制的智能模块，可以降低现场资源投入和维保人力、物资消耗。

（8）无人机的通信系统可以搭载 MESH 自组网或其他中继，实现各种智能设备间的通信互联，并能通过卫星网络或专用数据通道实现高空监控视频的回传和指挥控制指令的下达。

系留无人机照明系统如图 5.3－16 所示，可以广泛应用于电网建设、应急抢修及抢险救灾等多种工况，可为全天候作业提供有力保障。

图 5.3－16　电网建设照明系留无人机

2. 装备组成

系留无人机照明系统由照明无人机系统、系留电源系统、集控平台等组成，系留无人机照明系统组成如图 5.3－17 所示。

系留无人机　　　　　　　系留供电系统　　　　　　发电机

图 5.3－17　系留无人机照明系统组成

（1）照明无人机系统主要由无人机、机载电源、云台、高亮 LED 灯板、控制器等主要部分组成，通过远程控制器操作，能够独立短时间飞行照明。

（2）系留电源系统主要由防感应电系留线、移动电源箱、操作面板等组成，保障长时间为照明系统供电。

（3）集控平台主要包含多台无人机控制和拓展功能应用，可实现单人同时操控多台照明无人机和诸如通报、监测数据集成及专用通道接入等功能。无人机可选配数据传输模块，实现大跨度数据中继功能，可为没有网络覆盖或指挥通信受限的区域提供数据传输支持和通信对讲保障。

系留无人机照明系统工作原理：地面基站配套 UPS 电源及发电机组，为系留无人机提供持续稳定的电力供应，从而实现不间断照明；高亮 LED 灯具搭载在云台上，地面通过使用控制器可以控制灯具云台，从而控制灯具开关、调节灯具照明角度以及亮度、调整无人机位置，可以满足地面或者塔顶照明；光线自上而下覆盖在作业点上，规避了炫光和照明死角造成的安全隐患，跨越京广高铁夜间施工如图 5.3 – 18 所示，跨越沪蓉高铁应用如图 5.3 – 19 所示；系留线采用外包防感应电屏蔽层设计，临近带电体作业时，可以避免感应电给无人机造成的危害；系留线临近无人机一端采用防雷接头设计，雷雨来临时，系留线可遥控脱离，使无人机进入空间等电位，避免引雷，机载电池可为高空人员在雷雨来临时，提供 45min 的设置高空保险及撤离现场的照明保障。

图 5.3 – 18　跨越京广高铁夜间施工　　图 5.3 – 19　跨越沪蓉高铁应用

无人机基站配置智能发电机，实现长时间供电，通过油量监测模块监测发电机油箱容量情况。无人机的基站，平时将无人机及配件都会把它放到可折叠基站里面去，可降低现场值守人力资源投入。

3. 装备型号

系留无人机照明系统在不同应用场景和参数需求下均可使用 GMD−X300，必要情况下应采用多台联合作业确保照明亮度和照明范围，见表 5.3−6。

表 5.3−6   系留无人机照明参数

参数	GMD−X300
额定功率（W）	150（150×4＝600）
光通量（lm）	16 000（16 000×4＝64 000）
防护等级	IP55
工作温度（℃）	−20～+60
动力系统	电动
有效照明范围（m²）	6000
最大可承受风速	15m/s（7 级风）
最大工作时长	24h 不间断
最大飞行海拔	5000m（2110 桨叶，起飞质量≤7kg）/7000m（2195 高原静音桨叶，起飞质量≤7kg）
灯板旋转角度（°）	120
悬停精度	垂直： ±0.1m（视觉定位时） ±0.5m（GPS 时） ±0.1m（RTK 定位时） 水平： ±0.3m（视觉定位时） ±1.5m（GPS 时） ±0.1m（RTK 定位时） RTK 位置精度： 1cm+1μL/L（水平） 1.5 cm+1μL/L（垂直）
电能转化效率（%）	95

4. 施工要点

系留无人机照明系统施工流程包括：明确需求、现场勘察、方案设计、布置起飞平台、现场测试、现场照明作业、过程风险管控和降落撤离等。系留无人机照明系统施工工艺流程如图 5.3−20 所示。

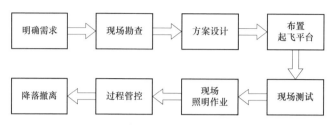

图 5.3－20　电网建设照明系留无人机施工工艺流程

（1）明确需求。施工单位明确夜间作业照明需求，主要包括：施工时间段、地点、现场照明亮度要求、现场照明覆盖范围、作业点分布和照明高度要求等。

（2）现场勘查。现场勘察是指通过视频三维还原或激光点云建模技术，利用无人机对作业现场进行实景测绘，结合施工现场环境勘察，为照明方案设计、现场装备布设等提供参考依据。项目部相关技术人员需共同参与现场勘察。

（3）方案设计。根据照明需求，以及与邻近带电体安全距离要，通过计算，划定飞行作业区域和禁入红线，结合现场起飞点预选位置，编制系留无人机照明方案。

（4）布置起飞平台。根据施工环境和现场勘察情况，确定起飞点。组织项目部、施工队、作业班组相关负责人及无人机操作人员进行现场交底，并对起飞点周边障碍物进行清理。

（5）现场测试。为保证夜间飞行安全，满足夜间照明，提前与作业班组对接，作业班组将作业需求与无人机操作人员详细沟通，熟悉每一个作业点，不同作业面的施工工序。根据作业对照明保障的需求，设计施飞方案，进行试飞。试飞时，飞控人员需熟悉各工序配合施飞轨迹和时机，使照明范围和照度满足现场安全作业需求。

（6）现场照明作业。作业开始前，起飞无人机，点亮现场，为后续作业人员进场提供照明环境。作业过程中，根据照明需求点的变动，及时调整照明角度以及无人机位置和高度。

（7）过程风险管控。运用系留无人机照明作业过程中，需要注意实时天气变化，遇到雷雨天气时，在请示现场作业负责人，下达人员撤离指令后，启动应急预案。无人机完成脱离系留线作业，使无人机处于空间等电位。同时，启动节能照明模式，在保障作业人员完成高空保险措施，安全撤离后，方可降落无人机；注意发电机油量变化，当长时间连续工作时，通过电源智能监测模块，实时为集控平台提供油量监测信息，当低于警界值时，提示维保人员为发电机及添加燃料。

（8）降落撤离。施工结束后，飞手在确定起降平台平稳，周围无遮挡物的前提下，方可回收无人机。

5. 应用效果分析

（1）作业安全隐患少。在施工过程中应用系留照明无人机，光源自上而下照射，不会产生炫光，照明保障范围大，光照均匀，不容易产生死角，光源可根据作业工序进行及时调整，减少了因现场光照不足造成的作业安全隐患。

（2）作业效率高。系留无人机照明系统体积小、质量轻，布设灵活，对场地要求低。一台小型货车可运输多台系留无人机照明系统，为多个作业点提供照明保障。小型作业面，单点作业一人即可操作，五分钟可完成组装、起飞、照明保障，并可随时根据现场作业需要调整照明地点、角度，降低了作业工序搭接引起的照明设备频繁转场而产生的施工资源闲置，提升了夜间施工的整体效率。

（3）经济效益好。系留无人机照明系统与传统大型灯具比较，可以降低设备购置、仓储、运输、维保和运行成本。与无人机配套的智能基站，具备发电机节能启停及油耗提示功能，在提高燃油利用率的同时，可减少资源消耗和维护人员的投入。大型作业面，多点保障可通过集控平台完成多台无人机的自动组网，联合作业，集中远程遥控施飞作业可减少专业飞手的资源投入。

5.4　导线压接与附件安装技术

5.4.1　导线多工序自动压接机

1. 装备概述

导线多工序自动压接机（简称自动压接机）如图 5.4-1 所示，是一种用于输电线路张力架线和紧线施工导线压接的机械化施工装备，依靠嵌入式系统按照工艺标准逻辑控制运动模组和超高压电动液压泵站实现导线压接施工的

导线自动压接机
视频

自动算模、自动移模、自动保压和数据存储（记录每根压接管的压接质量数据和照片）等功能，适用于500～1440mm² 截面导线的耐张线夹和接续管压接施工。自动压接机除降低施工人员劳动强度外，可有效保障接续管和耐张线夹压后的各项质量参数满足标准要求，能有效避免施工人员操作差异对压接质量带来的影响，进而保障工程导线压接质量水平的一致性，降低由此带来的线路运行安全风险。

图 5.4–1　自动压接机

2. 装备组成

自动压接机拆卸图如图 5.4－2 所示，由作业平台、运动模组、液压泵站、电控箱、压钳以及气动夹持顶升装置组成，各个部件间可通过航空插头或液压快速接头快速拆装，方便各种施工环境下的设备运输。

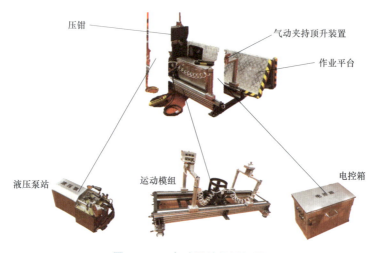

图 5.4－2　自动压接机拆卸图

（1）作业平台包括高强度铝合金、铰链和滚轮。作业平台主要应用于耐张线夹高空压接工况中自动压接机、压模以及金具的承载提升和悬挂，以及压接操作人员临时站立。作业平台为了方便板车、索道等运输需要设计为可折叠结构，在吊装使用时必须使用螺栓与自动压接机固定。

（2）运动模组包括高强铝合金、承载轨道、门架导轨、步进机构以及压钳座。运动模组主要用于液压泵站、电控箱和压钳的承载和自动压接过程中的步进执行。

（3）液压泵站包括油箱、无刷电机、油箱、液压泵、电磁换向阀以及液压变送器。液压泵站主要用于实现压接过程中的开、合模控制和超高压的建压、保压功能实现。

（4）电控箱包括防水箱体、嵌入式控制器、工业平板电脑、总控开关、电池以及应急控制手排。电控箱主要用于处理工业平板电脑发送的工艺控制指令，按照逻辑顺序和控制节点分别控制运动模组、液压泵站和气动夹持顶升装置执行指令，实现自动压接。

（5）压钳包括缸体、活塞缸以及压模。压钳主要用于将液压泵站输出超高压液压油转化为开、合模作用力并提供反作用力支撑，实现在目标作用力下的压接。

（6）气动夹持顶升装置包括门架、夹持装置、气泵、气缸以及电磁换向阀。气动夹持顶升装置主要用于固定被压接导线的位置可以使压钳在开模后可自由移动，同时在压模合模时能顶升夹持的中心高度，保障导线压后的直线度。

3. 装备型号

自动压接机型号为 SY－BJDZ－3000/100，根据压接导线规格可配套使用 SY－J－3000/100 和 SY－J－2000/100 两种压钳，适用于 500～1440mm² 导线截面接续管和耐张线夹的压接施工。自动压接机主要参数见表 5.4－1。

表 5.4－1　　自动压接机主要参数

序号	科目	参数
1	整机质量	420kg
2	外形尺寸	2000mm×1200mm×（1200+150）mm
3	供电电压	220VAC/48VDC

续表

序号	科目	参数
4	配套压钳	3000kN（94MPa）125kg 2000kN（94MPa）72kg
5	控制形式	嵌入式单片机+上位控制触摸屏/应急控制手排
6	适用金具	500～1440mm² 导线耐张线夹和接续管
7	油路最大压力	100MPa
8	分体形式	运动模组+液压泵站+电控箱+压钳+气动夹持顶升装置 使用航空接头快速拆装

4. 施工要点

导线自动压接包括主要包括施工准备、设备安装、输入压接参数、自动压接、压后数据测量等过程。

（1）施工准备。

1）设备准备。

a. 检查电池电量是否满足施工需求，开机将控制器与设备连接，并检查设备各部件是否运行正常。

b. 核实压接管规格、数量，并进行编号。

c. 压接管穿管前应去除飞边、毛刺及表面不光滑部分，用清洗剂清洗压接管内壁，清洗后短期内不使用时，应将管口临时封堵并包装。

d. 准备好锉刀、钢锯、游标卡尺、钢卷尺、胶带等工器具，游标卡尺精度不低于 0.02mm。

e. 检查压模型号是否与压接管匹配。

2）压接参数准备。

a. 检查 Pad 中线型信息（wire-information）文件，需要检查压接金具、压模宽度、叠模宽度以及延展率参数是否正确。

b. 线型信息中有多条导线压接信息，在 Pad 自动压接控制程序里，通过下拉菜单里"绞线类型"显示导线压接信息。如果工程中使用的导线没有列入导线线型信息表，则可自行添加或联系厂家发送扩展导线的压接信息。工程应用时则需要注意的是 wide、overlying 和 ductility 参数，分别对应的是钢锚压接的模宽、叠模和延率，根据工程中实际操作需求可进行修改（一般情况延率不用改，只需要注意模宽与实际应用的是否相符，叠模是否符合应用要求）。

3）工程信息准备。对自动压接机的配置文件进行审核，确认 Pad 中的配置文件与实际施工项目相符。工程信息（project-information）文件需要确认项目名称、分裂数等信息是否正确。

（2）设备安装。

1）液压系统连接。将压钳放置在运动模组上，通过液压快接接头将液压油管与压钳连接，安装液压快速接头时必须将快速接头螺纹拧紧至底部，确保液压油路畅通。分体式还需要将液压油管与自动切剥机构进行连接。

2）供电连接。在确认电池供电开关关闭状态下，将电池放入自动压接机电池箱，连接电池和设备供电线；分体式将各设备的控制线与控制箱连接，之后将电源箱与液压站的发电机相连。

（3）通信建立。

1）将运动模组、液压泵站的航空接头连接在电控箱上，确认连接无误后开启总控供电开关。

2）Pad 与自动压接机连接。打开 Pad 上自动压接控制程序，右上角触屏下划，点 Wi—Fi 图标进行无线连接，屏幕指示灯"绿色"，表示 Pad 与压接机已无线连接。

（4）输入压接参数。

1）选择导线型号、压接管类型及压接方式。

2）测量压接管长度、内径、外径等数据，按照 App 程序提示输入。

（5）导线压接。

1）打开压钳，换上与钢管匹配的压模。

2）将导线移入压钳内，导线两端固定在支撑架上。

3）合上压钳，在控制器上操作，移动压钳使压模口与钢管一端齐平。

4）自动压接。定位：提起压接上模，把导线放入压接机内，装入压接上模，合上两端夹持导线模具，按 Pad 操作面板上"左移"或"右移"，使压接机移动，当压接模具端面与钢管端面在左侧齐平时，点击"确认"。在压接过程中应注意：压接的钢管应始终保持在模具的中间位置。点击"开始压接"，压接机自动移模，至钢管全部压接完成。

5）压接完成后，锉掉飞边，用蓝牙连接的数字显示游标卡尺测量对边距，将数据实时录入到控制器中。

6）用控制器对压后的钢管进行拍照。在屏幕上确定输入数值位置，用游标卡尺测量数值，通过无线传输至 PAD。

7）测量完成，点击"生成报告"。

8）点击"保存"，提示保存成功，点击"ok"。

（6）数据上传。全部压接完成后在登录界面点击数据上传则可将压接过程中的质量信息和过程照片发送至平台数据库。通过登录界面进入中国电力科学研究院的压接质量平台可查看每根压接管的过程质量信息。

（7）注意事项。

1）自动压接机所用电池输出电压为220V（分体式为24V），设备上电前应检查电池接头处是否绝缘良好。

2）设备的高电压区应有警示、安全用电标志。

3）操作人员的二道保护应悬挂在地线光缆上。

4）高空作业人员应穿绝缘鞋。

5）进行电源切换的时候，应关闭供电总控（电池供电总控与设备供电总控），再进行接头插拔。

6）高空自动压接作业时应做必要设备防雨措施。

7）安装钳头顶盖时，必须使其与钳体完全吻合，严禁在未旋转到位的状态下压接。

8）切割导线时线头应扎牢，防止线头回弹伤人。

9）高空压接时操作平台内机械设备及材料必须固定牢固，防止脱离伤人及设备损失；操作平台与高空临锚钢绳或导线等连接固定必须可靠，并固定在多根线绳上。

10）高空作业时需对自动压接高空悬挂承载安全系数进行验算。

11）自动压接的接续管和耐张线夹延展较为充分，在剥线时应按要求预留相应的钢芯长度。

5. 应用效果分析

（1）压接质量可靠。自动压接机可有效避免人工压接中容易产生的保压不足、漏压、过压等问题，保障了导线压接施工质量。

（2）降低人员劳动强度。高自动化的操作流程使传统5～8人的导线压接施工可减少到2～3人。

（3）提高质量管理效率。自动压接机的压接质量数字化记录和物联网功能方便了建管单位及时了解施工现场的实际情况。

（4）促进行业技术水平进步。数字化的质量记录有利于科研单位对压接工艺的进一步研究，进而完善行业标准修订，提高行业技术水平。

5.4.2 电动剥线器

1. 装备概述

电动剥线器如图 5.4-3 所示，是架空输电线路架线施工专用手持式导线剥切工具，主要用于对输电线路钢芯铝绞线的外围铝绞线进行切除和剥离。电动剥线器具有操作简单、工作高效、维护方便等特点，适用于 LGJ185/25 型、LGJ1440/120 型钢芯铝绞线，是架线施工导线剥切作业的便携装备。

图 5.4-3 电动剥线器（主机）

2. 装备组成

电动剥线器主要由剥线器主机、外卡箍、内卡套、对切刀片、充电电池等组成。

电动剥线器动力部分采用无刷电机驱动，扭力强劲，搭配 18V、4Ah 大容量锂电池，可以使剥线器超长续航；采用正反转无级变速开关，执行机构动作灵活；主机传输部分及切割部分采用不锈钢及铝合金材料，结构坚固，工作可靠。电动剥线器配套部件说明表见表 5.4-2。

表 5.4-2 电动剥线器配套部件说明表

配件序号	配件名称	备注说明
1	剥线器主机/对切刀片	剥线器主机切剥钢芯铝绞线使用
2	充电器/电池	用于电池充电/装配 1 块，备用 1 块
3	外卡箍	铝绞线在剥线器上压紧及定位
4	D34 内卡套	切剥钢芯铝绞线使用
5	D48 内卡套	切剥钢芯铝绞线使用
6	D30.5 内卡套	切剥钢芯铝绞线使用
7	D27 内卡套	切剥钢芯铝绞线使用
8	D10.4 对切刀片	切剥钢芯铝绞线使用
9	内六方扳手	更换内卡套及对切刀片时使用

电动剥线器如图 5.4-4 所示，主机由开关手柄、换向拨杆、电机风扇、定刀架、动刀架、导向轴、齿轮箱、直柄、电池等组件构成。

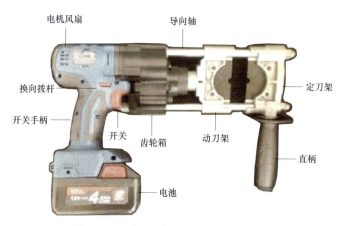

图 5.4－4 电动剥线器主机结构示意图

3. 装备型号

电动剥线器技术参数见表 5.4－3。

表 5.4－3　　　　　　　　　　电动剥线器技术参数表

序号	项目	单位	性能参数
1	额定对切力	kN	25
2	最大对切速度	mm/min	698
3	供电电源	V	DC18
4	总质量	kg	7
5	部分刀片工作的续航次数	次	LGJ400/35 剥线可操作 290 次
			LGJ500/35 剥线可操作 190 次
			LGJ630/45 剥线可操作 130 次
			LGJ1250/100 剥线可操作 50 次

4. 施工要点

（1）根据需要切剥的钢芯铝绞线规格选取符合尺寸的内卡套和对切刀片。

（2）根据需要的剥线长度，将钢芯铝绞线放置在卡套合适位置，卡套安装位置示意图如图 5.4－5 所示，固定好锁紧装置。

（3）将卡箍放置于对切刀片之间，保证卡箍上的定位装置曲面与导向轴、刀片与内卡套紧密贴合。卡箍安装位置示意图如图 5.4－6 所示，刀片安装位置示意图如图 5.4－7 所示。只有保证定位装置曲面与导向轴的紧密贴合、刀片与内卡套的紧密贴合，才能使剥线过程顺利、切剥截面平整、延长刀片使用寿命。

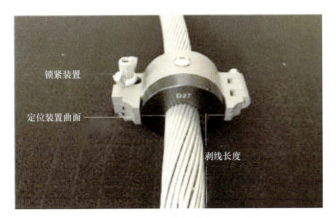

图 5.4－5　卡套安装位置示意图

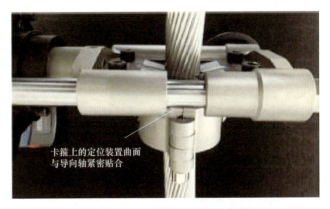

图 5.4－6　卡箍安装位置示意图

图 5.4－7　刀片安装位置示意图

（4）操作中换向拨杆拨动至正转方向，按动手柄开关，动刀架沿导向轴移动对钢芯铝绞线进行切剥，直到电机被缓冲堵转自动停止。

（5）将换向拨杆拨动至反转方向，按动开关，动刀架缩回。

（6）使用前须将导向轴两端安装的四个防松盖形螺母适度拧紧，以防盖形螺母过度松动、脱落以至于整机损坏。

（7）日常使用中应按产品使用要求定期润滑、保养设备。

5. 应用效果分析

（1）操作简单，安全高效。使用电动剥线器剥切导线外层铝股，易于人员掌握操作，相较手工以钢锯切割有着安全可靠、快速高效的特点。

（2）保障导线切割质量。使用电动剥线器剥切导线切口平整、可有效避免伤及导线钢芯，剥线质量有保障。

5.4.3 间隔棒高空运输测量机

1. 装备概述

间隔棒高空运输测量机（简称间隔棒运输机）如图 5.4-8 所示，是一种用于输电线路间隔棒辅助安装的机械化施工装备，按照适用导线分裂数可分为双线和单线间隔棒运输机。下面以双线间隔棒运输机为例进行介绍。

图 5.4-8 间隔棒高空运输测量机

间隔棒运输机以两根分裂子导线作为行驶轨道，以直流蓄电池作为动力源，通过驱动器、直流电机、蜗轮蜗杆减速机，最终驱动行走轮在两根子导线上行走。利用蜗轮蜗杆减速机的自锁性能作为制动装置，确保运输机制动安全可靠。以电子计米器作为距离测量元件，可实时测量行走位移，进而确定间隔棒安装间距。间隔棒运输机采用集成化控制电路，设有自由行走模式和计数行走模式两种工作模式，通过模块化操作控制仪表，预先设置运输测量机行进位移，当行驶到设定位移后，自动停止行走并可靠制动。采用无线遥感控制技术，操作人员可通过无线遥控器控制运输测量机的前进、停止、后退等工作状态。设备配有 1 个前置摄像头，在运输间隔棒过程中可随时观察导线是否有损伤。

间隔棒运输机具备间隔棒高空运输、次档距测量、导线观测等功能。间隔棒运输机结构简单、操作简便，能够有效解决人力高空运输间隔棒存在的劳动强度大、安全风险高等问题，大幅度提升次档距测量精度，提高施工质量。

2. 装备组成

间隔棒运输机如图 5.4－9 所示，主要包含行走机构、驱动系统、测量系统等部分。

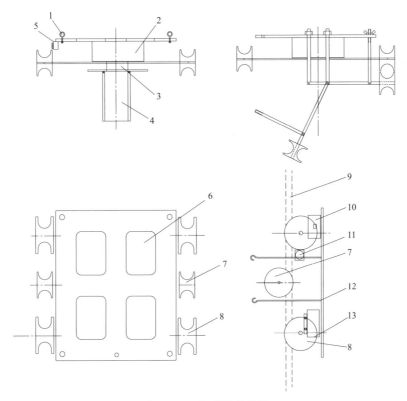

图 5.4－9　间隔棒运输机

1—起吊环；2—48V 直流电源（可拆卸）；3—减速箱；4—无刷调速电机；5—计米器传感总成；

6—减轻孔；7—压紧轮；8—主动轮（轮槽压橡胶）；9—导线；10—电池；

11—计米器传感总成；12—吊重环；13—控制系统及计米器显示器

（1）行走机构。

行走机构主要由 4 个行走轮、2 个压紧轮及传动轴组成。其中行走轮采用内挂胶钢轮，压紧轮采用尼龙轮；运输机机架、传动轴加工有间距调节孔，利用间距调节孔调节间距，以适应不同间距的分裂子导线。应用该运输测量机运输间隔棒时，将 4 个行走轮放在分裂导线最上方两根子导线上，另将 2 个压紧轮从导线下方通过螺纹螺栓将导线压紧。通过行走轮与压紧轮将导线压紧，使装置行走时与导线产生足够滚动摩擦力，同时避免制动时装置与导线打滑。

（2）驱动系统。

驱动系统主要由蓄电池、直流电机及减速器构成。蓄电池作为动力源驱动无刷调速电机转动，无刷调速电机通过法兰带动减速器转动，减速器通过平键结构与行走轮传动轴相连，最终驱动行走轮转动。为保证装置在任何工况下可靠制动，减速器采用蜗轮蜗杆机构，该机构传动比大，传动平稳，且具有良好的自锁性，可兼具刹车功能。

（3）测量系统。

测量系统主要由测量轮、测量传感器及电子计米器组成，测量轮结构轻小，工作时与导线紧密接触并随装置的行走而转动。传感器将测量轮的转动情况传输到电子计米器，电子计米器将传感器的信号转换为位移数字信号。从而实现实时测量装置行走距离的功能，保证间隔棒安装间距测量的准确性。

3. 装备型号

间隔棒运输机主要技术参数包含额定载荷、行驶轮内宽、适用导线截面、适用分裂间距等内容。SSC-JYK-350/70-B 间隔棒运输机主要技术参数见表 5.4-4，SSC-JYK-350/70-B 间隔棒运输机应用参数表见表 5.4-5。

表 5.4-4　　SSC-JYK-350/70-B 间隔棒运输机主要技术参数表

序号	项目名称	项目内容	备注
1	额定载荷（kg）	350	大截面导线设备为 400
2	行驶速度（km/h）	1～2.5	速度可调
3	行走轮内宽（mm）	70	大截面导线设备为 100
4	续航里程（km）	4	
5	外形尺寸 （长×宽×高）（mm）	700×700×500	
6	质量（kg）	46	

序号	项目名称	项目内容	备注
7	电机功率（W）	500	
8	电机最大转速（r/min）	3500	
9	电池电压（V）	48	锂电池
10	电池容量（Ah）	32	
11	电池质量（kg）	12	
12	减速器形式	蜗轮蜗杆	
13	减速比	1:40	
14	操控方式	无线遥控+本机控制	
15	遥控器频率（MHz）	433	
16	最大遥控距离（m）	120	
17	计米器精度	每100m，≤±1cm	
18	待机自锁	蜗轮蜗杆自锁	
19	摄像头数量	1	前置
20	摄像头像素	200	
21	轨道数量	2	$K=1$ 表示单根轨道 $K=2$ 表示两根轨道
22	防护等级	IP22	

表 5.4 – 5　　　SSC – JYK – 350/70 – B 间隔棒运输机应用参数表

序号	项目名称	项目内容	备注
1	适用导线直径*（mm）	23～35	大截面导线设备为36～50
2	适用导线间距*（mm）	400、450、500	大截面导线设备为550、600
3	适用导线接续管直径*（mm）	40～60	
4	使用气温（℃）	−10～50	
5	最大风速（m/s）	8	
6	行走坡度（°）	50	150kg 载荷、1000m 档距下，最大爬坡 60°
7	适用导线分裂数	四分裂及以上	

4. 施工要点

主要包括工作模式选择和操作方法两部分。

（1）工作模式。

1）自由行走模式适用于工作刚开始时，将本装置运输到起始点，此模式下装置无计数功能。

2）计数行走模式适用于测量间隔棒安装次档距的工况，该模式下装置可实时测量行走距离。

（2）操作方法。

1）首先要在地面将设备的四个行走轮与导线横向距离调整到间隔棒两根上导线的距离，同时调整计米传感器的轮子，使其和行走轮凹槽成一线，以保证计米数据准确。在四角的吊环上用小绳将设备起吊到最上面两根导线的中间放下，让四个行走轮槽平稳跨骑在导线上。再把夹紧轮支架抬起；导线夹紧螺杆穿过导线夹紧螺栓孔，用锁紧螺母锁紧。

2）使用机动绞磨整体将一相导线间隔棒起吊至导线下方后，按照右前、左前、左后、右后挂载环顺序，依次循环将每个间隔棒上 ϕ3.5mm 迪尼玛绳连接在挂载环下方的 C 型扣上。

3）在手机上安装专用 App，打开摄像头电源开关和 4G 网络开关，App 扫码绑定摄像头后，在运输间隔棒过程中可随时通过手机观察导线。摄像头自带拓展内存卡，也可在设备使用完成后将视频拷贝到电脑上观看。

4）打开电源开关前确认计米开关处于关闭状态，计米开关在开启状态下打开电源开关则设备开始行走，打开电源开关后在电压电量表上确认电量可用。打开电源开关，使用遥控器让设备走到次档距起始位置，设备行驶距离起始点为计米轮的位置，因此设置第一个次档距时需减去设备长度的一半（0.35m）。

5）按下设置键，调整数字调整键到次档距距离再按复位键（一次设定一个次档距距离），按下计米开关，设备行走至设定距离停止。当操作人员到达设备后，用马克笔在计米轮处画印（间隔棒安装位置）。

6）间隔棒取下顺序为右后、左后、左前、右前挂载环，依次循环。取下一个间隔棒后，设定下一个次档距数值。如果下一个次档距相同直接按下复位键。

7）用遥控器可以控制设备前进或后退，计米时设备只能前进，吊装设备时一定认准设备上的前进标识。

8）次档距的设置：本设备发光管显示定义：小数点前是米、小数点后是分米，示例：按一下设置键，计米器设定图如图 5.4 - 10 所示。

图 5.4-10 计米器设定图

9）此时数字调整键上下均可按下，分米数字管会闪烁，然后按上下键调整到设定数值（在设置工作前计米开关一定要处于关闭状态）。再按设置键则米数字管会闪烁，按上下键调整到设定数值，再按设置键则十米数字管会闪烁，按上下键调整到设定数值，以此类推。

10）遇到接续管时，请用遥控行走到接续管前放开压紧轮，用遥控行走过接续管后再重复前面操作。

（3）注意事项。

1）雷雨、大雪、6 级及大风等天气情况或下班时，应将设备从导线上取下；设备使用完成后及时关闭电源，避光、防潮存放；长期不用时应定期对电池进行充放电。

2）设备在使用过程中发生损坏无法使用时，由于设备为蜗轮蜗杆减速，因此无法依靠人力直接拖动设备在导线上继续行走。应使用迪尼玛绳将设备吊挂在安装于导线上的滑轮下方，运回至铁塔，然后放回地面维修。

3）设备行驶过程中前方 1m 处不应有人或其他障碍物，设备遇到无法通过的障碍物时，电机堵转 3s，工作电流达到 12A，电机自动停机，设备停止运转。移开障碍物重启设备后，方可正常操作。

5. 应用效果分析

在昌吉—古泉 ±1100kV 特高压直流输电线路工程（如图 5.4-11 所示）、榆能横山电厂 1000kV 送出工程（如图 5.4-12 所示）、750kV 陕北换流站送出工程等进行推广应用。

图 5.4－11　昌吉—古泉±1100kV 特高压
直流输电线路工程

图 5.4－12　榆能横山电厂 1000kV
送出工程

（1）安全风险有效压降。间隔棒运输机代替人力进行间隔棒高空运输工作，有效降低了人员劳动强度和安全风险，对于间隔棒质量大、档内导线坡度大、大跨越档等效果显著。

（2）施工质量有效提高。间隔棒运输机的电子计米器代替人工进行次档距测量，提高了次档距测量精度和间隔棒安装质量，减小了施工测量误差。

（3）人工成本有效降低。间隔棒运输机可将特高压工程的 3 名间隔棒安装高空人员减少为 2 人，直接节约单项高空人工费 33%。750kV 工程 2 名间隔棒安装高空人员减少为 1 人，直接节约单项高空人工费 50%。

5.5　应　用　实　例

5.5.1　750kV 架空线路工程

1. 实施条件

某 750kV 线路工程导线采用 6×JL/G1A－400/50 钢芯铝绞线，地线采用两根 OPGW－15－120－2 光缆。沿线总体地形地貌主要为低山丘陵、低中山及河流阶地等地貌单元，海拔位于 1800～3000m 之间。该工程出线段以及平地段有施工便道可利用，山地段交通条件较差。该 750kV 线路工程路径示意图如图 5.5－1 所示。

2. 工程方案

（1）牵张场布置方案。

该工程地处低山丘陵、低中山及河流阶地等地貌单元，阶地地势较为开阔，综合考虑放线效率及导线损伤因素，优先选择距离周边已有道路近、场地修建工作量小、无其他设施影响的塔位附近作为牵张场。根据工程地形、地质、路径特点、沿线地物（树木、电力线）等将工程划分为 10 个放线区段。750kV 线路工程放线区段划分见表 5.5－1。

图 5.5－1　750kV 线路工程路径示意图

表 5.5－1　　　　　　　　750kV 线路工程放线区段划分表

序号	展放区段	展放长度（km）	牵引场尺寸（m）	张力场尺寸（m）	备注
第一区段	J2001（张力场）～J2017 号（牵引场）	7.80	43×40	54×46	
第二区段	J2017（张力场）～J2024 号（牵引场）	5.20	45×41	54×45	跨越 10kV 电力线
第三区段	J2024（张力场）～J2037 号（牵引场）	6.74	47×39	45×41	跨越 10kV 电力线
第四区段	J2037（张力场）～J2059 号（牵引场）	6.35	46×40	54×45	跨越 330、10kV 电力线、县道
第五区段	J2059（张力场）～J2073 号（牵引场）	7.21	44×38	46×40	跨越 330、35、10kV 电力线、乡道
第六区段	J2073（张力场）～J2085 号（牵引场）	6.25	44×40	54×44	跨越 330、10kV 电力线、乡道
第七区段	J2085（张力场）～J2100 号（牵引场）	7.91	44×40	54×46	跨越 330、110、10kV 电力线
第八区段	J2100#（张力场）～#J2112 号（牵引场）	6.21	44×42	53×42	跨越 110、10kV 电力线、高速、省道

续表

序号	展放区段	展放长度 （km）	牵引场尺寸 （m）	张力场尺寸 （m）	备注
第九区段	J2112（张力场）～ J2127 号（牵引场）	7.87	44×42	42×40	跨越 110、35、10kV 电力线、 非电气化铁路
第十区段	J2127（张力场）～ J2139 号（牵引场）	6.41	46×40	55×43	跨越 110、10kV 电力线

（2）机械化施工机械与人员配置。750kV 线路工程架线机械化施工装备配置表见表 5.5－2。

表 5.5－2　　　　750kV 线路工程架线机械化施工装备配置表

施工 过程	跨越 架线 情况	主要施工机械			配置 数量	设备配 置方式	人员配置
		设备名称	型号	主要技术参数			
架线 施工	一般跨越 架线施工	牵引机	SA－QY－250	最大牵引力 250（kN）、 牵引轮槽底直径 960 （mm）	1	自有	1 人/台
		张力机	SA－ZY－2×40	最大张力 2×40（kN）、 张力轮槽底直径 1500 （mm）	3	自有	1 人/台
		牵引机	SA－QY－50	最大牵引力 50（kN）、 牵引轮槽底直径 426 （mm）	1	自有	1 人/台
	"三跨"架 线施工	智能牵引机	SA－QY－250 （集控）	最大牵引力 250（kN）、 牵引轮槽底直径 960 （mm）	1	自有	1 人/套 （牵引场/ 张力场）
		智能张力机	SA－ZY－2×40 （集控）	最大张力 2×40（kN）、 张力轮槽底直径 1500 （mm）	3	自有	
		智能牵引机	SA－QY－50 （集控）	最大牵引力 50（kN）、 牵引轮槽底直径 426 （mm）	1	自有	
		其他架线施 工装备	/	集控室、自组网络、对 讲机、八旋翼无人机等配 套设备	/	自有	/

（3）架线机械化施工组织措施。

该工程架线全面应用智能化、自动控制架线方式。采用遥控八旋翼飞行器进行多段展放初级导引绳，750kV 线路工程智能牵张设备如图 5.5－2 所示，实现牵张设备数字化，牵张设备信息可采集可发送。

图 5.5-2 750kV 线路工程智能牵张设备

采用智能集控可视化张力架线实施方案。通过集控牵引装置，实现智能化混合集控室，它可以自动识别牵、张设备的信号，智能匹配显示界面，即插即用灵活方便，提高了设备使用率，牵张机操作人员配置由原"一机一人"，减少为"多机一人"。

3. 成效分析

（1）安全方面。采用集控智能可视化牵张放线创新工法进行架线。

1）在集控智能可视化操作室内，单人同时操作 2～3 台牵张设备，同步控制不同设备之间的设备启动、停机、转速，可减少操作之间的时间差。操作人员通过远程集中控制设备，远离设备的同时可有效保证操作人员实时掌握准确的牵张机信息，消除驻守设备人员遭遇机械伤人、恶劣环境影响的安全隐患，可有效保证架线作业现场施工安全。

2）在集控智能可视化操作室内可以集中监控牵张设备的运行速度、压力里程等实时数据，系统科学判断牵张装备的运行状态，加强了设备的状态在线判断，提高了设备的运行安全性。

3）放线时，通过安装在每基铁塔上监控设备，可以在集控室内集中监控放线工作状态，减少塔上监控作业人员，从而降低高空作业风险作业点数量，提高架线作业施工安全。

采用输变电工程作业条件危险性评价法（LEC 法）对常规架线施工方法和智能牵张架线方法进行动态安全风险等级评定，量化施工现场安全风险，750kV 线路工程安全风险对照表 5.5-3。

表 5.5－3   750kV 线路工程安全风险对照表

施工内容	动态风险值		风险等级	
	常规架线施工	智能架线施工	常规架线施工	智能架线施工
J2085（张力场）～J2100 号（牵引场）架线施工	220	169	二级	二级
J2024（张力场）～J2037 号（牵引场）架线施工	130	94	三级	三级

由表 5.5－3 可见，在智能牵张架线施工模式下，工程的机械化施工安全动态风险值均低于常规架线施工的安全动态风险值。

（2）经济效益方面。750kV 线路工程经济效益分析表见表 5.5－4。

表 5.5－4   750kV 线路工程经济效益分析表

架线施工人员	施工人数		减少百分比（%）	费用对比				备注
	普通张力放线	智能张力放线		单价（元/工·日）	施工时间（日）	节省费用（元）	共计节省费用（元）	
设备操作手	6	2	66	380	15	22 800	74 100	单回路六分裂导线，展放长度 7.910km（J2085～J2100 号）
塔上护线监控人员	17	8	53	380	15	51 300		
设备操作手	6	2	66	380	13	19 760	59 280	单回路六分裂导线，展放长度 6.737km（J2024～J2037 号）
塔上护线监控人员	15	7	53	380	13	39 520		

根据表 5.5－4 经济效益分析表可明显对比出，采用智能集控牵张设备进行架线施工时：J2085～J2100 号放线段设备操作手可减少 66%，塔上护线监控人员可减少 53%，节省费用 7.41 万元；J2024～J2037 号放线段设备操作手可减少 66%，塔上护线监控人员可减少 53%，节省费用 5.928 万元，该工程共 10 个放线段，两个放线段采用智能集控牵张设备放线总共节省费用 13.338 万元。

5.5.2 500kV 架空线路工程

1. 实施条件

某 500kV 送出工程导线采用 4×JL/LB20A－400/35 型铝包钢芯铝绞线，地线采用两根 OPGW－17－150－2 复合光缆。该工程地貌单元主要为低山丘陵地貌，局部为低丘台地地貌，线路全线海拔为 60～1100m，途经区大多数地段植被发育，主要为桉树林、果园、杂树等，出线段以及平地段有施工便道可利用，交通条件一般，山地段交通条件较差。

2. 工程方案

（1）牵张场布置方案。

该工程地处低山丘陵地貌段，地势较为开阔，综合考虑放线效率及导线损伤因素，优先选择距离周边已有道路近、场地修建工作量小、无其他设施影响的塔位附近作为牵张场。根据工程地形、地质条件、路径特征、沿线障碍物（树木、电力线）等将工程划分为 11 个放线区段。该 500kV 送出工程放线区段划分见表 5.5－5。

表 5.5－5　　　　　　　　　500kV 送出工程放线区段划分表

序号	展放区段	展放长度（km）	牵引场尺寸（m）	张力场尺寸（m）	备注
第一区段	1（张力场）～20 号（牵引场）	7.969	40×30	45×45	/
第二区段	20（牵引场）～37 号（张力场）	7.830	40×30	55×40	跨越 10kV 电力线
第三区段	37（张力场）～49 号（牵引场）	7.130	35×35	55×40	跨越 10kV 电力线
第四区段	50（牵引场）～63 号（张力场）	6.454	40×25	58×40	跨越 110、10kV 电力线、县道
第五区段	63（张力场）～76 号（牵引场）	6.932	38×30	58×40	跨越 35、10kV 电力线、乡道
第六区段	76（牵引场）～86 号（张力场）	3.817	38×30	58×43	跨越 110、10kV 电力线、乡道
第七区段	86（张力场）～103 号（牵引场）	8.041	40×28	58×43	跨越 10kV 电力线
第八区段	103（牵引场）～115 号（张力场）	5.952	40×28	55×35	跨越 10kV 电力线、高速、省道
第九区段	115（张力场）～120 号（牵引场）	1.775	40×24	40×38	跨越 110、35、10kV 电力线
第十区段	120（牵引场）～134 号（张力场）	6.376	40×24	50×35	跨越 110、10kV 电力线
第十一区段	134（张力场）～150 号（牵引场）	7.604	50×35	60×50	跨越 110、35、10kV 电力线

（2）机械化施工机械与人员配置。500kV 送出工程架线机械化施工装备配置表见表 5.5－6。

表 5.5－6　　　　　500kV 送出工程架线机械化施工装备配置表

施工过程	跨越架线情况	主要施工机械			配置数量	设备配置方式	人员配置
		设备名称	型号	主要技术参数			
架线施工	一般跨越架线施工	牵引机	SA－QY－150	最大牵引力 150（kN）、牵引轮槽底直径 700（mm）	1	自有	1人/台
		张力机	SA－ZY－40	最大张力 40（kN）、张力轮槽底直径 1500（mm）	1	自有	1人/台
		张力机	SA－ZY－2×50	最大张力 2×50（kN）、张力轮槽底直径 1500（mm）	2	自有	1人/台
		牵引机	SA－QY－50	最大牵引力 50（kN）、牵引轮槽底直径 426（mm）	1	自有	1人/台
	"三跨"架线施工	智能牵引机	SA－QY－150（集控）	最大牵引力 150（kN）、牵引轮槽底直径 700（mm）	1	自有	1人/套（牵引场）
		智能张力机	SA－ZY－40（集控）	最大张力 40（kN）、张力轮槽底直径 1500（mm）	1	自有	
		智能张力机	SA－ZY－2×50（集控）	最大张力 2×50（kN）、张力轮槽底直径 1500（mm）	2	自有	1人/套（张力场）
		智能牵引机	SA－QY－50（集控）	最大牵引力 50（kN）、牵引轮槽底直径 426（mm）	1	自有	
		其他架线施工装备	/	集控室、自组网络、对讲机等配套设备集控室、自组网络、对讲机、八旋翼无人机等配套设备	/	自有	/

（3）架线机械化施工组织措施。

该工程架线全面应用智能化、自动控制架线方式。采用遥控八旋翼飞行器进行多段展放初级导引绳，500kV 送出工程智能牵张设备如图 5.5－3 所示，实现牵张设备数字化，牵张设备信息可采集可发送。

图 5.5－3　500kV 送出工程智能牵张设备

500kV 送出工程智能集控可视化张力架线监控场景如图 5.5-4 所示，结合"三节点"集控牵引装置，实现智能化混合集控室，它可以自动识别牵、张设备的信号，智能匹配显示界面，即插即用灵活方便，提高了设备使用率，牵张机操作人员配置由原"一机一人"减少为"多机一人"。

图 5.5-4　500kV 送出工程智能集控可视化张力架线监控场景

3. 成效分析

（1）安全成效分析。采用集控智能可视化牵张放线创新工法进行架线。

1）在集控室内，单人同时操作 2～3 台牵张设备，同步控制不同设备之间的设备启动、停机、转速，减少操作之间的时间差。操作人员远程集中控制设备，与设备彻底分离，有效保证操作人员接受信息的及时、准确、清晰，消除操作人员驻守设备时存在的机械伤人、恶劣环境影响的安全隐患，有效保障施工安全。

2）在集控室内可以集中监控牵张设备的运行速度、压力等实时数据，系统判断牵张装备的运行状态，加强了对牵张设备的可靠性判断，提高了设备的运行安全性。

3）在放线阶段，通过安装在每基铁塔上监控设备，在集控室内集中监控放线工作状态。减少信号监控作业工作量，降低风险作业点数量，降低作业风险，提高施工安全。

采用输变电工程作业条件危险性评价法（LEC 法）对常规架线施工方法和智能牵张架线方法进行动态安全风险等级评定，量化施工现场安全风险，工程安全风险对照表见表 5.5-7。

表 5.5-7   500kV 送出工程安全风险对照表

施工内容	动态风险值		风险等级	
	常规架线施工	智能架线施工	常规架线施工	智能架线施工
103~115 号架线施工	240	173	二级	二级
134~150 号架线施工	120	86	三级	三级

由表 5.5-7 可见，在智能牵张架线施工模式下，工程的机械化施工安全动态风险值均低于常规架线施工的安全动态风险值。

（2）经济效益分析。工程经济效益分析表见表 5.5-8。

表 5.5-8   500kV 送出工程经济效益分析表

架线施工人员	施工人数		减少百分比（%）	费用对比				备注
	普通张力放线	智能张力放线		单价（元/工·日）	施工时间（日）	节省费用（元）	共计节省费用（元）	
设备操作手	5	2	60	400	11	13 200	51 700	双回路四分裂导线，展放长度 5.952km（103~115 号）
塔上护线监控人员	13	6	54	500	11	38 500		
设备操作手	5	2	60	400	13	15 600	74 100	双回路四分裂导线，展放长度 7.604km（134~150 号）
塔上护线监控人员	17	8	53	500	13	58 500		

根据表 5.5-8 经济效益分析表可明显对比出，采用智能牵张设备进行架线施工时：103~115 号放线段设备操作手可减少 60%，塔上护线监控人员可减少 54%，节省费用 5.17 万元；134~150 号放线段设备操作手可减少 60%，塔上护线监控人员可减少 53%，节省费用 7.41 万元，该工程共 11 个放线段，2 个放线段采用智能牵张放线总共节省费用 12.58 万元。

5.5.3   330kV 架空线路工程

1. 实施条件

某 330kV 线路工程导线采用 4×JLHA3-425 型中强度铝合金绞线，地线采用两根 OPGW-17-150-5 光缆。线路所经地貌单元主要为黄土丘陵、低中山、低山丘陵、山前缓丘、山前冲洪积平原，局部为山间河谷阶地地貌，海拔为 2020~2900m，该工程出线段、平地段有施工便道可利用，交通条件一般，山地段交通条件较差。

2. 工程方案

（1）牵张场布置方案。

该工程地处黄土丘陵、低中山、低山丘陵、山前缓丘、山前冲洪积平原，局部为山间河谷阶地地貌单元，阶地地势较为开阔，综合考虑放线效率及导线损伤因素，优先选择距离周边已有道路近、场地修建工作量小、无他影响的塔位附近作为牵张场。根据工程地形、地质、路径特点、沿线地物（树木、电力线）等将工程划分为 17 个放线区段。该 330kV 线路工程放线区段划分见表 5.5－9。

表 5.5－9　　　　　　　330kV 线路工程放线区段划分表

序号	展放区段	展放长度（km）	牵引场尺寸（m）	张力场尺寸（m）	备注
第一区段	G1 张力场～G12 牵引场	4.9	35×20	40×20	跨越 10kV 电力线、在建高速铁路
第二区段	G12 张力场～G24 牵引场	5.0	34×22	42×20	跨越 10kV 电力线、110kV 电力线
第三区段	G24 张力场～G36 牵引场	5.1	30×20	40×21	跨越 110、10kV 电力线、县道
第四区段	G36 张力场～G49 牵引场	5.22	32×20	46×24	跨越 110、35、10kV 电力线、乡道、高速
第五区段	G49 张力场～G51 牵引场	5.1	32×20	42×20	跨越 110、10kV 电力线、乡道
第六区段	G51 张力场～G63 牵引场	5.2	34×20	44×22	跨越 110、10kV 电力线
第七区段	G63 张力场～G75 牵引场	5.1	30×20	40×23	跨越 110、10kV 电力线、高速、省道
第八区段	G75 牵引场～G87 张力场	5.1	32×20	46×24	跨越 110、35、10kV 电力线、非电气化铁路
第九区段	G87 张力场～G99 牵引场	5.1	32×20	42×21	跨越 110、10kV 电力线
第十区段	G99 张力场～G111 牵引场	5.0	34×20	44×22	跨越 10kV 电力线
第十一区段	G111 张力场～G123 牵引场	5.1	35×20	44×22	跨越 10kV 电力线
第十二区段	G123 张力场～G135 牵引场	5.2	35×22	44×20	跨越 110、10kV 电力线、县道
第十三区段	G135 张力场～G147 牵引场	5.1	34×22	42×20	跨越 110、35、10kV 电力线、乡道
第十四区段	G147 张力场～G159 牵引场	5.1	30×20	40×20	跨越 110、10kV 电力线、乡道

续表

序号	展放区段	展放长度（km）	牵引场尺寸（m）	张力场尺寸（m）	备注
第十五区段	G159 张力场～G168 牵引场	3.5	32×20	46×24	跨越 110、10kV 电力线
第十六区段	G168 张力场～G175 牵引场	2.8	34×22	42×20	跨越 35、10kV 电力线、高速、省道
第十七区段	G175 张力场～G183 牵引场	2.7	38×22	40×22	跨越 35、10kV 电力线、非电气化铁路

（2）机械化施工机械与人员配置。330kV 线路工程架线机械化施工装备配置表见表 5.5－10。

表 5.5－10　　　　330kV 线路工程架线机械化施工装备配置表

施工过程	跨越架线情况	主要施工机械					人员配置
		设备名称	型号	主要技术参数	配置数量	设备配置方式	人员配置
架线施工	一般跨越架线施工	牵引机	SAQ－180	最大牵引力 180（kN）、牵引轮槽底直径 350（mm）	2	自有	1 人/台
		张力机	SAZ－YE－2×25	最大张力 25（kN）、张力轮槽底直径 1200（mm）	2	自有	1 人/台
	"三跨"架线施工	智能牵引机	SAQ－180（集控）	最大牵引力 180（kN）、牵引轮槽底直径 750（mm）	2	自有	1 人/套（牵引场）
		智能张力机	SAZ－YE－2×25（集控）	最大张力 25（kN）、张力轮槽底直径 1200（mm）	2	自有	1 人/套（张力场）
		其他架线施工装备	/	集控室、自组网络、对讲机、八旋翼无人机等配套设备	/	自有	/

（3）架线机械化施工组织措施。

该工程架线全面应用智能化、自动控制架线方式。采用遥控八旋翼飞行器进行多段展放初级导引绳，330kV 线路工程智能牵张设备如图 5.5－5 所示，实现牵张设备数字化，牵张设备信息可采集可发送。

330kV 线路工程可视化张力架线监控场景如图 5.5－6 所示，通过集控牵引装置，实现智能化混合集控室，它可以自动识别牵、张设备的信号，智能匹配显示界面，即插即用灵活方便，提高了设备使用率，牵张机操作人员配置由原"一机一人"，减少为"多机一人"。

图 5.5－5　330kV 线路工程智能牵张设备

图 5.5－6　330kV 线路工程可视化张力架线监控场景

3. 成效情况

（1）安全成效分析。采用集控智能可视化牵张放线创新工法进行架线。

1）在集控智能可视化操作室内，单人同时操作 2～3 台牵张设备，同步控制不同设备之间的设备启动、停机、转速，可减少操作之间的时间差。操作人员通过远程集中控制设备，远离设备的同时可有效保证操作人员实时掌握准确的牵张机信息，消除驻守设备人员遭遇机械伤人、恶劣环境影响的安全隐患，可有效保证架线作业现场施工安全。

2）在集控智能可视化操作室内可以集中监控牵张设备的运行速度、压力里程等实时数据，系统科学判断牵张装备的运行状态，加强了设备的状态在线判断，提高了设备的运行安全性。

3）放线时，通过安装在每基铁塔上监控设备，可以在集控室内集中监控放线工作状态，减少塔上监控作业人员，从而降低高空作业风险作业点数量，提高架线作业施工安全。

采用输变电工程作业条件危险性评价法（LEC 法）对常规架线施工方法和智能牵张架线方法进行动态安全风险等级评定，量化施工现场安全风险，工程安全风险对照表见表 5.5－11。

表 5.5－11　　　　　　　　　330kV 线路工程安全风险对照表

施工内容	动态风险值		风险等级	
	常规架线施工	智能架线施工	常规架线施工	智能架线施工
G99～G111 架线施工	230	166	三级	三级
G135～G147 架线施工	130	94	二级	二级

由表 5.5－11 可见，在智能牵张架线施工模式下，工程的机械化施工安全动态风险值均低于常规架线施工的安全动态风险值。

（2）经济效益分析。工程经济效益分析表见表 5.5－12。

表 5.5－12　　　　　　　　　330kV 线路工程经济效益分析表

架线施工人员	施工人数		减少百分比（%）	费用对比				备注
	普通张力放线	智能张力放线		单价（元/工·日）	施工时间（日）	节省费用（元）	共计节省费用（元）	
设备操作手	5	2	66	380	9	10 260	30 780	单回路四分裂导线，展放长度 5km（G99 张力场～G111 牵引场）
塔上护线监控人员	12	6	50	380	9	20 520		
设备操作手	5	2	66	380	4	4560	15 200	单回路四分裂导线，展放长度 2.8km（G168 张力场～G175 牵引场）
塔上护线监控人员	13	6	54	380	4	10 640		
设备操作手	4	2	50	380	9	6840	27 360	单回路四分裂导线，展放长度 5.1km（G135 张力场～G147 牵引场）
塔上护线监控人员	12	6	50	380	9	20 520		

根据表 5.5－12 经济效益分析表可明显对比出，采用智能集控牵张设备进行架线施工时：G99 张力场～G111 牵引场放线段设备操作手可减少 66%，塔上护线监控人员可减少 50%，节省费用 3.078 万元；G168 张力场～G175 牵引

场放线段设备操作手可减少 66%，塔上护线监控人员可减少 54%，节省费用 1.52 万元；G135 张力场～G147 牵引场放线段设备操作手可减少 50%，塔上护线监控人员可减少 50%，节省费用 2.736 万元。该工程共 17 个放线段，3 个放线段采用智能集控牵张设备放线总共节省费用 7.334 万元。

5.5.4　220kV 架空线路工程

1. 实施条件

某 220kV 送出工程导线采用 2×JL/LB20A－630/45 型铝包钢芯铝绞线，地线采用两根 OPGW－15－120－3 复合光缆。该工程线路途经区域主要为丘陵地貌，局部有滨海滩涂地貌和冲（坡）洪积平原地貌，背山临海，总体地势西北高东南低，由西北部中山向东南部沿海倾斜，海拔 0～500m，相对高差较小，沿线山体坡度一般 10°～40°，山体起伏较大，沿线主要植被为杂树，出线段以及平地段有施工便道可利用，交通条件一般，山地段交通条件较差。

2. 工程方案

（1）牵张场布置方案。

该工程地处山丘、滩涂及海陆互积平原和内护岸地貌，地形多样且复杂，综合考虑放线效率及导线损伤因素，优先选择距离周边已有道路近、场地修建工作量小、无其他设施影响的塔位附近作为牵张场。根据工程地形、地质条件、路径特征、沿线障碍物（树木、电力线）等将工程划分为 12 个放线区段。该 220kV 送出工程放线区段划分见表 5.5－13。

表 5.5－13　　　　　220kV 送出工程放线区段划分表

序号	展放区段	展放长度（km）	牵引场尺寸（m）	张力场尺寸（m）	备注
第一区段	B1（张力场）～B7 号（牵引场）	2.124	31×13	30×18	全部不允许有压接接头
第二区段	B7（张力场）～B22 号（牵引场）	4.735	35×13	31×13	跨越 10、35kV 电力线
第三区段	B22（张力场）～B25 号（牵引场）	0.737	30×13	35×13	跨越 110kV 电力线
第四区段	B25（张力场）～B39 号（牵引场）	5.437	35×18	35×23	跨越 10、35、220kV 电力线、省道、规划高速
第五区段	B39（牵引场）～B53 号（张力场）	5.290	35×18	40×18	跨越 10kV 电力线、国道、县道

续表

序号	展放区段	展放长度（km）	牵引场尺寸（m）	张力场尺寸（m）	备注
第六区段	B52（张力场）～B67 号（牵引场）	6.055	40×18	30×20	跨越 10、35kV 电力线
第七区段	A1（张力场）～A8 号（牵引场）	2.356	31×13	30×20	全部不允许有压接接头
第八区段	A8（牵引场）～A20 号（张力场）	4.779	28×18	35×18	跨越 10kV 电力线
第九区段	A20（牵引场）～A26 号（张力场）	1.824	35×18	30×23	跨越 110kV 电力线
第十区段	A26（牵引场）～A35 号（张力场）	2.838	30×23	50×30	跨越 10、35kV 电力线、省道
第十一区段	A35（张力场）～A51 号（牵引场）	6.395	30×18	50×30	跨越 10kV 电力线、国道、县道、规划高速
第十二区段	A51（张力场）～A69 号（牵引场）	7.373	30×18	30×18	跨越 10、35kV 电力线

（2）机械化施工机械与人员配置。220kV 送出工程架线机械化施工装备配置表见表 5.5－14。

表 5.5－14　　　　220kV 送出工程架线机械化施工装备配置表

施工过程	跨越架线情况	主要施工机械					人员配置
		设备名称	型号	主要技术参数	配置数量	设备配置方式	
架线施工	一般跨越架线施工	牵引机	SA－QY－80	最大牵引力 80（kN）、牵引轮槽底直径 540（mm）	1	自有	1 人/台
		张力机	SA－ZY－40	最大张力 40（kN）、张力轮槽底直径 1500（mm）	1	自有	1 人/台
		张力机	SA－ZY－2×50	最大张力 2×50（kN）、张力轮槽底直径 1500（mm）	1	自有	1 人/台
		牵引机	SA－QY－50	最大牵引力 50（kN）、牵引轮槽底直径 426（mm）	1	自有	1 人/台
	"三跨"架线施工	智能牵引机	SA－QY－80（集控）	最大牵引力 80（kN）、牵引轮槽底直径 540（mm）	1	自有	1 人（牵引场）
		智能张力机	SA－ZY－40（集控）	最大张力 40（kN）、张力轮槽底直径 1500（mm）	1	自有	

续表

施工过程	跨越架线情况	主要施工机械					人员配置
		设备名称	型号	主要技术参数	配置数量	设备配置方式	
架线施工	"三跨"架线施工	智能张力机	SA-ZY-2×50（集控）	最大张力2×50(kN)、张力轮槽底直径1500（mm）	1	自有	1人（张力场）
		智能牵引机	SA-QY-50（集控）	最大牵引力50(kN)、牵引轮槽底直径426（mm）	1	自有	
		其他架线施工装备	/	集控室、自组网络、对讲机、八旋翼无人机等配套设备	/	自有	/

（3）架线机械化施工组织措施。

该工程架线全面应用智能化、自动控制架线方式。采用遥控八旋翼飞行器进行多段展放初级导引绳，220kV送出工程智能牵张设备如图5.5-7所示，实现牵张设备数字化，牵张设备信息可采集可发送。

图5.5-7 220kV送出工程智能牵张设备

220kV送出工程智能集控可视化张力架线监控场景如图5.5-8所示，结合"三节点"集控牵引装置，实现智能化混合集控室，它可以自动识别牵、张设备的信号，智能匹配显示界面，即插即用灵活方便，提高了设备使用率，牵张机操作人员配置由原"一机一人"减少为"多机一人"。

图 5.5－8　220kV 送出工程智能集控可视化张力架线监控场景

3. 成效情况

（1）安全成效分析。采用集控智能可视化牵张放线创新工法进行架线。

1）在集控智能可视化操作室内，单人同时操作两台牵张设备，同步控制不同设备之间的设备启动、停机、转速，可减少操作之间的时间差。操作人员通过远程集中控制设备，远离设备的同时可有效保证操作人员实时掌握准确的牵张机信息，消除驻守设备人员遭遇机械伤人、恶劣环境影响的安全隐患，可有效保证架线作业现场施工安全。

2）在集控智能可视化操作室内可以集中监控牵张设备的运行速度、压力里程等实时数据，系统科学判断牵张装备的运行状态，加强了设备的状态在线判断，提高了设备的运行安全性。

3）放线时，通过安装在每基铁塔上监控设备，可以在集控室内集中监控放线工作状态，减少塔上监控作业人员，从而降低高空作业风险作业点数量，提高架线作业施工安全。

采用输变电工程作业条件危险性评价法（LEC 法）对常规架线施工方法和智能牵张架线方法进行动态安全风险等级评定，量化施工现场安全风险，220kV 送出工程安全风险对照表见表 5.5－15。

表 5.5－15　　　　　220kV 送出工程安全风险对照表

施工内容	动态风险值		风险等级	
	常规架线施工	智能架线施工	常规架线施工	智能架线施工
A20～A26 号架线施工	240	173	二级	二级
B22～B25 号架线施工	240	173	二级	二级

由表 5.5－15 可见，在智能牵张架线施工模式下，工程的机械化施工安全动态风险值均低于常规架线施工的安全动态风险值。

（2）经济效益分析。220kV 送出工程经济效益分析表见表 5.5－16。

表 5.5－16　　　　　　　　220kV 送出工程经济效益分析表

架线施工人员	施工人数		减少百分比（%）	费用对比				备注
	普通张力放线	智能张力放线		单价（元/工·日）	施工时间（日）	节省费用（元）	共计节省费用（元）	
设备操作手	4	2	50	400	5	4000	16 500	双回路双分裂导线，展放长度 1.824km（A20～A26 号）
塔上护线监控人员	7	2	71	500	5	12 500		
设备操作手	4	2	50	400	3	2400	6900	双回路双分裂导线，展放长度 0.737km（B22～B25 号）
塔上护线监控人员	4	1	75	500	3	4500		

根据表 5.5－16 经济效益分析表可明显对比出，采用智能牵张设备进行架线施工时：A20～A26 号放线段设备操作手可减少 50%，塔上护线监控人员可减少 71%，节省费用 1.65 万元；B22～B25 号放线段设备操作手可减少 50%，塔上护线监控人员可减少 75%，节省费用 0.69 万元，该工程共 12 个放线段，2 个放线段采用智能牵张放线总共节省费用 2.34 万元。

5.5.5　110kV 架空线路工程

1. 实施条件

某 110kV 线路工程导线采用 NRLH60/G1A－240/30 耐热铝合金绞线和 JL/G1A－300/25 钢芯铝绞线，地线采用两根 OPGW－11－70 复合光缆。该工程沿线以山区丘陵、山地、高山地貌为主，海拔为 126～470m，地势起伏较小，途经地段植被发育较好，主要为松树、杉树、毛竹、杂树等树种，林木高度较高，出线段以及平地段有施工便道可利用，交通条件一般，山地段交通条件较差。

2. 工程方案

（1）牵张场布置方案。

该工程地处山地，综合考虑放线效率及导线损伤因素，优先选择距离周边已有道路近、场地修建工作量小、无其他设施影响的塔位附近作为牵张场。根据工程地形、地质条件、路径特征、沿线障碍物（树木、电力线）等将工程划分为 7 个放线区段。该 110kV 线路工程放线区段划分见表 5.5 – 17。

表 5.5 – 17　　　　　　　　　　110kV 线路工程放线区段划分表

序号	展放区段	展放长度（km）	牵引场尺寸（m）	张力场尺寸（m）	备注
第一区段	1（张力场）～13 号（牵引场）	3.773	20×10	25×20	跨越 10kV、公路、高速公路、110kV 电力线
第二区段	13（张力场）～23 号（牵引场）	3.865	20×10	20×20	/
第三区段	23（牵引场）～31 号（张力场）	3.658	20×10	25×20	跨越高速、10kV 电力线、0.4kV 电力线
第四区段	31（张力场）～40 号（牵引场）	2.763	20×10	20×20	10kV 电力线、0.4kV 电力线
第五区段	40（牵引场）～52 号（张力场）	4.123	20×10	25×20	跨越 10kV 电力线、铁路、国道、河道、35kV 电力线
第六区段	52（张力场）～67 号（牵引场）	4.006	20×10	25×20	跨越 10kV 电力线、110kV 电力线
第七区段	67（牵引场）～77 号（张力场）	3.176	20×10	25×20	跨越 10kV 电力线、高速公路

（2）机械化施工机械与人员配置。110kV 线路工程架线机械化施工装备配置表见表 5.5 – 18。

表 5.5 – 18　　　　　　　110kV 线路工程架线机械化施工装备配置表

施工过程	跨越架线情况	主要施工机械			配置数量	设备配置方式	人员配置
		设备名称	型号	主要技术参数			
架线施工	一般跨越架线施工	牵引机	SA – QY – 50	最大牵引力 50（kN）、牵引轮直径 450（mm）	1	自有	1 人/台
		张力机	SA – ZY – 40	最大张力 45（kN）、张力轮直径 1500（mm）	1	自有	1 人/台
	"三跨"架线施工	智能牵引机	SA – QY – 50（集控）	最大牵引力 50（kN）、牵引轮直径 450（mm）	1	自有	1 人（牵引场）
		智能张力机	SA – ZY – 40（集控）	最大张力 45（kN）、张力轮直径 1500（mm）	1	自有	
		其他架线施工装备	/	集控室、自组网络、对讲机、八旋翼无人机等配套设备	/	自有	/

（3）架线机械化施工组织措施。该工程全线采用遥控八旋翼飞行器进行多段展放初级导引绳，重要跨越架线全面应用智能化、自动控制架线方式。110kV线路工程智能牵张设备如图5.5-9所示，实现牵张设备数字化，牵张设备信息可采集可发送。

图5.5-9　110kV线路工程智能牵张设备

110kV线路工程智能集控可视化张力架线监控场景如图5.5-10所示，结合四轮集控牵引装置，实现智能化混合集控室，它可以自动识别牵、张设备的信号，智能匹配显示界面，即插即用灵活方便，提高了设备使用率。

图5.5-10　110kV线路工程智能集控可视化张力架线监控场景

3. 成效情况

（1）安全成效分析。采用集控智能可视化牵张放线创新工法进行架线。

1）在集控智能可视化操作室内，操作人员通过远程集中控制设备，远离设备的同时可有效保证操作人员实时掌握准确的牵张机信息，消除驻守设备人员遭遇机械伤人、恶劣环境影响的安全隐患，可有效保证架线作业现场施工安全。

2）在集控智能可视化操作室内可以集中监控牵张设备的运行速度、压力里程等实时数据，系统科学判断牵张装备的运行状态，加强了设备的状态在线判断，提高了设备的运行安全性。

3）放线时，通过安装在每基铁塔上监控设备，可以在集控室内集中监控放线工作状态，减少塔上监控作业人员，从而降低高空作业风险作业点数量，提高架线作业施工安全。110kV 线路工程安全风险对照表见表 5.5－19。

表 5.5－19　　　　　　　　　　110kV 线路工程安全风险对照表

施工内容	动态风险值		风险等级	
	常规架线施工	智能架线施工	常规架线施工	智能架线施工
23～31 号架线施工	240	173	二级	二级
67～77 号架线施工	240	173	二级	二级

由表 5.5－19 可见，在智能牵张架线施工模式下，工程的机械化施工安全动态风险值均低于常规架线施工的安全动态风险值。

（2）经济效益分析。110kV 线路工程经济效益分析表见表 5.5－20。

表 5.5－20　　　　　　　　　　110kV 线路工程经济效益分析表

架线施工人员	施工人数		减少百分比（%）	费用对比			备注
	普通张力放线	智能张力放线		单价（元/工·日）	施工时间（日）	节省费用（元）	
塔上护线监控人员	9	4	56	500	5	12 500	双回路单分裂导线，展放长度 3.658km（23～31 号）
塔上护线监控人员	11	5	55	500	5	15 000	双回路单分裂导线，展放长度 3.176km（67～77 号）

根据表 5.5－20 经济效益分析表可明显对比出，采用智能牵张设备进行架线施工时：23～31 号塔上护线监控人员可减少 56%，节省费用 1.25 万元；67～77 号放线段塔上护线监控人员可减少 55%，节省费用 1.5 万元，该工程共 7 个放线段，2 个放线段采用智能牵张放线总共节省费用 2.75 万元。

6

物料运输机械化施工

根据机械化施工物料运输和设备进场需求，因地制宜采用铺设钢板、架设栈桥、索道等临时道路修建方案。对于物料运输装备选择，根据工程经验，兼顾当前装备技术水平，结合施工环境及道路条件，优选轻型卡车、履带式运输车、索道、湿地旱船、水陆两用运输车、单（双）轨运输车等运输方式，提高物料运输效率、保障施工人身安全，减少生态环境破坏，体现机械化施工物料运输的经济效益、社会效益和生态效益。

本章主要介绍了典型场景下的临时道路修建和物料运输方案策划，梳理了架空输电线路物料运输的常用施工装备及技术，并通过实际工程案例，详细论述了机械化施工物料运输方案的设计过程，分析了方案实施效果，为物料运输机械化施工提供有益参考。

6.1 技 术 要 点

对于施工进场与运输环节的方案设计，重点在于临时道路修建与物料运输。临时道路修建需要结合道路状况、路面条件及地形条件制订，物料运输方案需要根据地形条件及交通条件制定。

6.1.1 临时道路修建方案

1. 典型场景修建策划方案

输电线路工程设备、材料及施工机具的运输要综合考虑施工全过程机械通行要求。道路条件较好，如路宽 2.5～3.0m、最小转弯半径 15～25m、最大坡度 15°、路基承载力不小于 80kPa，机械通行可以直接利用现有的道路，机械化程度较高，施工效率较高；对于部分道路条件较差，但地形条件较好的塔位，可以利用现有设备进行施工，对原有道路进行加宽、加固处理，使其满足施工机械、材料运输的要求；无施工道路时，如河网、泥沼地形，可以修建临时道路或临时栈桥，便于施工机械通行和材料的运输。临时道路修建主要采用挖掘机、推土机及装载机等，对于部分山地塔位需凿岩机配合。

不同条件组合临时道路修建方案见表 6.1-1。

表 6.1-1 不同条件组合临时道路修建方案

条件组合			临时道路修建方案	备注
道路状况	路面条件	适用地形条件		
有施工道路	路宽、路基承载力满足机械通行要求	平地、河网、泥沼、丘陵、山地、高山大岭	利用已有道路	综合考虑施工全过程机械通行要求，一般路（栈桥）宽 2.5～4.0m，路基承载力≥80kPa
	路宽、路基承载力不满足机械通行要求		道路增宽加固	
无施工道路	/	平地、丘陵、山地、高山大岭	修建临时道路	
		河网、泥沼	修建临时道路或临时栈桥	

目前临时道路修建方案需要根据地形地质和线路周边路网情况，并结合三维设计等技术手段，详细标绘地物及临时道路，形成施工道路路网一览图和道路修建明细表，集成临时道路、拓宽道路、可利用道路及土地权属信息，指导施工道路修建，提高机械化施工效率。图 6.1-1 和表 6.1-2 分别为某新建杆塔机械化施工路网一览图和道路修建明细表，通过高清航片及现场详勘，

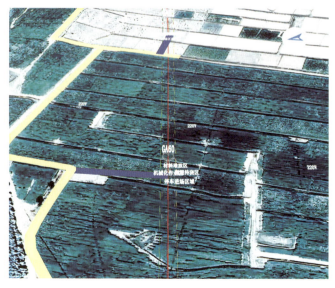

图 6.1-1 某新建杆塔施工路网一览图

表 6.1-2   某新建杆塔道路修建明细表

名称	道路长度 （m）	道路宽度 （m）	道路坡度 （°）	地形	通行条件	道路现状	归属信息
可利用道路	/	15	/	平地	≥3	柏油路	某交通 运输局
需拓宽道路	400	3.5	/	平地	≥3	沙土路	/
临时道路	100	3.5	/	平地	≥3	农田	/

掌握周边路网信息，借助三维设计软件，标记道路属性，测算比选道路修建长度，形成最优临时道路修建方案。

2. 道路修建机械配置

临时道路修建包括道路增宽加固、道路新建。一般采用挖掘机、推土机、装载机或多功能道路修建装备。

（1）挖掘机，主要用于挖掘土壤、泥沙以及松散岩块，平整场地，装卸土石料。根据行走方式的不同，可分为履带式、轮胎式和步履式三种。履带式挖掘机标准斗容 0.25～1.6m³，轮胎式挖掘机标准斗容 0.3～0.86m³，步履式挖掘机标准斗容一般为 0.3m³。

（2）推土机，主要用于推运或清理土方、石渣，平整场地，填沟压实和堆积石料，铲斗容量 2.02～10m³。当土方量大且集中时，应选用大型推土机，土石方量小且分散时应选用中、小型推土机。推土机既能独立工作，又能多台集体作业。

（3）装载机，主要用于装载松散土，短距离（1.3km 以内）运土，剥离表层松软土，平整地面，收集松散材料等。标准斗容量 1.05～1.5m³。可以单独完成装土、运土、卸土各工序。

（4）多功能道路修建装备是具备多种道路施工机械功能的一体化工程机械，一般铲斗容量 1.0m³，挖斗容量 0.2m³。

（5）小型压路机，行走速度 0～2.8km/h，理论爬坡能力 30%，振动作业，压实影响深，效率高，转场方便。

（6）洒水车，罐体容积根据作业台班选择，可有效降低施工扬尘，可在机械化施工不同阶段复用。

临时道路修建装备见表 6.1-3。

表 6.1－3　　　　　　　临 时 道 路 修 建 装 备

机械类型	主要技术参数	人员配置	典型成效	备注
挖掘机	斗容量 0.25～1.6m³	1 人/辆	有效提高临时道路的修建效率和质量	临时道路一般采用多种机械装备配合修建；人员配置还应综合考虑配备现场指挥人员
推土机	铲刀斗容量 2.02～10m³	1 人/辆	推土机既能独立工作，又能多台集体作业，具有操作灵活、转动方便、所需工作面小等优点	
装载机	斗容量 1.05～1.5m³	1 人/辆	作业速度快、效率高、机动性好、操作轻便	
多功能道路修建装备	铲斗容量 1.0m³，挖斗容量 0.2m³	1 人/辆	具有便捷性和经济性等优点	
小型压路机	行走速度 0～2.8km/h，理论爬坡能力 30%	1 人/辆	具有轻便，经济性，提高修路后通行能力	
洒水车	罐体容积 9.5m³	2 人/辆	满足环保施工要求	

6.1.2　物料运输方案

（1）平地。根据道路路面情况、宽度、转弯半径等因素综合考虑运输方案。当有可利用道路（路面宽度、路基承载力、转弯半径满足要求）时，选择轻型卡车运输。

（2）河网、泥沼。此类地基承载力较低，需采用底部承压面积较大的机械运输方案，如湿地旱船、水陆两用运输车等。交通便利的情况下利用既有道路或修建临时道路、临时栈桥，采用轻型卡车运输。

（3）丘陵、山地、高山大岭。一般采用轻型卡车、炮车、履带式运输车、索道运输、直升机和重载无人机运输方式。

轻型卡车运输临时道路宽 2.5～3m，坡度小于 15°；炮车运输临时道路宽 2～2.5m，山地坡度不应超过 30°；履带式运输车运输临时道路宽 2～3m，坡度小于 35°，并间隔一定距离设置会车平台。路基一般要求边填筑边夯实，夯实应采用压路机或重型机械，对大块石要求破碎，保证路基回填压实，路面铺设 100mm 厚度的素土或碎石垫层和厚度 10mm 以上的钢板。

索道运输可随坡就势架设，不需要开挖大量的土石方，对地形、地貌及自然环境的破坏小，特别适用于无道路及植被茂密的陡峭高山地区的施工物料运输。采用索道运输时，规划设计阶段，需考虑中间支架占地范围内林木砍伐等，并根据塔材的最大单件运输质量合理选配索道级别，塔材最大单件设计长度不宜超过 9m。

直升机和重载无人机物料吊运适用于常规运输装备无法达到的特殊、复杂地形，如高原、高山大岭地区。该运输方式对自然环境的破坏较小，小型施工器具、铁塔杆件等施工物料可完成空中运送，节省人力物力。直升机运输单次吊运质量 3.0～4.5t，功效高，但应最大限度发挥直升机物料运输效率，实现单次运输物料最大化，降低直升机作业成本。重载无人机载重不宜超过 400kg，可兼作高空架线无人机，充分发挥其作用。

不同条件组合下物料运输方案见表 6.1－4。

表 6.1－4 不同条件组合下物料运输方案

条件组合		物料运输方案	备注
地形条件	交通条件		
平地	有可利用道路	轻型卡车	路面平整
	无可利用道路	履带式运输车	道路不平存在沟壑
河网、泥沼	便利	轻型卡车	路面平整
	不便	湿地旱船	
		水陆两用运输车	/
		沼泽钢轮车	
丘陵、山地、高山大岭	便利	轻型卡车	路面坡度小于 15°
		履带式运输车	路面坡度小于 35°
	不便	索道运输	额定载质量 2～6t，单跨使用最大跨距 1000m，多跨使用最大跨距 600m
		直升机	单次吊运质量 3.0～4.5t
		重载无人机	有效载重 50～350kg，最大飞行海拔 6000m
		单轨式运输车	爬坡角度＜45°～50°、载重 0.4～1.5t
		双轨式运输车	爬坡角度＜40°、载重 2～3t

道路及运输方式装备配置包括临时道路修建装备与运输方式配置。临时道路修建装备应根据不同机械类型合理选配；运输方式配置应根据道路通行条件、地形条件的不同合理选配机械。

6.2　索道（轨道）运输技术

6.2.1　专用货运索道

1. 装备概述

输电线路专用货运索道（简称货运索道）如图 6.2-1 所示，是一种用于输电线路工程物料运输的临时性机械化施工装备，依靠工作索及相关结构，实现承重、起重、输送和卸重等功能。货运索道结构简单、操作简便、适用性强、工效高、受天气及外部环境影响小，能有效解决物料的山地运输问题，大大减少青赔、筑路费用，缩短工期，保护环境，是山区物料运输的重要装备。

图 6.2-1　货运索道

2. 装备组成

货运索道由工作索、支架、货车、驱动装置、地锚、转向滑车等组成。

（1）工作索包括承载索、返空索、牵引索。承载索主要承担物料的重力，牵引索拖拽货车沿承载索（或返空索）行进，承载索、返空索与牵引索配合实现货车的循环运动。工作索都应进行严格的校核计算，满足施工现场要求。

（2）支架的主要作用是支承工作索到设计高度，保证货车安全通过。支架由支腿、横梁、鞍座等组成，如图 6.2-2 所示。

（3）货车主要由含带夹索器的运行小车、料桶等组成，砂、石等散装骨料可采用桶装容器，基础钢筋、塔材等细长件材料需要打捆后多吊点固定运输。

（4）驱动装置是通过牵引索带动运行小车的动力源，一般使用专用索道牵引机。

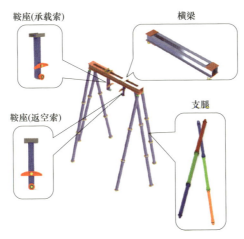

图 6.2－2 货运索道支架结构组成

（5）地锚主要通过拉线与工作索、支架、转向滑车及驱动装置等部件连接，实现相应部件的锚固作用，一般采用埋入式的船型地锚。

（6）转向滑车用于牵引索的转向，槽底直径与牵引索直径的比值不得小于 15，且牵引索在导向轮上的包络角不宜大于 90°。

3. 装备型号

货运索道从载质量上可分为轻型索道（载荷 2t 以下）、中型索道（载荷 2～4t）、重型索道（载荷 4～6t）及超重型索道（6t 以上）。

货运索道按架设方式可以分为循环式和往复式两种类型；按照承载索数量，又可以分为单承载索、双承载索、四承载索货运索道等（简称为单索、双索、四索索道，双索、四索索道又可称为多索索道）。仅包括起始端及终端 2 个支架的索道称为单跨索道，包括 2 个以上支架的称为多跨索道。

目前国内输电线路领域中主要采用轻型多跨单承载索循环式索道，最大载重一般在 2t 及以下。此种索道能满足大部分线路铁塔塔材及相关物料的运输。货运索道主要技术参数见表 6.2－1。

表 6.2－1　　　　　　　　货运索道主要技术参数

参数	轻型索道	中型索道	重型索道
额定载质量（t）	≤2	2～4	4～6
承载索直径（mm）	≥18	≥24（单承载索） ≥18（多承载索）	≥18
承载索安全系数	≥2.6	≥2.6（单承载索） ≥3.4（多承载索）	≥2.6（单承载索） ≥3.4（多承载索）

续表

参数	轻型索道	中型索道	重型索道
牵引索安全系数	≥4.5	≥4.5	≥4.5
横梁安全系数	≥2.5	≥2.5	≥2.5
鞍座、地锚安全系数	≥2.5	≥2.5（单承载索） ≥3.3（多承载索）	≥2.5（单承载索） ≥3.3（多承载索）
支腿、运行小车安全系数	≥3	≥3	≥3
单跨使用最大跨距（m）	1000	1000	1000
单跨最大高差角（°）	50	50	50
多跨使用最大跨距（m）	600	600	600
多跨最大高差角（°）	50	50	30

4. 施工要点

货运索道施工包括路径规划、场地准备、安装架设、物料运输、拆除等过程。

（1）路径规划。索道架设路径规划是指确定货运索道上料点（装料场）、下料点（卸料场）及支架位置的工作。人工路径规划主要包括现场初勘、规划方案、终勘选线、路径审定等。自动化路径规划基于地理信息系统，通过算法获得支架布置信息，可大幅减少人力和经济成本，提高货运索道路径规划效率。基于地理信息系统的路径规划示意图如图 6.2-3 所示。

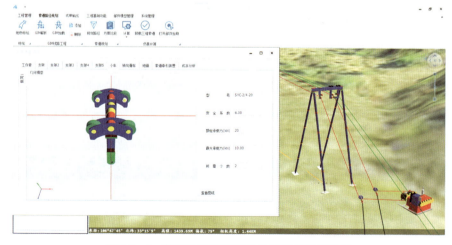

图 6.2-3　基于地理信息系统的路径规划示意图

（2）场地准备。根据不同索道运输方式的平面布置及车辆运输路线，确定场地平整的范围，一般索道装、卸料场的布置如图 6.2－4 所示。

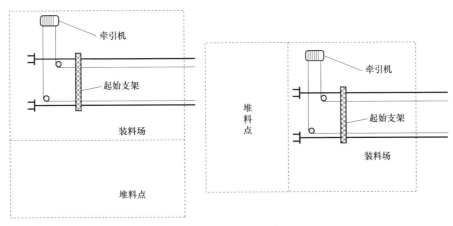

图 6.2－4　装、卸料场布置图

（3）安装架设。

1）支架安装。

a. 在地面将支腿连接到需要的高度，支架高度在 3.0m 以下时一般采用人力组立，高度超过 3.0m 的支架利用抱杆进行组装。支腿应安放在平整、坚实的地面上，组装过程中应用拉线临时固定，防止支架倾倒。

b. 支腿组立好后，进行横梁安装。安装过程中应确保各部件连接牢固、可靠。

c. 支架拉线对地夹角不应大于 45°，用紧线器将拉线调紧，两侧拉线拉力应相等。

d. 货运索道设计时，应统一明确每条索道的鞍座的方向，防止鞍座方向混乱，造成运行小车方向不统一，留下事故隐患。

2）工作索的展放与架设。

a. 牵引索的展放可以分为人力展放或飞行器展放轻质引绳再逐级过渡为牵引索。一般在植被较差，地形起伏较小，不跨越江河深沟的情况下，$\phi 9 \sim \phi 13mm$ 的钢丝绳可利用人力直接展放。其他情况应尽量采用飞行器沿索道通道展放牵引索。

b. 牵引索展放后将两个绳头插接或编接成循环牵引索。通过索道牵引机借用牵引索将返空索牵引过去，返空索展放示意图如图 6.2－5 所示。

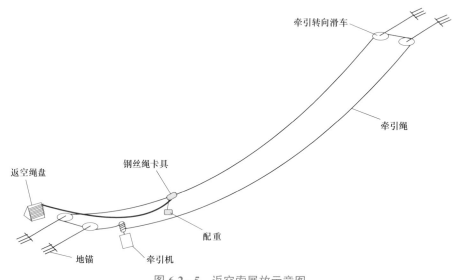

图 6.2-5 返空索展放示意图

c. 返空索安装好后，返空索和牵引索就已经构成一个简易的索道，就可以将运行小车挂在返空索上，在运行小车上挂上承载索，通过牵引索把承载索牵引到终端，在各支架处将其置于鞍座上。

d. 索道承载索架设完毕后，必须对它的张力进行检查，以测定其张力是否达到设计要求，目前常用测定方法有拉力表直接测试法和振动波法。

（4）物料运输。货运索道的运输过程主要包括：物料装卸、机械操作、通信联络等。不同类型的物料应选择不同的器具固定，如基础砂、石、水泥等散装骨料一般采用料桶来运输，基础钢筋及铁塔塔件一般采用打捆固定运输，玻璃（瓷）绝缘子一般不拆除原包装直接运输，合成绝缘子等细长易折材料一般采用带包装加补强后运输，金具材料一般采用组装成串多挂点运输。

（5）拆除。

1）索道拆除应按从终端到始端、从高处向低处的原则。

2）拆除工作索时，应先放松承载索和牵引索，采用驱动装置将绳索牵引至线盘，再将牵引索编接接头牵引至驱动装置附近。在放松张力后，在牵引索接头处切断后再采用驱动装置牵引至线盘。拆除绳索时，不应在不松张力的情况下，将绳索直接剪断。在山坡上拆除绳索时，应采取措施防止绳索滑落。

3）拆除支架宜采用如下顺序：检查支架拉线是否牢固和稳定，有松弛现象应调紧；拆除支架上的索道附件；拆除支架横梁；用大绳或拉线将支架立柱逐个缓慢放倒。

（6）注意事项。

1）索道装料场应方便材料和设备进场，卸料场宜靠近主要作业点。

2）索道纵向断面不应有突变的折曲或过多的起伏。工作索不得上扬。

3）支架应遵循少、低、均匀布置的原则，尽量利用山岗等凸起点，保证货物距地面不小于 1m，并与被跨越物有足够的安全距离。

4）索道支架尽量降低，中间支架高度一般控制在 3～6m，始终端支架高度应方便装卸货车。

5）索道支架应采取可靠的防倾倒、防沉降、防滑措施。

6）循环式索道的最高运行速度不宜超过 60m/min。

7）地锚坑的回填土必须分层夯实，回填高度应高出原地面 200mm，表面应做好防水措施。

5. 应用效果分析

（1）货运索道地形适应能力强。架空索道跨越山川、河流及各种地障，在道路修筑难度大和长重件运输情况下优势更加明显。

（2）环境影响较小。索道架设不需大量开挖土石方，对原始植被、地形、地貌破坏小，建设造成环境破坏可修复。

（3）经济效益好。索道线路长度通常仅为公路的 1/4～1/10，占地少，大大减少了树木砍伐数量和植被破坏面积，更有利于环境保护，促进了环境友好型工程建设，且索道建设难度小、成本低，可重复利用。

6.2.2 专用索道牵引机

1. 装备概述

专用索道牵引机如图 6.2－6 所示，是货运索道牵引物料的机械设备，主要采用柴油机作为动力源，通过带动牵引索运动实现物料运输。索道牵引机结构简单、使用可靠，便于野外施工及维护。

2. 装备组成

专用索道牵引机包括机械式牵

图 6.2－6 专用索道牵引机

引机和遥控式牵引机。

　　目前常用的机械式索道牵引机主要包括发动机、变速箱、卷筒等，机械式索道牵引机结构示意图如图 6.2－7 所示。

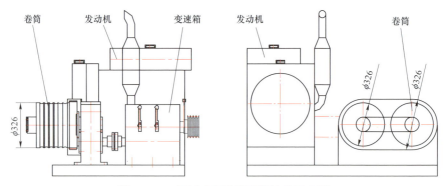

图 6.2－7　机械式索道牵引机结构示意图

　　遥控式索道牵引机采用远程气动控制，实现挡位自动变换，保证人员作业安全。遥控式索道牵引机的柴油发动机与气泵相连，由气泵产生气源，将气存储在储气罐中，通过气泵提供气源到气控总成，由电磁阀分别控制分离气缸、换挡气缸、正反转气缸和锁止气缸，实现电控气动分离，控制前进挡和正反转挡自动变换。遥控式索道牵引机结构组成如图 6.2－8 所示。

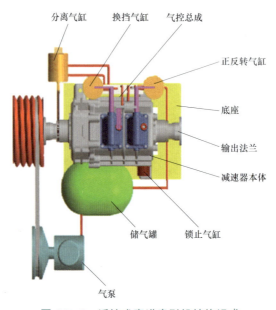

图 6.2－8　遥控式索道牵引机结构组成

3. 装备型号

（1）常用机械式索道牵引机主要技术参数见表 6.2-2。

表 6.2-2　　　　　　　常用机械式索道牵引机主要技术参数

项目	参数	项目	参数
牵引卷筒槽底直径（mm）	320	最大钢丝绳直径（mm）	20
额定牵引力（kN）	40	质量（kg）	1135
挡位 1 牵引力（kN）	42.5	挡位 1 牵引速度（m/min）	16
挡位 2 牵引力（kN）	40	挡位 2 牵引速度（m/min）	28
挡位 3 牵引力（kN）	21	挡位 3 牵引速度（m/min）	53
发动机功率（kW）	30	发动机额定转速（r/min）	2200

（2）遥控式索道牵引机主要技术参数见表 6.2-3。

表 6.2-3　　　　　　　遥控式索道牵引机主要技术参数

项目	参数	项目	参数
牵引卷筒槽底直径（mm）	330	最大钢丝绳直径（mm）	22
额定牵引力（kN）	49	质量（kg）	1200
挡位 1 牵引力（kN）	51.4	挡位 1 牵引速度（m/min）	15
挡位 2 牵引力（kN）	49	挡位 2 牵引速度（m/min）	25
挡位 3 牵引力（kN）	24	挡位 3 牵引速度（m/min）	60
发动机功率（kW）	20	发动机额定转速（r/min）	2000

4. 施工要点

（1）索道牵引机应布置在平坦扬地，操作人员视线畅通，索道牵引机摆放平稳、锚固可靠。

（2）发动机启动前检查机油和燃油是否达到使用要求，变速箱操作手柄置于空挡位置，启动后必须空载运行 3min，再带载运行。

（3）牵引索从里到外、由下往上，顺时针方向缠绕 6~7 圈。

（4）严禁带载时高速启动运行，需按铭牌上挡位标准的牵引力及速度合理使用，严禁超载使用，避免因超载发生人身伤害。

（5）卷筒与减速箱中间裸露齿轮每天须加注黄油 30～50g。

（6）按要求做好设备保养，并做好过夜防护。

（7）遥控式索道牵引机操作板如图 6.2－9 所示，操作时需要等待气泵对气源充气 3～5min，设备开始工作时将锁止开关拨到"开"，根据正转需求将正反转开关拨到"正"或"反"，分离开关拨到"分"，即可推动换挡手球根据挡位进行换挡，换挡完成后，将分离开关拨回"合"的位置；设备停止工作时将分离开关拨到"分"，换挡手球回到空挡，锁止开关拨回"关"，分离开关拨回"合"的位置。

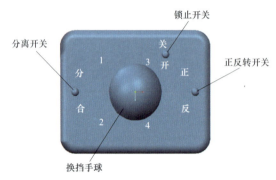

图 6.2－9　遥控式索道牵引机操作要点

5. 应用效果分析

（1）遥控式索道牵引机具备气动和机械刹车功能，有效提高刹车的安全可靠性，可通过远程操作完成挡位自动变换，可避免操作人员直接接触机械设备。

（2）遥控式索道牵引机采用变速器一体化设计，机构紧凑，可提升使用扭矩，有效提高传动效率，同时便于使用维修。

6.2.3　轨道式运输车

1. 装备概述

轨道式运输车是一种用于输电线路工程物料运输的临时

性机械化施工装备，依靠汽油机为动力带动载物货箱在架设好的轨道上慢速行驶以实现物料运输。轨道式运输车按轨道型式，可分为单轨式运输车和双轨式运输车两大类，单轨式运输车（轻型）如图 6.2－10 所示，单轨式运输车（重型）如图 6.2－11 所示，双轨式运输车（重型）如图 6.2－12 所示。

山地双轨式
运输车视频

图 6.2－10　单轨式运输车（轻型）

图 6.2－11　单轨式运输车（重型）

图 6.2－12　双轨式运输车（重型）

轨道式运输车具有结构简单、操作维保简便、地形适用性强、工效高、安全性高、绿色环保、受天气及外部环境影响小等优点，能有效解决不允许砍伐植被、无路可通且不具备修路条件工况下的物料运输问题，大大减少青赔、筑路费用，缩短工期，保护环境，是山区物料运输的重要装备。

2. 装备组成

轨道式运输车主要由机头、载物货箱、轨道三大部分组成，单轨式运输车部件示意图如图 6.2 – 13 所示，双轨式运输车结构及主要操纵机构布置图如图 6.2 – 14 所示，双轨式运输车机头部件示意图如图 6.2 – 15 所示。

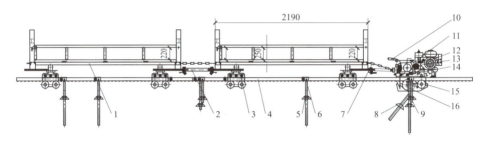

图 6.2 – 13　单轨式运输车部件示意图

1—拖台；2—连杆；3—行走轮；4—轨道；5—止尘盘；6—上支撑座；7—保险链条；

8—斜拉支撑；9—立柱支撑；10—操作把手；11—变速箱；12—发动机；

13—制动器；14—机架；15—导向轮；16—驱动轮

图 6.2 – 14　双轨式运输车结构及主要操纵机构布置图

1—变速器；2—换向手柄；3—连接杆；4—运行轨道；5—载物货箱

图 6.2－15 双轨式运输车机头部件示意图
1—制动手柄；2—启动拉绳；3—汽油机；4—驱动滚轮；5—电门开关

单轨式运输车的机头、载物货箱骑跨在一条带有齿条的固定式主轨道上行驶。双轨式运输车是在单轨式运输车的基础上，增加第二条不带齿条的并行承载副轨道，增强其稳定性、安全性，载物货箱亦适当向副轨道一侧错位。

轨道固定铺设在坡地上，并可向任意方向延伸，终端设有自动停车装置，可定点停车。轨道式运输车设有自动限速器以控制车速，当下坡速度达到常速的 1.2 倍时限速器自动起限速作用。

机头为动力输出部件，主要由汽油机、机架、减速箱、驱动轮、导向轮、行走轮、限速机构、制动机构组成。

载物货箱为运输部件，用于装载物料，底部为行走轮组。

轨道由方钢管制成，轨道节之间的连接采用方管内套小方管的方式，方管下方焊接实心齿条以实现齿条传动，机头带动载物货箱在轨道上行走。轨道通过钢管支撑座固定在地面上，双轨型轨道的支撑座之间采取连杆连接的方式强化其整体稳固性。

3. 装备型号

目前在用轨道式运输车可分为三种机型，轨道式运输车技术参数见表 6.2－4。

表 6.2－4　　　　　　　　　　　　　轨道式运输车技术参数

型号规格	型式	额定载荷（kg）	最大运行速度（km/h）	最大爬坡度（°）	最小转弯半径（m）	齿条型式
ZC－3GBYD－400（轻型）	单轨	400	1.4	50	6	空心
WYS－DG－1500（重型）	单轨	1500	1.8	45	6	实心
WYS－SG－1500（重型）	双轨	1500	1.8	45	6	实心

4. 施工要点

（1）现场勘查及准备。施工作业前，现场负责人与轨道式运输车安装人员到施工现场勘查。勘查内容包括地形地貌、地质状况、运输路径、运输距离、材料装卸地点等相关信息，了解运输物料的类型及质量。上下料场的选择应便于货车与轨道式运输车装卸作业。运输路径应尽可能选取较短路线以节约成本，与电力线、通信线保持安全距离；同时应兼顾轨道安装人员的可操作性和安全性，减少安装工作量；坡度亦不可超过轨道车最大爬坡度，轨道曲率半径不应过小从而导致所运最长塔材两端触及轨道、地面或山体。

（2）轨道铺设。轨道铺设过程中应清除可能干涉车体、长塔材等大件物料通过的障碍物，包括地表或山体上突起的石块、土堆、绿植等。轨道架设应牢固可靠，起伏度应尽可能平缓。

轨道采用单节长度为 6m 的方形钢管首尾嵌套对接成型，主轨道下部焊有起传动作用的实心齿条。轨道安装基本沿地面平行布置，离地高度尽可能低，轨道弯度由安装人员根据地貌通过操作调弯机控制。对于双轨型轨道，主轨道与副轨道应平行且尽量等高，铺设过程中需对两列轨道进行找平作业。

轨道通过钢管支撑座固定在地面上，支承座间距常为 1.5m，垂直支承柱和倾斜支承柱应打入土壤至坚实地层。垂直支承柱应与地面垂直；倾斜支承柱与垂直支承柱之间的夹角在保证机头和载物货箱能够通过的前提下应尽可能大。

（3）设备安装。安装时需将机头和载物货箱抬放在轨道上，将其下方的滚轮穿过轨道后缓慢推进轨道，直至其完全就位在轨道上。机头与载物货箱之间的连杆用螺栓紧固，并用锁链连接以进行二道保护。

（4）运输作业。汽油机正常工作后，将换向手柄往右拨，制动手柄拉到垂直状态，运输车前进；将换向手柄往左拨，制动手柄拉到垂直状态，运输车后退。轨道式运输车为无人操作设备，需要停机的位置装设有制动手柄控制杆，运输车经过时，制动手柄控制杆自动将制动手柄拨至制动状态，运输车自动停车。

（5）安全注意事项。

1）轨道式运输车装载质量应在额定载荷范围内，严禁超载使用；

2）轨道式运输车载物货箱严禁载人；

3）轨道式运输车运行时，运输车后方及轨道两侧 1.5m 范围内严禁站人、行走或作业，以防运输车飞车、脱轨造成人身伤害；

4）物料应均匀分布于载物货箱内，以确保重心稳定；

5）大件物料在运输前应绑扎牢固、可靠；

6）针对塔材运输，单轨式运输车仅适用于运输长度小于载物货箱长度的短塔材，并应均匀放置于载物货箱内。双轨式运输车可用于长重塔材、抱杆节等大件物料运输，并应均匀放置于载物货箱上的斜撑架上，且绑扎牢固。

5. 应用效果分析

（1）环保效益好。轨道式运输车铺设轨道过程中不必修筑地基，可在岩石、松软土地、沙石地等地形下架设轨道，对地表土层破坏小；运行过程中噪声小、尾气排放少，对周围环境影响小；车身狭窄，运输通道对植被、经济作物的砍伐量小，有效保护环境、减少青赔费用、便于工程协调。

（2）安全性能高。轨道式运输车运行高度一般不高于 1m，重心低，安全性能好。轨道起点和终点设置了制动手柄控制杆，运输车驶达目的地后能自动停车，无须人工跟随操纵，有效保障了作业人员安全。

（3）运输成本低。轨道式运输车的轨道可通过调弯机调整以适用各种坡度基面，可多次调直调弯，便于装拆，可重复利用。运输车在正确维护保养前提下可长期使用，并根据现场需要在多个轨道间调配，装备利用率高。运输车维护保养简便、经济，无须专职操作手，节省人工。

（4）道路通行性好。单轨式运输车的车身最宽处仅 0.6m，而双轨式运输车的车身最宽处仅 1m，能在最大 45°陡坡上运行，可在各种复杂地形狭窄空间穿行，特别适用于青赔费用高、不允许修筑便道的经济作物地区。轨道式运输车不适用于高低起伏极大的地形以及沿海滩涂、沼泽地、河网等。

轻型单轨式运输车在福建 500kV 周宁抽蓄工程中得到应用，如图 6.2 - 16 所示；重型单轨式运输车在福建晴川核电—榕城特双回 500kV 开断接入棠园变工程中得到应用，如图 6.2－17 所示。

图 6.2－16 应用在福建 500kV 周宁抽蓄工程的轻型单轨式运输车

图 6.2－17 重型单轨式运输车在福建 500kV 棠园工程中的现场观摩

6.2.4 电动双轨运输车

1. 装备概述

电动双轨运输车如图 6.2－18 所示，是一种用于输电线路工程临时性运输物料的机械化施工装备，依靠轨道模块、支架模块、轨道车，实现山地物料的运输，装备的辅助设备可采用小型起重模块组件等实现物料的起重和卸重等作业。运输车及辅助模块结构简单、操作简便、适用性强、工效高、受天气及外部环境影响小，能有效解决物料的山地运输问题，并大大减少青赔、筑路费用，缩短工期，保护环境，是山区物料运输的重要装备。

图 6.2-18　电动双轨运输车运输作业图

2. 装备组成

电动双轨运输车主要由牵引车、货斗、货架、支撑组件、轨道、电控系统等组成，结构示意图见图 6.2-19、图 6.2-20。

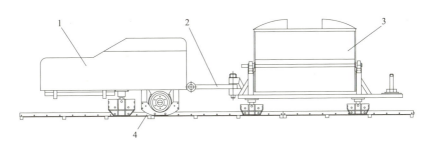

图 6.2-19　电动双轨运输车结构示意图（带货斗）

1—牵引车；2—连杆；3—货斗；4—轨道

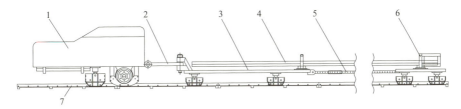

图 6.2-20　电动双轨运输车结构示意图（带货架）

1—牵引车；2—连杆；3—底架；4—型材；5—可伸缩连杆；6—货架；7—轨道

（1）牵引车主要由机架、电动机、前桥、变速箱、电池、电控箱、逆变器、驱动轮系、行走轮系、制动机构等组成如图 6.2-21 及表 6.2-5 所示。

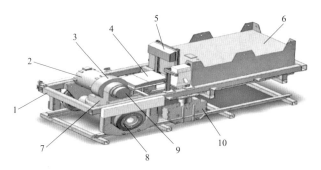

图 6.2－21　牵引机主要结构示意图

1—机架；2—电动机；3—变速箱；4—逆变器；5—电控箱；6—电池；

7—前桥；8—驱动轮系；9—制动机构；10—行走轮系

表 6.2－5　　　　　　　　　　牵引车主要零部件明细表

序号	名称	功能说明
1	机架	由各种型材焊接而成，安装、连接其他所有零部件
2	电动机	采用三相交流电流互感器频电机，功率大，扭矩强，控制方便。主要作用是驱动运输车工作
3	前桥	是传递动力，将动力一分为二，保持转向时左右动力差速化
4	变速箱	采用齿轮传动，传递扭矩大、以提高使用寿命
5	电池	采用 560A·h 的锂电池，保证运行时间
6	电控箱	主要作用是控制运输车的运行、停止动作
7	逆变器	其主要作用是将电池输出的直流电转变成三相交流电，提供给三相交流电动机使用，驱动电动机工作
8	驱动轮系	驱动轮系主要由驱动轮与防脱机构组成。其主要作用是驱动行走功能和防脱轨、防倾覆功能
9	行走轮系	行走轮系主要支重轮、防脱轮及连接座等组成。其主要作用是支承质量、防止车辆脱轨与倾覆
10	制动机构	采用电磁失电制动器，失电自动抱死，实现断电自动制动，其主要作用是保证运输车运行安全

（2）货斗主要由行走轮系、平台、货斗架、料斗、齿轮箱、电机等组成。其工作原理是由电机驱动齿轮箱，齿轮箱带动料斗在货斗架上左右转动，料斗可实现左右 180°自由转动，实现自动卸料功能。其主要结构示意图如图 6.2－22 所示。

（3）货架主要由行走轮系、平台、货架、可伸缩连杆等组成。其工作原理是由平台和货架组成一组支承结构，中间用可伸缩连杆连接，通过调节可伸缩连杆的长度，能实现运输不同长度型材的功能。

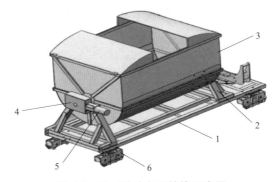

图 6.2－22   料斗主要结构示意图
1—平台；2—货斗底架；3—翻斗；4—齿轮箱；5—电机；6—行走轮系

（4）支撑组件包含上支承座、下支承座、镀锌钢管、万向螺栓、防沉角铁等组成。其主要作用是支撑轨道和与地面的连接固定。

（5）轨道为双轨轨道，分为直轨道和弯轨道。其主要结构包括齿条、角钢、方管。

（6）电控系统主要由电池、中控器、逆变器、驱动器、操作面板、电动机等组成。

3. 装备型号

电动双轨运输车是一种以锂电池为动力带动电动机驱动牵引车及货斗和货架，在架设好的双轨轨道上慢速行驶的运输装置，牵引车、货斗和货架行走装置均由支重轮和防脱轮以上下嵌合在轨道上的方式运动，运行平稳可靠。其主要技术参数包括：最大载重可达 2000kg，最大运行坡度 40°，最小转弯半径 8m，最大行驶速度 50m/min，最长可运输 12m 的型材，电动双轨运输车主要技术参数详见表 6.2－6。

表 6.2－6   电动双轨运输车主要技术参数

结构	项目	参数
性能参数	型号	WYS－DTSG－20－A
	驱动型式	自走式
	结构型式	双轨双向
	外形尺寸（mm）	5550×1080×1190
	整机最大质量（kg）	2050

续表

结构	项目		参数
性能参数	额定载质量（kg）	0°～15°坡	3000
		15°～30°坡	2500
		30°～40°坡	2000
	最大行驶速度（m/min）		50
	最大运行坡度（°）		40
	水平最小转弯半径（m）		8
	垂直最小曲率半径（m）		8
	制动距离（点动及遥控）（m）		≤1.5
牵引车参数	外形尺寸（长×宽×高）（mm）		2250×1080×1190
	质量		1280
	电动机	型号	HPQ11.75－4HC
		型式	三相交电流互感器频电机
		额定功率（kW）	11.75
		额定转速（r/min）	3487
	行车制动器	型式	电磁失电制动式
		操纵方式	电控操作、失电自动制动

4. 施工要点

电动双轨运输车施工包括路径规划、场地布置、通道清理、安装架设、运行测试、物料运输、拆除等过程。

（1）路径规划。运输作业前，应根据工程设计文件和工程相应的施工标准，组织技术人员进行现场调查。通过 GPS 和全站仪测量轨道安装的路径断面，测量内容包括：拐点、障碍物、上、下料点的距离、高差，均匀坡度地形可适当减少测量点。将测量数据绘制成轨道架设路径断面图，并对路径的起始点、支架点、终端下料点地质进行勘测。

（2）场地布置。轨道占用的场地一般包括上料场、下料场、轨道等，并对两端料场及支柱安装处的地面进行平整。基础工程的砂、石、塔材、工器具堆放应用彩条布进行铺垫和隔挡，避免材料混杂。

（3）通道清理。根据总体轨道路径，对沿线需要清理的障碍物进行测量。通道宽度以 1m 加两侧安全距离进行清理。清理通道应遵守国家有关环保法规的要求，尽量减少对植被的破坏，采用仪器测量确定轨道路径清理范围，严禁乱砍滥伐。

（4）安装架设。

1）轨道铺设。轨道采用单节长度 1995mm 的双轨轨道首尾嵌套对接成型，轨道上部焊有起传动作用的齿条。轨道安装沿地面平行布置，离地面高度尽可能低，确保运行安全；轨道转弯处由安装人员通过现场实际情况灵活控制，通过钢管、上下支撑座固定在地面上。

轨道架设应牢固可靠安装尽可能平缓，水平方向轨道弯曲半径不小于 8m，轨道坡度不大于 40°。轨道安装后上平面（即工作面）在横截面方向用水平仪测量应处于水平状态，若轨道安装后处于上坡弯道或下坡弯道的状况，轨道工作面在横截面方向确实需要倾斜，则左右倾斜不超过 5°。

轨道架设在地势平坦地带时，不用安装上、下支承座及垂直、倾斜支承柱，直接将双轨轨道平铺在地面上，轨道之间用螺栓连接固定；遇有坑洼起伏较大或有高度差无法平铺轨道地带时，将悬空的轨道两侧分别采用上、下支承座及垂直、倾斜支承柱连接固定。

2）下支承座安装要求。下支承座在需要安装的情况下应架设在实地上。一般土基地面，下支承座直接平压在实地上，凸起面朝上，与垂直支承柱螺栓固定；如遇岩石、水泥等硬质地面，下支撑座直接安装。

3）垂直支承柱、倾斜支承柱安装要求。垂直支承柱和倾斜支承柱在需要安装的情况下应打入土壤至实地层。在一般较硬土基时，打入实地层深度不小于 600mm；如遇软土基地面要一直打入到实地层后不小于 800mm。而且垂直支承柱埋好后要与地面保持垂直，倾斜支承柱与垂直支承柱的夹角应为 30°～70°，垂直支承柱安装好后上端面不要超过上承座，倾斜支承柱安装好后上端面不宜存留过长，以不影响牵引车及货斗货架通过为准，垂直支承柱、倾斜支承柱采用 ϕ33.3mm 的镀锌钢管，壁厚不小于 2.5mm。

（5）运行测试。为保证行驶安全、提高工作效率和延长运输车寿命，每次行驶前应对运输车进行全面检查。行驶前的检查项目如下：检查各处特别是重要部位螺栓和螺母是否有松动，检查制动开关、操作按钮、电源开关等操纵是否灵活有效，检查调整驱动轮、支重轮的工作面与轨道工作面之间的间隙不大于 1.5mm，空载 2 挡全程运行一次无问题后方可进行运输作业。

（6）物料运输。电动双轨运输车的运输过程主要包括以下几个环节：材料装卸、机械操作、通信联络等。不同类型的材料应选择不同的货运斗具固定，比如：基础砂、石、水泥等散装骨料一般采用货斗来运输，基础钢筋及铁塔塔件一般采用打捆固定采用专用货板及专用货斗抱箍运输，玻璃（瓷）绝缘子、合成绝缘一般不拆除原包装直接采用货板运输，金具材料一般采用货斗运输。

（7）拆除。电动双轨运输车拆除分为牵引机、货斗拆卸及轨道拆卸，一般牵引机（货斗）采用简易吊装设备或人工拆卸，轨道拆除应按从终端到始端、从高处向低处的原则。当拆除轨道时，可采用辅助轨道车先拆除轨道再拆除支架。

5. 应用效果分析

（1）地形适应能力强。在坡度小于40°的山地可根据山势依次搭设轨道，并与货运索道结合，对索道无法直接到达的塔位进行延伸架设，在道路修筑难度大和长重件运输情况下优势更加明显。

（2）环境影响较小。电动双轨运输车的轨道架设不需大量开挖土石方，对原始植被、地形、地貌破坏小，建设造成环境破坏可修复。

（3）经济效益好。电动双轨运输车轨道运输通道仅为1m，占地少，大大减少了树木砍伐数量和植被破坏面积，更有利于环境保护，促进了环境友好型工程建设。且轨道建设难度小、成本低，可重复利用。

6.3 专用车辆运输技术

6.3.1 履带式运输车

1. 装备概述

履带式运输车如图6.3-1所示，是指用履带行驶系代替车轮行驶系的"汽车"，可在山区和丘陵地带完成对导线、绞磨、塔材、放线滑车、抱杆等施工物料的运输，也可拖拽或牵引小型物件。

图6.3-1　履带式运输车

履带式运输车的底盘结构采用弹性悬挂系统，充分借鉴了扭力轴—平衡轴—负重轮结构形式，可以缓和由不平路面传给车身的冲击载荷，衰减由此引起的振动；行走系采用全液压驱动机构，使用变量泵和双速变量马达，组成闭式液压传动系统，先进的液压系统设计，最大限度地减少发动机功率损失；设计合理的接近角及离去角，有效增强了设备的爬坡能力；采用双电动风扇进行液压油冷却，散热效果好、噪声低，稳定工作时间长。

2. 装备组成

履带式运输车主要由底盘总成和平台总成组成，履带式运输车底盘总成结构图如图 6.3-2 所示，履带式运输车平台总成结构图如图 6.3-3 所示。

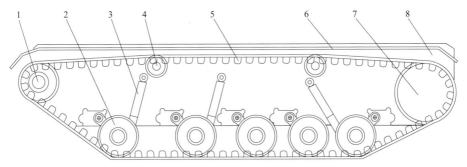

图 6.3-2 履带式运输车底盘总成结构图

1—诱导轮；2—负重轮；3—减震器；4—托带轮；5—履带；6—挡泥板；7—驱动轮；8—承重梁

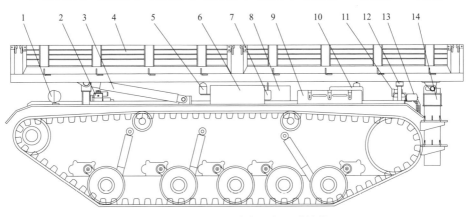

图 6.3-3 履带式运输车平台总成结构图

1—车灯；2—水箱热水器；3—前举升油缸；4—货斗；5—报警器；6—登记箱；7—接收器；8—电瓶箱；9—工具箱；10—柴油箱；11—液压油散热器；12—称重传感器；13—夜间示宽灯；14—后举升架

（1）发动机：动力源，使燃料燃烧产生动力，通过传动系驱动车轮带动装备行驶。

（2）行走驱动：采用全液压驱动机构，由变量泵和双速变量马达组成闭式液压传动系统。

（3）履带：采用军用防侧滑链板，大大提高防侧滑能力，具备脱泥功能。

（4）绞盘：自救及牵引装置。

（5）前举升油缸：可上下升降，便于坡道行走时调整装载物料的角度。

（6）后举升架：可上下升降，便于坡道行走时调整装载物料的角度。

（7）货斗：用以装载施工物料。

（8）接收器：实现无人驾驶，可遥控操作全部功能及进行无级调速。

3. 装备型号

履带式运输车主要技术参数见表 6.3-1。

表 6.3-1　　　　　　　　　　履带式运输车主要技术参数表

项目	参数			
最大载荷（t）	3	5	7	10
最大行驶速度（km/h）	3	5	5	5
最大爬坡度（°）	30	35	35	30
平均接地比压（空载/满载）（MPa/MPa）	0.035/0.085	0.022/0.044	0.026/0.049	0.022/0.038
载物平台最小高度（mm）	696	1280	1500	1500
最小离地间隙（mm）	200	300	300	350
驱动轮直径（mm）	478	504	570	665
发动机最大额定功率/转速[kW/（r/min）]	54/2400	97/2300	132/2400	132/2400
发动机最大扭矩/转速[N·m/（r/min）]	270/1440~1800	520/1600	800/1500	800/1500
绞盘最大拉力（kN）	30	70	100	60

4. 施工要点

（1）选用原则。

1）适合在山区和丘陵地带使用。

2）适合运输导线、绞磨、塔材、放线滑车、抱杆等施工物料。

3）施工现场坡度、地面耐压力等条件应满足履带式运输车技术要求。

4）根据所运输施工物料的承载质量，选择不同载荷的履带式运输车。

（2）注意事项。

1）操作人员操作履带式运输车时，要位于安全侧并远离负载。

2）车载绞盘动作时，不得用手接触钢丝绳。

3）钢丝绳有断丝、打结或扭结的情况，严禁使用。

4）使用前应严格勘查施工现场，确认地形、爬坡度和接地比压是否满足履带式运输车使用要求。

5. 应用效果分析

（1）行驶通过能力强。履带式运输车对地面单位压力小、下陷小、附着能力强，在山区和丘陵地带使用优势更加明显。

（2）安全性高。履带式运输车采用人机分离，遥控操作，保证人员安全；过载预警保护和坡度预警保护装置，保证设备工作安全；可靠先进的捆扎方式，保证货物运输过程的安全。

6.3.2 轮步式全地形运输车

1. 装备概述

轮步式全地形运输车（简称运输车）是一种山地、平地通用的全地形、多用途、智能化的物料运输装备，兼备轮式与足式两种行走方式，可以通过泥泞道路，具有爬坡越障功能，工作范围广、运输效率高；除主要的运输功能外，装备通过更换不同的功能模块，还可具备挖掘、吊装等多种作业功能。

2. 装备组成

运输车是可快速拆分、拼装的模块化设备，主要由轮步式底盘（轮式底盘、支腿底盘）、动力总成、驾驶室（选配）、车斗单元、前置工作单元、液压系统及电气系统等组成。整车由电气系统进行控制，其中，动力总成中发动机提供原动力驱动液压泵，然后由液压泵提供液压动力驱动各液压执行元件运动，实现设备行走、自动卸货、前置工作单元作业等功能。轮步式全地形运输车总体结构示意图如图 6.3−4 所示。

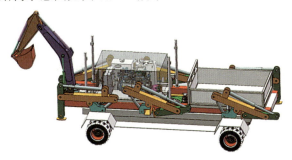

图 6.3−4 轮步式全地形运输车总体结构示意图

（1）轮步式底盘：分为轮式底盘与支腿底盘，其中支腿底盘位于轮式底盘上方，两者通过回转支承连接，轮步式底盘结构示意图如图 6.3－5 所示。轮式底盘由轮式车架、转向驱动桥、车轮、液压马达等组成，配置为四轮驱动；行走动力是由液压马达提供转矩传至转向驱动桥，然后由转向驱动桥带动车轮运动。支腿底盘由支腿车架、前中后支腿、前中后铰接等组成，由液压伸缩油缸及液压旋转油缸驱动支腿各个关节的运动。通过回转支承，支腿底盘可承载车身进行 360°回转运动，便于运输车的灵活作业；轮式行走状态下，支腿为收起状态，需要采用支腿行走时，只需将支腿撑起即可。

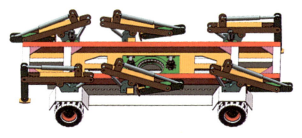

图 6.3－5　轮步式底盘结构示意图

（2）动力总成：运输车液压动力输出模块，集成发动机、散热器、液压泵、柴油箱、液压油箱、电瓶等部件，并且在动力模块的四周可选择安装支撑油缸，用于在运输车组装的过程中将动力模块撑起；该模块通过锥孔定位结构与支腿车架相连，并通过液压、电气快速接头与其他模块相连。动力总成模块结构示意图如图 6.3－6 所示。

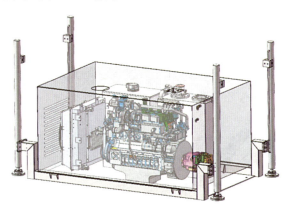

图 6.3－6　动力总成模块结构示意图

（3）车斗单元：车斗单元分为短料车斗单元与长料车斗单元，短料车斗单元适用于运输短小型物料，长料车斗单元适用于运输大型长物料。车斗单元结构示意图如图 6.3－7 所示。

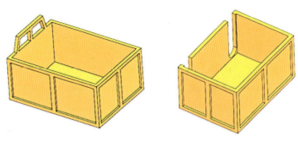

图 6.3－7　车斗单元结构示意图

（4）前置工作单元：运输车可选择在支腿底盘前端安装前置工作单元进行功能扩展，如挖掘模块与吊装模块。挖掘模块主要由动臂、动臂油缸、斗杆、斗杆油缸、铲斗、铲斗油缸、摇杆和连杆等组成，可用于道路修整、路障清理、小面积开挖作业及设备辅助行走。吊装模块主要由回转机构、吊臂、液压绞车及起吊装置等组成，可用于辅助装卸货物。前置工作单元结构示意图如图 6.3－8 所示。

图 6.3－8　前置工作单元结构示意图

（5）液压系统：运输车液压系统包括液压动力回路、轮式行走液压回路、足式行走液压回路、作业液压回路（卸货作业、挖掘作业、吊装作业）以及冷却与操纵回路等组成，其元器件主要由工作泵、控制阀、液压马达、液压油缸、油箱及相关管路等组成。

（6）电气系统：由行走电气控制系统和功能操作控制系统两大系统组成。行走电气控制系统主要分轮式行走和支腿行走 2 种模式；功能操作控制系统包括发动机工况、各种报警信号的处理并显示、运输车的各种功能的实现；具备远程控制功能，在部分功能上实现高度的自动化。

（7）电气系统：由基础电气系统和控制电气系统两大部分组成。基础电气系统主要包括发动机启动及工况参数采集显示、各种报警信号参数在线监测显示以及面板开关控制；控制电气系统主要以可编程控制器为核心，电子监控器为人机对话环境，对发动机工况、步行腿机构、钻机垂直度以及操作平台的倾斜度实行逻辑控制，可实现遥控操作。

3. 装备型号

运输车的主要技术参数见表 6.3－2。

表 6.3－2　　　　　　　　轮步式全地形运输车技术参数一览表

参数	指标要求
整机重（kg）	11000
最大载质量（kg）	3000
支腿爬坡角度（°）	30
轮式爬坡角度（°）	25
支腿最高行驶速度（km/h）	3.5
轮式最高行驶速度（km/h）	10
最大越障高度（mm）	1200
操作模式	人工驾驶和遥控操作
最大无线遥控距离（m）	50
功能模块	挖掘模块
	吊装模块

4. 施工要点

使用运输车开展线路工程物料运输主要包括进场准备、装备拼装、试运转等工序。

（1）进场准备。运输车可借助平板运输车等运抵作业现场附近区域，通过启动作业平台发动机，操纵行驶操纵杆下拖板车，装备自行前进（轮胎前进）。在实际进场到施工点位前，作业人员需提前对上山的进场路线进行勘验，规划行走路径，并扫清路障，待装备自行驶到山脚后，根据实际路况选择采用轮式或足式方式行驶至施工点位。

（2）装备拼装。

1）动力模块拼装。

用快速接头将动力总成与轮步式底盘模块进行连接，为轮步式底盘提供液压行走动力，同时通过支撑油缸将动力总成撑起，此时控制轮步式底盘从动力总成下端穿过，待移动到合适的位置后再将动力总成落下固定，实现动力总成与底盘的快速对接安装。

2）车斗单元拼装。

动力模块安装完后，通过支撑油缸将车斗单元撑起，控制轮步式底盘从车斗单元下端穿过，待移动到合适的位置后再将车斗单元落下固定，实现车斗单元与底盘的快速对接安装。

（3）试运转。

1）设备行走试运转。

通过操作平台控制设备进行移动，分别对轮式行走方式及支腿行走方式进行测试，并进行 2 种行走方式的切换测试，观察设备是否运行正常。

2）车斗单元自动卸货试运转。

通过操作平台控制车斗单元进行卸货模拟，观察车斗单元是否能够正常倾倒。

（4）注意事项。

1）没有经过培训及授权的人员严禁操作。

2）不得在倾斜度超过规定的场地作业，造成机械后仰、翻车现象；作业区内应无障碍物和无关人员；行走时避开路障及上空线路，驾驶室不得搭乘人员。

3）在由轮式行走方式向支腿行走方式切换时，需使装备处于静止状态。

4）使用远程无线遥控操作方式时，需使装备在可视范围内。

5）卸料时，应选好地形并检视上空和周围有无障碍物。卸料后，车斗应及时复原，不得边走边落。

6）在陡坡高坡坑边或填方边坡卸混合料时，停卸地点应平整坚实，地面有反坡，车辆与边坡保持安全距离。

7）车辆的驾驶操作人员必须接受安全培训。

8）驾驶操作人员必须熟悉使用操作与维修保养，坚持每日例行检查与定期保养并做好记录，确保装备安全、完好运转。

9）使用前后应检查急停开关。

5. 应用效果分析

轮步式全地形运输车具有较高工程应用价值，应用于线路工程山区物料运输（载重 3t），为山区物料运输方式提供了多种选择。

（1）提升输电线路机械化施工水平。提升运输机械设备的适用性，贴合工程施工的应用场景，增加机械化的覆盖程度。

（2）提高复杂地形运输及作业的安全性，降低施工安全风险。

（3）提升施工作业环水保水平。可减少筑路、场地平整等方面对环境的破坏。

（4）提高施工效率，降低工程施工成本，加快输变电工程建设速度，使输电线路及变电站可以更快地发挥经济和社会价值。

（5）从输变电工程建设领域拓展至电力行业、工程建设等领域，提供行业示范。

6.3.3　轮胎式运输车

1. 装备概述

轮胎式运输车如图 6.3－9 所示，具有结构简、自重轻、轮距小、载重大、通行好、易操作、便组合等性能特点。轮胎式运输车采用外部动力牵引；车轮采用无助力手动或气动操控，通过鼓式制动器实现制动；整车转向采用无助力手动操控和随动，手动操控通过齿条齿轮式转向器；在车架架体两边设计有钢板挡块，挡块上设计有孔，可用于绳索或钢丝绑扎货物。

图 6.3－9　轮胎式运输车

2. 装备组成

轮胎式运输车主要包括牵引拉杆、方向盘、管材收紧器、刹车把、车架、车轮等部分。轮胎式运输车总图如图 6.3－10 所示。

（1）牵引拉杆：牵引拉杆与车架连接，并连接牵引设备机械。

（2）方向盘：车轮齿轮式转向器，人力手动操控形式或采用随车转动。

（3）悬架：钢板弹簧式非独立悬架，弹簧减震，有限位装置。

（4）刹车把：鼓式制动器，人力手动操控形式或车动气刹。

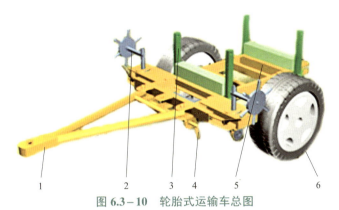

图 6.3－10　轮胎式运输车总图

1—牵引拉杆；2—方向盘；3—管材收紧器；4—刹车把；5—车架；6—车轮

（5）车架：矩形槽钢框架，其中有辅材加强。车架架体两边设计有钢板挡块，可拦挡管材，挡块上设计有孔，用于绳索或钢丝绑扎货物。

（6）车轮：钢丝橡胶轮胎。

3. 装备型号

轮胎式运输车主要技术参数见表 6.3－3。

表 6.3－3　　　　　　　　轮胎式运输车主要技术参数

项目	参数	
最大载重（t）	1.5	2.5
平坦路直行时最大行驶速度（km/h）	8	8
大弯道缓坡时最大行驶速度（km/h）	5	5
急弯陡坡及载重下坡时最大行驶速度（km/h）	2	2
最大离地间隙（mm）	300	300

4. 施工要点

（1）选用原则。

1）适合在一般道路、乡村小路，以及山区丘陵路幅窄、坡度陡、转弯半径小的硬基面砂石道路使用。

2）适合运输导线、绞磨、塔材、放线滑车等施工物料。

3）运输道路的条件应符合轮胎式运输车底盘离地间隙的要求。

4）根据所运输施工物料的承载质量，选择不同载荷的轮胎式运输车。

（2）注意事项。

1）使用前应对轮胎进行安全检查。

2）运输过程中应根据路况限制速度。

3）运输中遇到地面有尖锐物时应绕行，防止扎破轮胎。

4）轮胎式运输车自身不具备行驶动力，需外部动力牵引。牵引装备可选普通手扶拖拉机、四轮拖拉机、农用运输车或专用牵引车辆、机具设备等。

5）当车架上运输塔材、抱杆等施工物料时，应有固定措施，防止物料滑落。

5. 应用效果分析

轮胎式运输车结构简、自重轻，通行性好，在其他运输装备不宜通过的小路和狭窄陡峭道路具有明显优势。

6.4 空中运输技术

6.4.1　直升机物料吊运

1. 装备概述

直升机物料吊运机具用以实现物料的空中运输，主要有网兜、扁平吊带、吊罐等。机具结构简单、操作简便、适用性强、单次运输量重、工效高、不受运输路径影响、环保节能，大幅降低青苗赔偿、林木砍伐费用，为系列化、标准化施工机具。直升机使用网兜吊运砂石、水泥如图 6.4-1 所示，直升机使用扁平吊带吊运如图 6.4-2 所示。

图 6.4-1　直升机使用网兜吊运砂石、水泥　　图 6.4-2　直升机使用扁平吊带吊运塔材

（1）直升机运输地材时，配套机具采用网兜。网兜用以堆放、蓄装打包好的袋装砂子、石子、水泥，汇集成一定质量的地材集合予以运输。网兜具有网孔均匀、柔韧性好、结构坚固、强度高、破损率低、使用周期长、便于搬运、美观实用等特点，具有良好的抗腐蚀、耐风化、抗氧化性能。

（2）直升机运输塔材、基础钢筋及地脚螺栓等刚性构件时，配套机具采用扁平吊带。扁平吊带用以绑扎、吊运成捆的塔材及基础钢筋、地脚螺栓。扁平吊带质量轻、使用方便，不损伤被吊物体表面，吊运平稳、安全，强度高、安全可靠，操作简单，可提高劳动效率、节约成本，具有良好的耐腐蚀、耐磨性能。

（3）直升机运输拌和混凝土时，配套机具采用吊罐。吊罐用以蓄装拌和好的现拌或商品混凝土，使用罐体底部的开底门手柄控制混凝土下料浇筑。吊罐具有结构简单、质量轻、强度刚度性能优良、使用方便、吊运稳定、工作可靠、无渗漏、可靠性高等优点。

2. 装备组成

（1）网兜：由中间网绳、边绳和四角环形绳组成。

（2）扁平吊带：由承载芯、保护套和两头扣组成。

（3）吊罐：由罐体、支架、耳环、底门和开底门手柄组成。

3. 装备型号

（1）网兜按额定荷载主要有 3、5t 两种型号，网兜技术参数见表 6.4-1。

表 6.4-1　　　　　　　　网 兜 技 术 参 数

项目	参数	
型号规格	WZS-WD-5	WZS-WD-3
额定载荷（t）	5	3
材质	高强涤纶	高强涤纶
安全系数	5	5
尺寸（m×m）	5×5, 4.5×4.5, 4×4	5×5, 4.5×4.5, 4×4
中间网绳直径（mm）	20	16
边绳直径（mm）	30	25
四角环形绳长度（m）	1.5	1.5
网眼（mm×mm）	250×250	200×200
单位重（kg/m²）	4.0	3.0

（2）扁平吊带按额定荷载主要有 5、6、8t 三种型号，扁平吊带技术参数见表 6.4－2。

表 6.4－2 扁 平 吊 带 技 术 参 数

项目	参数		
型号	WZS－BP－5	WZS－BP－6	WZS－BP－8
额定载荷（t）	5	6	8
安全系数	6	6	6
材质	高强涤纶、杜邦丝	高强涤纶、杜邦丝	高强涤纶、杜邦丝
45°吊升重（t）	9	10.8	14.4
90°吊升重（t）	7	8.4	11.2
宽度×厚度（mm×mm）	80×12	90×12	100×12
每米重（kg/m）	0.9	1.1	1.3
长度（m）	8，12	8，12	8，12

（3）吊罐按额定容量主要有 1、2m³ 两种型号，吊罐技术参数见表 6.4－3。

表 6.4－3 吊 罐 技 术 参 数

项目	参数	
型号	WZS－DG－1	WZS－DG－2
额定容量（m³）	1	2
自身重（kg）	140	200
安全系数	5	5
材质	Q235B	Q235B

4. 施工要点

（1）吊挂设备由吊索和吊钩组成，安装于直升机腹部，属直升机附件，具备自动脱钩功能。

（2）按直升机型号、吊运物料类别、总量及现场条件实施料场建设，修筑物料进场道路，单基策划塔位物料卸料场。

（3）机具选用原则。

1）吊运砂子、石子、水泥等地材选用网兜，根据直升机的最大外吊挂悬停质量选用不同规格的网兜。

2）吊运塔材、基础钢筋、地脚螺栓等刚性构件选用扁平吊带，根据直升机的最大外吊挂悬停质量选用不同规格的扁平吊带。

3）吊运拌和混凝土选用吊罐，根据直升机的最大外吊挂悬停质量选用不同规格的吊罐。

4）不同气候、环境、地形、海拔等条件下，直升机的最大外吊挂悬停质量不同，选用与之匹配的不同规格的网兜、扁平吊带及吊罐。

（4）在装料场将袋装砂子、石子、水泥整齐堆放于网兜，收拢网兜后将其四角的环形吊绳悬挂于直升机吊钩。直升机吊运飞行抵达卸料场，网兜着陆平稳后，地勤作业人员摘钩，迅速返航准备下一次吊运。网兜吊挂示意图如图6.4-3所示。

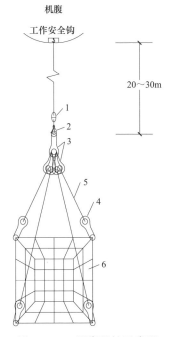

图6.4-3　网兜吊挂示意图

1—旋转连接器；2—手动钩（或电动工作钩）；3、4—卸扣；5—尼龙吊带；6—网兜

注：手动钩以上部分由飞行方负责配置，钩以下部分由施工方负责配置。

（5）在装料场采用两根扁平吊带以抬吊方式绑扎捆扎好的塔材及基础钢筋、地脚螺栓构件两端，扁平吊带另一端悬挂于直升机吊钩。直升机吊运飞行抵达卸料场，塔材及基础钢筋、地脚螺栓构件着地平稳后，地勤作业人员摘钩，迅速返航准备下一次吊运。塔材吊挂示意图如图6.4-4所示。

（6）在装料场采用钢丝绳以三点对称均布方式安装于吊罐，钢丝绳另一端悬挂于直升机吊钩。直升机吊运飞行抵达基坑垂直正上方且处于悬停状态，人工扳动罐体底部的开底门控制手柄实现混凝土浇筑，然后关闭罐体底部的开底门，迅速返航准备下一次吊运。

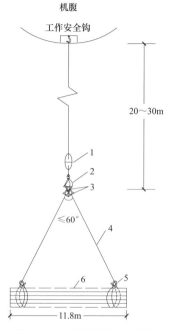

图 6.4 - 4 塔材吊挂示意图

1—旋转连接器；2—手动钩（或电动工作钩）；3、5—卸扣；4—尼龙吊带；6—塔材

注：手动钩以上部分由飞行方负责配置，钩以下部分由施工方负责配置。

（7）通信系统。

1）以通航公司提供的电台为主，规定好手语、旗语备应急使用。

2）地面作业以对讲机作为通信联络工具，建立对讲机指挥系统，地面指挥负责人与通航公司的所有联络均由地面指挥负责人负责，采用地面直接联络方式。

3）作业前应进行通信联调，保证通信畅通。

（8）指挥系统。

1）飞行地面指挥员与驾驶员负责用超短波无线电台进行指挥联络。

2）施工地面作业负责人应听从地面飞行指挥员的口令。

3）实行碰头会制度，当日作业结束后，进行第二天气象分析及工作安排。

4）直升机吊运作业中通信联络及指挥方式图如图 6.4 - 5 所示。

（9）组织系统。

1）组织系统由料场准备组、材料运输组、机具供应组、料场施工组、塔位施工组、技术安全组构成。

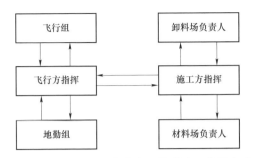

图 6.4 – 5 直升机吊运作业中通信联络及指挥方式图

2）料场准备组、材料运输组、机具供应组、料场施工组、塔位施工组均由负责人和一定数量的作业人员构成。

3）技术安全组由负责人和一定数量的技术安全人员构成。

（10）注意事项。

1）应在额定载荷下使用，严禁超载吊运。

2）使用前应进行外观检查，并按不低于 5 倍安全系数要求做荷载试验，试验合格后方可投入吊运施工。

3）配套机具与直升机吊钩连接方式必须采用硬连接，保证吊件脱钩顺利。

4）物料绑扎应紧固，绑扎方式需经试验加以确定。

5）单次吊运质量应依直升机油料、飞行要求进行量称后确定。

6）吊挂前应观察扁平吊带的磨损情况；扁平吊带磨损严重时，应采用钢丝绳套替换作业。

7）地面作业人员应站在起吊物料的侧面。

8）地面作业人员应抓牢起吊绳索，防止被吊物料旋转、摆动伤人；当被吊物料旋转、摆动时，作业人员应向远离被吊物料方向迅速撤离。

9）吊件均需装设接地线，以防静电伤人。

10）施工作业人员应配备防风镜，戴口罩、穿紧身工作服，安全帽绳须系戴牢固。

11）吊运时，吊索不要扭、绞、打结。

12）吊件下方严禁站人。

13）每个吊运架次结束，应及时检查配套机具，破损机具不得继续投入吊运施工作业。

14）施工场地内不得有明火，吸烟应到指定地点，场地内除设置灭火机器及相应的灭火材料外，还应有专人负责防火工作。

5. 应用效果分析

（1）工效高。直升机物料运输单次吊运重 3.0～4.5t，日吊运 25～30 架次，日吊运质量可达 100t，工效显著高于常规运输装备。

（2）投入少。网兜、扁平吊带、吊罐型式简单、易于购置、成本低，投入少。

（3）操作方便。配套机具结构简单，操作方便，容易被施工人员掌握，降低施工安全风险。

6.4.2　重载无人机运输

1. 装备概述

电力工程运输重载无人机（简称重载无人机）如图 6.4-6 所示，是一种用于输电线路工程材料运输的新型机械化施工装备。无人机在空中飞行无地形限制，路径近于直线，利用运输距离短、速度快的优势，突破传统运输方式

图 6.4-6　电力工程运输重载无人机

局限性，解决高海拔、高落差地区、山区与林区的材料运输困难问题，减少林木通道的砍伐、提升运输效率、缩短项目建设周期，节约人力与时间成本。

2. 装备组成

重载无人机由重载无人机机体、挂载装置、发动机、传动系统、机架、减速齿轮箱、桨毂、旋翼、倾斜盘、控制舵机、飞控单元、通信链路、地面电台、地面工作站、电池等部件组成。

3. 装备型号

目前国内常用重载无人机从载质量上可分为：50、100、200kg 级别，按构型可分为：多旋翼、纵列双旋翼、共轴双旋翼三种类型，主要技术参数见表 6.4-4。

表 6.4-4　　　　　　　　　重载无人机主要技术参数

级别	50kg 重载无人机	100kg 重载无人机		200kg 重载无人机	
飞机构型	多旋翼	纵列双旋翼	共轴双旋翼	纵列双旋翼	共轴双旋翼
空机质量（kg）	50	220	220	300	350
最大起飞质量（kg）	100	320	320	500	550
有效载荷（kg）	50	100	100	200	200
巡航速度（km/h）	30	90	90	120	120
最大爬升率（m/s）	2.0	4.0	4.0	5.0	5.0
航时（h）	0.2	2	1.5	2.5	2.0
抗风等级（m/s）	6（3 级）	10（5 级）	12（6 级）	10（5 级）	12（6 级）
使用升限（m）	4000	3000	3000	6000	6500
使用环境温度（℃）	0～+45	−30～+50	−30～+50	−30～+50	−30～+50

4. 施工要点

重载无人机施工包括场地准备、安装调试、材料运输等过程。

（1）场地准备。根据不同的现场进行平面布置及无人机运输路线，确定场地平整的范围，起降区、堆料区、安全区布置。

（2）安装调试。重载无人机卸车后，由遥控手和机务人员对重载无人机结构进行检查确认，导航员对地面导航系统进行检查确认并根据任务情况和飞行场地情况设定合适飞行航线。无人机和地面导航系统确认无误后进行全系统通电联试。起飞检查流程如图 6.4-7 所示。

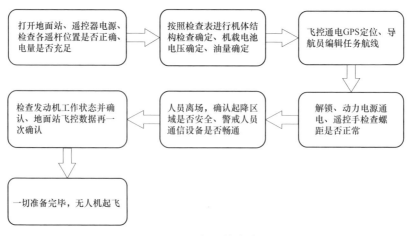

图 6.4-7　起飞检查流程

（3）材料运输。重载无人机运输过程主要包括以下几个环节：材料装载、空中飞行、材料投放、空载返航等。不同类型的材料应选择不同的挂载及投放方式。

5. 应用效果分析

（1）应用场景广。重载无人机可用于输电线路的材料运输、牵引绳展放、生活物资、应急物品、工器具投送等。能够有效改善物资运输条件，不受地形地貌的限制，降低运输安全风险，在山区、林区等交通不畅的地方作业优势更加明显。

（2）环境影响较小。飞行运输不需开辟道路，不会对原始植被、地形、地貌造成破坏，避免土石方的开挖及林木的砍伐，推动绿色建造，助力绿水青山建设。

（3）运行效率高。单架重载无人机每天可完成 3～6t 物资运输，建设总工期可节约 5%以上。

6.5 应 用 实 例

6.5.1 河网平地地形

6.5.1.1 临时道路钢板铺设方案实例

1. 实施条件

某 220kV 线路工程新建线路路径总长 12.5km，其中平地占 80%，河网泥沼占 20%，工程技术参数见表 6.5-1。

表 6.5-1 工程技术参数表（一）

线路长度（km）	新建线路全长 12.5km		
导线	2×JL/G1A-400/35 钢芯铝绞线	地线	2 根 OPGW-120 光缆
地形分布占比	平地：80%，河网泥沼：20%		
地貌特点	拟建线路沿线场地主要为耕地、树林地、待建区、水稻田及鱼塘等，地形平坦开阔。沿途跨越公路、高速公路、河（沟）渠和水库等。海拔为 0～10m		
水文地质情况	线路沿线的地貌类型为海积冲积低平原地貌，地势平坦，沿线分布有零星的鱼池		
交通条件	线路沿线附近有国道和县道等道路，交通总体上较为便利，车辆可行驶到塔位附近，但部分塔位位于水稻田中，这部分塔位由临近道路至塔位无可利用道路		

2. 工程方案

（1）工程设计方案。该工程线路沿线主要为平原地貌，途经耕地、沟渠、铁路、高速公路、公路、河流、鱼塘等。根据场地地形地貌、地质水文，综合考虑工程荷载条件，新建铁塔基础主要采用灌注桩基础，桩径范围为 0.8～1.8m，埋深为 16～26m，主要施工机械为潜水钻机和挖掘机。新建铁塔为同塔双回路自立式角钢塔，角钢铁塔根开范围为 6～10m，全高范围为 32～53m，单根构件的质量不大于 1000kg，单基塔重范围为 12～37t，主要施工机械为 25～80t 移动式轮式起重机。工程选用双分裂 JL/G1A-400/35 截面导线，地线选用 2 根 72 芯 OPGW 光缆，主要施工机械为 40～80kN 张力机和牵引机。接地采用深埋式环形无须加放射线接地装置，接地装置埋深为 0.8m，采用 ϕ16mm 镀锌圆钢，主要施工机械为小型接地挖掘机。

临时运输道路宽度需满足各施工机械的外廓宽度及施工必要余宽，该工程临时道路宽度需不小于 3.5m。

（2）施工和运输道路方案。为保证各施工工序所需施工设备以及材料顺利进场，修建临时进场道路是不可或缺的。运输通道首先利用现状道路系统，当现有道路宽度、路面质量等不能满足运输要求时，须进行整修。没有运输通道与原有的道路系统相连时，新修临时运输道路。

该工程部分塔位在鱼池和水稻田中，施工机械可以利用现有田间道路进入塔附近，进场道路需重新修建。修建方式采用填垫素土并上铺钢板的方式，综合该工程设计方案及施工装备配置情况，典型塔位修路明细表见表 6.5-2，部分塔位临时道路规划图如图 6.5-1 所示。临时道路修建现场照片如图 6.5-2 所示。

表 6.5-2　　　　　　　　　　　典型塔位修路明细表

塔号	铺钢板		新修道路			
	长度（m）	宽度（m）	长度（m）	路面宽度（m）	填垫厚度（m）	放坡角度（°）
YZ16	230	4	230	4	0.8	45
YZ17	224	4	224	4	0.8	45
YZ18	256	4	256	4	0.8	45
YZ19	230	4	230	4	0.8	45
YZ20	105	4	105	4	0.8	45

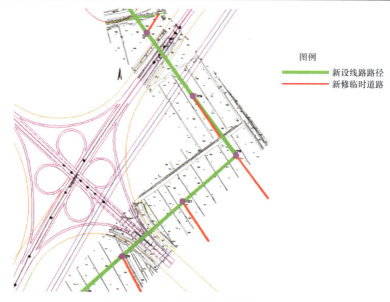

图例
——— 新设线路路径
——— 新修临时道路

图 6.5-1　部分塔位临时道路规划图

图 6.5-2 临时道路修建现场照片

（3）施工机械与人员配置。道路修建及物料运输施工装备配置见表 6.5-3。

表 6.5-3 道路修建及物料运输施工装备配置表

施工过程		主要施工机械					人员配置数量（人/台）
		设备名称	型号	主要技术参数	配置数量（台）	设备配置方式	
1	临时道路修建	挖掘机	徐工 XE250	料斗方量：1.2m³	2	社会租赁	1
		土方运输车	渣土车（25t）	装土方量：20m³	4	公司租赁	1
		运输车	平板货车	额定运输量 10t	1	社会租赁	1
2	物料工地运输	运输车	平板货车	额定运输量 10t	1	社会租赁	1
		其他物料运输设备	轮式起重机	25t	1	社会租赁	1

3．实施效果

（1）社会效益。

1）施工效率。采用填土垫道进场施工，可以提高现场机械化施工在各分部工序中的应用，相应缩短施工工期，具体缩短施工周期情况详见表 6.5-4。

使用大型机械化进行施工时，道路修建和物料工地运输效率较高，施工周期明显缩短，同时为基础开挖、混凝土浇筑、杆塔组立、架线施工、接地施工工序提供了施工设备进场条件，保证机械化施工顺利开展。

表 6.5－4　　　　　　　　机械化施工周期对照表　　　　　　　单位：天

分部工序	未使用机械施工周期（单基计算）	使用机械化作业施工周期（单基计算）	相对节省时间（单基计算）	备注
道路修建	5	2	−3	
物料工地运输	4	2	2	
基础开挖	7	4	3	
混凝土浇筑	5	2	3	同条件对比
铁塔组立	6	2	4	
架线施工	15	10	5	
接地施工	3	1	2	

2）安全质量及环保。使用机械化施工时，可显著缩短施工工期，减少人工，延长了施工安全危险点出现的时间周期或避免了施工安全危险点的出现，为人身安全提供了良好的保障。部分新建塔位邻近现状 220kV 线路，采用轮式起重机可以减少抱杆拉线的设置，避免临近电力线放电。

采用机械化施工，基础使用反循环钻机成孔及采用预拌基础，有利于基础的成孔质量和混凝土的浇制质量；立塔采用汽车吊组立，有利于减少塔材镀锌层的磨损程度，架线采用无人直升机张力放线可防止导线的磨损，提高施工质量。

采用机械化施工，严格遵循了绿色施工原则，降低施工噪声、减少施工扰民、减少环境污染。

（2）经济效益。该工程采用修建施工进场道路，钢筋、塔材、导线等材料运输全部采用汽车运输，加快施工效率，降低了人工成本。

该工程采用全过程机械化施工，将其配置方案与传统施工工法进行对比，具体见表 6.5－5，临时道路修建造成费用增加，但是便利了后续工序，使得单基总施工成本降低约 5 万元。

表 6.5－5　　　　　　　　机械化施工费用对比表　　　　　　单位：万元/基

序号	分部工序	传统施工方式费用	全过程机械化施工方式费用
1	道路修建（含占地赔偿）	30	45
2	基础及接地施工（含材料运输）	30	20
3	铁塔组立（含材料运输）	13	8
4	架线施工（含材料运输）	25	20

6.5.1.2 临时栈桥方案实例

1. 实施条件

某 220kV 输电线路工程线路路径总长 27.399km，全线同塔双回路架设，平地段占比 60%、泥沼占比 20%、河网占比 20%。

工程技术参数表见表 6.5－6。

表 6.5－6　　　　　　　　　　工程技术参数表（二）

线路长度	新建线路长 27.399km，全线同塔双回路架设		
导线	2×JL3/G1A－400/35 钢芯高导电率铝绞线	地线	2 根 OPGW－120 光缆
气象区	基准设计风速：设计风速 27m/s，覆冰导线 5mm，地线 10mm		
地形分布占比	平地：60%，泥沼：20%，河网：20%		
地貌特点	地貌单元主要为冲积平原，沿线地形平坦开阔，地势相对较低，地面高程一般为 1.10～3.20m（1985 国家高程基准）。沿线地区水系发育，河、沟、塘分布较多。沿线交通条件一般		
水文地质情况	地下水：根据区域水文地质条件、附近工程的勘测资料及结合勘测成果，按含水层性质、地下水埋藏条件及含水层的岩性特征，地下水类型主要为孔隙潜水，地下水水位主要受大气降水、地表水体和农田灌溉的影响，呈季节性变化。沿线地区常年地下水稳定水位埋深一般为 0.50～2.00m，其变化幅度一般为 0.50～1.50m。地质：沿线塔位地基土上部普遍分布软弱土层（淤泥质粉质黏土），中下部分布有饱和粉土、粉砂等		
交通条件	该工程线路沿途交通条件一般，线路塔位离主要公路较远，村村通公路承载力低，可采用轻型卡车进行运输。可利用的主要公路有省道、县道等，不满足重型施工机械、材料进场要求的，拟采用修建简易运输道路或搭设栈桥		

2. 工程方案

（1）工程设计方案。沿线地貌单元主要为冲积平原，沿线地形平坦开阔，地势相对较低。沿线地区水系发育，河、沟、塘分布较多，交通条件一般。新建铁塔基础主要采用灌注桩基础，桩径范围为 0.8～1.6m，埋深为 8～15m，主要施工机械为旋挖钻机。

该工程角钢铁塔根开在 7～11m 之间，全高在 38～50m 之间，单根构件的质量不大于 800kg，单基塔重在 12～32t 之间。满足轮式起重机组塔的要求。杆塔从主材分段、施工孔及承托板预留等多方面细化铁塔结构设计，提高机械化施工效率，主要施工机械为 50～80t 移动式轮式起重机。

该工程选用双分裂 JL3/G1A－400/35 钢芯高导电率铝绞线，地线选用 2

根 36 芯 OPGW 光缆，主要施工机械为 40～80kN 张力机和牵引机。

该工程接地采用深埋式环形无须加放射线接地装置，接地装置埋深为 0.8m，采用 Φ14 镀锌圆钢，主要施工机械为小型接地挖掘机。

临时运输道路宽度需满足各施工机械的外廓宽度及施工必要余宽，该工程临时道路宽度需不小于 3.5m。

（2）施工和运输方案。该工程沿线河网发达，进场道路采取临时道路修建及水上栈桥架设相结合的方式。其中 T79-T83 段地形为河网，交通条件一般，进场路与省道相隔 20m 左右宽河网，且施工机械主要考虑轮式起重机、挖机、旋挖钻机等，考虑采用架设水上栈桥及道渣铺路、铺垫钢板的方法，对自起运点到具体塔位的道路进行修整，表 6.5-7 和表 6.5-8 分别为临时道路修建方案和进场道路长度统计表。

表 6.5-7　　　　　　　　　临时道路修建方案表

段号	地形	起止点	交通条件	临时道路修建方案	施工机械
1	河网	T79、T83	交通条件一般,进场路与省道相隔 20m 左右宽河网	施工采用架设水上栈桥及道渣铺路、铺垫钢板的方法对自起运点到具体塔位的道路进行修整	轮式起重机、挖机、旋挖钻机

表 6.5-8　　　　　　　　　进场道路长度统计表

桩号	临时道路（m）	水上栈桥架设（m）	备注
T79	200	35	
T83	100	35	

栈桥桩采用小头直径为 220mm 的圆木打入河底，入土段作为桩，土上部分作为柱。桩纵向间距 3m（最终打设 68 道），横线间距 0.9m（每道打设 7 根木桩）。柱顶沿横向设 36b 工字钢横梁，间隔 3m 一道，使用趴钉固定在木桩上。横梁上再沿纵向设 36b 工字钢，间隔 0.9m 一道，使用连接件与横梁固定。纵梁上再铺设 150mm×150mm 方木，无缝铺设，间隔 12m 架设长 3.5m 的加强垛（加强垛处每道打设 11 根木桩），调头平台每道打设 17 根木桩。

栏杆立柱纵向间距 3m，立柱露出方木铺装面高度 1m，采用 D50×5 圆钢管作为立柱和横梁，仅作为警示栏杆，不得承受水平荷载。在横梁位置，于纵梁工字钢上横向铺设 D50×5 支架，用方木挤住卡紧。栏杆立柱用扣件固定到支架上，在加强垛位置，设置支撑进一步固定立柱。

栈桥钢材为 Q235C,木材采用 TC1B,承重结构方木材质须满足以下要求：

1）不允许腐蚀。

2）在构件任一平面任何 150mm 长度上所有木节尺寸不得大于所在面宽的 2/5。

3）任何 1m 材木上平均倾斜高度不得大于 80mm，在连接部位的受剪面上或其附近，其裂纹深度（有对面裂纹时为两者之和）不得大于材宽的 1/3。

4）容许有表面虫沟，不得有虫眼。

图 6.5-3 和图 6.5-4 分别为水上栈桥照片和水上栈桥施工场景。

图 6.5-3　水上栈桥照片

图 6.5-4　水上栈桥施工场景

（3）施工机械与人员配置。道路修建及物料运输施工装备配置见表6.5-9。

表6.5-9　　　　　　　　道路修建及物料运输施工装备配置表

施工过程		主要施工机械					人员配置数量（人/台）
		设备名称	型号	主要技术参数	配置数量（台）	设备配置方式	
1	临时道路修建	挖掘机	CLG200-3	自重：19800kg；料斗方量：0.8m³	5	社会租赁	2
		其他道路修建设备	轮式起重机（8t）	额定最大起吊质量8t	3	公司租赁	2
		其他道路修建设备	轮胎式运输车	装料方量：3m³	5	社会租赁	2
		运输车	平板货车	额定运输量30t	2	社会租赁	2
		打桩锤	振动锤	/	1	社会租赁	2
2	物料工地运输	轮胎式运输车	8t康明斯	运料重：8t	5	社会租赁	2
		轻型卡车	WLD-5	运料重：5t	5	社会租赁	2
		其他物料运输设备	轮式起重机	16t	1	社会租赁	2
		其他物料运输设备	轮式起重机	8t	2	社会租赁	2

3．实施效果

（1）社会效益。

1）施工效率。使用机械化施工在各分部工序中都相应缩短施工工期，具体缩短施工周期情况详见表6.5-10。

表6.5-10　　　　　　　　机械化施工周期对照表

分部工序	未使用机械施工周期（单基计算）（天）	使用机械化作业施工周期（单基计算）（天）	相对节省时间（单基计算）（天）	备注
道路修建	2	4	-2	
物料工地运输	3	1	2	
基础开挖	8	1	7	
混凝土浇筑	4	1	1	同条件对比
铁塔组立	4	2	2	
架线施工	15	10	5	
接地施工	3	1	2	

根据表 6.5-10 可明显看出：使用大型机械化进行施工时，道路修建和物料工地运输效率较高，施工周期明显缩短。

2）安全质量及环保。临时道路的修建，使得后续机械化施工工序顺利开展。基础施工不需要按常规施工方式修建泥浆池，减少泥浆排放量 80%，旋挖机挖出的泥浆可以直接由渣土车运出施工现场，减少了架线工程中临时施工场地占用，起到了良好的环境保护及水土保持的作用。此外用机器替代人工减少了施工风险点，可显著提高施工效率，保障人身安全，提升施工工艺水平。

该工程采用水上栈桥施工方式，相较于传统填土修路方式，减少对鱼塘、河流环境的破坏，降低民事纠纷，严格遵循了绿色施工原则，具有较好的社会效益。

（2）经济效益。采用全过程机械化施工，将其配置方案与传统施工工法进行对比，综合造价对比详见表 6.5-11，采用水上栈桥的临时道路修建方案，有效降低基础、杆塔、架线等工序费用，但由于栈桥造价较高，导致单基费用增加了约 4.5 万元。

表 6.5-11　　　　　　　　　　机械化施工费用对比表

序号	分部工序	传统施工方式费用 （万元/基）	全过程机械化施工方式费用 （万元/基）
1	道路修建（含占地赔偿）	22	37
2	基础及接地施工（含材料运输）	24	20.2
3	铁塔组立（含材料运输）	26	22.8
4	架线施工（含材料运输）	21	17.5

6.5.2 山地地形

1. 实施条件

某 1000kV 特高压交流线路工程新建双回路路径长度为 16.772km，单回路路径长度为 20.803km，其中平丘 30.5%，丘陵 7.8%，山地 61.7%。

工程技术参数表详见表 6.5-12。

表 6.5－12　　　　　　　　工程技术参数表（三）

线路长度	双回路线路长度为16.772km，单回路线路长度为20.803km		
导线	8×JL/G1A－630/45 钢芯铝绞线	地线	1 根 JLB20A－170 铝包钢绞线，1 根 OPGW－170 光缆
地形分布占比	平地：38.5%，山地：61.5%		
地貌特点	本段线路主要地貌为中山地貌和低山丘陵地貌，局部区域为高山及山间凹地，山间凹地发育小型山前冲洪积平原及河流堆积阶地		
水文地质情况	沿线地层主要为第四系全新统坡积的粉质黏土含碎石、第四系上更新统马兰组的黄土状粉土等；基岩主要为侏罗系张家口组斑岩，九龙山组、土城子组泥岩、砂岩等，奥陶纪亮甲山组灰岩、白云岩等		
交通条件	本标段线路双回侧附近有 S342 省道和乡村便道，但大部分均与线路垂直，道路利用率低，交通困难。单回线路部分处在无人山区，地形复杂多变，沿线高差变化较大，附近少有可以接近塔位的公路交通困难		

2. 工程方案

（1）工程设计方案。该工程线路沿线主要为主要地貌为中山地貌和低山丘陵地貌，局部区域为高山及山间凹地。根据场地地形地貌、地质水文，综合考虑工程荷载条件，新建铁塔基础主要采用桩基础，基础桩径范围为2.3～2.6m，桩长为15～18m，单基混凝土为260～380m³。主要施工机械主要采用水磨钻，以及深基坑一体化设备。该工程新建部分铁塔采用钢管塔，全高在100～150m 范围，单基塔重在 320～500t 范围，主要施工机械为 120 型双平臂抱杆。导线选用八分裂 JL/G1A－630/35 钢芯铝绞线，地线选用一根JLB20A－170 铝包钢绞线，1 根 OPGW－170 光缆。主要施工机械为 2×40～250kN 张力机和牵引机、25t 轮式起重机及 5t 绞磨。接地采用 ϕ14mm 镀锌圆钢及降阻模块的接地方式，施工机械主要采用电焊机和接地挖掘机。

该工程 3S069～3S072 号塔位均位于山区，塔位地形陡峭，针对现场恶劣地形，以及运输货物质量，多次论证采用架设重型索道。

（2）施工和运输方案。该工程 3S069 号塔位于海拔 1604m 的独山上，所在山坡坡度约为 45°，四腿均临近陡崖；3S070 位于海拔 1653m 山脊一侧缓坡处，坡度约为 30°；四腿均临近陡崖；3S071 位于海拔 1623m 一山坡上部，塔高 173m，是本标段最高的一基塔。3S072 位于海拔 1566m 的山坡上。3S069～3S072 号塔结构均为钢管塔，铁塔全高范围 100～172m，塔重 300～500t。运输难度大，单件质量大。

根据现场地形和运输货物质量，本次采用架设重型索道，加高加强龙门架，改造双承托绳 4t 级重型往返式索道。进场方案图、索道示意图和索道架设现场分别如图 6.5-5～图 6.5-7 所示，临时道路修建方案表和索道搭设情况表分别见表 6.5-13 和表 6.5-14，索道技术参数见表 6.5-15。

图 6.5-5　进场方案图

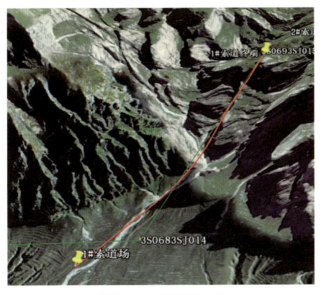

图 6.5-6　索道示意图

（a）整体照片　　　　　　　　（b）门架局部照片

图 6.5－7　索道架设现场图

表 6.5－13　　　　　　　临时道路修建方案表

段号	地形	起止点	交通条件	临时道路修建方案	施工机械
1	山地	3S069～3S072 号	交通差，均位于山区塔位地形陡峭	搭设重型索道	索道牵引机

表 6.5－14　　　　　　　索 道 搭 设 情 况 表

序号	索道号	档数	搭设长度（m）	索道形式
1	3S069 号	5	1637	五跨双索循环式索道
2	3S070 号	5	1690	
3	3S071～3S072 号	7	1350	

表 6.5－15　　　　　　　索 道 技 术 参 数 表

索道号		条件参数	
3S069 号	架设参数	档数	5
		跨距（m）	150/289/384/269/545
		高差（m）	−33/−209/−382/−447/−469
		中挠系数	0.005
		首端地锚水平夹角（°）	小于 45
		末端地锚水平夹角（°）	小于 45
	最重构件参数	质量（kg）	3144.8

　　根据表 6.5－15 中的索道技术参数，利用索道计算软件，结合现场地形，以及最大运输质量，计算选取工器具规格。承载索：2×ϕ22 钢丝绳；索引索

及起重索：ϕ16mm 钢丝绳；地锚系统的规格：16t 钢板地锚；驱动方式：单驱动往复牵引系统；龙门架（支架）：主柱人字架钢管规格为ϕ140mm×5mm；横梁规格30号工字钢；固定方式：采用拉线固定。索道部件明细表见表6.5-16。

表 6.5-16 　　　　　　　　索 道 部 件 明 细 表

索道号	部件名称	项目	项目	参数
3S069 号	工作索	承载索	直径（mm）	22
			破断力（kN）	293
		牵引索	直径（mm）	16
			破断力（kN）	107
	支架	支腿	额定载荷（kN）	100
			数量（个）	16
		横梁	额定载荷（kN）	109
			数量（个）	4
		鞍座	额定载荷（kN）	10
			数量	8
	小车	载荷1	额定载荷（kN）	5
			数量（个）	若干
	转向滑车	首端	额定载荷（kN）	50
			数量（个）	2
		末端	额定载荷（kN）	50
			数量（个）	2
3S069 号	地锚	承载索用地锚	额定载荷（kN）	100
			数量（个）	2
		牵引索、返空索、支架拉线用地锚	额定载荷（kN）	50
			数量（个）	18
	索道牵引装置		型号	SDJ-SGT140
			额定载荷（kN）	50

（3）施工机械与人员配置。道路修建及物料运输施工装备配置表见表 6.5-17。

表 6.5－17　　　　　　　　　道路修建及物料运输施工装备配置表

施工过程		主要施工机械					人员配置数量（人/台）
		设备名称	型号	主要技术参数（t）	配置数量（台）	设备配置方式	
1	索道修建	其他道路修建设备	轮式起重机（8t）	额定最大起吊质量 8	1	公司租赁	1
		轻型卡车		额定运输量 5	1	社会租赁	2
2	物料工地运输	索道牵引装置	SDJ－SGT140	额定牵引力 5	5	社会租赁	7
		轻型卡车		额定运输量 5	1	社会租赁	2
		其他道路修建设备	轮式起重机（8t）	额定最大起吊质量 8	1	公司租赁	1

3. 实施效果

（1）社会效益。

1）施工效率。使用机械化施工在各分部工序中都相应缩短施工工期，具体缩短施工周期情况详见表 6.5－18。

表 6.5－18　　　　　　　　　机械化施工周期对照表

分部工序	未使用机械施工周期（单基计算）（天）	使用机械化作业施工周期（单基计算）（天）	相对节省时间（单基计算）（天）	备注
物料工地运输	25	15	10	同条件对比

根据表 6.5－18 可明显对比：使用机械化进行施工时，道路修建和物料工地运输效率较高，施工周期明显缩短，同时为基础开挖、混凝土浇筑、杆塔组立、架线施工、接地施工工序提供了施工设备机场条件，保证机械化施工顺利开展。

2）安全质量及环保。采用索道运输方式，取代传统人力或骡马运输，可显著缩短施工工期，减少人工，延长了施工安全危险点出现的时间周期，避免了施工安全危险点的出现，为人身安全提供了良好的保障。3S069～3S072号铁塔都位于山区，采用索道运输基础、杆塔材料可极大减少材料运输风险。

采用索道运输，较传统方式可有效降低林木砍伐量，减少水土流失，绿色环保。

（2）经济效益情况。采用索道运输钢筋，塔材等材料，组塔使用双平臂落地抱杆施工，架线采用张力架线，机械化施工加快了施工效率，减少人力成本，机械化施工费用对比表见表6.5-19，单基成本减少约30万元。

表 6.5-19　　　　　　　　　　机械化施工费用对比表

序号	分部工序	传统施工方式费用 （万元/基）	全过程机械化施工方式费用 （万元/基）
1	道路（索道）修建（含占地赔偿）	55	35
2	基础施工（包含物料运输）	60	60
3	组塔施工（包含物料运输）	45	40
4	架线施工（包含物料运输）	45	40

全过程机械化施工应用

　　山地丘陵、河网泥沼、荒漠等复杂条件始终是机械化施工高效与全过程应用的难点区域。近些年通过实践，复杂工程建设参与方积累了可借鉴的实施方案及创新成果，包括实施策划、施工装备与人员配置方案、施工组织与工程管理措施、机械化施工效果等内容，为机械化施工技术的深化与推广提供了重要参考。

7.1　典型山地机械化施工

7.1.1　四川 500kV 线路工程

1. 工程概况

　　（1）工程规模。线路全长 100.319km，全线单回架设，新建铁塔 215 基，其中悬垂塔 138 基，耐张塔 77 基，路径途经 3 市 7 区（县）。

　　（2）气象条件。该工程线路经过地区属亚热带湿润气候区，四季分明，春季气温回升早，一般夏无酷热，冬无严寒，霜雪少，平均风速小，雨量充沛；存在时空分布不均，有时旱涝交错，冬干、春旱、夏旱、伏旱经常出现，秋多绵雨，日照时数少。基本风速 27m/s，覆冰 10mm。

　　（3）导地线型号。导线采用《圆线同心绞架空导线》（GB/T 1179—2017）规定的 4×JL3/G1A－400/35 钢芯高导电率铝绞线；地线采用双 OPGW－150 和 OPGW－120。

　　（4）地形地貌地质情况。沿线地貌类型主要表现为构造剥蚀丘陵地貌，路径全线地势起伏不大，地形条件总体较好，全线丘陵占 75%，山地占 20%，泥沼占 5%。路径区地层较为简单，基岩主要为泥岩、砂岩，全线岩石占 40%，松砂石占 51%，坚土占 5%，泥水占 4%。典型地形如图 7.1－1 所示。

图 7.1－1 工程典型地形地貌

（5）林区及经济作物情况。工程路径范围林区面积较小且分布零散。林区 95% 以柏树组成，高度为 15～18m 不等，另有少量松树，局部塔位位于橘子林内，共跨越林区 41km。

（6）交通情况。该工程路径区有多条高速公路、国道、省道及乡道。总体而言，大运交通条件较好，"最后一公里"的运输需要大量修路或架设索道完成。

2. 设计阶段策划

（1）可行性研究阶段主要开展以下工作。

1）按照系统方案，借助卫片影像选择工程路径，路径整体考虑了利用已有道路进场。

2）初选路径后进行现场踏勘，修正初拟路径方案，根据路径交通及地形条件初步确定工程材料运输主要采用已有道路修整和新修道路方式，个别塔位采用索道运输方式。

3）沿线进行混凝土搅拌站调研，初步确定全线采用商混。

4）根据初选塔形情况确定了组塔主要采用轮式起重机加摇臂抱杆型式。

5）开展常规施工和机械化施工费用对比，确定合理的工程造价。

（2）初步设计阶段主要开展以下工作。

1）根据可研阶段确定路径进行航飞，航飞设备及数据处理平台如图 7.1－2～图 7.1－4 所示。

图 7.1－2　固定翼无人机

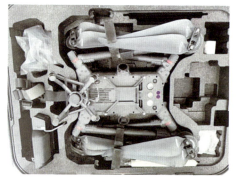

图 7.1－3　旋翼无人机

图 7.1－4　架空输电线路多数据源优化选线及断面处理平台

2）在航飞影像数据的基础上进行详细选线，三维数据平台上进行实时排位，并校验部分电气距离，二、三维联动系统及三维校验系统如图 7.1－5 和图 7.1－6 所示。

图 7.1－5　二、三维联动排位系统

图 7.1-6 交叉跨越距离三维校核

3）根据塔位选择结果在影像图上进行进场道路策划。典型塔位道路策划如图 7.1-7 所示（蓝色为已有道路修整，黄色为道路新修）。

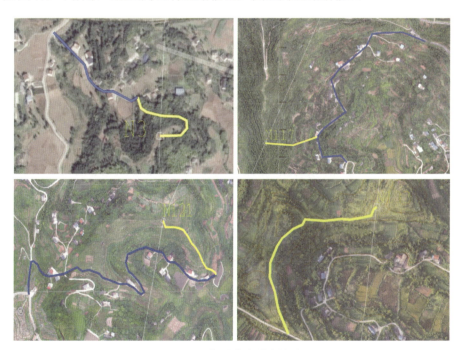

图 7.1-7 典型塔位道路修筑图

4）影像图上初步确定塔位和修路方案后，与施工专家一起现场终勘，初步确定现场修路方式、基础开挖机械、组塔方式、张牵场位置等。编写单基机械化施工策划表，见表 7.1-1。

表 7.1－1　　　　　　　　　　　单基机械化施工策划表

塔位号	障碍物	塔基类型	临时占地面积	塔基一般林木砍伐量	塔基经济作物类型	塔基经济作物砍伐	所属行政区域	开挖方式	浇筑方式	组塔方式	新修道路长度	新修道路临时占地面积	拓宽道路长度	拓宽道路宽度	拓宽道路占地面积	占用原有道路长度	新建与拓宽道路经济作物类型	新修及拓宽道路经济作物类型	新修及拓宽道路经济作物数量	修建道路存在的其他特殊措施	砂石及商用混凝土情况
N477	建议B腿降方50m³,方便旋挖机	耕地	1600	240	/	/	××市××镇××村	旋挖机	商混	落地抱杆	70	280	1500	道路单侧拓宽0.5m	750	4500	240	/	/	/	510元/方,不含运费

初设阶段共策划修筑道路 49.5km，修整已有道路 75km。全线采用商混，直接采用商混搅拌车浇筑 193 基，泵送一体机浇筑 22 基；铁塔采用轮式起重机组立 24 基，采用落地抱杆 163 基，悬浮抱杆组立 28 基。

（3）施工图设计阶段主要工作内容。施工图阶段除常规设计工作外，为满足机械化施工主要开展以下工作：

1）基础设计时取消了挖孔基础扩大头。

2）基础桩径按 0.2m 的倍数选取以减少钻头数量。

3）增加钢筋笼支撑钢筋以便钢筋笼的吊装。

4）杆塔设计时控制单个构件质量在 1.5t 以下，构件长度不超过 12m。

5）在导线起吊点、塔身抱杆承托位置、塔脚板靴板等位置合理设置辅助施工孔。

6）将猫头塔横梁前后主材间的宽度调整到 0.8m 及以上，满足落地抱杆尺寸要求。

7）对于大型机械不易进场的塔位，采用锚杆基础 3 基、微型钢管桩基础 3 基。

8）配合属地电力公司、属地政府进行现场塔位确认。

9）与属地公司配合，落实 35kV 以上电力线路的跨越方案、停电方案及施工方案；落实 10kV 线路的转供方案或电缆替代方案。

10）配合施工单位落实进场道路实施方案落地，最终实施修路长度较初设阶段有增加，但修路方式有调整，整体费用可控。

11）按建设单位的计划节点，落实各项重要交叉跨越的协议办理，为后期机械化施工的流水线作业落实施工方案策划。

3. 施工组织及技术应用

（1）材料站设置。该工程沿线设置两个中心材料站，每个材料站占地约 4000m²，索道材料、基础钢筋、导地线及金具、落地双摇臂抱杆、张牵设备、绞磨等主要材料和机具装备首先进入中心材料站，再由中心材料站分类采用汽车转运至各施工点或施工小运起运点，装卸采用汽车起重机。部分材料和设备由供货商直接运至各施工点或施工小运起运点以减少转运工作量。道路条件较差的塔位采用履带式运输车、小型机动车辆、轮胎式运输车等小型运输装备。

（2）施工装备配置及来源情况。该工程施工通用装备来自工程就近租赁，专用装备主要来自"省公司施工装备统一平台"。工程主要投入装备及来源表见表 7.1-2。

表 7.1-2 工程主要投入装备及来源表

施工过程	主要施工机械				配置数量	设备配置方式
	设备名称	型号	主要技术参数			
1 临时道路修建	挖掘机	DL150-8	58kW/（r/min）；最大挖掘深度：4.16m；最大回转半径：6.6m		12台	租赁
	轻型卡车	5t	额定载质量 5t		12辆	自有
	临时拼接路面铺收机	/	整机尺寸长宽高为 6000mm×2300mm×3200mm，整车质量15t，爬坡角度30°，拼接路面长宽尺寸500m×3.5m，铺收速率≥3m/min		1辆	自有
2 物料运输	轻型卡车	5t	额定载质量 5t		20辆	租赁
3 基础工程施工	旋挖机	HER-300	运输状态最小宽度 2800mm，整机质量 30t，最大输出扭矩 100kN·m，最大钻孔深度 30m，动力头钻速最大 75r/min，最大行走速度 2.1km/h，可根据基础断面直径匹配合适钻头		1台	租赁
		KR110D	运输状态最小宽度 2600mm，整机质量 32t，最大输出扭矩 110kN·m，最大钻孔深度 20m，最大工作压力 34.3MPa，动力头钻速 7～31r/min，最大行走速度 3.2km/h，根据基础断面直径匹配合适钻头		2台	租赁
		SWDM130	运输状态最小宽度 2980mm，整机质量 37.5t，最大输出扭矩 130kN·m，最大钻孔深度 35m/28m（2 种钻杆），动力头钻速 6～32r/min，最大行走速度 3.2km/h，根据基础断面直径匹配合适钻头		2台	租赁
		SWDM160H2	运输状态最小宽度 2980mm，整机质量 49t，最大输出扭矩 160kN·m，最大钻孔深度 56m/44m（两种钻杆），动力头钻速 6～32r/min，可根据基础断面直径匹配合适钻头		1台	租赁

施工过程		主要施工机械			配置数量	设备配置方式
		设备名称	型号	主要技术参数		
3	基础工程施工	旋挖机	ZR160C－3	运输状态最小宽度4000mm，整机质量50t，最大输出扭矩 160kN·m，最大钻孔深度62m/48m（两种钻杆），动力头钻速 5～45rpm，最大行走速度 2.1km/h 可根据基础断面直径匹配合适钻头	2 台	租赁
		分体式挖孔机	/	整机质量10.4t，最大单件质量1.35t，最大单件尺寸2500mm×1010mm×1500mm，钻孔直径1～1.8m，最大钻孔深度15m，最大工作压力40MPa，开挖速度3.5cm/min，卷扬机起吊质量2t	4 台	自有
		潜孔钻机	ZT5 一体式潜孔钻车	整车重 13.8t，扭矩 1680N·m，转速 1～120r/min，行驶速度 0～3km/h，钻孔直径 90～105mm，钻孔深度24m，适用岩石硬度 f＝6～20	2 台	自有
		汽车起重机	STC250S	整车尺寸 12 850mm×2500mm×3650mm，整车质量 32.4t，最大额定总起质量 25t，最大起重力矩 1029kN·m，最小转弯半径 10.5m，最大起重臂长度 48.5m	8 辆	租赁
		罐式混凝土搅拌车		罐体容积：4m³，整车尺寸 6460mm×2250mm×3300mm	10 辆	租赁
4	组塔施工	座地双摇臂抱杆	T2D－20	全高全重 6.36t，最大起吊质量 2×2.5t，不平衡力矩 20kN·m，全高 78m，标准节断面550mm×550mm，臂长 8m，工作幅度 1.5～8m	11 套	自有
		汽车起重机	STC250S	整车尺寸 12 850mm×2500mm×3650mm，整车质量 32.4t，最大额定总起质量 25t，最大起重力矩 1029kN·m，最小转弯半径 10.5m，最大起重臂长度 48.5m，最大起升高度 49m	16 辆	租赁
			STC550T6	整车尺寸 14 240mm×2800mm×3820mm，整车质量 44t，最大额定质量 55t，最大起重力矩 2107kN·m，最小转弯半径 12m，最大起升高度 49.5m，最大起重臂长度 68m	10 辆	租赁
			XCT100	整车尺寸 15 600mm×3000mm×3870mm，整车质量 55t，最大额定起质量 100t，基本臂最大起重力矩 4704kN·m，最小转弯半径 23m，最大起升高度 92.6m，最大起重臂长度 96.1m	6 辆	租赁
		悬浮抱杆组塔（配备受力监控装置）	500×500×21m铝合金抱杆	最大组合长度 21m（3 节 4m 标准段＋2 节 4.5m 锥形段），允许轴向压力 99kN，质量 700kg	1 套	自有
5	架线施工	牵引机	SA－YQ90	最大牵引力：90kN，最大牵引速度：5km/h，牵引卷筒直径：520mm	8 台	自有
		张力机	SA－YZ2×40	双线最大张力：2×40kN，并轮最大张力：80kN，放线卷筒直径：1500mm	8 台	自有

施工过程		主要施工机械			配置数量	设备配置方式
	设备名称	型号	主要技术参数			
6 接地施工	链式开沟机	/	开沟深度≤900mm，开沟宽度≤250mm		4台	自有
	挖掘机	DL150−8	58kW/（r/min）；最大挖掘深度：4.16m；最大回转半径：6.6m		4台	租赁

（3）开工准备主要工作。施工单位与设计、建管、林勘和属地单位建立协调会商机制，一般问题不过夜、重大问题不过周，有力确保了前期准备工作顺利开展。组建专业保障体系，同步编制各类项目管理规划。开展机械化施工前，完成政府协调会、机械化专项施工方案编审批、塔基交地、道路修筑、场地平整等工作，并针对机械化施工，组建机械化施工班组 62 个，投入机械化装备 155 台套，组织机械化专业培训 1240 余人次。

投入道路修筑班组 12 个，索道架设班组 1 个，主要修路装备 12 台，完成道路修筑 214 条，修筑长度 66.285km，扩建道路 67.44km，索道架设 1 条，有效施工天数 45 天。挖掘机及道路修筑如图 7.1−8 所示；道路钢板铺设及拼接路面铺收机如图 7.1−9 所示。

图 7.1−8 挖掘机及道路修筑实例

（4）基础工程主要工作。基础采用挖孔基础、灌注桩基础、岩石锚杆基础、微型钢管桩基础，基础主要使用情况见表 7.1−3。

图 7.1 - 9　道路钢板铺设及拼接路面铺收机

表 7.1 - 3　　　　　　　　　工程基础使用情况表

基础型式	基数（基）	桩径（板宽）范围（m）	埋深范围（m）	策划机械化施工基数（基）
挖孔基础	197	1.0～1.6	5.0～13.7	197
灌注桩基础	12	1.0～1.4	7.0～15.5	12
岩石锚杆基础	3	0.11（承台1.8～2.2）	6.0	3
微型钢管桩基础	3	0.3	6.0	3

　　该工程基础共计 215 基，组建旋挖机班组 8 个，每班配备 47 人，按照不同地形每个班组配置不同规格型号的旋挖钻机 1 台，开挖 188.25 基，平均工效 2 天/基；组建分体式挖孔机班组 4 个，每班配备 15 人，每班配备分体式挖孔机及其他配套装备 1 套，开挖 21 基，平均工效 3 天/基；组建潜孔钻机班组 2 个，每班配备 10 人，配备潜孔钻机 2 台，开挖 5.75 基，开挖平均工效 1 天/基。

　　线路沿线有商混搅拌站 6 处，利用原有道路或新建（扩）道路运输，采用商混车（天泵、地泵）浇筑的塔位 193 基，采用泵送一体机或小型车辆转运商混浇筑 22 基。基础有效施工天数共 51 天。

　　基础各工序装备投入占比情况见表 7.1 - 4；旋挖机班组施工组织明细表见表 7.1 - 5。

表 7.1 - 4　　　　　　　　基础各工序装备投入占比情况表

序号	施工工序	应用场景	主要装备	应用塔位（基）	占比（%）
1	基础开挖	道路能够到达	旋挖钻机	188	87.4
2		特殊基础形式	潜孔钻机	6	2.8
3		地形太差或无道路	分体式挖孔机	21	9.8
4	钢筋笼制作	现场制作	焊接机	195	90.7
5		材料站制作	钢筋笼辊轧机	20	9.3

续表

序号	施工工序	应用场景	主要装备	应用塔位（基）	占比（%）
6	基础浇制	道路能够到达	商用混凝车（天泵、地泵）	193	89.8
7		地形太差或无道路	混凝土泵送一体车或商用混凝车转运	22	10.2

表 7.1-5　　　　　　　旋挖机班组施工组织明细表

小组名称	工作内容	人员装备配置	流水节拍（天）	小组数量	备注
塔位协调	地方协调、丈量清理塔基附着物	协调员2名，配合人员2名	4	2	/
锁口制作	锁口材料运输，锁口制作	技工1名、普工2名、运输车1辆	4	3	锁口所需砂石水泥及模板单独运输，锁口浇制3天后方可开挖
基坑开挖	主装备装卸转运、基坑开挖	技工4名、普工4名、板车1辆、旋挖机1台、汽车起重机1台	2	1	/
钢筋施工	钢筋运输、钢筋笼现场加工和吊装	技工2名、普工3名、运输车1辆、汽车起重机1台	4	2	钢筋过长，一般采用现场加工
基础浇制	联系商用混凝站商用混凝车、基础支模、地栓安装、基础养护	技工2名、普工4名、挖机1台、商用混凝车2台	2	2	为保证基坑开挖后立即浇筑，特加强配置

挖孔设备及钻孔实例如图 7.1-10～图 7.1-12 所示。

图 7.1-10　旋挖钻机及钻孔实例

图 7.1－11　分体式挖孔机及钻孔实例

图 7.1－12　潜孔钻机及钻孔实例

钢筋笼吊装实例如图 7.1－13 所示。

图 7.1－13　钢筋笼吊装实例

混凝土运输及浇筑实例如图 7.1－14 和图 7.1－15 所示。

图 7.1－14　混凝土搅拌车及浇筑实例

图 7.1－15　天泵地泵浇筑实例

（5）组塔工程主要工作。该工程直线塔选用 500－KC21D 模块，耐张塔选用 500－KD21D 模块。直线塔、悬垂转角塔均为导线三角形排列的三相 V 或 L 串猫头塔，耐张塔均为导线三角形排列的干字形塔。铁塔使用情况及基本参数见表 7.1－6。

表 7.1－6　　　　　　　　工程铁塔使用情况参数表

塔型	基数（基）	塔全高范围（m）	单基塔重范围（t）	塔身最小开口宽度（m）	策划机械化施工塔数（基）
500－KC21D－ZMC1	24	40.5～57.5	13.2～20.2	0.9	24
500－KC21D－ZMC2	56	40.4～64.4	15.1～25.8	0.95	56
500－KC21D－ZMC3	22	44.7～73.7	18.9～34.2	1.0	22
500－KC21D－ZMCK	21	68.5～86.5	29.1～42.8	0.95	21
500－KC21D－ZMJC	11	47.0～60.0	20.1～25.4	0.9	11
ZMCK3010	4	74.2～84.2	40.8～44.4	1.0	4
500－KD21D－JC1	31	39.5～61.5	20.2～31.9	1.7	31
500－KD21D－JC2	25	42.5～61.5	24.3～36.3	1.8	25

续表

塔型	基数（基）	塔全高范围（m）	单基塔重范围（t）	塔身最小开口宽度（m）	策划机械化施工塔数（基）
500－KD21D－JC3	13	44.0～62.0	28.8～42.6	1.8	13
500－KD21D－JC4	4	41.0～56.0	31.3～42.2	1.8	4
500－KD21D－HJC	3	38.5～48.5	22.8～26.6	1.7	3
DJC	1	57.0	45.4	2.0	1

根据地形及塔位情况，组建 16 个汽车起重机组塔班组，每班配备 28 人，配置 25、55、100t 三级汽车起重机，按照起重机不同吊高，组织流水式吊装，共计组立 166 基，平均组塔效率 3 天/基；组建 11 个落地双摇臂抱杆班组，每班配备 20 人，抱杆设备 1 台，共计组立 44 基，平均组塔效率 7 天/基；组建 1 个"汽车起重机（25t）+内悬浮抱杆"班组，每班配备 22 人，共计组立 5 基，平均组塔效率 6 天/基。铁塔组立有效施工时间共 45 天。铁塔组立施工方式及占比见表 7.1－7；汽车起重机组塔班组施工组织明细表见表 7.1－8。

表 7.1－7　　　　　　　　　铁塔组立方式及占比表

序号	施工方式	运用场景	主要机具	应用塔位（基）	占比（%）
1	汽车起重机组塔	道路较好场地较平整	25、55t 及 100t 汽车起重机	166	76.8
2	落地双摇臂抱杆组塔	场地地形较好，塔较重	550mm×550mm 落地双摇臂抱杆	44	20.7
3	汽车起重机+内悬浮抱杆	塔窗较小	25t 汽车起重机及内悬浮抱杆	5	2.5

表 7.1－8　　　　　　　　汽车起重机组塔班组施工组织明细表

小组名称	工作内容	人员装备配备	流水节拍（天）	小组数量
前期工作	地方协调、道路修筑及清理、创建作业面	协调员 2 人	2	2
材料运输	负责运输塔材和组塔装备、工器具	指挥 1 人，普工 3 人，共 4 人，运输车 2 台，汽车起重机 1 台	1	1
组塔准备	负责地锚开挖、现场规划和布置、塔材清理和组装	指挥 1 人、地面人员 10 人、测工 1 人共 12 人，小型挖机 1 台	2	2
组塔施工	塔材吊装、铁塔检修	指挥 2 人（兼汽车起重机司索）、设备操作及维护人员 2 人、高空人员 6 人、普工 4 人，共 14 人	2	2
总体调度	总体指挥协调、后勤管理	负责人 1 名	/	/

组塔设备应用实例如图 7.1−16 和图 7.1−17 所示。

图 7.1−16　汽车起重机组塔实例　　　图 7.1−17　落地双摇臂抱杆组塔实例

（6）架线工程主要工作。工程全线单回路架设共 100.3km，共划分为 20 个区段。工程组建 4 个架线班组，每个架线班组配备 42 人，张牵设备 4 套，平均每个区段架线工效 10.4 天，架线施工时间共计 52 天。

架线工程设备及全景可视化及智能仿真张力放线系统应用实例如图 7.1−18 和图 7.1−19 所示。

图 7.1−18　牵引机及张力机

图 7.1−19　全景可视化及智能仿真张力放线系统应用实例（一）

图 7.1-19　全景可视化及智能仿真张力放线系统应用实例（二）
①—现场影像显示区；②—张牵机信息区；③—走板信息区；④—仿真计算结果显示区

（7）控制性及重难点工程方案。该工程交叉跨越多，重要交叉跨越及措施见表 7.1-9。

表 7.1-9　　　　　　　　重要交叉跨越及措施表

跨越区段	跨越物	跨越措施	跨越计划工期	跨越实际工期
N1-N7	某高速公路	跨越架封网	7	7
N104-N108	某高速公路和 110kV 线路	无跨越架封网、停电跨越	10	10
N108-N111	110kV Ⅲ 回线路	停电跨越	4	4
N111-N118	220kV 双回线路	停电跨越	5	5
N118-N132	110kV 单回线路	停电跨越	10	10
N132-N138	某通航河流	限时封航	6	6
N214-N229	某通航河流	限时封航	8	8
N229-N244	某通航河流	限时封航	10	10
N257-N261	某高速公路	跨越架封网	6	6
N281-N423	某通航河流和 110kV 线路	限时封航、停电	9	9
N428-N430	某高速铁路	无跨越封网	12	12
N442-N453	110kV 线路、某高速公路	停电、无跨越封网	8	8
N453-N462	某高速公路	无跨越封网	7	7

钢管跨越架封网及无跨越架封网实例如图 7.1-20 所示。

图 7.1-20　钢管跨越架封网及无跨越架封网实例

（8）施工工艺方案。

1）为实现机械化，结合实际地质地形情况，采用了微型钢管桩基础、岩石锚杆基础，微型钢管桩基础和岩石锚杆基础成品如图 7.1-21 所示。

图 7.1-21　微型钢管桩基础和岩石锚杆基础成品

2）为了满足防火管控要求，该工程接地线采用压接工艺。接地线规格为 $\phi12$ 圆钢，连接头分为"一"型和"T"型镀锌圆钢管，"一"型和"T"型接头示意图如图 7.1-22。

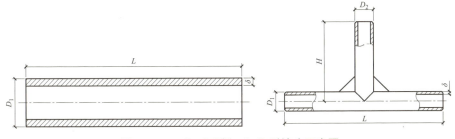

图 7.1-22　"一"型和"T"型接头示意图

接地线压接主要工艺流程如下：

a. 采用校直模具对接地圆钢进行校直，便于穿入压接管。

b. 检查接地线规格，压接管的长度、外径、内径等参数，是否满足设计及规范要求，连接头尺寸及偏差见表 7.1-10。

表 7.1-10　　　　　　　　　　连接头尺寸及偏差见表　　　　　　　　单位：mm

接地体规格	连接头形式	型号	长度 L	内径	高度 H	壁厚 δ	直径 D₁	直径 D₂	备注
φ12 圆钢	一字连接	Y12	240±2	14±0.1	/	3±0.1	20±0.1		
	T 字连接	T12	240±2	14±0.1	120±2	3±0.1	20±0.1	20±0.1	适用于 φ12 圆钢 T 字连接
	T 字连接（φ14 模块）	T12D	240±2	14±0.1（一字管）18±0.1（T 字管）	160±2	3±0.1	24±0.1	24±0.1	适用于 φ16 模块电极直径

c. 利用钢刷在接地线穿管区域均匀涂刷电力脂。

d. 采用对接法进行穿管，φ12 镀锌圆钢穿管长度为 120mm。"一"型和"T"型接头穿管示意如图 7.1-23 所示。

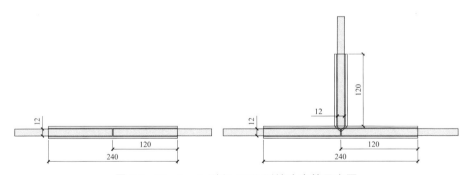

图 7.1-23　"一"型和"T"型接头穿管示意图

e. 画线压接。每处压接模数为两模，压接宽度不小于 20mm，间隔距离不小于 10mm，画线标记压接。"一"型和"T"型接管画线示意如图 7.1-24 所示。

f. 打磨，用锉刀去除钢管飞边，打磨，确保工艺美观，也便于尺寸检测。

g. 检查钢管对边距，压后对边距最大值满足

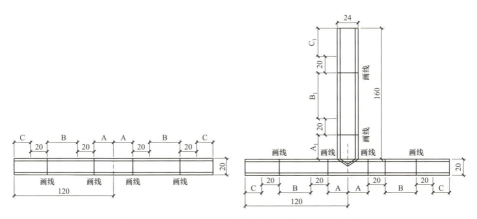

图 7.1－24 "一"型和"T"型接管画线示意图

$$S_g \leqslant 0.86 \times D_g + 0.2$$

式中　S_g——压后计算值；

　　D_g——压接管外径/压模尺寸。

$\phi 20$ 压接管压后对边距应满足不大于 17.40mm；$\phi 24$ 压接管压后对边距应满足 20.84mm。

h. 防腐处理，压接管采用镀锌钢管，压接后应在压接位置涂刷防腐漆。

接地线压接成品如图 7.1－25 所示。

图 7.1－25 接地线压接成品图

（9）施工安全保障措施。建立健全完善的安全监督、保障体系，严格落实国网公司和省公司各项安全管理规章制度，落实各项安全管控措施，提升现场安全文明施工管理，做好"四个管住"，坚持"现场为王"理念，确保安全目标实现。根据机械化施工特点，重点抓装备进场审查，抓装备可靠度及日常维护保养，抓机械操作人员培训交底和持证情况；抓装备与人员配合情况，避免机械伤害。

编制防止机械伤害、道路修筑及运输、基础施工、铁塔组立等工序安全风险点提示，并有专职安全员监督。机械化施工培训和安全教育 VR 体验如图 7.1−26 所示。

图 7.1−26　机械化施工培训和安全教育 VR 体验

（10）施工环水保措施主要工作。全面落实工程环境影响报告书、水土保持方案报告书及其批复、环保水保策划等文件要求，建设资源节约型、环境友好型的绿色和谐工程，按规定完成环保水保验收工作。

在道路修筑、塔位基础机械操作面平整、基础开挖等进行前期踏勘策划，尽量少开方、少砍伐林木、少破坏环境和植被，弃土不得随意向下坡方向倾倒，应用汽车将弃土转运，防止水土流失引发滑坡，造成更大的环境破坏。塔位施工后根据情况尽量恢复原始地貌，并做好植被恢复。道路修筑前后和塔位植被恢复如图 7.1−27 和图 7.1−28 所示。

图 7.1−27　道路修筑前后对比实例

图 7.1－28　塔位植被恢复实例

4. 机械化施工成效

（1）安全风险压降。机械运输代替人力和索道运输，消除三级及以上风险 95 项；机械开挖代替人工开挖，消除三级及以上风险 215 项；汽车起重机组塔代替悬浮抱杆，消除三级及以上风险 166 项，共消除三级及以上风险作业 476 项，整体风险压降率 39.7%。

在已有三级风险作业中，通过钻机开挖、钢筋笼整体吊装、汽车起重机组塔、落地抱杆组塔及全景可视化及智能仿真架线系统应用等措施，进一步提高施工过程风险管控水平，确保全过程安全可控。

（2）施工质量成效。基坑开挖成型标准，钢筋笼整体吊装，100%预拌混凝土浇筑，桩基检测根据桩径采用超声波、低应变、高应变三种手段，结果全部优良，无Ⅲ、Ⅳ类桩，Ⅰ类桩比例达 97%；塔材成捆运输，成片吊装，高空检修少，铁塔缺陷少；架线全程可视化，有效避免导地线损伤，运检单位对铁塔和线上验收缺陷相对传统施工减少 54%，施工一次成优率极高。自检消缺采用 X 光检测，无人机巡检等手段，进一步提高工程质量。6 个分部工程，14 个分项，2903 个检验批验收全部合格。

（3）施工效率人员压减。机械化施工实现作业流水线化，改变传统人工多点作业平行施工的模式，各工序流程围绕主装备构建新型机械化专业班组，将大班组按照施工工序细化为若干子班组，提升整体工效。运输阶段采用轮式和履带式运输车，人员较常规施工方式减少 108 人，压降率 31%，单基运输效率提升 80%；基础阶段采用旋挖机、分体式挖孔机和商砼，人员较常规施工方式减少 334 人，压降率 39%，单基效率提升 46%。组塔阶段采用汽车起重机和落地抱杆，人员较常规施工方式减少 198 人，压降率 24%，单基效率提升 25%。架线阶段采用全景可视化架线系统，避免架线故障，平均单区段提高工效 16%。较常规施工方式共减少施工人员投入 640 人，大幅降低人员劳动强度，同时工期节省 60% 以上。

（4）机械化施工亮点。

1）创新构建"大流水+小流水"作业模式。在各分部工程之间搭建"大流水"，形成以架线区段为基本单元的作战图、时间表，实时匹配总体工期计划，实现全过程进度有效管控。单项分部工程围绕主装备搭建"小流水"，将大班组按照施工工序对应拆分为若干子班组，精准计算各工序流水节拍，实现主装备最大化应用，保证了施工的连续性、有效性。

2）精准调度确保施工动态匹配。健全完善施工装备动态管理调度机制，实时掌握主装备状态（运输、施工、维修、闲置等）和所处位置，及时纠偏改进，始终确保装备与施工动态匹配。以主装备为链条，进一步建立装备追踪动态清单，在时间和空间两个维度有机串联每个作业点和工程全过程，定期开展班组操作能力、专业水平考核评价、优化提升和引入退出，最大效能发挥机械班组优势力量，同时为后续装备改进优化、施工动态匹配提供数据参考。

7.1.2 湖南 500kV 线路工程

1. 工程特点

常德机械化
施工视频

（1）工程规模。线路全长 102.152km，全线单回架设，新建铁塔 258 基，其中直线塔 154 基，耐张塔 104 基，路径途经 2 市 2 区（县）。

（2）气象条件。该工程线路经过地区属中亚热带向北亚热带过渡的大陆性季风湿润气候。四季分明，光热丰富，雨量充沛，盛夏较热，冬季较冷，春暖迟，秋季短，夏季多偏南风，其他季节偏北为主导风向，气温年较差大，日较差小，地区差异明显，降水主要集中在 4～8 月。基本风速 27m/s，覆冰 15mm。

（3）导地线型号。导线采用 4×JL3/G1A－630/45 钢芯高导电率铝绞线；地线一根为 JLB35－150 铝包钢绞线，另一根为 OPGW－150。

（4）地形地貌地质情况。线路沿线地貌主要有河流两岸的冲积平原地貌，丘陵、低山地貌及丘（山）间洼地地貌。全线泥沼占 50%，丘陵占 29.7%，山地占 18.3%，高山占 2.0%。塔位地质主要为粉质黏土、粉细砂、卵石、泥质粉砂岩、板岩及石英砂岩。全线岩石占 34.3%；松砂石占 31.5%；普通土占 5.3%；坚土占 22.3%；泥水占 5%；水坑占 1.6%。典型地形地貌如图 7.1-29 所示。

图 7.1-29　线路沿线典型地貌

（5）林区及经济作物情况。该工程沿线 46.4%塔基位于水田，多为种植水稻。35.5%塔基位于林区，多为灌木杂树，杂树高度 4~18m 不等。部分塔基位于虾塘、茶园。

（6）交通情况。沿线主要有多条高速、省道县道及众多的乡村公路，交通运输条件良好。

2. 设计阶段策划

（1）可行性研究阶段主要开展的工作。重点落实路径机械化施工方案可行性。路径选择结合卫片或数字航测成果，充分利用现有道路，综合考虑物料运输、设备进场、牵张场设置、重要跨越（铁路、高速公路）等机械化施工作业因素，在可研报告中通过专章阐述机械化设计相关内容，并进行多方案技术比选，为后续机械化施工设计方案做好准备。

（2）初步设计阶段主要开展的工作。全面应用数字航测和三维设计成果，结合现场详细踏勘和沿线交通调查，进一步优化线路路径，开展杆塔预排位，充分考虑设备进场和材料运输，细化塔位临时道路方案，落实环评水保要求，合理计列工程量。

编写了独立的机械化施工专题报告，主要包含以下内容：路径方案比选及优化、临时道路方案、导地线运输及架设、杆塔选型及接地优化、基础型式选择及优化、运输方案及环水保措施等。逐基明确临时道路方案长度、宽度、降方量及修筑方式,工程全线塔位机械化施工可行性一览表,见表7.1-11。沿线机械化施工塔位临时道路修筑示意图,如图7.1-30所示。

表7.1-11 该工程全线塔位机械化施工可行性一览表示例

塔位号	杆塔型号	塔位地形	塔位交通情况	拟采用基础型式	基础桩径（m）	预估新修施工便道长度（m）	修筑道路现有植被	选用机械设备型号	备注（不推荐采用机械化施工的原因）
D1	5B2-DJC-27	丘陵	良好	挖孔桩	1.6	122	杉树	KR100D 电建钻机	
D2	5B2-JC3-27	丘陵	良好	挖孔桩	1.4	156	杉树	KR100D 电建钻机	
……	……	……	……	……	……	……	……	……	……

图 7.1-30 机械化施工塔位临时道路修筑示意图

（3）施工图设计阶段主要工作内容。施工图设计阶段除按常规设计外,为满足机械化施工要求还进行了以下工作:

1）针对不同的地质地形、基础作用力等条件,优化基础设计,单项工程基础直径控制在五种以内,逐基做好地质勘探,确保基础设计方案、钻机钻具配备符合现场实际。

2）调查进场道路限载、桥梁限重及涵洞限高等通道关键控制点,充分结合地形地貌和机械装备性能参数选择施工道路的路径,兼顾环水保要求、森林防火及巡线道路，实现道路的"永临结合""生态环保"。

3）开展基于三维设计的精准选线定位和机械化施工单基策划。每基塔位编制独立的单基策划表，如图 7.1－31 所示，表中包含杆塔及基础型式、施工道路长度、基础开挖、铁塔组立等装备、含高程信息的现场地形图等主要信息。

附表1

机械化施工单基策划表

编号：D01

工程名称：×××500千伏线路工程（示例）

基本信息	杆塔编号	B3
	杆塔型号-呼高	500-MC31S-JC2-36
	塔重（t）	97.625
	地形	丘陵
	地质情况	0.0m~1.3m：素填土 1.3~1.9m：砂质板岩强风化 1.9m~18m：砂质板岩中风化
	是否有地下水（水位埋深）	未见
	基础型式	挖孔基础
	基础直径（m）	1.6
	基础全长（m）	AB腿：12.9、CD腿：12
	塔位最大坡度	25°
道路修筑及拓宽	新建道路长度（m）	50
	新建道路宽度（m）	4
	现有道路性质/宽度（m）	水泥路/2.7
	现有道路拓宽长度（m）	310
	现有道路拓宽宽度（m）	1.3
	碎石铺筑长度/厚度（m）	70/0.05
	路基箱铺设长度（m）	0
	道路修筑宽度（m）	4
	道路修筑总长度（m）	360
	开挖土石方量（m³）	720
	外运土石方量（m³）	240
	外运运距（km）	2.5
	穿越勾渠（深（m）×宽（m）（处））	3×5（1）
通道清理	主要附着物	果树
	面积（m²）	603
作业平台	塔基临时占地面积（m²）	1002
	塔基永久占地面积（m²）	335
	塔位地形	山坡
	作业平台方案	方案3
	平台开挖土石方量（m³）	150
塔基及施工临时场地措施	复绿面积（m²）	603
	其它	
施工机械装备	物料运输装备	窄轨履带式运输车
	基础施工装备	电建钻机XR100D
	混凝土装备	商混车+泵送/现场搅拌机
	接地施工装备	
	组塔施工装备	轮式/履带式起重机或落地抱杆
	架线施工装备	多旋翼无人机+（智能）牵张设备

现场全景图片（标出等高线、桩位位置及道路修筑路线等信息）

其他说明

其他需要说明的事项

图 7.1－31　机械化施工单基策划表

4）充分考虑工程设计与施工、施工装备与施工工艺之间的衔接工作，动态调整设计方案。

3. 施工组织及技术应用

（1）材料站设置。该工程设置两个中心材料站，每个材料站占地 1334m²，基础钢筋、导地线及金具、落地双摇臂抱杆、张牵设备、绞磨等主要材料和机具装备首先进入中心材料站，再由中心材料站分类采用汽车转运至各施工点或施工小运起运点，装卸采用轮式起重机。道路条件较差的塔位采用履带式运输车、小型机动车辆、轮胎式运输车等小型运输装备。

（2）施工装备配置及来源。该工程施工通用装备来自工程就近租赁，专用装备主要来自"省公司施工装备统一平台"。

该工程设备配置及来源见表 7.1－12。

表 7.1－12　　　　　　　　该工程设备配置及来源一览表

施工过程		主要施工机械				
		设备名称	型号	主要技术参数	配置数量	设备配置方式
1	临时道路修建	挖掘机推土机	DL150－8	58kW/（r/min）；最大挖掘深度：4.16m；最大回转半径：6.6m	1 台	租赁
2	物料工地运输	轻型卡车		额定载质量 5t	12 辆	自有
3	基础成孔	电建钻机	KR110D	运输状态最小宽度 2600mm，整机质量 32t，最大输出扭矩 110kN·m，最大钻孔深度 20m，最大工作压力 34.3MPa，动力头钻速 7～31r/min，最大行走速度 3.2km/h，根据基础断面直径匹配合适钻头	11 台	自有
		电建钻机	KR150D	运输状态最小宽度 2600mm，整机质量 36t，最大输出扭矩 150kN·m，最大钻孔深度 30m，最大工作压力 34.3MPa，动力头钻速 8～31r/min，最大行走速度 2.6km/h，根据基础断面直径匹配合适钻头	1 台	租赁
		挖掘机		最大挖掘深度 7.5m，最小回转半径 4.2m，功率 190kW	4 台	租赁
4	混凝土施工	罐式混凝土搅拌车		罐体容积：4m³	5 辆	租赁
5	组塔施工	履带式山地运输车	WLD－5	满载平地最大行驶速度 8km/h，满载爬坡最大行驶速度 5km/h，满载最大爬坡角度 30°	1 台	自有
		悬浮抱杆组塔（配备受力检测设备）	500×500×27m 钢抱杆	最大组合长度 27m（2 节 4.5m 锥形段＋4 节 4.5m 标准段），允许轴向压力 140kN，质量 1100kg	8 套	自有
		轮式起重机	STC500E	整车尺寸 14 020mm×2650mm×3800mm，整车质量 41t，最大额定总起质量 50t，最大起重力矩 2009kN·m，最小转弯半径 12m，最大起重臂长度 61m，最大起升高度 61.5m	1 辆	租赁
		落地摇臂抱杆	□600	全高全重 6.36t，最大起吊质量 2×4t，不平衡力矩 20kN·m，全高 90m，标准节断面 600mm×600mm，臂长 9m，工作幅度 1.5～9m	11 套	自有
		轻型卡车		额定载质量 5t	1 辆	自有

施工过程		主要施工机械			配置数量	设备配置方式
		设备名称	型号	主要技术参数		
6	架线施工	牵引机	SA-YQ90	最大牵引力：90kN 最大牵引速度：5km/h；牵引卷筒直径：520mm	1台	自有
		张力机	SA-YZ2×40	双线最大张力：2×40kN，并轮最大张力：80kN；放线卷筒直径：1500mm	1台	自有
7	接地施工	链式开沟机	/	/	1台	自有
		挖掘机	DL150-8	58kW/（r/min）；最大挖掘深度：4.16m；最大回转半径：6.6m	1台	租赁

（3）开工准备。经施工项目部现场调查并与设计确认道路修筑工作量，12个基础施工班组分别成立道路修筑小组，投入主要道路修筑设备12台，完成道路修筑295条，修筑长度33.762km，扩建道路20.22km，有效施工天数67天。

根据基础机械化施工特点，施工项目部组织专业分包项目部成立流水式作业班组，提高电建钻机使用效率。成立电建钻机管理班组加强电建钻机和钻具调用管理。道路修筑挖掘机如图7.1-32所示，道路铺设路基板如图7.1-33所示。

图7.1-32 道路修筑挖掘机

图7.1-33 道路铺设路基板

（4）基础工程。该工程基础型式主要有直柱板式基础、挖孔基础、灌注桩基础、微型桩、岩石锚杆基础、机械挖孔基础。基础使用参数见表 7.1－13。

表 7.1－13　　　　　　　　基　础　使　用　参　数

基础型式	基数（基）	桩径（板宽）范围（m）	埋深范围（m）	策划机械化施工基数（基）
直柱大板式基础	19	3.4～6.7	4.0～6.0	19
挖孔基础	2	1.1	8.0～8.5	0
灌注桩基础	112	1.0～2.0	7.3～14.9	112
微型桩	11	0.4	6.6～10.1	11
岩石锚杆	1	0.11	9.6	1
机械挖孔基础	113	1.0～2.2	6.0～14.9	107

该工程直柱板式基础共 19 基，挖孔基础、灌注桩基础、机械挖孔基础共 227 基，共计浇筑混凝土量 17176m³。

挖掘机开挖 19 基，机械成孔 230 基。投入基础施工班组 12 个，基础施工时长 207 天。

旋挖机钻孔实例图如图 7.1－34 所示。

钢筋笼吊装实例如图 7.1－35 所示。

图 7.1－34　旋挖机钻孔实例　　　　图 7.1－35　钢筋笼吊装实例

商用混凝土车直接浇筑实例如图 7.1－36 所示。

天泵浇筑混凝土实例如图 7.1－37 所示，地泵浇筑混凝土实例如图 7.1－38 所示。

图 7.1-36 商用混凝土车直接浇筑实例

图 7.1-37 天泵浇筑混凝土实例　　图 7.1-38 地泵浇筑混凝土实例

（5）组塔工程主要工作。该工程全线使用自立式角钢铁塔，主要采用国家电网公司典型设计铁塔 5B2、5E7 模块的铁塔。直线塔、悬垂转角塔均为导线三角形排列的三相 V 串酒杯塔，耐张塔均为导线三角形排列的干字形塔。铁塔使用参数见表 7.1-14。

表 7.1-14　　　　　　铁　塔　使　用　参　数

塔型	基数（基）	塔全高范围（m）	单基塔重范围（t）	塔身最小开口宽度（m）	策划机械化施工塔数（基）
5B2-DJC	4	35~44	38.66~48.39	1.8	4
5B2-DJCA	1	47~47	35.71~35.71	1.8	1
5B2-JC1	44	38~50	27.67~36.16	1.8	44
5B2-JC2	37	35~50	27.31~38.66	1.8	37
5B2-JC3	13	38~50	31.10~41.81	1.8	13
5B2-ZBC1	23	40~49	17.35~22.13	2.0	23

续表

塔型	基数（基）	塔全高范围（m）	单基塔重范围（t）	塔身最小开口宽度（m）	策划机械化施工塔数（基）
5B2－ZBC2	46	40～55	19.85～26.56	2.0	46
5B2－ZBC3	9	43～55	23.08～29.45	2.0	9
5B2－ZBC4	17	37～61	24.05～35.74	2.0	17
5B2－ZBCK	59	64～85	34.69～54.23	2.0	59
5E7－SDJC1	2	72～72	113.71～121.63	2.0	2
DJ41A	3	84－84	97.06～97.06	2.0	3

注　两基 5E7 模块双回终端塔一回挂线，另一回备用。

该工程平均塔重 31.202t，轮式起重机组塔 19 基，落地摇臂抱杆组塔 150 基，悬浮抱杆组塔 89 基。投入组塔班组 12 个，组塔施工时长 111 天。

轮式起重机组塔实例图如图 7.1－39 所示。

图 7.1－39　轮式起重机组塔实例

履带式运输车运输组塔工具和塔材实例如图 7.1－40 所示。

图 7.1－40　履带式运输车运输组塔工具和塔材实例

摇臂抱杆组塔实例图如图 7.1－41 所示。

图 7.1－41　摇臂抱杆组塔实例

（6）架线工程主要工作。该工程跨越 110kV 及以上电力线 16 次，跨越高速公路 3 次，跨越铁路 1 次，根据停电计划及跨越手续办理情况合理安排工期。

根据工程特点，划分架线区段 10 个，投入架线施工班组 1 个，架线设备 2 套，架线施工时长 128 天。

全景可视化智能仿真张力放线系统应用实例如图 7.1－42 所示。

图 7.1－42　全景可视化智能仿真张力放线系统应用实例

（7）控制性及重难点工程方案。该工程交叉跨越多，重要交叉跨越及方案见表 7.1－15。

表 7.1－15 重要交叉跨越及方案表

跨越区段	跨越物	跨越措施	跨越计划工期（天）	跨越实际工期（天）
P2－P9	35kV 电力线、220kV 电力线	停电	7	7
P9－P12	220kV 电力线、500kV 电力线	停电	5	5
P12－P17	220kV 电力线、500kV 电力线、高速公路	停电、搭设跨越架封网	5	5
A9G－C4 B9G－D4	35kV 电力线	停电	13	13
C4－E21 D4－F21＋1	铁路、高速	搭设跨越架封网	12	12
E21－A56 F21＋1－B52G	无	无	12	12
A56－A75 B52G－B72	110kV 电力线	停电	12	12
A75－A95 B72－B94	无	无	12	12
A95－A113 B94－B113	110kV 电力线、500kV 电力线	停电	12	12
A113－A130 B113－B130	无	无	12	12

（8）施工工艺方案。施工工艺方案按《国家电网有限公司输变电工程标准工艺 架空线路分册（2022 年版）》执行。

基础施工根据电建钻机成孔特点，根据不同土质采用电建钻机干成孔法和湿成孔法，利用电建钻机分层循环旋进和梅花桩法成孔。

（9）施工安全保障措施。建立健全完善的安全监督、保障体系，严格落实国网公司和省公司各项安全管理规章制度，落实各项安全管控措施。根据机械化施工特点，重点抓装备进场审查，抓装备可靠度及日常维护保养，抓机械操作人员培训交底和持证情况；抓装备与人员配合情况，避免机械伤害。

安全保障组织体系图如图 7.1－43 所示。

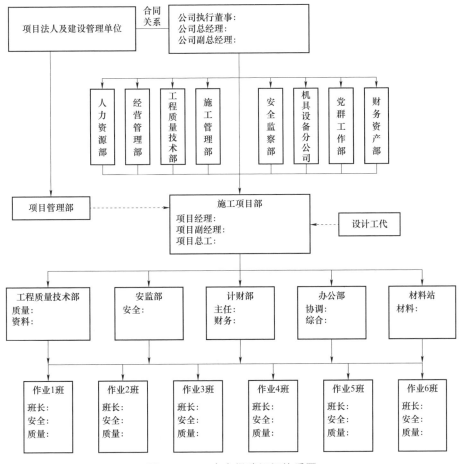

图 7.1－43　安全保障组织体系图

（10）施工环水保措施。全面落实工程水土保持方案报告书、环境影响报告书及其批复、环保水保策划等文件要求，建设资源节约型、环境友好型的绿色和谐工程，按规定完成环保水保验收工作。

在道路修筑少开方、少砍伐林木、少破坏环境和植被，塔位施工后根据情况尽量恢复原始地貌，并做好植被恢复。道路修筑环水保措施照片（开挖前后）如图 7.1－44 所示。

机械操作面平整措施照片（开挖前后）如图 7.1－45 所示。

塔位场地恢复照片（开挖前后）如图 7.1－46 所示。

(a) 开挖前　　　　　　　　　　　　　　(b) 开挖后

图 7.1－44　道路修筑环水保措施照片（开挖前后）

(a) 开挖前　　　　　　　　　　　　　　(b) 开挖后

图 7.1－45　机械操作面平整措施照片（开挖前后）

(a) 开挖前　　　　　　　　　　　　　　(b) 开挖后

图 7.1－46　塔位场地恢复照片（开挖前后）

4. 机械化施工成效

（1）安全风险压降。机械开挖代替人工开挖，消除三级及以上风险 233 项；轮式起重机组塔代替悬浮抱杆，消除三级及以上风险 19 项，共消除三级及以上风险作业 252 项，整体风险压降率 24.6%。

在已有三级风险作业中，通过钢筋笼整体吊装，落地抱杆组塔，全景可视化系统架线等措施，进一步提高施工过程风险管控水平，确保全过程安全可控。

（2）施工质量成效。基坑开挖成型标准，钢筋笼整体吊装，基础混凝土 97% 使用商用混凝土，桩基检测为小应变检测全检，第三方声波检测抽检，未发现 III、IV 类桩，I 类桩比例超过 92%；运检单位对铁塔和线上验收缺陷相对传统施工减少 45%，施工一次成优率极高。6 个分部工程，14 个分项，3264 个检验批验收全部合格。

（3）施工效率成效。根据施工统计，电建钻机型号以 KR110D 计算电建钻机净作业时间，在普通土土质的效率平均为 21.3m³/h。在强风化岩土质的效率平均为 8.4m³/h。在砾岩土质的效率平均为 1.0m³/h。在流沙土质的效率平均为 3.2m³/h。

普通土、强风化岩、砾岩土质，考虑人工开挖并采取护壁措施，按每节护壁高度 1.2m，等待护壁强度达到考虑 1 天时间，开挖一节护壁深度考虑 0.5 天时间，按桩径 1.6m 计算，4 个基础同时施工，人工开挖效率为 0.8m³/h。

普通土质条件下，机械开挖效率为人工开挖的 26.6 倍。强风化岩土质条件下，机械开挖效率为人工开挖的 10.5 倍。在砾岩土质条件下，机械开挖效率为人工开挖的 1.3 倍。

（4）机械化施工亮点。根据机械化施工周期短，施工准备周期长的特点，联合分包商编制详细施工计划，确保施工准备不影响设备进场。成立设备调用和后勤小组，根据施工计划编制设备调用计划和耗材补充计划，确保设备调用有序，耗材备用充分。施工项目部协调管理人员积极与业主、地方政府沟通协调，解决地方矛盾。从各方面保证机械化施工流水作业的顺利进行。

7.2　典型河网机械化施工

7.2.1　江苏 500kV 线路工程

1. 工程概况

（1）工程规模。该工程线路长度 60km，全线采用双回路架设，悬垂塔 89 基，耐张塔 57 基。其中 8km 位于湖泊内，需搭建水上施工平台进行施工。

（2）气象条件。该工程线路经过地区属亚热带湿润气候区，冬无严寒，霜雪少，雨量充沛。一般线路段设计基本风速 28m/s，覆冰厚度 5mm；跨越湖泊时加强抗风、抗冰设计，基本风速 31m/s，覆冰厚度 10mm。

（3）导、地线型号。导线采用 4×JL3/G1A−630/45 钢芯高导电率铝绞线；地线采用 OPGW−150。

（4）地形地貌。该工程线路沿线地貌主要为农田、湖沼以及湖泊水域，地形平坦开阔，地势较低。沿线水系发育。沿线所属地貌单元主要为水网平原区，局部为湖泊水域。水网平原地貌线路占 86%，主要为农田和河塘，地形平坦；湖泊水域线路占 14%，主要为原河道及养殖鱼塘修复、拓宽形成，局部为浅滩，水深普遍较浅。塔位基础受力层深度范围内的地基土主要由粉质黏土、淤泥、淤泥质粉质黏土、粉土、粉砂等组成，局部地表分布人工堆积成因的填土。沿线平原水网地貌如图 7.2−1 所示。湖泊段地貌如图 7.2−2 所示。

（5）林区及经济作物情况。该工程路径范围无林区或经济作物。

图 7.2−1　沿线平原水网地貌

图 7.2－2   湖泊段地貌

（6）交通情况。线路沿线有多条高速公路、国道、县道以及乡道。总体而言，交通条件较好。

2. 设计阶段策划

（1）可行性研究阶段主要开展以下工作。可研设计阶段，按初步设计深度要求进行现场踏勘，根据踏勘情况初步确定道路修筑长度和环水保、落地抱杆组塔等机械化施工的工程量，开展常规施工和机械化施工费用对比，为工程机械化施工创造条件。对于湖泊段，业主单位、设计单位与施工专家反复研究施工方案，确定采用驳船运输并搭建水上平台施工的总体方案，制定了详细合理的全过程机械化施工方案，并计列了相关费用。

（2）初步设计阶段主要开展以下工作。在初步设计阶段，设计单位与施工专家密切配合，结合拟采用的各类施工机械进出场以及物料运输的需要，根据太湖管委会、苏州水利部门以及运检单位的各项要求和管理规定，进一步深入优化设计方案，结合水下地形地质特点，在保障杆塔和基础符合各项设计规程要求的前提下最大程度降低水上施工难度和施工风险。

（3）施工图设计阶段主要工作内容。跨越湖泊段线路水上施工平台造价较高，为节约工程造价，杆塔排位采用高塔大档原则，尽量减少塔位数量；根据水文要求，基础承台底面需高于百年洪水位，对湖泊内基础采用承台和单桩进行比选，最终选择便于施工的大直径单根灌注桩基础，经施工验证，这一优化措施大大降低了水上施工难度和风险，降低了工程造价，加快了施工进度，取得了良好的技术经济效果。

3. 施工组织及技术应用

（1）材料站设置。该工程设置两个中心材料站，基础材料站占地4000m²，主要堆放基础材料，包括钢筋、地脚螺栓及部分导线。架线材料站占地2500m²，主要堆放导地线及金具。部分塔材由供货商直接运至各施工点附件的临时堆放点以减少转运工作量。道路条件较差的塔位采用履带式运输车、小型机动车辆、轮胎式运输车等小型运输装备。

（2）施工装备配置及来源。该工程设备配置及来源见表7.2-1。

表7.2-1　　　　　　　　　　设备配置及来源表

施工过程		主要施工机械				
		设备名称	型号	主要技术参数	配置数量	设备配置方式
1	临时道路修建	挖掘机推土机	DL150-8	58kW/（r/min）；最大挖掘深度：4.16m；最大回转半径：6.6m	12台	租赁
			ZH200-5A	113kW/（r/min）；最大挖掘深度：6.6m；最大回转半径：10.28m	6台	租赁
2	物料工地运输	轻型卡车	5t	额定载质量5t	2辆	自有
		轻型卡车	6t	额定载质量6t	6辆	租赁
		中型卡车	13t	额定载质量13t	4辆	租赁
3	基础成孔	反循环钻机	GF-250	钻孔直径0.8~2m，最大钻孔深度：视土质而定	7辆	租赁
		潜孔钻机	JL300A-JL2000A	整车重13.8t，扭矩1680N·m，转速1~120r/min，行驶速度0~3km/h，钻孔直径90~105mm，钻孔深度24m，适用岩石硬度$f=6$~20	15台	租赁
4	混凝土施工	罐式混凝土搅拌车	/	罐体容积：4m³，整车尺寸6460×2250×3300mm	8辆	租赁
		罐式混凝土搅拌车	/	罐体容积：10m³，整车尺寸9550×2500×3880（mm）	10辆	租赁
		罐式混凝土搅拌船	/	罐体容积：39m³，船尺寸27 230×72 340×4800（mm），空载吃水0.638m，满载吃水1.2m，满载排水量206.141t	2艘	租赁
		轮式起重机	12t	基本臂最大起重力矩420kN·m	4辆	租赁
		轮式起重机	16t	基本臂最大起重力矩460kN·m	3辆	租赁

续表

施工过程		主要施工机械			配置数量	设备配置方式
		设备名称	型号	主要技术参数		
5	组塔施工	内悬浮外拉线抱杆	500×500×28m 铝合金抱杆	最大组合长度28m（6节4m标准段+2节2m锥形段），允许轴向压力83kN，质量1014kg	12套	自有
		内悬浮内拉线抱杆	500×500×24m 铝合金抱杆	最大组合长度24m（5节4m标准段+2节2m锥形段），允许轴向压力83kN，质量921kg	3套	自有
		轮式起重机	25t	基本臂最大起重力矩 980kN·m	5辆	租赁
		轮式起重机	50t	基本臂最大起重力矩 1800kN·m	2辆	租赁
		轮式起重机	80t	基本臂最大起重力矩 2669kN·m	2辆	租赁
		轮式起重机	85t	基本臂最大起重力矩 3480kN·m	1辆	租赁
		轮式起重机	100t	基本臂最大起重力矩 3238kN·m	2辆	租赁
		轮式起重机	130t	基本臂最大起重力矩 5116kN·m	2辆	租赁
		轮式起重机	300t	基本臂最大起重力矩 9900kN·m	1辆	租赁
		轻型卡车	/	额定载质量 5t	4辆	自有
		轻型卡车	/	额定载质量 6t	4辆	租赁
		中型卡车	/	额定载质量 13t	2辆	租赁
6	架线施工	牵引机	WQT-60-Ⅳ	最大牵引力：60kN 最大牵引速度：5km/h；牵引卷筒直径：450mm	2台	自有
		牵引机	SPW28	最大牵引力：280kN 最大牵引速度：5km/h；牵引卷筒直径：910mm	1台	自有
		张力机	T140-2H/2DD	双线最大张力：2×70kN，并轮最大张力：140kN；放线卷筒直径：1600mm	2台	自有
		张力机	ZT40	最大张力：40kN；放线卷筒直径：1200mm	1台	自有
7	接地施工	链式开沟机	/	/	5台	自有
		挖掘机	DL150-8	58kW/（r/min）；最大挖掘深度：4.16m；最大回转半径：6.6m	5台	租赁

（3）开工准备主要工作。该工程湖泊段为 AN62-AN77，经现场勘察，桩位所在湖泊水域水位为 0.8～3.5m。施工过程中无法满足人员及机械船舶运输水深条件，故采用挖机船对运输通道进行清理，清理长度为 8km，清理宽度 20m。另码头需停靠 300t 船舶，需对码头进场道路进行修整。

因施工前勘测湖泊水位降低，需对桩号沿线航道进行清理，投入航道修筑班组 3 个，投入主要装备挖泥清淤船 3 台，清理长度 12.9km，有效施工天数 25 天。清淤船如图 7.2－3 所示。

图 7.2－3　清淤船

（4）基础工程主要工作。湖泊段基础均为灌注桩单桩基础，尺寸有 1.8、2、2.2、2.4m 等多种尺寸，灌注桩深度在 20～28m 间，共计 56 根桩，方量 4984.66m³。湖泊段灌注桩基础主要施工机械为正循环钻机，采用搭设钢管排架＋贝雷钢构架的方式进行施工。本次施工投入班组 5 组，其中 4 组采用钢管排架施工，1 组采用贝雷钢构架平台进行施工，实施时间从 2020 年 11 月 5 日开始进场准备至 2021 年 5 月 8 日全部完成。

混凝土浇筑采用商用混凝土运输船运输至桩位后浇筑，租赁 2 艘船交替施工，单艘运输船的运输方量在 39m³，平均运距为 7.9km。钻机在水上施工平台作业如图 7.2－4 所示。工人在钢护筒内作业如图 7.2－5 所示。

图 7.2－4　钻机在水上施工平台作业

工程名称: 500kV 同里 - 木渎双回
开断环入吴江南线路工程

施工部位: 基础施工

日　　期: 2020 年 12 月 12 日

图 7.2－5　工人在钢护筒内作业

（5）组塔工程主要工作。该工程陆上段悬垂塔和耐张塔均选用 5E3 模块，跨湖段直线塔选用 5E4 模块，耐张塔选用 5E5 模块。悬垂塔均为导线垂直排列的三相 V 串塔，耐张塔均为导线垂直排列的鼓形塔。铁塔使用情况见表 7.2－2。

表 7.2－2　　　　　　　　铁 塔 使 用 情 况 表

塔型	基数（基）	塔全高范围（m）	单基塔重范围（t）	左右挂点距离（m）	策划机械化施工塔数（基）
5E3－SZ1	22	62.5～70	38.7～42.5	28.8	7
5E3－SZ2	27	67～79	48.1～60.1	31.6	7
5E3－SZK	28	79～111	72.4～138.9	29.2	10
5E3－SJ1	11	56.5～77.5	63.2～91.4	23.0	8
5E3－SJ2	13	50.5～83.5	65.9～114.7	22.2	6
5E3－SJ3	18	56.5～65.5	76.3～88.8	21.7	10
5E3－SJ4	12	50.5～68.6	75.0～106.6	22.4	9
5E4－SZ3	10	71.6	56.2	23.0	0
5E4－SZK	2	83.6	76.8	23.4	0
5E5－SJ1	2	72	89.7	23.0	0
5E5－SJ2	1	72	100.5	24.0	0

湖泊段铁塔共 14 基，共计 906.15t。涉及 4 种塔型，因场地条件限制，仅能采用内悬浮内拉线组塔方式进行铁塔组立，人员及工器具运输均采用船舶运输，共计投入 3 个班组，每班组 25 人，从 2021 年 3 月 20 日开始，至 2021 年 5 月 30 日全部完成，平均组塔效率 7 天/基。

（6）架线工程主要工作。湖泊段架线距离为 7.665km，划分为一个牵张段，牵张场布置在湖泊两侧岸边空地处，采用 28t 大牵+2 台 2 线 14t 大张进行导地线展放。投入 1 个架线班组和 2 个配合班组共计 58 人完成本次张力架线工作，架线施工完成后成立 2 个紧线班组和 2 个附件安装班组完成架线施工任务，架线段时间 2021 年 9 月 10～9 月 25 日。无人机展放导引绳如图 7.2－6 所示。导线展放作业如图 7.2－7 所示。水上放线作业如图 7.2－8 所示。

图 7.2－6　无人机展放导引绳

图 7.2－7　导线展放作业

图 7.2－8　水上放线作业

（7）控制性及重难点工程方案。本段全部位于湖泊水域内，沿线无行船航道，无重要交叉跨越。

湖泊段水位根据季节和年份变化较大，原进场勘察时湖泊水位在 1.8～3.5m 之前，无须航道清理即可进场作业。因湖泊为重要水域，各级行政审批极为严格，施工阶段办理行政审批时，相关主管部门要求汛期不得进行施工，实际进场施工时湖泊水位下降，水深无法满足船舶行驶的需要。虽经项目部合理安排工期并调用清淤设备，仍造成了施工机具延误、部分施工计划未能如期完成的情况出现，这一过程也为后续施工积累了宝贵经验。

湖泊段施工的重难点主要在于物料运输，工程实施过程中，采用挖机船对运输通道进行清理，清理长度为 12km，清理宽度 20m。现场材料运输沿用原有湖泊码头，按照满足停靠 300t 船舶的要求对码头进场道路进行了修整，满足了施工过程中各种工器具以及物料的运输需要。

（8）施工工艺方案。施工工艺方案按《国家电网有限公司输变电工程标准工艺 架空线路分册（2022 年版）》执行。

（9）施工安全保障措施。根据机械化施工特点，重点抓装备进场审查，抓装备可靠度及日常维护保养，抓机械操作人员培训交底和持证情况；抓装备与人员配合情况，避免机械伤害。编制防止机械伤害、道路修筑及运输、基础施工、铁塔组立等工序安全风险点提示，并有专职安全员监督。

（10）施工环水保措施。施工前，项目部组织施工人员认真学习《基建安全管理规定》和《电力安全工作规程 线路部分》，根据施工周期及施工作业流程制定湖泊段专项环保、水保措施，编制施工期湖泊段环境保护应急处置方案并交底。

施工期间加强施工期作业水域水体观察，制定应急预案，一旦发现施工区域的水体异常混浊，须立即组织专业人员对施工区域进行适当的加密监测，以判断水质是否受施工影响。当发现本段涉及湖泊水质受施工影响明显时，需进一步采取防污扩散措施。具体措施为：设置拦污帘，保证施工期间造成的水质混浊不会对取水口的水质造成影响。当多层拦污帘仍无法解决水质受施工明显影响时，应立即停止施工，报主管部门，组织相关单位共同商讨处理方案，确保湖泊的供水安全。合理规划造浆池的位置，采用货运船舶作为泥浆排放池，不随意排放泥污，泥浆排放所使用管道不得出现破损情况造成泥浆外漏。泥浆船停泊应稳固，无晃动。泥浆船储浆至运输船舶容量 90%以后，不得再排放泥浆，需更换泥浆船，并进行泥浆外运。对施工后形成的泥浆或泥污按监理或甲方要求处理。浇制过程中严格控制浇筑过程中倾倒混凝土与料斗之间间隙，不得有混凝土掉落至湖泊水中。

施工结束后，对生活垃圾、混凝土碎渣等杂物及时清理，不得随意抛掷做到"工完、料尽、场地清"。

施工时尽量减少基础的夜间施工。以避免夜间施工视线受阻造成的泥浆外漏情况。

基础竣工后，及时修整和恢复在施工过程中受到破坏的生态环境，并尽可能采取净化措施。

4. 机械化施工成效

（1）安全风险压降。机械开挖代替人工开挖，消除三级及以上风险 164 项；汽车起重机组塔代替悬浮抱杆，消除三级及以上风险 31 项，共消除三级及以上风险作业 195 项，整体风险压降率 29.7%。

在已有三级风险作业中，通过钻机开挖、钢筋笼整体吊装、汽车起重机组塔及全景可视化及智能仿真架线系统应用等措施，进一步提高施工过程风险管控水平，确保全过程安全可控。

（2）施工质量成效。基坑开挖成型标准，钢筋笼整体吊装，100%预拌混凝土浇筑，桩基检测根据桩径采用低应变、高应变两种手段，结果全部优良，无 Ⅲ、Ⅳ 类桩，Ⅰ 类桩比例达 95%；架线全程可视化，有效避免导地线损伤，施工一次成优率极高。自检消缺采用 X 光检测，无人机巡检等手段，进一步提高工程质量。6 个分部工程，11 个分项，验收全部合格。

（3）施工效率人员压减。机械化施工实现作业流水线化，改变传统人工多点作业平行施工的模式，各工序流程围绕主装备构建新型机械化专业班组，将大班组按照施工工序细化为若干子班组，提升整体工效。运输阶段采用轮式和履带式运输车，人员较常规施工方式减少 82 人，压降率 29%，单基运输效率提升 65%。组塔阶段采用汽车起重机，人员较常规施工方式减少 40 人，压降率 18.9%，单基效率提升 25%。架线阶段采用全景可视化架线系统，避免架线故障，大幅降低人员劳动强度，同时工期节省 22% 以上。

（4）机械化施工亮点。

1）创新构建流水作业模式。该工程两条架空线并行，提前策划进场道路路径，减少进场频次，有效降低成本。组塔队伍连续作业，机械化设备利用率高，闲置时间短。

2）精准调度确保施工动态匹配。健全完善施工装备动态管理调度机制，实时掌握主装备状态（运输、施工、维修、闲置等）和所处位置，及时纠偏改进，始终确保装备与施工动态匹配。以主装备为链条，进一步建立装备追踪动态清单，定期开展班组操作能力、专业水平考核评价、优化提升和引入退出，最大效能发挥机械班组优势力量，同时为后续装备改进优化、施工动态匹配提供数据参考。

7.2.2　天津 220kV 线路工程

1. 工程概况

（1）工程规模。该工程新设线路全长 21.44km，全线双回路架设，新建铁塔 63 基，全部位于盐场范围内。其中直线塔 26 基，耐张塔 37 基。

（2）气象条件。该工程线路经过地区属暖温带大陆性季风气候，夏季多雨，冬季寒冷。基本风速 29m/s，覆冰 5mm。

（3）导地线型号。导线采用双分裂 JL/LB20A－400/35 和双分裂 JL/LB20A－630/45；地线采用 OPGW－24B1/150。

（4）地形及地质状况。该工程路径地貌单元属于海积平原及河口三角洲沉积地貌，地势平坦。拟建线路沿线分布大小不等的盐池，盐池深度约 1.20～2.10m，盐池四周围堤标高约 1.88～5.04m。盐池中淤泥厚度约 0.4～1.5m，地表表面的地基土主要为人工填土及河床河漫滩相沉积（Q43al）第 I 陆相层。

根据勘察结果，地层 15m 深度范围内以黏性土为主，地下水位较浅，土质较软。地形比例表见表 7.2－3。

表 7.2－3　　　　　　　　　地 形 比 例 表

地形划分	第 1 部分（km）	第 2 部分（km）	比例（%）
盐池	6.3	6.03	67
平地	3.1	2.97	33

（5）林区及经济作物情况。该工程路径范围无林区或经济作物。

（6）交通情况。线路沿线附近有高速、盐场内部道路、省道等道路。交通较为便利，车辆可行驶到塔位附近。但大部分塔位位于盐池或鱼池中，由临近道路至塔位无可利用道路。

2. 设计阶段策划

（1）可行性研究阶段主要开展的工作。可行性研究阶段结合卫片图和地形图，深入结合规划单位意见，进行路径多方案比选。结合必选方案进行现场深度踏勘，根据杆塔使用条件并结合现场交通情况，初步选定交通便利地区设置塔位，开展常规施工和机械化施工费用对比，为工程机械化施工创造条件。

（2）初步设计阶段主要开展的工作。初步设计阶段，根据批复线路路径，进一步进行塔位和路径优化。

根据线路路径的实际情况和机械化施工要求，在路径选线和塔位选择阶段，主要遵循以下原则：

1）线路路径选择尽可能平行已建或在建电力线路走线，利用原有线路工程中修筑的施工道路及场地。

2）路径尽量减少与已建高电压等级送电线路的交叉次数，降低了施工过程中的停电损失，提高电网运行的安全可靠性、经济性，同时也降低了机械化施工架线的施工难度。

3）塔位选择尽量临近盐池边缘或避开盐池，减少了临时道路修筑量，减少外协赔偿，为机械化施工提供便易的条件。

4）塔位选择尽量临近现有国道、县道等主干道，贴近现状汽运道路、机耕道路，改善交通运输条件。以减少临时道路修筑，方便机械化施工和线路后期运行。

5）塔位选择尽量考虑物料运输、设备进场、牵张场布置、放线等机械化施工作业因素，进行多方案比选，综合效益最优。

该工程线路沿线分布大小不等的盐池（水塘），盐池深度约 1.20～2.10m，盐池中淤泥厚度约 0.4～1.0m。根据现场踏勘及调查，拟建线路附近主要交通道路有高速公路、盐场自有道路、县道等，交通较为方便。

重点对盐场部分塔位，做到逐基逐点踏勘，根据场地地形情况制定进场道路及具体修筑方案，并计列机械化实施费用，为后期具体实施奠定基础。部分塔位及规划临时道路卫星图如图 7.2－9 所示。部分塔位及规划临时道路实景图如图 7.2－10 所示。

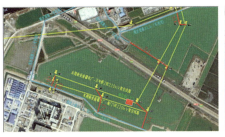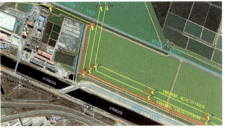

图 7.2-9　部分塔位及规划临时道路卫星图

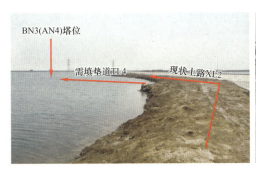

图 7.2-10　部分塔位及规划临时道路实景图

部分塔位道路修筑明细见表 7.2-4。

表 7.2-4　　　　　　　　　部分塔位道路修筑明细表　　　　　　　　　单位：m

道路名称	填垫长度	填垫宽度	填垫深度	备注
TL1	58	4	2.1	直接填垫
TL2	18	4	2.65	直接填垫
TL3	140	4	2.5	直接填垫
TL4	177	4	2.4	直接填垫
TL5	280	4	1.7	对现有土路加宽，铺碎石夯实
TL6	93	4	2.0	直接填垫

（3）施工图设计阶段主要开展的工作。为了进一步便于机械化施工的实施，施工图设计进行了以下优化：

1）基础优化。为适用基础全过程机械化施工要求，基础优先选用钻孔灌注桩基础，基础设计中优化桩径规格种类，减少频繁更换器具及钻头，提高机械化设备利用率。结合盐池的深度，经过单桩和连梁基础比较，全部采用单桩基础。

2）杆塔。该工程新设线路导线截面为 2×JL/LB20A-400/35 和 2×JL/LB20A-630/45，基本设计风速为 29m/s，覆冰厚度为 5mm。

根据上述条件，新设铁塔大部分为同塔双回路自立式角钢塔，选用通用设计 2E5 模块。部分迁改现状线路部门需新建双杆钢管杆，钢管杆进行重新规划设计。

a. 杆塔设计从优化选材、结构布置、构件连接、附属设施等方面着手，优化主材单节长度和单根构件质量，便于杆塔的运输安装。

b. 为满足施工安全需要，应根据铁塔型式在合理位置开断，开断点须保证已组装部分为稳定结构。

c. 预留充足施工用孔。为便于吊装，在导线横担中部上平面及地线支架接头处设置辅助抱杆支承用孔。在塔脚板靴板内、外侧方向各设置施工孔，用于施工拉线导向滑轮等临时固定用。

d. 角钢铁塔根开为 6～10m，全高为 32～53m，单根构件的质量不大于 1500kg，单基塔重为 12～32t。满足轮式起重机组塔的要求。钢管构件长度为 8～11.5m，单件质量为 2～38t。采用轮式起重机进行组装。

3）架线。放线施工作业考虑采用无人机展放导引绳，重要交叉跨段线路采用装配式架线，跨越架搭建采用跨越塔上安装可拆卸横担。

3. 施工组织及技术应用

（1）材料站设置如下。该工程均使用商用混凝土。施工前期，工程就近选择了一家商混搅拌站，均直接采用商混车浇筑基础。

该工程设置一个中心材料站，占地 8400m²，主要材料和设备首先进入中心材料站，再由中心材料站分类采用汽车转运至各施工点或施工点小运起运点，装卸采用轮式起重机。

（2）施工装备配置及来源。施工装备配置表见表 7.2-5。

表 7.2-5　　　　　　　　施 工 装 备 配 置 表

施工过程		主要施工机械			配置数量	设备配置方式
		设备名称	型号	主要技术参数		
1	临时道路修建	挖掘机	DL150-8	58kW/（r/min）；最大挖掘深度：4.16m；最大回转半径：6.6m	3 台	租赁
		推土机	DL220	铲刀平放地面 7.4m；铲刀外侧宽 3.35m；整机质量：16.9t；最大提升高度：1m；最大下降深度 0.35m	3 台	租赁
		运输车	30t	额定载质量 30t	10 台	租赁

施工过程		主要施工机械			配置数量	设备配置方式
		设备名称	型号	主要技术参数		
2	物料工地运输	运输车	8t	额定载质量8t	5台	租赁
		轮式起重机	STC250S	整车尺寸12 850mm×2500mm×3650mm，整车质量32.4t，最大额定总起质量25t，最大起重力矩1029kN·m，最小转弯半径10.5m，最大起重臂长度48.5m	1台	租赁
3	基础钻孔施工	反循环钻机	FXZ-350	最大钻孔深度150m；主卷扬拉力180kN	5台	租赁
		挖掘机	DL150-8	58kW/（r/min）；最大挖掘深度：4.16m；最大回转半径：6.6m	5台	公司租赁
4	混凝土施工	罐式混凝土搅拌车	/	罐体容积：4m³，整车尺寸6460mm×2250mm×3300mm	10台	租赁
		振捣装置	电动式	振动频率：3000r/min	5台	租赁
		轮式起重机	STC250S	整车尺寸12 850mm×2500mm×3650mm，整车质量32.4t，最大额定总起质量25t，最大起重力矩1029kN·m，最小转弯半径10.5m，最大起重臂长度48.5m	5台	租赁
5	组塔施工	汽车起重机	STC550T6	整车尺寸14 240mm×2800mm×3820mm，整车质量44t，最大额定起质量55t，最大起重力矩2107kN·m，最小转弯半径12m，最大起升高度49.5m，最大起重臂长度68m	8台	租赁
		汽车起重机	STC250S	整车尺寸12 850mm×2500mm×3650mm，整车质量32.4t，最大额定总起质量25t，最大起重力矩1029kN·m，最小转弯半径10.5m，最大起重臂长度48.5m，最大起升高度49m	5台	租赁
		汽车起重机	XCT100	整车尺寸15 600mm×3000mm×3870mm，整车质量55t，最大额定起质量100t，基本臂最大起重力矩4704kN·m，最小转弯半径23m，最大起升高度92.6m，最大起重臂长度96.1m	5台	租赁
6	架线施工	牵引机	SA-YQ90	最大牵引力：90kN；最大牵引速度：5km/h；牵引卷筒直径520mm	16台	自有
		张力机	SA-YZ2×40	双线最大张力：2×40kN，并轮最大张力：80kN；放线卷筒直径：1500mm	16台	自有
7	接地施工	链式开沟机	/	开沟深度≤900mm，开沟宽度≤250mm	4台	租赁
		挖掘机	DL150-8	58kW/（r/min）；最大挖掘深度：4.16m；最大回转半径：6.6m	4台	租赁

（3）开工准备主要工作。检查、校验桩位、相邻档档距、转角角度等是否与断面图和图纸明细表相符，对于已有的原始道路，我施工单位借用原始道路，对其进行修筑扩宽、加固处理，对于基础周边没有道路的采用填垫土

的方式修筑施工道路，扩宽夯实道路使用土方 5960m³，填垫新修道路使用土方 11700m³，共修筑道路长 9290m，保证机械设备安全进场。合理布置施工用水、用电。开工准备工作现场照片如图 7.2-11 所示。

图 7.2-11　开工准备工作现场照片

（4）基础工程。该工程基础全部采用灌注桩，基础主要使用情况见表 7.2-6。

表 7.2-6　　　　　　　　　基 础 使 用 情 况 表

基础型式	基数（基）	桩径范围（m）	埋深范围（m）	混凝土量（m³）
灌注桩单桩（直线塔）	26	0.8、1.0	18～20	65～95
灌注桩单桩（耐张塔）	37	1.2、1.4、1.6、1.8	24～31	120～320

该工程基础共计 63 基，组建反循环钻机班组 5 个，每班配备 10 人，配备反循环钻机 5 台。

线路沿线有商混搅拌站 2 处，利用原有道路或新建（扩）道路运输，采用商混车浇筑的塔位 63 基，基础有效施工天数共 30 天。基础各工序装备投入占比情况表见表 7.2-7。反循环钻机班组施工组织明细表见表 7.2-8。基础钻孔如图 7.2-12 所示。钢筋笼吊装如图 7.2-13 所示。混凝土浇筑如图 7.2-14 所示。

表 7.2-7　　　　　　　基础各工序装备投入占比情况表

序号	施工工序	应用场景	主要装备	应用塔位（基）	占比（%）
1	基础开挖	道路能够到达	反循环钻机	63	100
2	钢筋笼制作	现场制作	焊接机	63	100
3	基础浇制	道路能够到达	商用混凝土车	63	100

表 7.2－8　　　　　　　　反循环钻机班组施工组织明细表

小组名称	工作内容	人员装备配置	流水节拍(天)	小组数量	备注
塔位协调	地方协调、丈量清理塔基附着物	协调员2名、配合人员2名	4	2	/
基坑钻孔	主装备装卸转运、基坑钻孔	技工4名、普工4名,板车1辆、反循环1台、汽车起重机1台	2	1	/
钢筋施工	钢筋运输、钢筋笼现场加工和吊装	技工2名、普工3名,运输车1辆、汽车起重机1台	4	2	钢筋过长,一般采用现场加工
基础浇制	联系商混凝土站及商用混凝土车、基础支模、地脚安装、基础养护	技工2名、普工4名,汽车起重机1台、商用混凝土车2台	2	2	为保证基坑开挖后立即浇筑,特加强配置

图 7.2－12　基础钻孔现场照片

图 7.2－13　钢筋笼吊装现场照片

图 7.2－14　混凝土浇筑现场照片

（5）组塔工程主要工作如下。杆塔使用情况见表 7.2－9。该工程铁塔选用国网通用设计 2E5 模块，共 63 基铁塔。塔头形式均为鼓形，金具串形式均为 Ⅰ 串。

表 7.2－9　　　　　　　　杆 塔 使 用 情 况 表

塔型	基数（基）	塔全高范围（m）	单基塔重范围（t）	塔身最小开口宽度（m）	策划机械化施工塔数（基）
SZ1	8	38～50	11～14	1.6	8
SZ2	8	38～56	11～17	1.6	8
SZ3	7	41～62	13～21	1.6	7
SZK	3	62～71	20～27	1.6	3
SJ1	11	36～48	18～23	1.9	11
SJ2	8	36～48	20～25	2	8
SJ3	2	36～48	21～27	2	2
SJ4	4	36～48	23～31	2.4	4
SDJ	11	36～48	29～36	2	11

根据地形及塔位情况，组建 8 个汽车起重机组塔班组，每班配备 25 人，配置 25、50、100t 三级汽车起重机，按照起重机不同吊高，组织流水式吊装，共计组立 63 基，平均组塔效率 3 天/基。铁塔组立有效施工时间共 27 天。铁塔组立施工组织见表 7.2－10。汽车起重机组塔班组施工明细见表 7.2－11。铁塔组立如图 7.2－15 所示。

表 7.2 – 10　　　　　　　　　　铁塔组立施工组织表

施工方式	运用场景	主要机具	应用塔位	占比
汽车起重机组塔	道路较好场地较平整	25、55、100t 汽车起重机	63 基	100%

表 7.2 – 11　　　　　　　汽车起重机组塔班组施工组织明细表

小组名称	工作内容	人员装备配备	流水节拍（天）	小组数量
前期工作	地方协调、道路修筑及清理、创建作业面	协调员 2 人	2	2
材料运输	负责运输塔材和组塔装备、工器具	指挥 1 人，普工 3 人，共 4 人，运输车 2 台，汽车起重机 1 台	1	1
组塔准备	负责地锚开挖、现场规划和布置、塔材清理和组装	指挥 1 人、地面人员 10 人、测工 1 人共 12 人，小型挖机 1 台	2	2
组塔施工	塔材吊装、铁塔检修	指挥 2 人（兼汽车起重机司索）、设备操作及维护人员 2 人、高空人员 6 人、普工 4 人，共 14 人	2	2
总体调度	总体指挥协调、后勤管理	负责人 1 名	/	/

图 7.2 – 15　铁塔组立现场照片

（6）架线工程主要工作如下。该工程共分为 16 个放线区段，全部采用张力放线。组建 8 个架线班组，每个架线班组配备 25 人，张牵设备 4 套，架线施工时间共计 31 天。架线施工如图 7.2 – 16 所示。

（7）控制性及重难点工程方案。该工程交叉跨越多，重要交叉跨越及方案见表 7.2 – 12。封网施工现场照片如图 7.2 – 17 所示。

图 7.2－16 架线施工现场照片

表 7.2－12 重要交叉跨越及方案

跨越区段	跨越物	跨越措施	跨越计划工期（天）	跨越实际工期（天）
A4－A7	高速、220kV 电力线	跨越架封网	10	8
A13－A20	铁路、110kV 电力线	跨越架封网	15	13
A26－A33	110kV 电力线	跨越架封网	12	10
B3－B6	高速、220kV 电力线	跨越架封网	10	8
B16－B19	铁路、110kV 电力线	跨越架封网	7	6
B25－B30	110kV 电力线	跨越架封网	12	10

图 7.2－17 封网施工现场照片

（8）施工工艺方案如下。施工工艺方案按《国家电网有限公司输变电工程标准工艺　架空线路分册（2022年版）》执行。

（9）施工安全保障措施如下。根据机械化施工特点，重点抓装备进场审查，抓装备可靠度及日常维护保养，抓机械操作人员培训交底和持证情况；抓装备与人员配合情况，避免机械伤害。编制防止机械伤害、道路修筑及运输、基础施工、铁塔组立等工序安全风险点提示，并有专职安全员监督。安全保障组织体系如图7.2－18所示。

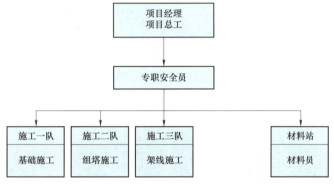

图7.2－18　安全保障组织体系图

（10）施工环水保措施。全面落实工程环境影响报告书、水土保持方案报告书及其批复、环保水保策划等文件要求，建设资源节约型、环境友好型的绿色和谐工程，按规定完成环保水保验收工作。

塔位施工后根据情况尽量恢复原始地貌，并做好植被恢复。道路修筑环水保措施照片如图7.2－19所示。机械操作面平整措施照片如图7.2－20所示。塔位场地恢复照片如图7.2－21所示。

图7.2－19　道路修筑环水保措施照片

图 7.2－20　机械操作面平整措施照片

图 7.2－21　塔位场地恢复照片

4. 机械化施工成效

（1）安全风险压降。汽车起重机组塔代替悬浮抱杆，消除三级及以上风险 10 项，整体风险压降率 12.7%。

在已有三级风险作业中，通过钢筋笼整体吊装、汽车起重机组塔等措施，进一步提高施工过程风险管控水平，确保全过程安全可控。

（2）施工质量成效。灌注桩基础钻孔成型标准，钢筋笼整体吊装，100%预拌混凝土浇筑，桩基检测根据桩径采用超声波、低应变、高应变三种手段，结果全部优良，无Ⅲ、Ⅳ类桩，Ⅰ类桩比例达 99%；运检单位对铁塔和线上验收缺陷相对传统施工减少 50%，施工一次成优率极高。自检消缺采用 X 光检测，无人机巡检等手段，进一步提高工程质量。

（3）施工效率人员压减。运输阶段采用汽车运输，人员较常规施工方式减少 30 人，压降率 50%，单基运输效率提升 60%；基础阶段采用钻机和商砼，人员较常规施工方式减少 180 人，压降率 40%，单基效率提升 30%。组塔阶段采用汽车起重机，人员较常规施工方式减少 120 人，压降率 20%，单基效率提升 15%。架线阶段平均单区段提高工效 20%。较常规施工方式共减少施工人员投入 330 人，大幅降低人员劳动强度，同时工期节省 50% 以上。

（4）机械化施工亮点。从道路、施工平台修筑、物料运输、基础开挖、混凝土浇筑、组塔到架线，全过程机械化施工，可以有效缓解施工人力稀缺、人工成本高涨等问题，降低施工人员的劳动强度，可以更好地保证施工人员的安全，全面提高施工安全、效率、质量。

7.3 典型荒漠机械化施工

7.3.1 新疆 750kV 线路工程

1. 工程概况

（1）工程规模。路径长度 100.523km，全线单回路架设，杆塔数量为 215 基，其中直线塔 193 基，耐张塔 22 基。路径途经一区三县。

（2）气象条件。该地区属暖温带大陆性干旱气候，年均降水量 71mm，年平均气温 11.4℃，极端最高气温 39.5℃，极端最低气温 −22.7℃。基本风速为 29m/s、设计覆冰厚度为 5mm。

（3）导、地线型号。导线采用 6×JL/G1A−400/50 型钢芯铝绞线，全线架设双地线，一根采用 36 芯 OPGW−120 光缆，另一根在变电站出线 12.265km 范围内采用 JLB20A−120 铝包钢绞线，其余地段采用 GJ−100 钢绞线。

（4）地形地貌地质情况。该工程线路途沿线地貌单元主要为山前冲洪积平原，局部分布沙垄地、丘陵、河相冲洪积平原，沿线主要呈戈壁荒滩景观。全线地形除丘陵地段地形起伏较大外，一般较为平坦，海拔为 1310～1640m。工程典型地形地貌如图 7.3−1 所示。

（5）林区及经济作物情况。全线无林区。

（6）交通情况。该工程路径区域有多条高速公路、国道、省道可以利用，总体而言，交通条件良好。

图 7.3－1　工程典型地形地貌

2. 设计阶段策划

（1）可行性研究阶段主要开展以下工作。

1）按照系统方案，借助卫片影像选择工程路径，路径整体考虑了利用已有道路进场，如无已有道路需重新修施工道路。

2）初选路径后进行现场踏勘，根据周边可利用道路和最大化减少临时占地初步确定道路修筑方式。

3）在周边涉及县城调查商混的运输条件，计划全采用商混，全线采用轮式起重机组塔。

4）调查机械化施工设备进场修筑道路过长、修路易引起植被破坏和水土流失等环保问题、转场不便的零星孤立塔位，不建议采用机械化施工。

5）针对机械化施工投入的大型设备和常规施工方案对比，结合当地市场价格，做出最优的造价。

（2）初步设计阶段主要开展以下工作。初步设计阶段除常规设计外，为满足机械化施工运输做了以下工作。

1）对交通条件较好的塔位，直接由货运汽车或炮车运输到塔位附近。

2）局部路况较差时，如松软或者道路松软地段，可采用履带式运输车运输，也可采取铺垫钢板等方法对路面进行局部修整，之后材料经由货运汽车或炮车可直接运输到杆位。

3）该工程山区段山体高约 30～100m，呈独立山丘状且连片分布，该地形索道运输经济性较差，因此不推荐采取索道运输等机械化方案。

（3）施工图阶段主要工作内容。施工图阶段除按常规设计工作外，针对该工程特点，针对机械化施工重点开展了道路修筑方案确定。沿线附近无临时道路，需修筑施工便道，1～169 号线路地势相对平坦，采用铺垫戈壁料的方式修路，修筑长度 83km；169～215 号地处山地地形，交通运输困难，修路绕开丘陵和流动堆积沙漠，修筑长度约 20km（见图 7.3－2）。

图 7.3－2　沙漠修路铺垫土方

3. 施工组织及技术应用

（1）材料站设置。该工程设置一个中心材料站，材料站占地 10 000m²，主要材料和设备首先进入中心材料站，再由中心材料站分类采用汽车转运至各施工点或施工小运起运点，装卸采用轮式起重机。道路条件较差的塔位采用履带式运输车、小型机动车辆、轮胎式运输车等小型运输装备。

（2）施工装备配置及来源情况如下。该工程施工通用装备来自工程就近租赁，专用装备主要来自"省公司施工装备统一平台"，道路修筑、物料运输主要施工机械与人员配置。施工机械及来源表见表 7.3－1。基础开挖施工装备配置及来源见表 7.3－2。接地敷设施工装备配置及来源见表 7.3－3。铁塔组立施工装备配置及来源见表 7.3－4。架线施工装备配置及来源见表 7.3－5。

表 7.3－1　　　　　施 工 机 械 及 来 源 表

| 施工过程 | 主要机械 | | | | 配置数量 | 设备配置方式 | 备注 |
	设备名称	型号	主要技术参数				
1　临时道路修建	挖掘机	CLG200－3	自重 19 800kg，料斗方量 0.8m³		2	租赁	/
	平地机	GR100	整机质量标配 7000kg；牵引力 41.6kN		1	租赁	/
	装载机	ZL906	自重 6000kg，装料方量 1m³		2	租赁	/
	斗车	拉沙车	运料 25m³		5	租赁	/

续表

施工过程	主要机械				配置数量	设备配置方式	备注
	设备名称	型号	主要技术参数				
1	临时道路修建	路机	HS－C75T	振动轮宽度：600（mm）工作质量22t	1	租赁	/
		水车	/	10方	4	租赁	/
2	物料运输	轻型卡车	农用车	运料5t	6	租赁	/
		胎式运车	康明斯	运料8t	3	租赁	/
		自卸吊	8t	运料6t	6	租赁	/

表7.3－2　　　　　　　　　基础开挖施工装备配置及来源

施工过程	主要机械			配置数量	设备配置方式	备注
	设备名称	型号	主要技术参数			
1 基坑工程施工	旋挖钻机	（ZR220A）	设备总质量70t，钻孔直径2500mm，最大钻孔深度58 000/86 000mm，行走速度2.26km/h，牵引力423kN，钻进转速7～26r/min	1	租赁	/
	挖掘机	CLG200－3	自重19 800kg，料斗 方量 0.8m³	6	租赁	/
	潜水泵	JPS－B－50	转速2880	24	自有	/
	冲孔打桩机	JCK－1800	冲孔直径1200～1800，冲撞频率9～10次/min	2	租赁	/
	罐式商混运输车	SY412C－8S（Ⅵ）－D	运输方量 12	10	租赁	/
	混凝土搅拌站	HJB－60	理论生产率60m³/h；HZS60 搅拌站主机为JS1000型强制式搅拌机，公称容量为1000L；配料机的配料能力为1600L；螺旋输送机最大生产率80t/h，骨料最大颗粒直径为80mm，骨料仓容量为51m³	2～3座	租赁	/
	混凝土泵车	HBS－25	最大理论输送量为25m³/h	4	租赁	/
	平板振动器	ZF150	电机容量1.5kW，电压380V，激振力9200N，振幅2.2mm	10	购买	1人/台
	振动棒	NZQ－50	直径50mm，作用间距为300mm	20	购买	1人/台

表 7.3－3　　　　　　　　　　　接地敷设施工装备配置及来源

名称	机械/人员名称	单位	数量	备注
接地敷设	链式开沟机	天/台	2	/
	电焊机	天/台	4	/
	工人	天/人	6	/

表 7.3－4　　　　　　　　　　　铁塔组立施工装备配置及来源

施工过程		主要机械			配置数量	设备配置方式	备注
		设备名称	型号	主要技术参数			
1	铁塔组立	轮式起重机	QY25K5－I	整机尺寸：长×宽×高 12.3m×2.5m×3.35m 最大行驶速度 80km/h 最小转弯半径 11m 最大爬坡度 40%接近角/离去角 16/13°最小离地间隙 260mm，最大输出功率 213kW 额定转速 2200r/min 吊升能力额定起质量 25t 额定起重力矩 961kN·m 最小工作幅度 3m	2	租赁	/
		轮式起重机	80t 轮式起重机（STC80）	整车长度 9.3m，整车高度 3.21m，轴距 4.4m。整体全高：3210mm 发动机额定输出功：103/2600kW/（r/min）。发动机最大输出扭矩：800/（1200～1700）N·m/（r/min）。最小转弯半径：8m，最大爬坡度：34%，起升高度：基本臂 26m 起升高度：最长主起重臂 9m 起重臂长度：基本臂 8m 起重臂长度：最长主起重臂 25.6m。吊升能力额定起质量 80t	3	租赁	/
		轮式起重机	QY130	整机尺寸：长×宽×高 15.078m×7.8m×3.98m；最大行驶速度 80km/h；最大爬坡度 40%；发动机参数 发动机型号 奔驰 OM906LA.E2/5 Benz 水冷 6 缸柴油发动机 最大输出功率 150kW；额定转速 2200r/min；吊升能力 额定起质量 130t；额定起重力矩 5160kN·m；额定起重力矩全伸臂 2156kN·m；最小工作幅度 3m；最大起升高度—基本臂 13.3m	3	租赁	/
		数控交流定扭矩扳手	PID－2000	最大扭矩 2000（N·m）	16	自有	/
		手动力矩扳手	NB－200	最大扭矩 2000（N·m）	6	自有	/
		发电机	5kW	220kV	8	自有	/

表 7.3－5　　　　　　　　　　　架线施工装备配置及来源

施工过程	主要机械				配置数量	设备配置方式	备注
	设备名称	型号	主要技术参数				
1　架线施工	牵引机	WQT280－Ⅱ	额定牵引力 280kN		2 台	自有	/
	牵引机	SAQ－75	额定牵引力 75kN		2 台	自有	/
	张力机	SAZ－50×2	额定张力 50kN		2 台	自有	/
	张力机	SAZ－65×2	额定战略 65kN		6 台	自有	/
2　施工辅助	轮式起重机	轮式	25t		2 辆	租赁	/
	自卸吊	轮胎式	8T		3 辆	租赁	/
	挂胶七轮滑车	H5×ϕ880×125	允许荷载 150kN		160 个	160	/
	单轮	HC1×ϕ660×100	允许荷载 30kN		80 个	80	/
	压接机	CJJ－50	150t		10 台	自有	/
	压接管调直器	自制	/		2 台	自有	/
	对讲机	TK378－2.5	/		60 台	自有	/
	切线机	/	/		10 台	自有	/
	无人机	八角旋翼无人机	飞机 45min，荷载 1.5kg		1 台	自有	/
	抛绳器	/	/		2 台	自有	/
	测风仪	台	1～8 级		2 台	自有	/

（3）开工准备主要工作如下。该工程在线路复测完成 90%时，施工道路修筑机械设备进场，考虑沙漠地段地质松软，需使用砂石料铺垫，现场修路采用翻斗车拉运戈壁料，每车运输 20m³，共 16234 车，方量约 324680m³，道路铺垫后采用压路机进行压平处理。在道路使用过程中配置洒水车和挖掘机，降低扬尘保证环水保护道路的正常通行，修筑道路时最大化减少零星植被的破坏，对沙漠化严重的地段，采用草方格防风固沙，如图 7.3－3～图 7.3－5所示。

图 7.3-3 沙漠修路

图 7.3-4 零星植被路

图 7.3-5 沙漠段防风沙草方格

（4）基础工程主要工作如下。该工程采用挖孔基础、灌注桩基础、大开挖基础，基础主要参数见表 7.3-6。

表 7.3-6 基础参数表

基础型式	基数（基）	桩径（板宽）范围（m）	埋深范围（m）	策划机械化施工基数（基）
挖孔基础	168	1.0～1.6	5.0～9.6	168
灌注桩基础	4	1.4～1.6	12～18	4
大开挖基础	43	.3.2×3.2～4.2×4.2	6.0	43

土石方及基础工程分为 7 个作业班组进行分段施工，挖孔基础采用旋挖钻进行开挖，大开挖基础采用挖掘机开挖，因戈壁滩地区基坑开挖时坍塌较为严重，开挖完成后 5 天内完成浇筑；灌注桩采用冲击钻和回旋钻机施工。

基础混凝土全部采用商用混凝土。旋挖钻开挖基础如图 7.3－6 所示；旋挖钻开挖后成品如图 7.3－7 所示；大开挖基础开挖如图 7.3－8 所示；旋挖钻机如图 7.3－9 所示；冲孔钻机施工如图 7.3－10 所示；螺旋钻机如图 7.3－11 所示；商混车运输如图 7.3－12 所示；泵车浇筑如图 7.3－13 所示。

图 7.3－6　旋挖钻开挖基础

图 7.3－7　旋挖钻开挖后成品

图 7.3－8　大开挖基础开挖图

图 7.3－9　旋挖钻机

图 7.3－10　冲孔钻机施工

图 7.3－11　螺旋钻机

图 7.3－12　商混车运输

图 7.3－13　泵车浇筑

（5）组塔工程主要工作如下。该工程 215 基铁塔均使用 80t 和 130t 轮式起重机进行分段吊装，铁塔工程分为 7 个作业班组，每组 30 人，根据施工现场工地的实际进度情况，有效地选择和控制好租用机械设备的进退场时间，减少闲置设备在工地的停机时间，最大程度降低机械设备的使用成本，如图 7.3－14 和图 7.3－15 所示。

图 7.3－14　轮式起重机组塔耐张塔

图 7.3－15　轮式起重机组塔直线塔

该工程平地及丘陵段交通条件较好地段，采用轮式起重机进行铁塔组立，减少高空作业量，降低安全风险和提高安装质量。

（6）架线工程主要工作如下。该工程线路所经区域地形有平地、丘陵和山地，因此采用"一牵六"同步展放导线的方式进行架线。全线架线分为 12 个区段，组建 2 个架线班组，每个班组配备 42 人，张牵设备 2 套，每个区段平均架线工效 7 天，架线施工时间共计 42 天，一牵六展放导线如图 7.3－16 所示，张力场布置如图 7.3－17 所示。

（7）控制性及重难点工程方案如下。该工程沿线跨越 110kV 电力线 2 处，跨越 35kV 电力线 3 处。跨越 110kV 和 35kV 电力线路采用抱杆跨越架，停电封网，封网绳采用无人机翻越电力线；跨越水泥路等采用钢管搭设跨越架。

图 7.3 – 16　一牵六展放导线

图 7.3 – 17　张力场布置

（8）施工工艺方案如下。施工工艺方案按《国家电网有限公司输变电工程标准工艺　架空线路分册 2022 版》执行。挖孔基础成品如图 7.3 – 18 所示，大开挖基础成品如图 7.3 – 19 所示，接地钢筋焊接工艺及搭接长度如图 7.3 – 20 所示。

图 7.3 – 18　挖孔基础成品

图 7.3 – 19　大开挖基础成品

图 7.3 – 20　接地钢筋焊接工艺及搭接长度

（9）施工安全保障措施如下。为了贯彻执行"安全第一，预防为主，综合治理"方针，加强和规范项目部施工机械设备及工器具在使用及检验等各阶段的安全管理，确保施工中机械设备及工器具的正确、安全使用，发挥机械效能，确保安全生产，根据《国家电网公司电力建设起重机械安全管理重点措施（试行）》等有关规定，结合工程施工实际，制定以下安全管控措施。

1）根据现场施工的具体要求合理安排机具的进退场时间，并呈报业主和监理单位。确保性能良好、满足施工要求的机械设备和工具按时进场，现场的机械要得到充分的利用，使用完毕后由组织及时退场。

2）机械使用班组负责人全面负责现场机械设备检查维护、保养、管理。

3）建立施工机械管理制度、岗位责任制及各种机械操作规程，对每台进场设备建立设备台账，设备实行专人进行保管，保证现场机械管理处于受控状态。各保管人员在项目设备管理员的领导下进行设备日常的安全检查、维护保养工作，定期对设备进行检查、盘点，掌握现场使用设备的完好情况，保证不因设备原因影响工程施工。

4）为避免用电荷载过于集中，造成用电分布不均衡，施工机械的布置尽量做到均匀。同时为便于对加工场地施工机具的管理，加工场地布置相对集中。

5）配备的机械操作人员技术水平必须与其担任的工作相适应，且须严格遵守持证上岗的规定，做到定人定机定岗位，并经过项目部安全教育培训、交底、考试合格后方可上岗，上岗前佩戴胸卡。

6）操作人员必须对机械设备进行日常保养，保养的基本内容为"十字操作法"：清洁、润滑、紧固、调整、防腐，保证设备性能正常。

7）项目部安全员每月对现场所以机械设备进行检查，发现问题及时处理。项目部对机械设备进行挂牌标况，确保机械设备完好。

（10）施工环水保措施主要工作如下。

1）按照文明施工的要求，采取围栏、拉警戒线等有效的围挡措施，控制施工范围，避免进一步破坏生态环境。

2）施工过程中，严格按设计的占地面积、样式要求开挖，避免大规模开挖；施工人员和机械不得在规定区域外随意活动和行驶，缩小施工作业范围；施工材料有序堆放，生活垃圾和建筑垃圾集中收集、集中处理，不得随意丢弃。

3）施工过程中，采取表土保护措施，进行表土剥离，将表土和熟化土分开堆放，并按原土层顺序回填，用于后期植被恢复。

4）施工过程中，要注意保护周围植被，尤其是要注意避免对荒漠化植被和土层较薄的石质植被的破坏,保护植被赖以生存的环境;对于施工现场的重点保护植物,采取避让措施,施工区设置醒目的保护标示牌,避免对受保护植物的破坏。

5)对于新修临时道路,应避让树木,减少林木砍伐,避免硬化,减少径流系数,降低水土流失量。

6)施工现场专设水土保持工作负责人,从水土保持与生态恢复角度,合理协调安排施工程序,对各项产生水土流失潜在危害的施工,在危害产生前预防治理。

7)工程完工后,对扰动的临时道路等场地及时进行整治与恢复原貌,恢复土地原有功能。对沿途生活垃圾和建筑垃圾集中收集、集中处理。

4. 机械化施工成效分析

(1)安全风险压降如下。机械运输代替人力和索道运输,消除三级及以上风险 215 项;机械开挖代替人工开挖,消除三级及以上风险 215 项;汽车起重机组塔代替抱杆,消除三级及以上风险 215 项,共消除三级及以上风险作业 645 项,整体风险压降率 100%。

降低人工作业风险,提高施工本质安全水平。采用机械可以显著提高工程施工本质安全水平。

(2)施工质量成效如下。施工质量更易于控制,质量更易于保证。能有效解决人工操作施工质量离散度大的问题。机械成孔基坑尺寸标准、工艺美观。采用商混浇制基础能更准确地控制配合比,确保混凝土质量。

(3)施工效率人员压减如下。由于采用机械化施工可以显著缩短工期,施工管理成本将相应减少,施工单位的劳动生产率将会有相应提高,从而提升企业的经济效益。泥岩地质情况人工掏挖 1 基 8 人挖 10 天,现采用旋挖钻进行开挖 1 基仅需 3h 左右,大大提高了工效。采用抱杆组立 60m 的 750kV 电力线路铁塔,20 人需要 12 天左右,采用轮式起重机组立仅需要 10 人的班组 4 天左右的时间,大大节约人力和工期。根据该工程案例测算,采用机械化施工直接施工成本费用较常规施工方法可以降低 10%左右。

(4)机械化施工亮点。材料运输:新疆地型平坦,塔位所有材料均可采用车辆运输,与以往山区架设索道施工比较,大大提高了材料运输效率,减少了索道架设和二次倒运,减少索道运输作业的三级风险。

基础工程:针对戈壁、泥岩基坑的开挖,效率大大提高。对于荒漠地带无人区及恶劣气象条件地区的施工大大减少的人工的投入,降低了劳动强度,降低了坑底作业人员的风险。

铁塔工程：采用轮式起重机立塔能很好地提高输电线路工程施工机械化施工程度、节省劳动力，降低施工人员劳动作业强度、减少高空作业点，降低施工人员的安全风险，缩短施工周期。

架线工程：地形平坦选择更加优越位置的牵张场，减少设备转场，优化导线布线方案，提高每个张牵场地利用率，采用"一牵六"同步展放 6 根子导线，实行机械化作业。

7.3.2　甘肃±800kV 线路工程

1. 工程概况

（1）工程规模。新建线路长度 133.643km。全线采用单回路架设，悬垂塔 248 基，耐张塔 23 基，路径途经 1 市 1 县。

（2）气象条件。该工程线路经过地区属中温干旱气候，日照时间长，光资源丰富，相对湿度低，冬冷夏热，风大沙多，昼夜温差大。年平均气温 9.2℃，平均无霜期 146 天。基本风速 33m/s，覆冰 5mm。

（3）导地线型号。导线采用 6×JL1/G3A－1250/70（GB/T 1179—2017）钢芯高导电率铝绞线；地线采用 JLB20A－150 铝包钢绞线。

（4）地形地貌地质情况。该线路工程位于隔壁地区，线路区地形整体平缓。全线丘陵占 11%，平地占 87%，河网占 2%。典型地形地貌如图 7.3－21 所示。

图 7.3－21　甘肃某工程典型地形地貌

（5）林区及经济作物情况。该工程路径范围未经过林区和经济作物区。

（6）交通情况。该工程路径区内戈壁滩以外有多条高速公路、国道、省道和乡道可利用，交通条件较好；75km 线路位于戈壁滩上，交通条件较差。

2．设计阶段策划

（1）可行性研究阶段主要开展以下工作。

1）可研设计阶段，按初步设计深度要求进行现场踏勘，并收集资料，对沿线地形地貌、地层岩性、地质灾害、压覆矿产以及地质构造等情况进行查明。

2）经实地勘查，现场交通状况良好、地形坡度平缓适应机械化施工的需求。

3）设计结合高清卫片优化路径，合理规划档距，调整与邻近线路平行距离，在保证施工运行安全的前提下少量占用耕地和草场。

（2）初步设计阶段主要开展以下工作。初步设计阶段对地层岩性和地下水情况查明，通过航飞选线优化路径并提出机械化施工塔位，设计明确临时道路修建标准，为工程机械化施工创造条件。在选线过程中，尽可能合理安排直线塔位置，与相邻保持同步布置塔位，减少了电力线和交通便道钻越直流走廊的困难程度，同时也避免占用相对土地利用价值较高草场等地段。

利用海拉瓦选线排位后，进行现场踏勘，并开展以下工作。

1）可利用道路及临时道路修筑工程量的统计。

2）塔位优化靠近已有道路。

3）由施工专家主要确定新建施工道路的修筑方案。

4）结合现场多次踏勘确定张牵场的设置方案。

5）结合单基的施工方案，逐基落实水保设计方案。

6）形成路网规划图供设计、施工踏勘使用。

7）形成作业面外部环境一览图，为建管单位提供青征迁数据，和政府前置签订框架协议。

（3）施工图设计阶段主要开展以下工作。

1）基础设计时取消了挖孔基础扩大头。

2）设计简化归并了基础型式。

3）将塔头前后主材间的宽度适当加大，满足落地抱杆尺寸要求。

3．施工组织及技术应用

（1）材料站设置如下。该工程设置 2 个中心材料站，每个材料站占地

1000m²，主要材料和设备首先进入中心材料站，再由中心材料站分类采用汽车转运至各施工点或施工小运起运点，装卸采用轮式起重机。道路条件较差的塔位采用小型机动车辆、轮胎式运输车等小型运输装备。

（2）施工装备配置及来源情况。该工程设备配置及来源表见表 7.3-7。

表 7.3-7　　　　　　　　　　　　该工程设备配置及来源表

施工过程	主要施工机械				配置数量	设备配置方式
	设备名称	型号	主要技术参数			
1　临时道路修建	装载机	LZZ-300	额定载荷 3t，斗铲容量 1.8m³		1 台	自有
	轻型卡车	5t	额定载质量 5t		5 辆	自有
2　物料运输	混凝土泵车	HBC-37	额定载质量 5t		6 辆	租赁
3　基础工程施工	LWJ-L-215 挖掘机	LWJ-L-215	运输状态最小宽度斗铲容量 0.08m³，额定功率 15.2kW、2500r 最大挖掘深度 2857mm		1 台	自有
	混凝土泵车	HBC-37	布料深度 37m³，整机质量 21t，规格 10m×2.5m×3.7m，最大行驶速度 83km/h，根据基础断面直径匹配合适钻头		2 台	自有
	罐式混凝土搅拌车	/	罐体容积：4m³，整车尺寸 6460mm×2250mm×3300mm		10 辆	租赁
4　组塔施工	轮胎式起重机	ZQZ-T-16	整车尺寸 11260mm×2400mm×3260mm，整车质量 18t，最大起重 16t，最小转弯半径 10.5m，最大起重臂长度 40m，最大起升高度 41m		1 辆	自有
		ZQZ-T-50	整车尺寸 14130mm×2790mm×3413mm，整车质量 44t，最大额定起质量 50，最大起重力矩 2107kN·m，最小转弯半径 24m，最大起升高度 49.5m，最大起重臂长度 52m		2 辆	自有
		ZQZ-L-70	整车尺寸 141350mm×3180mm×3750mm，整车质量 49t，最大额定起重量 70t，基本臂最大起重力矩 2033kN·m，最小转弯半径 20m，最大起升高度 70m，最大起重臂长度 71m		2 辆	自有
	悬浮抱杆	900mm×900mm×40m	最大起吊质量 7t，总长 40m 节断面 900m×900mm×40m		16 套	自有
	落地双平臂抱杆	T2T100	/		2 套	租赁
5　架线施工	牵引机	SAQ-150	最大牵引力：150kN 最大牵引速度：5km/h；牵引卷筒直径：520mm		8 台	自有
	张力机	SAZ-40×2	双线最大张力：2×40kN，每轮最大张力：80kN；放线卷筒直径：1500mm		8 台	自有
	液压机	SY-BJQ-300/100-A	额定压力 300t		12 台	自有

施工过程		主要施工机械				
	设备名称	型号	主要技术参数	配置数量	设备配置方式
5 架线施工	放线滑车	HC3－φ1160×150	/	320 只	自有
	八旋翼飞行器	/	14m/s，续航时间 30min	4 台	自有
6 接地施工	链式开沟机	/	开沟深度≤900mm，开沟宽度≤250mm	4 台	自有
	挖掘机	DL150－8	58kW/(r/min)；最大挖掘深度：4.16m；最大回转半径：6.6m	4 台	租赁

（3）开工准备主要工作如下。施工单位与设计、建管、林勘和属地单位畅通沟通渠道，对线路所经行政区域、交叉跨越、村庄附近杆塔等调查。线路调查后说明与设计不符的情况，填写线路调查报告报建设单位。组建专业保障体系，同步编制各类项目管理规划。开展机械化施工前，完成政府协调会、机械化专项施工方案编审批、塔基交地、道路修筑、场地平整等工作，并针对机械化施工，组建机械化施工班组 14 个，投入机械化装备 130 台套，组织机械化专业培训 860 余人次。

投入主要修路装备 10 台，完成道路修筑共 116 条，修筑长度 26.122km，扩建道路 37.14km，有效施工天数 33 天。道路修筑挖掘机如图 7.3－22 所示，临时道路修筑场景如图 7.3－23 所示。

图 7.3－22 道路修筑挖掘机

图 7.3 - 23　临时道路修筑场景

（4）基础工程主要工作如下。

1）基础型式主要有直柱板式基础、挖孔基础和岩石锚杆基础，其中直柱板式基础 256 基，挖孔基础 13 基，岩石锚杆基础 2 基。

2）该工程基础共计 271 基，基础开挖阶段组建旋挖机班组 1 个，每班配备 20 人；挖掘机班组 10 个，每班 10 人。

3）线路沿线有商用混凝土搅拌站 4 处，利用原有道路或新建（扩）道路运输，具备直接采用商用混凝土车浇筑条件的塔位 271 基，基础有效施工天数共 41 天。

4）施工工序投入占比表见表 7.3 - 8。旋挖机班组施工组织明细见表 7.3 - 9。

表 7.3 - 8　　　　　　　　施工工序投入占比表

序号	施工工序	应用场景	主要装备	应用塔位（基）	占比（%）
1	基础开挖	道路能够到达	旋挖钻机	13	4.8
2		一般基础型式	挖掘机	256	94.5
3		特殊基础型式	岩石锚杆钻机	2	0.7
4	钢筋笼制作	现场制作	焊接机	256	92.2
5		材料站制作	钢筋笼辊轧机	15	7.8
6	基础浇制	道路能够到达	商用混凝土车（天泵、地泵）	271	100

表 7.3 - 9　　　　　　　　旋挖机班组施工组织明细表

小组名称	工作内容	人员装备配置	流水节拍（天）	小组数量	备注
塔位协调	地方协调、丈量清理塔基附着物	协调员 2 名、配合人员 2 名	4	2	/
基坑开挖	主装备装卸转运、基坑开挖	技工 4 名、普工 4 名，板车 1 辆、旋挖机 1 台、轮式起重机 1 台	2	1	/

续表

小组名称	工作内容	人员装备配置	流水节拍（天）	小组数量	备注
钢筋施工	钢筋运输、钢筋笼现场加工和吊装	技工2名、普工3名，运输车1辆、轮式起重机1台	4	2	钢筋过长，一般采用现场加工
基础浇制	联系商用混凝土站商用混凝土车、基础支模、地栓安装、基础养护	技工2名、普工4名，挖机1台、商混土车2台	2	2	为保证基坑开挖后立即浇筑，特加强配置

挖孔设备及钻孔实例图如图7.3－24所示；混凝土运输车及浇筑示意图如图7.3－25所示。

图7.3－24　挖孔设备及钻孔实例图

图7.3－25　混凝土运输车及浇筑示意图

（5）组塔工程主要工作如下。

1）铁塔采用了12个塔型，其中直线塔7个，耐张塔5个。直线塔分别为Z33101AL、Z33102AL、Z33103AL、Z33104AL、Z3310ATL、ZC33103BL、

ZKC3310BL，耐张塔分别为 J33101AL、J33102AL、J33103BL、J33104BL 和 DJD3310L。

2）根据地形及塔位情况，工程组建 14 个落地抱杆班组且每班配备 20 人，10 个轮式起重机组塔班组且每班配备 10 人。铁塔组立落地抱杆平均 7 天组立 1 基，轮式起重机 3 天组立 1 基（含设备进场与转运时间）。有效铁塔组立有效施工时间共 35 天，轮式起重机组塔实例如图 7.3-26 所示。

图 7.3-26　轮式起重机组塔实例

（6）架线工程主要工作如下。该工程架线共划分为 20 个区段，组建 4 个班组，每个架线班组配备人员 32 人，张牵设备 4 套，架线施工时间共 40 天。牵引机如图 7.3-27 所示，张力机如图 7.3-28 所示，架线工程实例如图 7.3-29 所示。

图 7.3-27　牵引机

图 7.3-28　张力机

图 7.3－29　架线工程实例

（7）控制性及重难点工程方案如下。

1）该工程重要交叉跨越及措施表见表 7.3－10。

表 7.3－10　　　　　　　　　重要交叉跨越及措施表

跨越区段	跨越物	跨越措施	跨越计划工期	跨越实际工期
N1112－N1117	高速公路	跨越架封网	7	7
N1045－N1049	750kV 线路	跨越架封网、停电跨越	10	10

2）工程线路跨越 750kV 线路如图 7.3－30 所示。

图 7.3－30　工程线路跨越 750kV 线路

（8）施工工艺方案。施工工艺方案按《国家电网有限公司输变电工程标准工艺　架空线路分册（2022 年版）》执行。

（9）施工安全保障措施。按照体系的要求建立国家、地方、企业三方面的《法律、法规清单》，并严格按照法律、法规、制度的各项要求严格管理工程的各项工作。按照体系的要求建立《应急与响应预案》，应急与响应，要有专人负责，配足配齐必要的物资装备，同时对人员进行事前的教育与培训。在工程建设实施阶段，严格遵守机械设备进场验收制度，组塔、架线主要受力施工机具（包括抱杆、索道、绞磨、起重滑车、钢丝绳、卸扣、葫芦、牵引机、张力机、主牵引绳、牵引走板、放线滑车、连接器、压接机、卡线器、紧线器等），必须认真检查机械设备的性能是否完好，不准将带病残缺的机械投放到施工现场。进场机械设备委托具有相应资质的检验检测使用单位和监理单位共同验收，合格后方可使用。并出具入场安全性能评价报告（报告应在有效期之内）。

编制防止机械伤害、道路修筑及运输、基础施工、铁塔组立等工序安全风险点提示，并有专职安全员监督。安全管控图如图 7.3-31 所示。

（10）施工环水保措施。环保水保施工管理纳入工程质量管理体系，明确各岗位人员的工作职责。建立环境保护、水土保持工作规章制度，规范施工过程中的环保水保管理工作。开工前组织全体施工人员认真学习《环境保护法》《土地法》以及地方政府有关环境保护的各项法律、法规，设计单位、监理单位、建设单位加强的具体要求。开展施工人员环水保教育和培训，增强环水保观念，提高文明施工和环境保护的意识，推行"绿色环水保型"施工。确定工程的环境保护、水土保持工作目标，编制环保水保施工实施方案，报监理单位和建设单位审核批准后实施。

严格落实环境影响报告书及批复文件、设计文件中有关环水保的设计和措施，重点做好施工噪声、扬尘、污水、固体废弃物控制、水土流失防治、土地和植被保护工作。施工过程中，详细记录环境保护措施的落实过程，认真建立环境保护、水土保持工作档案。

4. 机械化施工成效

（1）安全风险压降。机械运输代替人力，消除三级及以上风险 75 项；机械开挖代替人工开挖，消除三级及以上风险 200 项；落地抱杆，消除三级及以上风险 110 项，共消除三级及以上风险作业 385 项，整体风险压降率29.8%。

另外，通过钢筋笼整体吊装，落地抱杆组塔，第一代智能集控张力架线等措施，进一步提高了施工过程风险管控水平。

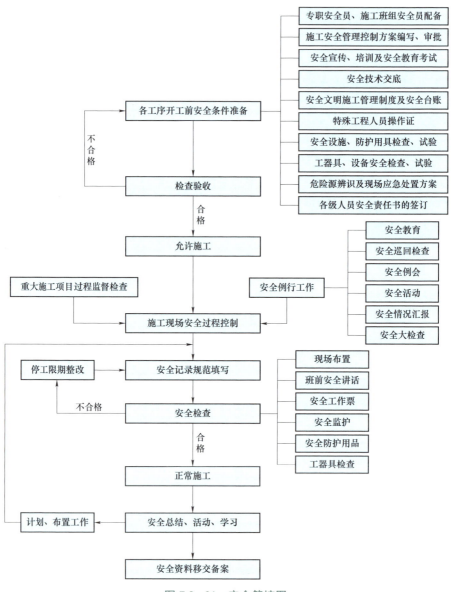

图 7.3－31　安全管控图

（2）施工质量成效。基坑开挖成型标准，钢筋笼整体吊装，100%预拌混凝土浇筑，桩基检测根据桩径采用超声波、低应变、高应变三种手段，结果全部优良；铁塔材料集中打捆，地面分部组装后部分吊装，高空检修少，整体缺陷少；架线机械化，有效避免导地线损伤，运检单位对铁塔和线上验收缺陷相对传统施工减少 50%，施工一次成优率极高。

（3）施工效率成效。工程运输采用轮胎运输车基本，单基运输效率提升90%；基础阶段采用旋挖机、商用混凝土，人员较常规施工方式减少 200 人，单基效率提升 50%。组塔阶段采用轮式起重机和落地抱杆，人员较常规施工方式减少 100 人，压降率 40%，单基效率提升 25%。架线阶段采用第一代智能集控张力架线系统，从引领了一机一人到多机一人的变革，在集控领域实现减人 50%以上、智能领域实现提效 20%以上，监控领域实现减人 60%以上。采用机械，大幅降低人员劳动强度，和安全作业风险，工期也得到大幅下降。

（4）机械化施工亮点。

1）依据机械化施工特点，遵循"机械为主，人力为辅"的施工原则，通过施工方法编制施工方案、确定施工机械，并在班组划分中，以机分组、按组设岗、以岗定责，全过程的机械化施工中始终坚持人随机走的理念。

2）组建以项目部为中枢，形成以"自有人员+各专业机械操作人员"为骨干，分包人员为辅助用工的组织模式，构建全过程机械化作业的人力资源垂直管理体系，同时为加强各工序间衔接，应充分发挥分部工程班组长的价值，作为各不同工序间的联系枢纽，织造横纵管理网络。

3）建立双向管理制度。项目部—施工班组—小班组形成纵向的工序管理模式，同时由施工班组长为负责人，协调各小班组间建立横向分部工程管理模式，每日统计汇总上下工序间小班组进度，纵向明确次日施工计划，横向研判是否在于其他小组工序交替时无缝衔接，如有进度偏差，及时纠偏。

参 考 文 献

［1］ 丁广鑫. 输电线路全过程机械化施工技术（设计分册）［M］. 北京：中国电力出版社，2015.

［2］ 丁广鑫. 输电线路全过程机械化施工技术（装备分册）［M］. 北京：中国电力出版社，2015.

［3］ Lienhard J H. The Engines Of Our Ingenuity：An Engineer Looks At Technology And Culture［M］. New York：Oxford University Press，2003.

［4］ Onwude D I，Abdulstter R，ect.. Mechanisation Of Large‐Scale Agricultural Fields In Developing Countries—A Review［J］. Journal Of The Science Of Food And Agriculture，2016，96（12）：3969－3976.

［5］ James K J. The Hand-Loom In Ulster's Post-Famine Linen Industry：The Limits Of Mechanization In Textiles factory Age［J］. Textile History，2004，35（2）：178－191.

［6］ Gil N，Pinto J K. Polycentric Organizing And Performance：A Contingency Model And Evidence From Megaproject Planning In The Uk［J］. Research Policy，2018，47（4）：717－734.

［7］ Yi W，Chan A P. Critical Review Of Labor Productivity Research In Construction Journals［J］. Journal Of Management In Engineering，2014，30（2）：214－225.

［8］ Love P E，Teo P，ect.. Reduce Rework，Improve Safety：An Empirical Inquiry Into The Precursors To Error In Construction［J］. Production Planning & Control，2018，29（5）：353－366.

［9］ 葛兆军，李锡成，张强，等. 架空输电线路工程施工机械化率评价方法研究［J］. 智能电网，2016，4（12）：1252－1256.

［10］ 秦庆芝，朱艳君，高学彬，等. 掏挖基础机械成孔设备研制及其工程应用［J］. 电力建设，2010（11）：47－49.

［11］ 郎福堂，郭昕阳. 组合式抱杆组立大跨越铁塔施工技术［J］. 电力建设，2007，28（11）：25－30.

［12］ 刘剑勇，吴美琼，郑飓飓. 建筑工程经济［M］. 南京：南京大学出版社，2016.

［13］ 郑卫锋，张强，丁士君，等. 输电线路机械化施工建设管理［J］. 中国电力企业管理，2019（12）：66－67.